彩图 1　高压交流电机定子线圈(成形线圈)

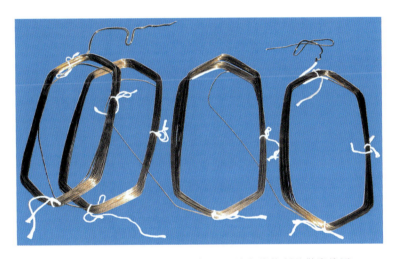

彩图 2　低压交流电机的一个线圈组(漆包线绕制的散嵌线圈)

彩图 3　汽轮发电机转子励磁绕组嵌线

彩图 4　水轮发电机转子

彩图 5　无刷励磁同步电机转子

彩图 6　同步电机定子扇形冲片

彩图 7　同步发电机定子铁心

彩图 8　大型同步电动机定子铁心与绕组（局部）

彩图 9 中小型三相笼型异步电机的典型结构

彩图 10 中小型异步电机定子铁心

彩图 11 高压异步电机典型定子和转子冲片

彩图 12 三相异步电机定子铁心与绕组

彩图 13　中小型三相异步电机定子

彩图 14　三相异步电机的笼型转子（铸铝）和绕线转子（未装集电环时）

彩图 15　直流电机定子主极和换向极　　彩图 16　直流电机电枢绕组线棒

普通高等教育"十一五"国家级规划教材

北京高等教育精品教材
BEIJING GAODENG JIAOYU JINGPIN JIAOCAI

清 华 大 学 电 气 工 程 系 列 教 材

电 机 学

Electric Machinery

孙旭东　　王善铭　编著
Sun Xudong　　Wang Shanming

清华大学出版社
北京

内容简介

本书是在传承清华大学电机学多年教学经验和教材建设成果的基础上,以培养和提高学生自主学习能力为基本指导思想而编写的。内容包括绪论、变压器、交流电机的共同问题、同步电机、异步电机和直流电机六大部分。全书主要分析电机的对称稳态运行问题,着重阐述电机学的基本概念、基本理论和基本分析方法,强调对电机学基本知识的深入理解和掌握,并要求读者有一定的灵活应用能力。书中精选了典型的例题和数量众多、难易程度不同的练习题、思考题和习题,以便读者及时检查学习情况,加深对重要知识和方法的理解。全书以交流电机为主线,讲述清晰,重点突出,循序渐进,富于启发,便于读者自学。

本书适用于做普通高等学校电气工程及其自动化专业的教材,或用做其他相关专业的参考书,也可供有关科技人员参考。与本书配套使用的教材为《电机学学习指导》及《电机学电子教案》。

版权所有,侵权必究。举报: 010-62782989, beiqinquan@tup.tsinghua.edu.cn。

图书在版编目(CIP)数据

电机学/孙旭东,王善铭编著. —北京: 清华大学出版社,2006.9(2024.8 重印)
(清华大学电气工程系列教材)
ISBN 978-7-302-13668-2

Ⅰ. 电… Ⅱ. ①孙… ②王… Ⅲ. 电机学－高等学校－教材 Ⅳ. TM3

中国版本图书馆 CIP 数据核字(2006)第 097537 号

责任编辑: 佟丽霞　张占奎
责任印制: 沈　露

出版发行: 清华大学出版社
网　　址: https://www.tup.com.cn, https://www.wqxuetang.com
地　　址: 北京清华大学学研大厦 A 座　　邮　编: 100084
社　总　机: 010-83470000　　邮　购: 010-62786544
投稿与读者服务: 010-62776969, c-service@tup.tsinghua.edu.cn
质量反馈: 010-62772015, zhiliang@tup.tsinghua.edu.cn
印　装　者: 北京鑫海金澳胶印有限公司
经　　销: 全国新华书店
开　　本: 185mm×260mm　印　张: 21.5　插　页: 2　字　数: 506 千字
版　　次: 2006 年 9 月第 1 版　　印　次: 2024 年 8 月第 26 次印刷
定　　价: 65.00 元

产品编号: 016114-09

清华大学电气工程系列教材编委会

主　任　王赞基

编　委　邱阿瑞　梁曦东　夏　清
　　　　袁建生　周双喜　谈克雄
　　　　王祥珩

前言

随着高等学校素质教育的开展和对培养学生创造能力要求的提高,电气工程及其自动化专业的教学体系、教学内容、教学模式等都处于改革和探索之中。"电机学"作为该专业学生必修的一门重要的专业基础课,其教学要求和内容也相应有所调整。清华大学的"电机学"课程已被安排在一个学期内完成,课内学时数比原来削减了1/3。在这种情况下,如何使学生较好地理解和掌握电机学的核心内容,为其以后在电气工程领域中的学习和研究打下坚实的基础,并使其通过本课程的学习,提高分析和解决工程实际问题的能力,提高自主学习和进行创造性思维的能力,是我们在教学实践中一直思考和探索的问题。这本《电机学》教材就是为了配合培养计划和教学要求的新变化而编写的,是反映我们的思考与探索、体现我们的教学理念的一个阶段性总结。

笔者所在的清华大学电力电子与电机系统研究所(原电机教研组)一贯重视教材建设。自20世纪60年代起,本所教师已经编著出版了多种《电机学》教材,它们被多所普通高等学校、成人高等学校和广播电视大学选做教材,受到了广大读者的欢迎。这种优良传统和积淀下来的教学成果,为我们在新形势下编写一本适用的教材奠定了坚实的基础。本书在继承和发扬这些教材的优点的同时,在指导思想、内容体系和教学方式等方面进行了新的探索和尝试。

1. 指导思想

电机学通常被认为是一门难教难学的课程,主要原因是电机学中物理概念多、电磁关系复杂,且有学生一时难以适应的工程问题分析方法。但这也说明电机学的学习具有一定的挑战性,在激励学生思考和探索问题方面具有优势。勤思多问,是学好电机学的必由之路。这与当前高等学校特别是研究型大学的教学要求是非常契合的。如何发挥好电机学在培养学生学习能力方面的积极作用,是教师在教学实践中重点考虑的问题。

编写本书的指导思想,就是激发学生思考的积极性和学习的主动性,培养和提高学生的自主学习能力,为培养学生的创新能力打下基础。目标是为高等学校电气工程及其自动化专业以及相关专业的学生提供一本便于自主学习的专业基础课教材或参考书。

2. 内容体系

电机学阐述变压器、同步电机、异步电机和直流电机这四类通用电机的工作原理和分析方法。在以往的教材中,直流电机与交流电机的内容是相互独立的。但交、直流电机内部都有交变的电磁感应关系,物理本质是相同的。因此,本书将电机学内容按照先交流电机、后直流电机的次序编排,并把直流电机作为交流电机的一个特例来介绍,从而把交、直流电机统一起来。这是一种以交流电机为主线的新的编写思路和体系,希望藉此能更好地揭示交、直流电机的共同规律,使学生对电机运行原理有更全面深入的理解,便于进一步学习电机和电力电子变流器构成的系统。我们在近几年的教学中已采用了这种内容体系,取得了较好的教学效果,但仍需通过更多的教学实践来对其进行检验、改进和完善。

电机理论和技术是在不断发展的,学生只有掌握了扎实的基本理论,才会有正确处理复杂工程实际问题的能力,才能有开拓创新的坚实基础。基于这种认识,本教材把对电机的核心问题——内部电磁关系的分析(而不是特性的分析)置于更重要的地位,并围绕这个核心,把电机学的基本物理概念和基本分析方法讲得透彻,使学生掌握得准确牢固,而不追求内容的多而全。本教材的具体内容根据以下主要原则来选择:

(1) 以激发学生自主学习、探究问题的积极性为出发点,根据专业基础课的定位,选择电气工程各二级学科共同需要的最基本、最主要的内容。

(2) 侧重于使学生理解掌握基本概念和基本分析方法,辅助以运行特性分析。

(3) 注意与先修课程和后续课程在内容上的衔接,避免重复。

(4) 适当融入一些电机新技术发展的内容,如异步电动机的软起动、异步发电机用于风力发电等。对这些新内容不单列章节专门介绍,而是将其与基本内容有机地融合在一起,以使读者能够用联系和发展的观点来学习和思考,提高其学习兴趣,培养其探索的意识。

3. 主要特色和教学法

本书包括绪论、变压器、交流电机的共同问题、同步电机、异步电机和直流电机6部分。主要阐述各类电机的共同性问题,重点为对称稳态运行时基本电磁规律的分析,突出基本概念、基本理论和基本分析方法。本书的特色和在教学法方面所做的考虑如下。

(1) 本书以适合学生自主学习为出发点,优先考虑阐述的清晰和可读性。对内容取舍和难易程度、实际应用问题、插图、例题及习题等进行了细致考虑和精心安排,做到内容精选、重点突出、详略得当、循序渐进、由浅入深。在内容表述中,力求准确、精练,但不过于简略,而是注意把分析思路讲清楚,富于启发,便于学生理解、掌握和应用。为了引导学生更好地学习电机学,在"绪论"中介绍了本课程的特点,并对学习方法提出了有益的建议。

(2) 本书特别强调基本物理概念,因为它们是创新能力的基础,是一个学生知识中最有长久价值的部分。书中对主要物理概念采取了精讲、多练的处理方式,对交流电机还强调采用时空相矢量图的定性分析,目的是使学生从物理概念上加深对电机内部电磁规律的理解,从而能更好地掌握电机的基本理论和基本分析方法,有能力解决电机工程实际问题。

(3) 为了便于学生自主学习,本书精选了一些典型例题,并做了详细解答。书中还针对各章节内容的重点和难点,精心编写了大量的练习题、思考题和习题,以引导学生理解掌握本课程的重要知识,培养和提高学生分析解决问题的能力。练习题主要采用问答题的形式,围绕每一节的基本概念和重要内容来设置,反映了对每一节内容学习的基本要求,便于学生在学习了每一节内容后及时练习和检查。在每章后,设有较多的思考题,其难度比练习题要大一些,或者具有一定的综合性,可供学生在学习完一章内容后对所学内容进行复习和总结时选用。这些练习题和思考题,体现了电机学学习中要求积极思考、注重理解物理概念的特点,是为学好电机学而应着重选做的题目。此外,每章的最后还安排了数量较多的习题,主要是需要计算求解的题目,这些题目难度不等,学生可根据个人的情况选做。此外,教师在教学中,还可根据学生的理解能力和掌握情况,适当提供一些参考文献或者工程应用实例作为补充,以扩展学生的思路。

(4) 在每章末尾都有一个小结,对本章讲述的主要概念、分析方法等进行了归纳和提炼,以帮助学生对一章内容有整体性把握。

(5) 书中采用大量的插图来帮助学生理解。还提供了一些实际电机的彩色照片,来加深学生对电机结构和工作原理的感性认识,激发学生进一步探求的欲望。

(6) 为了便于读者掌握专业名词和阅读英文文献,书中用黑体标出了中文主要名词并给出了对应的英文,最后还给出了中英文名词索引,以便于读者查阅。全书的名词和符号采用或参照了最新的有关国家标准和全国科学技术名词审定委员会公布的《电工名词1998》、《电力名词 2002》等文献。

本书可供普通高等学校和成人高等学校电气工程学科相关专业电机学课程的教材或参考书,也可供有关科技人员学习参考。为了便于学生更好地理解和掌握电机学的主要内容,提高分析和解决问题的能力,将出版本书的配套教材《电机学学习指导》。

本书由孙旭东和王善铭编著。孙旭东撰写了绪论和第 1 篇、第 4 篇和第 5 篇,王善铭撰写了第 2 篇和第 3 篇。研究所的有关教师对本书提出了宝贵建议。本书是作者在繁忙的教学、科研和行政工作中利用闲暇时间完成的,尽管我们已经做了不懈的努力,力求在传承清华大学《电机学》教材建设的优良传统和丰富成果的基础上,有所创新,编写出一本精品教材。但是由于编者学识水平有限,本书难免有缺点和错误,恳请广大读者批评指正和提出宝贵意见。

编著者

2006 年 6 月于清华园

目 录

绪论 ·· 1
    0.1 电机在国民经济中的作用 ·· 1
    0.2 电机的分类 ·· 2
    0.3 电机学课程性质和学习方法 ··· 3
    0.4 电机学中常用的电工定律 ·· 4

第 1 篇 变 压 器

第 1 章 变压器的用途、分类、基本结构和额定值 ··· 15
    1.1 变压器的用途和分类 ·· 15
    1.2 变压器的基本结构 ··· 16
    1.3 变压器的额定值 ·· 19
    小结 ·· 20
    思考题 ·· 20
    习题 ·· 20

第 2 章 变压器的运行分析 ··· 21
    2.1 变压器的空载运行 ··· 21
    2.2 变压器的负载运行 ··· 28
    2.3 变压器参数的测定 ··· 36
    2.4 标幺值 ··· 39
    2.5 变压器的运行特性 ··· 42
    小结 ·· 45
    思考题 ·· 46

习题 ··· 47

第3章 三相变压器 ·· 52
3.1 三相变压器的磁路系统 ··· 52
3.2 三相变压器的电路系统——绕组联结方式和联结组 ······························ 53
3.3 三相变压器的空载电动势波形 ·· 58
3.4 变压器的并联运行 ··· 59
小结 ··· 62
思考题 ·· 62
习题 ··· 63

第4章 自耦变压器、三绕组变压器和互感器 ·· 65
4.1 自耦变压器 ·· 65
4.2 三绕组变压器 ··· 68
4.3 互感器 ·· 70
小结 ··· 71
思考题 ·· 72
习题 ··· 72

第2篇 交流电机的共同问题

第5章 交流电机的绕组和电动势 ·· 74
5.1 交流电机的基本工作原理,对交流绕组的基本要求 ······························ 74
5.2 三相单层集中整距绕组及其电动势 ··· 78
5.3 三相单层分布绕组及其电动势 ·· 86
5.4 三相双层分布短距绕组及其电动势 ··· 91
小结 ··· 96
思考题 ·· 96
习题 ··· 97

第6章 交流绕组的磁动势 ·· 101
6.1 单层集中整距绕组的磁动势 ·· 101
6.2 三相双层分布短距绕组的磁动势 ·· 111
6.3 椭圆形磁动势 ··· 115
小结 ··· 117
思考题 ·· 118
习题 ··· 119

第3篇 同步电机

第7章 同步电机的用途、分类、基本结构和额定值 ... 121
7.1 同步电机的用途和分类 ... 121
7.2 同步电机的基本结构 ... 122
7.3 同步电机的额定值 ... 126
小结 ... 127
思考题 ... 127
习题 ... 127

第8章 同步发电机的电磁关系和分析方法 ... 128
8.1 同步发电机的空载运行 ... 128
8.2 同步发电机负载时的电枢反应 ... 133
8.3 隐极同步发电机的时空相矢量图和相量图 ... 137
8.4 凸极同步发电机的双反应理论和相量图 ... 142
8.5 同步发电机的电压调整率和负载时励磁磁动势的求法 ... 148
小结 ... 149
思考题 ... 150
习题 ... 151

第9章 同步发电机的运行特性 ... 155
9.1 同步发电机的空载特性、短路特性和同步电抗的测定 ... 155
9.2 同步发电机的零功率因数负载特性和保梯电抗的测定 ... 157
9.3 同步发电机的电压调整特性和调整特性 ... 161
小结 ... 163
思考题 ... 163
习题 ... 164

第10章 同步发电机的并联运行 ... 167
10.1 同步发电机并联合闸的条件和方法 ... 168
10.2 同步发电机并联运行分析 ... 171
10.3 有功功率调节和静态稳定 ... 175
10.4 无功功率调节和V形曲线 ... 180
小结 ... 183
思考题 ... 184
习题 ... 184

第11章　同步电动机 ·· 188
11.1　同步电动机的运行分析 ·· 188
11.2　同步电动机的起动 ·· 192
小结 ··· 193
思考题 ··· 193
习题 ··· 194

第12章　同步电机的不对称运行 ·· 197
12.1　不对称运行的方程式和等效电路 ···································· 197
12.2　不对称稳态短路的分析 ·· 201
小结 ··· 204
思考题 ··· 205
习题 ··· 205

第4篇　异步电机

第13章　异步电机的用途、分类、基本结构和额定值 ············ 207
13.1　异步电机的用途、分类和基本结构 ································ 207
13.2　三相异步电动机的额定值 ·· 209
小结 ··· 211
思考题 ··· 211
习题 ··· 211

第14章　三相异步电机的运行原理 ·· 212
14.1　三相异步电机转子不转时的电磁关系 ···························· 212
14.2　三相异步电机转子旋转时的电磁关系 ···························· 221
小结 ··· 231
思考题 ··· 232
习题 ··· 234

第15章　三相异步电动机的功率、转矩和运行特性 ················ 237
15.1　三相异步电动机的功率与转矩关系 ································ 237
15.2　三相异步电动机的机械特性 ·· 240
15.3　三相异步电动机的工作特性 ·· 244
15.4　三相异步电动机参数的测定 ·· 245
小结 ··· 247
思考题 ··· 247
习题 ··· 249

第16章 三相异步电动机的起动、调速和制动 ································ 251
16.1 三相异步电动机的起动 ································ 251
16.2 三相异步电动机的调速 ································ 259
16.3 三相异步电动机的电制动 ································ 262
小结 ································ 264
思考题 ································ 264
习题 ································ 265

第17章 三相异步电机的其他运行方式 ································ 267
17.1 三相异步发电机 ································ 267
17.2 感应调压器 ································ 269
小结 ································ 270
思考题 ································ 270
习题 ································ 271

第5篇 直流电机

第18章 直流电机的基本工作原理和结构 ································ 272
18.1 直流电机的用途和基本工作原理 ································ 272
18.2 直流电机的主要结构 ································ 276
18.3 直流电机的额定值 ································ 279
小结 ································ 280
思考题 ································ 280
习题 ································ 280

第19章 直流电机的运行原理 ································ 281
19.1 直流电机的电枢绕组 ································ 281
19.2 直流电机的磁场和电枢反应 ································ 286
19.3 直流电机的换向 ································ 291
19.4 电枢绕组的感应电动势和电磁转矩 ································ 294
19.5 直流电机的基本方程式 ································ 296
小结 ································ 302
思考题 ································ 302
习题 ································ 304

第20章 直流电机的运行特性 ································ 306
20.1 直流发电机的运行特性 ································ 306

20.2 直流电动机的运行特性 …………………………………………………… 310
20.3 直流电动机的调速 ……………………………………………………… 313
20.4 直流电动机的起动和制动 ……………………………………………… 316
小结 ………………………………………………………………………………… 318
思考题 ……………………………………………………………………………… 318
习题 ………………………………………………………………………………… 319

名词索引 ………………………………………………………………………… 323

参考文献 ………………………………………………………………………… 329

绪　　论

0.1　电机在国民经济中的作用

电能因便于大量生产、集中管理、远距离输送和自动控制，而成为现代社会最主要的能源，并对人类文明发展起到了重要的推动作用。**电机**(electric machine)是电能的生产、输送、变换与利用中的核心设备，不仅在国民经济各行业中发挥着重要作用，而且在人们日常生活中的应用也日益广泛。

电机主要有**发电机**(generator)、**电动机**(motor)和**变压器**(transformer)。

发电机主要用于各类发电厂（火力发电厂、水力发电站、核电厂、风电场等）中。燃料燃烧的热能、水流的势能、核能、风能等分别通过汽轮机、水轮机、风力机等转换为机械能，再通过发电机转换为电能。

发电机发出的电能要输送给用户。发电机输出电压一般为 10.5kV～20kV，为了减少远距离输电线路中的能量损失，需采用高压输电，输电电压一般取 110kV、220kV、330kV、500kV 或更高。把发电机电压升高到输电电压，是由变压器完成的。在用户处，再用变压器把输电电压降为较低的电压，如 6kV、1kV、380V、220V 等，供给需要不同电压的各种用电设备。

各种用电设备统称为**负载**(load)。负载中电动机占有很大的比例。电动机被用来驱动各种机械设备，例如：工业生产中使用的各种机床、机器人、轧钢机、纺织机、造纸机、鼓（排）风机、水泵、压缩机、吊车、卷扬机、传送带等，都需要电动机来驱动。一个现代化的大中型企业往往需要数千台乃至数万台多种类型的电动机。农业生产中使用的电力排灌设备、脱粒机、碾米机、榨油机、粉碎机等，交通运输业中使用的电力机车、磁悬浮列车、城市轨道列车、电动汽车、无轨电车等，也要用电动机来驱动。随着人们生活水平的提高，电动机在日常生活中的应用越来越多，如洗衣机、电冰箱、空调器等多种家用电器和电动工具等，都需要电动机来驱动。在航海和航空业中，需要许多有特殊要求的船用电机和航空电机。在国防、文化教育、医疗卫生等行业以及各种高科技领域如计算机、通信、人造卫星等，广泛使用各种小功率电机、微型电机和控制电机。

在电能的生产、输送、分配和消费中的发电机、变压器、电力线路、负载、开关设备等联结在一起，构成了统一的整体，这就是电力系统。电力系统十分庞大和复杂，发电机、变压器和电动机都是其中的重要设备。

自 19 世纪以来，电机一直在人类文明进程中发挥着重要作用。特别是从 20 世纪 60 年代以来，随着原材料性能和制造工艺水平的提高，设计试验方法的改进与完善，通过与微电子技术、计算机技术、自动控制技术、电力电子技术和超导技术等高新技术的发展相结合，电机得到了更快的发展。使用新原理、新结构、高性能的电机不断被研究开发出来，使电机的应用领域进一步扩大。电机以其众多的功率等级（从不到 1W 到上千兆瓦）、宽广的转速范围（从数天一转到每分钟数万转）和对多种环境的适应性（如用于陆地、水下、空中以及不同介质中等），满足了国民经济各行业和人们生活中日益增长的多种多样的需要。电机在国民经济中发挥着重要作用，并将得到更大的发展。

0.2 电机的分类

1. 电机的定义

电机学中所说的电机，是指依靠电磁感应作用而运行的电气设备，用于机械能和电能之间的转换、不同形式电能之间的变换，或者信号的传递与转换。由此应明确以下几点：

① 电机本身不是能源，而只是转换或传递能量的能量转换器；要从电机输出能量，必须先给电机输入能量，其能量转换或传递过程遵从能量守恒定律。

② 任何一种电机的输入、输出能量中，至少有一方必须为电能，或者双方都是电能。

③ 电机是以电磁感应为基本作用原理来运行的，利用其他原理（光电效应、热电效应、化学效应等）产生电能的装置通常不包括在电机的范围内。

2. 电机的分类

电机的种类繁多，结构和性能各异，因此分类方法很多。电机学中主要采用以下两种分类方法。

（1）按照能量转换或传递的功能及用途分类

电机 $\begin{cases} 发电机——将机械能转换为电能的电机 \\ 电动机——将电能转换为机械能的电机 \\ 变压器——主要用于改变交流电能的电压的静止电气设备 \\ 控制电机——主要不是传递能量，而是进行信号的传递和转换。常用于自动控制系统中，作为执行、检测、解算或转换元件 \end{cases}$

（2）按照结构特点及电源种类分类

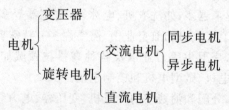

其中，变压器是静止的电气装置，**旋转电机**（electric rotating machine）则具有能做相对旋转运动的部件。也有的电动机运行时做直线运动，称为**直线电动机**（linear motor），但其基本工作原理与相应类型的旋转电机一样，因此仍可将其归入旋转电机。

此外，还有其他分类方法，但每一种分类都不是绝对的，本书不再介绍。

0.3 电机学课程性质和学习方法

1. 电机学课程性质

(1) 课程地位

电机学是电气工程及其自动化专业学生必修的重要专业基础课,担负着为后续相关专业课程打下坚实理论基础的任务。本课程的主要先修课程有电路原理和大学物理(电磁学)等。

(2) 课程学习要求

电机学将系统地阐述变压器和旋转电机(同步电机、异步电机和直流电机)的基本概念、基本电磁关系、基本分析方法和运行特性等内容,要求学生逐步建立并牢固掌握电机学的基本概念,熟悉和掌握电机基本理论和基本分析方法,学习分析工程实际问题的思路和方法,培养并提高分析和解决实际问题的能力。

(3) 内容特点

电机学虽然是基础课,但是与电磁学、电路原理等基础理论课程有很大的不同。在这些基础理论课中,分析讨论的一般是逻辑性较强、条件较单纯和理想的问题,涉及的器件、装置等基本是理想化的、非具体的。例如,电路理论中介绍的电阻、电感、电容等都不代表具体的电气装置。而在电机学中,分析的是在工程实际中使用的各种类型的具体电机(变压器、同步电机、异步电机和直流电机),不仅有较强的理论性,而且由于涉及的条件和因素比较复杂,因此又有较强的专业性和综合性。

由于电机学兼有理论性和专业性,与工程实际结合密切,因此,学习好电机学有助于学生从基础理论课程的学习顺利地过渡到专业课程的学习。

2. 学习方法建议

根据电机学课程的性质和内容,在学习方法上建议读者注意掌握以下几点。

(1) 理论联系实际

电机理论是人们从长期的电机工程实践中总结提炼出来的,与实际装置的密切结合是其突出的特点之一。电机学课程正是结合具体型式的电机来阐述电机学理论的,理论与电机结构之间有内在的联系。因此,应对实际电机的具体结构特点和应用领域有足够的认识,这样有助于深入理解电机的工作原理、电磁关系和运行特性。

(2) 学会抓住主要矛盾,培养工程观点

工程实际问题通常都很复杂。电机运行时,电、磁、力、热等方面的物理定律同时起作用,相互制约,需要综合考虑,即便是只分析电磁方面的问题,也存在着电和磁的多个物理量间的相互影响、磁路非线性等因素,因此,往往要根据所分析问题的要求,忽略一些次要因素,抓住主要矛盾加以解决。这是分析工程实际问题时常用的方法,结果的准确性对于实际应用是足够的。但需要注意的是,在某种条件下的次要因素,在另一种条件下可能成为主要因素。这就需要根据所研究的具体问题和条件,先找出基本关系,确定分析方法,再适当考虑次要因素的影响。这些分析工程问题的近似处理方法,与物理学、电路原理等理论课中的严格推导、准确计算有所不同,它是学生在学习电机学的过程中应注意理解、适应并逐渐掌握和学会运用的。

（3）注意学习方法，重视能力培养

本书在内容安排上力求做到由浅入深、从具体到一般，并注意揭示各种电机的内在联系。因此，全书内容按照变压器、同步电机、异步电机、直流电机的顺序进行阐述。各部分内容从具体电机入手，分析其工作原理和运行特性。在每章的最后进行简要的回顾与总结。但是，初学者仍可能感到电机学中概念多、理论性强、电磁关系复杂。因此，建议在学习中注意以下几点。

① 加深对物理概念和基本电磁关系的理解，切忌采用死记硬背或短时突击的学习方法。应勤思多问，通过分析和解决问题的实践，在理解的基础上来掌握理论。

② 电机学在分析具体电机问题时，一般是从有关电磁感应定律出发，首先对电机内部的各电、磁量之间的作用关系做定性分析，然后采用电机学的基本分析方法和手段，对电机进行定量分析并对电磁规律进行总结。通过此过程，应掌握电机学分析方法的特点并能够灵活运用，同时培养和提高分析解决问题的能力。

③ 虽然电机型式多种多样，结构和特性各异，但其工作原理都建立在电磁基本定律的基础上，其电磁关系和分析方法都有相同或相似之处。因此，在通过具体电机的学习，掌握其个性和特点，学会分析具体问题的同时，还应通过比较和分析，总结和掌握各种电机的共性，努力做到使所学知识融汇贯通。在此基础上，可进一步开拓思路，去探索问题，提出新设想、新方法，激发创新性思维，培养创新能力。

（4）重视实践活动，培养动手能力

电机学与工程实际结合密切，因此实践活动（包括实验和其他的实践项目）是电机学学习中的重要环节。电机学实验是强电实验，与物理实验和电路实验等有很大的不同。通过实验和其他实践项目训练，学生应学习和掌握电机学及强电实验的基本功。应认真地分析和解决实践活动中出现的问题，从而深化对电机学理论和电机运行特性的理解，提高动手能力和分析、解决实际问题的能力。

0.4 电机学中常用的电工定律

各种电机的运行原理都以基本电磁定律和能量守恒定律为基础。下面简要介绍电机学中常用的基本定律和一些相关问题，这些是学习电机学的重要理论基础。

0.4.1 电路定律

1. 基尔霍夫电流定律

在集总参数电路中的任一节点处，所有支路电流的代数和在任何时刻恒等于零，即 $\sum i = 0$。对于正弦稳态交流电路，其**相量**（phasor）形式为 $\sum \dot{I} = 0$。其中，当支路电流的参考方向为流入、流出节点时，支路电流分别取相反的符号。该定律也适用于包围几个节点的闭合面，即流出闭合面的电流等于流入该闭合面的电流，这称为电流连续性。基尔霍夫电流定律体现了电流的连续性。

2. 基尔霍夫电压定律

在集总参数电路中,沿任一回路内所有支路或元件电压的代数和恒等于零,即 $\sum u = 0$。对于正弦稳态交流电路,其相量形式为 $\sum \dot{U} = 0$。其中,当电压的参考方向与回路绕行方向一致(相反)时,电压取正(负)号。

基尔霍夫电压定律也可表述为:任一回路内电压的代数和等于电动势的代数和,即 $\sum u = \sum e$。对于正弦稳态交流电路,其相量形式为 $\sum \dot{U} = \sum \dot{E}$。

0.4.2 基本电磁定律

电机依靠电磁感应作用而运行,以**磁场**(magnetic field)作为其耦合场。

1. 磁场的基本物理量

表征磁场特性的一个基本物理量是**磁感应强度**(magnetic induction),用 $\boldsymbol{B}$ 表示,单位是 T($1\text{T}=1\text{Wb/m}^2$)。磁感应强度是一个矢量,表示空间任何一点磁场的强弱(量值)和方向。磁感应强度矢量的通量称为**磁通[量]**(magnetic flux),用 $\varPhi$ 表示,单位是 Wb。磁场中经过一个曲面 S 的磁通为 $\varPhi = \int_S \boldsymbol{B} \cdot \text{d}\boldsymbol{S}$。磁感应强度量值相等、方向相同的磁场称为均匀磁场。在磁感应强度为 B 的均匀磁场中,通过垂直于磁场、面积为 A 的平面的磁通为 $\varPhi = BA$,即 $B = \varPhi/A$,因此,磁感应强度又称**磁通密度**(magnetic flux density)。

磁场可以形象地用磁感应线(又称磁力线)来表示。磁感应线上任何一点的切线方向即是该点的磁场方向。磁感应线密集处的磁通密度值大,稀疏处的值小。此时,磁通可以看做磁场中通过某一面积的磁感应线的数量。

表征磁场特性的另一个基本物理量是**磁场强度**(magnetic field strength),用 $\boldsymbol{H}$ 表示,单位是 A/m,也是矢量。将磁介质中某点的磁通密度与磁场强度量值之比,定义为磁介质的**磁导率**(permeability),用 μ 表示,即 $\mu = B/H$,单位是 H/m,其值由磁场该点处的磁介质性质决定。由于矢量 $\boldsymbol{B}$ 和 $\boldsymbol{H}$ 通常方向相同,因此也可写成矢量式 $\boldsymbol{B} = \mu \boldsymbol{H}$。

2. 基本电磁定律

(1) **安培环路定律**(Ampère circuital theorem)

电流可产生磁场,磁场与产生它的电流同时存在。安培环路定律描述了磁场强度与产生磁场的电流之间的关系。在磁场中,磁场强度 $\boldsymbol{H}$ 沿任意一个闭曲线 C 的线积分,等于该闭曲线所包围的全部电流的代数和,这就是安培环路定律,用公式表示为

$$\oint_C \boldsymbol{H} \cdot \text{d}\boldsymbol{l} = \sum i$$

式中各电流的符号由**右手螺旋定则**(right-handed screw rule)确定。即当电流的参考方向与闭曲线 C 的环行方向(即积分路径方向)满足右手螺旋定则时,该电流为正,否则为负。例如,在图 0-1 中,虽然闭曲线 C 和 C' 不同,但包围的载流导体相同,因此线积分的结果都等于电流 i_1、i_2 和 i_3 的代数和,而与路径无关。按照右手螺旋定则,i_1 和 i_3 应取正号,而 i_2 应取负号,因此有

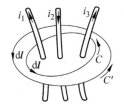

图 0-1 安培环路定律

$$\oint_C \boldsymbol{H} \cdot \mathrm{d}l = \oint_{C'} \boldsymbol{H} \cdot \mathrm{d}l = \sum i = i_1 - i_2 + i_3$$

(2) **法拉第电磁感应定律**(Faraday law of electromagnetic induction)

将一个匝数为 N 的**线圈**(coil)置于磁场中,有磁通 ϕ 通过线圈,与线圈相链的**磁链**(flux linkage)为 ψ。当磁链 ψ 随时间 t 变化时,线圈中将感应产生**电动势**(electromotive force, EMF),这种现象称为**电磁感应**(electromagnetic induction)。该电动势的方向由**楞次定律**(Lenz's law)确定,即该电动势倾向于在线圈中产生电流,该电流产生的磁场总是倾向于阻止磁链 ψ 的变化。因此,当电动势与磁通的参考方向满足右手螺旋定则时(如图 0-2 所示),电动势可表达为

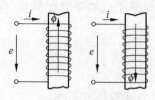

图 0-2 与电磁感应定律相关的参考方向

$$e = -\frac{\mathrm{d}\psi}{\mathrm{d}t}$$

当磁通 ϕ 与线圈全部的 N 匝都相链时,磁链 $\psi = N\phi$,则上式可写为

$$e = -N\frac{\mathrm{d}\phi}{\mathrm{d}t}$$

与线圈相链的磁通发生变化,其原因有以下两个:

① 线圈相对磁场静止,但磁通由时变电流产生,即磁通是时间 t 的函数,其大小随时间 t 变化。由此在线圈中产生的电动势称为变压器电动势。

② 磁通本身不随时间变化,但线圈(或导体)与磁场有相对运动,从而引起与线圈相链的磁通随时间 t 变化。由此在线圈(或导体)中产生的电动势称为运动电动势或速度电动势。

运动电动势可以形象地看成导体在均匀磁场中运动而"切割"磁感应线时,该导体中产生的电动势。当磁通密度 $\boldsymbol{B}$、导体长度和导体运动这三个方向互相垂直时,若导体处于磁场中的长度为 l,相对磁场的运动速度为 v,则导体中产生的运动电动势为

$$e = Blv$$

其方向可用**右手定则**(right-hand rule)确定。

需要指出的是,$e = -\dfrac{\mathrm{d}\psi}{\mathrm{d}t}$ 是电磁感应定律的普遍形式,$e = Blv$ 只是计算运动电动势的一种特殊形式。

(3) 电磁力定律

载流导体在磁场中将受到力的作用,这种力称为安培力,电机学中则通常称其为**电磁力**(electromagnetic force)。若长度为 l 的导体处于磁通密度为 B 的均匀磁场中,则当导体长度方向与磁通密度方向垂直、导体流过电流 i 时,电磁力的计算公式为

$$F = Bli$$

其方向可用**左手定则**(left-hand rule)确定。

0.4.3 铁磁材料的特性

1. 铁磁材料的磁导率

物质按其磁化效应大致可分为铁磁性物质和非铁磁性物质两类。在工程上,通常近似认为非铁磁性物质的磁导率 μ 与真空的磁导率 μ_0 ($\mu_0 = 4\pi \times 10^{-7}$ H/m)相等。这类物质包括除铁族元素及其化合物以外的全部物质,如空气、铜、铝、橡胶等。**铁磁材料**(ferromagnetic material)由铁磁性物质构成,主要包括铁、镍、钴及其合金。铁磁材料放入磁场后,磁场会大大增强,因此其磁导率 μ_{Fe} 为 μ_0 的数十倍乃至数万倍。铁磁性物质的磁导率 μ_{Fe} 与它所在磁场的强弱及物质磁状态的历史有关,因此不是常数。

在电机中,要求产生较强的磁场以减小其体积和质量,提高性能,因此需要采用磁导率大的铁磁材料。电机中常用的铁磁材料的磁导率在 $2000\mu_0 \sim 6000\mu_0$ 之间。

2. 磁化曲线

铁磁材料在外磁场中呈现很强的磁性,这种现象称为**磁化**(magnetization)。磁化是铁磁材料的重要特性之一,其性质可用**磁化曲线**(magnitization curve)来表示。它是以磁场强度量值 H 为横坐标,以磁通密度量值 B 为纵坐标而画出的曲线,也称 B-H 曲线。

空气等非铁磁性物质的磁化曲线为一条直线,其斜率等于真空磁导率 μ_0,如图 0-3 中虚线所示。下面讨论铁磁材料的磁化曲线。

(1) 起始磁化曲线

铁磁材料的磁化曲线可通过试验测得。对尚未磁化的一定尺寸的铁磁材料,从磁场强度 $H=0$,磁通密度 $B=0$ 开始磁化。当 H 从零逐渐增大时,B 将随之增大,得到的曲线 $B=f(H)$ 称为**起始磁化曲线**(initial magnitization curve),如图 0-3 所示。可见,起始磁化曲线大致可分为 4 段。第 1 段:H 从零开始增加且 H 很小时,B 增加得不快,磁导率 μ_{Fe} 较小,如图 0-3 中 Oa 段所示。第 2 段:B 随 H 的增大而迅速增加,二者近似为线性关系,μ_{Fe} 很大且基本不变,如 ab 段所示。第 3 段:随着 H 继续增

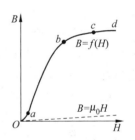

图 0-3 铁磁材料的起始磁化曲线

大,B 增加得越来越慢,即 μ_{Fe} 随 H 的增加反而减小,如 bc 段所示。这种磁通密度 B 不随磁场强度 H 的增加而显著增大的状态称为**磁饱和**(magnetic saturation),通常简称为饱和。第 4 段:在饱和以后,磁化曲线趋向于与非铁磁材料的 $B=\mu_0 H$ 曲线平行,如 cd 段所示。显然,铁磁材料的起始磁化曲线是非线性的,在不同的磁通密度下有不同的磁导率值。

在电机中,为了产生较强的磁场,希望铁磁材料的磁导率较高,因此其中的磁通密度不能太高,但也不能太低。电机设计中,通常把磁通密度取为图 0-3 中 b 点附近的值,该点是磁化曲线的拐弯处,称为膝点。

(2) 磁滞回线

电机中使用的铁磁材料常受到交变磁化。铁磁材料在这种周期性的磁化过程中,B 和 H 不再是起始磁化曲线的关系,而是如图 0-4 所示的磁滞回线关系。当磁场强度 H 从零增大到 $+H_m$,使铁磁材料达到饱和,磁通密度为 B_m 时,如果减小 H,则 B 将沿着比起始磁化曲线略高的曲线 ab 下降。当 H 减至零时,B 并不是零。这种 B 的变化滞后于

H 变化的现象,称为**磁滞**(magnetic hysteresis)。铁磁材料在 $H=0$ 时由于磁滞而仍然保留的磁通密度 B_r,称为剩余磁通密度,电机学中通常简称其为**剩磁**(residual magnetism)。要使剩磁为零,必须反向磁化。当反向的 H 达到 $-H_c$ 值时,B 降为零,该磁场强度值 H_c 称为**矫顽力**(coercive force)。B_r 和 H_c 是铁磁材料的两个重要参数。

磁滞现象是铁磁材料的一个重要特性。它和磁化现象都可用物理学中的磁畴假说来解释。由于存在磁滞现象,因此当对称交变的磁场强度在 $+H_m$ 和 $-H_m$ 间变化,对铁磁材料进行反复磁化时,得到的是图 0-4 中近似对称于原点的 B-H 闭合曲线 $abca'b'c'$,称为**磁滞回线**(hysteresis loop)。

按照磁滞回线形状的不同,铁磁材料可大致分为软磁材料和硬磁材料两类。

软磁材料(soft magnetic material)的磁滞回线窄,B_r 和 H_c 值均较小,如图 0-5 中曲线 1 所示。常用的软磁材料有纯铁、铸铁、铸钢、电工钢、硅钢等。这类材料的磁滞现象不很明显,没有外磁场时磁性基本消失,磁导率高,因此适合用来制造电机。

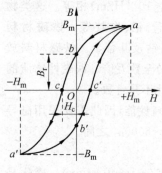

图 0-4 磁滞回线

硬磁材料(hard magnetic material)的磁滞回线宽,B_r 和 H_c 值均较大,如图 0-5 中曲线 2 所示。硬磁材料包括镍、钴、铬、钨等的合金。这类材料在被磁化后,剩磁较大且不易消失,适合于制作**永磁体**(permanent magnet),因此也称为永磁材料。常用的永磁材料有铝镍钴、铁氧体、稀土钴、钕铁硼等。其性能主要由 B_r、H_c 和最大磁能积 $(BH)_{max}$ 这三个指标来表征。一般值越大,材料的磁性能越好。有的电机中采用永磁体来产生磁场,这类电机称为**永磁电机**(permanent magnet machine)。

(3) 正常磁化曲线

对同一铁磁材料,选择不同 H_m 值的对称交变磁场进行反复磁化,可得到一系列磁滞回线,如图 0-6 中虚线所示。把各磁滞回线在第一象限中的顶点连接起来,得到的曲线称为**正常磁化曲线**(normal magnetization curve)或基本磁化曲线,如图 0-6 中实线所示。一定的磁性材料,其正常磁化曲线是比较固定的,且与起始磁化曲线差别不大。对软磁材料,工程中广泛采用正常磁化曲线来代替磁滞回线,以解决 B 与 H 为多值函数的问题。这样做虽有误差,但通常是工程计算所允许的。生产厂家提供的软磁材料的磁化曲线,一般都是正常磁化曲线,以实测曲线或数据表格的形式给出。

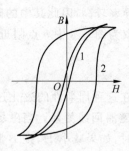

图 0-5 软磁、硬磁材料的磁滞回线

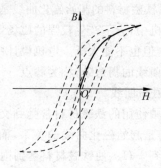

图 0-6 正常磁化曲线

3. 铁磁材料的损耗

铁磁材料在被交变磁场反复磁化的过程中,其磁畴在不断运动中相互摩擦,要消耗能量,所产生的功率损耗称为**磁滞损耗**(hysteresis loss)。分析表明,磁滞损耗与磁滞回线的面积、磁场交变频率 f 和铁磁材料的体积 V 成正比。磁滞回线的面积取决于铁磁材料;对同一种材料,则取决于磁通密度最大值 B_m。工程中计算磁滞损耗 p_{Hy} 的经验公式是 $p_{Hy}=C_{Hy}fB_m^n V$,其中,C_{Hy} 为磁滞损耗系数,与材料有关;n 为由试验确定的指数,一般 $n=1.6\sim 2.3$。

像硅钢这样具有导电能力的铁磁材料,在交变磁场的作用下,内部会产生围绕磁通呈旋涡状流动的感应电流,称为**涡流**(eddy current)。涡流在其流经路径的等效电阻上产生的焦耳损耗称为**涡流损耗**(eddy current loss)。分析表明,涡流损耗 p_{Ft} 与磁通密度、磁场交变频率 f 及垂直于磁场方向上材料厚度 d 的平方成正比,与材料的电阻率 ρ 成反比,即 $p_{Ft}=C_{Ft}f^2 B_m^2 d^2 V$,其中 C_{Ft} 为涡流损耗系数,其大小取决于 ρ。可见,减小涡流损耗的主要措施就是尽可能减小材料的厚度和增加涡流回路的电阻。

电机中使用的铁磁材料绝大多数是硅钢,并制成薄的片状,称为**硅钢片**(silicon steel sheet)。这是因为其导磁性能好,磁滞回线面积较小,磁滞损耗小;而且,由于它含有适量的硅,提高了电阻率,加之厚度很薄,因此可以有效地减小涡流损耗。

在以频率 f 交变的磁场作用下,铁磁材料中的磁滞和涡流现象是同时存在的。因此,在电机计算中,常将磁滞损耗和涡流损耗合在一起,统称为**铁耗**(iron loss)。对于一般的硅钢片,在正常工作磁通密度范围内($1T<B_m<1.8T$),铁耗可以近似表示为

$$p_{Fe} \approx C_{Fe} f^{1.3} B_m^2 G$$

式中,C_{Fe} 为铁耗系数,与硅钢片材料有关;G 为硅钢片的重量。

一般通过试验可测得各种铁磁材料在不同频率和不同 B_m 下的比损耗(每千克材料的磁滞损耗和涡流损耗)。在电机设计中,利用这些数据来计算所用铁磁材料的铁耗。

0.4.4 磁路定律

电机内部电磁场的空间分布、变化及其与电流的交链情况决定了电机的运行特性。电机电磁场是非常复杂的,在对其做比较详细的分析时,需要在若干假定条件下,采用有限元法、边界元法等电磁场数值计算方法。但在电机学和一般的工程分析计算中,通常对复杂的电磁场问题进行简化,用磁路和等效电路的方法来分析。

1. 磁路的概念

包括电机在内的很多电气装置中都需要产生较强的磁场,因此广泛采用导磁性能好的铁磁材料(如硅钢片),并制成闭合或近似闭合的环路即**铁心**(core),来构成磁通的路径。由于不存在类似于电绝缘体样的磁绝缘物质,因此磁场是在电机内部整个空间(包括铁磁材料和非铁磁材料)中分布的。为了简便起见,常把这种在三维空间中分布的磁场,简化为限定在一定空间范围内的磁场,即简化为**磁路**(magnetic circuit)。磁路可以理解为磁通所经过的路径,与电路为电流通过路径的概念相类似。

图 0-7 所示为一个绕有 N 匝线圈的框形闭合铁心的示意图(应想象出铁心在垂直纸面方向有一定厚度)。当线圈通以电流 i 时,线圈周围空间中产生磁场。由于铁心的磁导

率比空气的大得多,因此绝大部分磁通是从铁心内通过,这部分磁通称为主磁通,用 Φ 表示。还有很少一部分磁通,在线圈围绕的部分铁心及其周围空间分布,称为漏磁通,用 Φ_σ 表示。这样就把电流 i 产生的磁场划分为在一定的空间范围内分布的两部分。主磁通、漏磁通所通过的路径分别构成主磁路和漏磁路。若产生磁通的电流 i 是直流,磁路中的磁通不随时间变化,则称这种磁路为直流磁路。若电流 i 是交流,磁路中的磁通随时间交变,则称这种磁路为交流磁路。

2. 磁路定律

(1) 磁路的欧姆定律

在图 0-7 中,若忽略漏磁通 Φ_σ,设闭合铁心磁路的平均长度为 l,主磁通 Φ 通过的铁心截面积为 A,主磁通在铁心各截面上均匀分布且垂直于截面,其磁通密度为 B,闭合磁路 l 上各处的磁场强度 H 都相等,铁心磁导率为 μ,则主磁通 Φ 等于磁通密度与截面积之积,即 $\Phi=BA$;而磁场强度 H 等于磁通密度除以磁导率,即 $H=B/\mu$。由安培环路定律,得

$$\oint \boldsymbol{H} \cdot \mathrm{d}\boldsymbol{l} = Hl = Ni$$

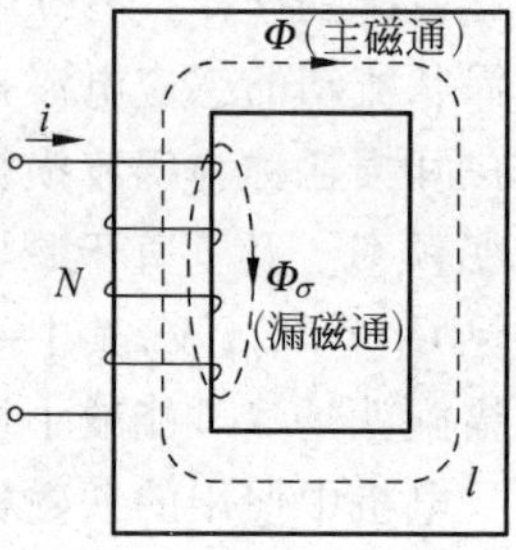

图 0-7 磁路示意图

因此,有

$$\Phi = BA = \mu HA = \mu \frac{Ni}{l} A = \frac{Ni}{l/(\mu A)} = \frac{F}{R_\mathrm{m}} = F\Lambda$$

式中,$F=Ni$,为作用在铁心磁路上的**安匝数**(ampere-turns),称为磁路的**磁动势**(magnetomotive force,MMF),也称磁通势,单位为 A;$R_\mathrm{m}=\dfrac{l}{\mu A}$,为磁路的**磁阻**(reluctance),单位是 H^{-1};Λ 为磁路的**磁导**(permeance),为磁阻的倒数,即 $\Lambda=1/R_\mathrm{m}$,单位为 H。

上式表明:磁路中的磁通 Φ 等于作用于磁路上的磁动势 F 与磁导 Λ 之积,或磁动势 F 等于磁通 Φ 与磁阻 R_m 之积。这种关系与电路中的**欧姆定律**(Ohm's law)很相似,称为磁路的欧姆定律。

(2) 磁路的基尔霍夫第一定律

电机的磁路要比图 0-7 的复杂,常由数段不同截面积、不同铁磁材料的铁心组成,还可能含有空气间隙,称为**气隙**(air gap)。对这样的磁路进行分析计算时,需要根据其材料或截面积的不同,把它分成若干段。每段磁路都是均匀磁路,即同一段磁路的材料、截面积和通过的磁通都相同,磁通密度值处处相等,因而磁场强度值也处处相等。

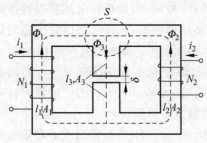

图 0-8 有分支磁路示意图(不计漏磁通)

以图 0-8 所示的具有分支和气隙的铁心磁路为例。不计漏磁通时,磁路可以分成 4 段:左侧铁心段,截面积为 A_1,平均长度为 l_1,主磁通为 Φ_1;右侧铁心段,截面积为 A_2,平均长度为 l_2,主磁通为 Φ_2;中间铁心段,截面积为 A_3,平均长度为 l_3(包括上、下两部分),主磁通为 Φ_3;气隙段,长度为 δ,截面积为 A_3,主磁通为 Φ_3。

主磁通 Φ_1、Φ_2 和 Φ_3 的参考方向如图中所示。

0.4 电机学中常用的电工定律

在 Φ_1、Φ_2 和 Φ_3 的汇合处(可称为磁路中的节点,类似电路中的节点),作一个闭曲面 S,根据磁通的连续性原理 $\oint_S \boldsymbol{B} \cdot \mathrm{d}\boldsymbol{S} = 0$,得

$$\sum \Phi = 0 \quad \text{或} \quad \Phi_1 + \Phi_2 - \Phi_3 = 0$$

即穿出(或进入)任一闭曲面的总磁通代数和恒等于零,或穿出任一闭曲面的磁通量恒等于进入该闭曲面的磁通量。这与电路的基尔霍夫电流定律 $\sum i = 0$ 类似,称为磁路的基尔霍夫第一定律。

(3) 磁路的基尔霍夫第二定律

仍以图 0-8 为例。不计漏磁通,设左侧、右侧、中间铁心和气隙段磁路的磁场强度值分别为 H_1、H_2、H_3 和 H_δ,其参考方向分别与相应的磁通的参考方向一致,磁导率分别为 μ_1、μ_2、μ_3 和 μ_0。对左侧、中间铁心和气隙段组成的闭合路径,根据安培环路定律,可得

$$\oint \boldsymbol{H} \cdot \mathrm{d}\boldsymbol{l} = N_1 i_1 = F_1 = H_1 l_1 + H_3 l_3 + H_\delta \delta$$

由于 $H_1 = \dfrac{B_1}{\mu_1} = \dfrac{\Phi_1}{\mu_1 A_1}$,$H_3 = \dfrac{B_3}{\mu_3} = \dfrac{\Phi_3}{\mu_3 A_3}$,$H_\delta = \dfrac{B_\delta}{\mu_0} = \dfrac{\Phi_3}{\mu_0 A_3}$,因此得

$$F_1 = \frac{\Phi_1 l_1}{\mu_1 A_1} + \frac{\Phi_3 l_3}{\mu_3 A_3} + \frac{\Phi_3 \delta}{\mu_0 A_3} = \Phi_1 R_{m1} + \Phi_3 R_{m3} + \Phi_3 R_{m\delta}$$

式中,R_{m1}、R_{m3} 和 $R_{m\delta}$ 分别为各段磁路的磁阻。

同理,对由左、右侧铁心组成的闭合路径,以顺时针方向为绕行方向,当某段磁路中的磁通参考方向与绕行方向一致时,该段的磁通取正号,否则取负号,因此有

$$N_1 i_1 - N_2 i_2 = F_1 - F_2 = H_1 l_1 - H_2 l_2 = \Phi_1 R_{m1} - \Phi_2 R_{m2}$$

式中,R_{m2} 为右侧铁心段磁路的磁阻。

定义一段磁路的磁场强度 H_k 与长度 l_k 的乘积 $H_k l_k$ 为该段磁路的磁位差,它等于该段磁路的磁通 Φ_k 与磁阻 R_{mk} 的乘积。由以上两式可以看到,任一闭合磁路上磁动势的代数和恒等于该闭合磁路各段磁位差的代数和。这类似于电路的基尔霍夫电压定律,因此称为磁路的基尔霍夫第二定律。它实质上是安培环路定律的另一种表达形式。

(4) 磁路与电路的类比关系及区别

由上述可见,磁路与电路间存在着一些类比关系,如表 0-1 所示。

表 0-1 磁路与电路的类比关系

物理量及其单位		基本定律		
磁 路	电 路	定 律	磁 路	电 路
磁动势 $F(\mathrm{A})$ 磁通 $\Phi(\mathrm{Wb})$ 磁阻 $R_\mathrm{m}(\mathrm{H}^{-1})$ 磁导 $\Lambda(\mathrm{H})$ 磁通密度 $B(\mathrm{T})$ $\left(B = \dfrac{\Phi}{A}\right)$	电动势 $E(\mathrm{V})$ 电流 $I(\mathrm{A})$ 电阻 $R(\Omega)$ 电导 $G(\mathrm{S})$ 电流密度 $J(\mathrm{A/m}^2)$ $\left(J = \dfrac{I}{A}\right)$	欧姆定律 基尔霍夫第一定律 基尔霍夫第二定律	$\Phi = \dfrac{F}{R_\mathrm{m}}$ $\left(R_\mathrm{m} = \dfrac{1}{\Lambda} = \dfrac{l}{\mu A}\right)$ $\sum \Phi = 0$ $\sum Hl = \sum Ni$	$I = \dfrac{U}{R}$ $\left(R = \dfrac{1}{G} = \rho \dfrac{l}{A}\right)$ $\sum i = 0$ $\sum u = \sum e$

磁路和电路的这些相似关系,有助于在掌握了电路理论的基础上理解磁路基本定律。但是必须注意,磁路与电路的性质是有差别的,主要表现在以下三个方面。

① 导体的电阻率 ρ 在一定温度下是常数,其电阻 R 通常可视为常数,分析线性电路时可应用叠加原理。磁阻 R_m 与导体电阻 R 的计算公式虽相似,但铁磁材料的磁导率 μ 不是常数,是磁通密度 B 的函数。在 B 较高时,铁心磁路会饱和,因此,铁心磁路的磁阻 R_m(或磁导 Λ)不是常数。它不仅与构成铁心的铁磁材料有关,而且随 B 的变化即磁路饱和程度的变化而变化。这样,在磁路计算中就不能应用叠加原理。

铁心磁路的这种非线性特性,对电机的参数和性能有重要影响,磁阻或磁导是定性分析这种影响时常用的概念。这是后面学习中需要特别注意理解和掌握的地方。

② 在电路中,可以有电动势而无电流,可以认为电流只在导体中流过,导体外没有电流。而在磁路中,只要有磁动势,就必定有磁通,而且磁通不是全部在铁心中通过,除了铁心中的主磁通外,总有一部分漏磁通散布在铁心以外的非铁磁材料中。

③ 电路中,只要有电流,在电阻上就有损耗。但在磁路中,有磁通却不一定有损耗,在磁通恒定的直流磁路中没有损耗,而在磁通交变的交流磁路中有铁耗,即磁滞损耗和涡流损耗。

可见,磁路与电路间的相似,仅仅是数学描述形式上的相似,它们的物理本质是不同的。

3. 铁心磁路计算简介

磁路计算是电机分析特别是设计中的一项重要工作。磁路计算问题有两种类型:一类是给定磁路中的磁通,计算产生它所需的磁动势,这是正问题;另一类是逆问题,即给定作用于磁路上的磁动势,求它产生的磁通。电机设计中的磁路计算通常属于正问题。

由于铁心磁路具有非线性,因此在铁心磁路的定量计算中,通常不用磁阻(或磁导)概念和磁路欧姆定律,而是应用安培环路定律和各段磁路材料的磁化曲线。

对于直流磁路计算中的正问题,其一般的计算步骤如下:
(1) 将磁路按照材料和截面积的不同,分成均匀的若干段;
(2) 计算各段磁路的有效截面积 A_k 和平均长度 l_k;
(3) 根据各段磁路的磁通 Φ_k,计算各段磁路的平均磁通密度 $B_k = \Phi_k / A_k$;
(4) 由 B_k 求 H_k,对非铁磁材料,$H_k = B_k / \mu_0$;对铁磁材料,H_k 由基本磁化曲线查出;
(5) 计算各段磁路的磁位差 $H_k l_k$,再求得所需的磁动势 $F = \sum H_k l_k$。

在 Φ_k 和 H_k 的计算中,经常需要根据磁路的基尔霍夫第一、第二定律列写方程式来求解。

对于直流磁路计算的逆问题,由于磁路有非线性,因此通常采用迭代法求解。

交流磁路中的磁动势和磁通虽是交变的,但其瞬时值仍遵循磁路的基本定律,计算时通常也可用基本磁化曲线。为表明磁路的饱和程度,计算时磁通和磁通密度均用幅值。有关铁心线圈的交流磁路的分析计算,将在第1篇中进一步讨论。

0.4.5 能量守恒定律

电机在进行机电能量转换或不同形式电能变换的过程中,都遵守能量守恒定律,即

0.4 电机学中常用的电工定律

输入能量＝输出能量＋内部损耗

电机运行中存在的能量形式有四种,即电能、机械能、磁场储能和热能。其中,电能和机械能是电机的输入或输出能量,磁场储能是储存在电机磁场(主要是气隙磁场)中的能量,热能则是由电机运行中的各种损耗转换而来的能量。根据能量守恒定律,在电机运行中,这四种能量间存在的平衡关系是

输入的机械能或电能＝磁场储能的增量＋热能＋输出的电能或机械能

在电机分析中,通常将能量守恒定律用功率平衡方程式来表示。电机在稳态运行时,磁场储能增量为零,因此功率平衡方程式为

$$P_1 = P_2 + \sum p$$

式中,P_1 为输入功率,P_2 为输出功率,$\sum p$ 为各种损耗之和。

练习题

0-4-1 说明磁通、磁通密度(磁感应强度)、磁场强度、磁导率等物理量的定义、单位和相互关系。

0-4-2 写出图 0-9 中沿闭曲线 C 的安培环路定律表达式。

0-4-3 变压器电动势和运动电动势产生的原因有什么不同？其大小与哪些因素有关？

0-4-4 如图 0-10 所示,匝数为 N 的线圈与时变的磁通 ϕ 交链。若规定感应电动势 e 和 ϕ 的参考方向分别如图 0-10(a)、(b)所示,试分别写出(a)、(b)两种情况下 e 与 ϕ 之间关系的表达式。

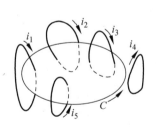

图 0-9 练习题 0-4-2 图

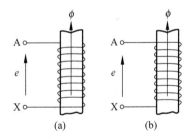

图 0-10 练习题 0-4-4 图

0-4-5 起始磁化曲线、磁滞回线和基本磁化曲线是如何形成的？它们有哪些差别？

0-4-6 磁滞损耗和涡流损耗是如何产生的？它们的大小与哪些因素有关？

0-4-7 什么是磁路的基尔霍夫定律？什么是磁路的欧姆定律？磁阻和磁导与哪些因素有关？

0-4-8 两个铁心线圈,它们的铁心材料、线圈匝数均相同。若二者的磁路平均长度相等,但截面积不相等,当两个线圈中通入相等的直流电流时,哪个铁心中的磁通和磁通密度值较大？若二者的截面积相等,但磁路平均长度不等,则当使两个铁心中的磁通量相同时,哪个线圈中的直流电流较大？

0-4-9 如图 0-11 所示的圆环铁心磁路,环的平均半径 $r=100$mm,截面积 $A=$

200mm², 绕在环上的线圈匝数 $N=350$。圆环材料为铸钢, 其磁化曲线数据如表 0-2 所示, 不计漏磁通。

(1) 当圆环内磁通密度 B 分别为 0.8T 和 1.6T 时, 磁路的磁通分别是多少? 两种情况下磁路的磁导和所需的励磁电流 I 分别相差了多少倍?

(2) 若要求磁通为 0.2×10^{-3} Wb, 励磁电流 I 不大于 1.5A, 则线圈匝数 N 至少应是多少?

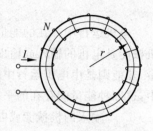

图 0-11 练习题 0-4-9 图

表 0-2 铸钢的磁化曲线数据

$H/\text{A} \cdot \text{cm}^{-1}$	5	10	15	20	30	40	50	60	80	110
B/T	0.65	1.06	1.27	1.37	1.48	1.55	1.60	1.64	1.72	1.78

0-4-10 如图 0-8 所示的含有气隙的分支铁心磁路, 各段铁心磁路的材料相同, 各段磁路的平均长度和截面积如图中所示。不计漏磁通, 若已知气隙磁通 Φ_3、N_1、N_2 和直流电流 i_1, 则应如何求得直流电流 i_2?

第1篇 变 压 器

第1章 变压器的用途、分类、基本结构和额定值

1.1 变压器的用途和分类

1. 变压器的用途

变压器是一种静止的电能转换器,它利用电磁感应作用,将一种电压、电流的交流电能变换为相同频率的另一种电压、电流的交流电能。

(1) 用于电力系统

变压器主要用于电力系统中。为了将发电机发出的大功率电能经济地输送到远距离的用户区,应采用高压输电,以减小输电线路的损耗和电压降。这就需要用变压器将发电机电压(一般为 10.5kV~20kV)升高到 110kV~500kV 或更高的输电电压。用电设备的电压一般在 10kV 以下,因此当电能输送到用户区后,还需要用多种规格的变压器将交流电能的电压逐步降低到各种配电电压,如大型动力设备需要的 10kV、6 kV,小型动力设备和照明设备所需的 380V、220V。为了把两个不同电压等级的电力系统联系起来,常采用三绕组变压器。变压器是电力系统中的重要设备,其装机容量约为发电机装机容量的 6~8 倍。

(2) 其他用途

除用于电力系统外,还有用于整流设备、电炉、高压试验、矿井配电、交通运输等特殊用电场合的专用变压器,用于交流电能测量的仪用互感器,实验室中使用的调压器,还有用于实验设备、电子仪器和控制装置等的小容量控制变压器。

总之,变压器的应用非常广泛,变压器的生产和使用具有重要意义。

2. 变压器的分类

变压器的容量范围很广,品种、规格很多,因此分类方法也很多。下面仅介绍电机学中常用的几种分类方法。

(1) 按用途分类

变压器按用途可分为**电力变压器**(power transformer)、特种变压器和**互感器**

(instrument transformer)。

电力变压器是电力系统中输配电的主要设备,容量从几十千伏安到上百万千伏安,电压从几百伏到上百万伏。电力变压器可分为升压变压器、降压变压器、配电变压器和把两个不同电压等级的电力系统联系起来的联络变压器等。

特种变压器包括变流(整流、换流)变压器、电炉变压器、矿用变压器、牵引变压器和高压试验变压器等。

互感器包括分别用于测量交流电压、电流的电压互感器和电流互感器。

(2) 按绕组数目分类

变压器按绕组数目可分为双绕组变压器、多绕组变压器和自耦变压器。电力系统中使用最多的是双绕组变压器,其次是三绕组变压器和自耦变压器。

(3) 按相数分类

变压器按相数可分为单相变压器、三相变压器和多相变压器(六相、十二相)。

(4) 按铁心结构分类

变压器按铁心结构可分为心式变压器和壳式变压器。

(5) 按绝缘和冷却介质分类

变压器按绝缘和冷却介质可分为油浸式变压器和干式变压器。前者以变压器油为绝缘和冷却介质,后者不使用变压器油,而用空气、SF_6 气体或固体绝缘材料(如环氧树脂)作为绝缘和冷却介质。

练习题

1-1-1 电力变压器的主要用途有哪些?为什么电力系统中变压器的安装容量比发电机的安装容量大?

1-1-2 容量为 S 的交流电能,采用 220kV 输电电压输送时,输电线的截面积为 A。如果采用 1kV 电压输送,输电线的电流密度(单位面积上通过的电流大小)不变,则输电线截面积应为多大?若输电线的截面积已经固定,两种电压下输电线上的损耗一样大吗?

1.2 变压器的基本结构

变压器利用电磁感应作用来实现对交流电能的变换,因此需要具有能高效利用电磁感应的电路和磁路部分。电路部分由绕组构成,磁路部分由铁心构成。图 1-1 是一台单

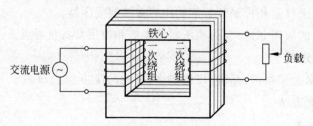

图 1-1 单相双绕组变压器示意图

1.2 变压器的基本结构

相**双绕组变压器**(two-winding transformer)的示意图。它是把两个线圈套在同一个闭合铁心上构成的,这两个线圈都称为**绕组**(winding),其中接到交流电源的绕组称为**一次绕组**(primary winding),接至负载的绕组称为**二次绕组**(secondary winding),二者通过铁心中交变的磁通相互联系。一次绕组的电压和二次绕组的电压通常不等。二次电压高于一次电压时,叫做**升压变压器**(step-up transformer),反之为**降压变压器**(step-down transformer)。电压高的绕组称为**高压绕组**(high-voltage winding),电压低的叫**低压绕组**(low-voltage winding)。

变压器的铁心和绕组是其核心部分,统称为**器身**(core and winding assembly)。此外,根据结构和运行的需要,变压器还有绝缘、外壳以及套管、调压和保护装置等部件。油浸式变压器的器身放在充满变压器油的油箱中;干式变压器的器身可直接与气体接触来散热,或者被固体绝缘包裹,通过固体绝缘对空气散热。油浸式变压器是目前生产量最大、应用最广的一种变压器,其典型结构如图 1-2 所示。干式变压器具有火灾危险很小、运行维护简便等优点,近年来已得到迅速发展,在 35kV 以下的配电系统中应用日益广泛,其典型结构如图 1-3 所示。

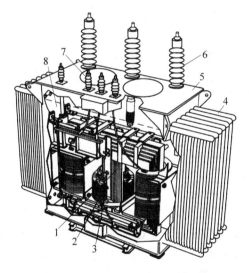
图 1-2 中等容量油浸式电力变压器
1—铁心;2—高压绕组;3—低压绕组;4—散热器;
5—油箱;6—高压套管;7—低压套管;8—变压器油

图 1-3 干式变压器

下面重点介绍铁心和绕组。

(1) 铁心

铁心是变压器的主磁路部分,也是套装绕组的机械骨架。铁心通常为**叠片铁心**(laminated core),即用表面涂以绝缘漆,厚度为 0.23mm~0.35mm 的冷轧晶粒取向硅钢片叠压而成,以减小铁耗。若需要进一步降低铁耗,可采用另一种铁心材料——非晶合金。

铁心由两部分组成:套装绕组的部分称为**铁心柱**(core limb),连接铁心柱、构成闭合磁路的部分称为**磁轭**(yoke)或铁轭,如图 1-4 所示。

按照铁心的结构,变压器可分为心式和壳式两种。在**心式变压器**(core type transformer)中,磁轭靠着绕组的顶面和底面,但不包围绕组的侧面,如图 1-4 所示。在**壳**

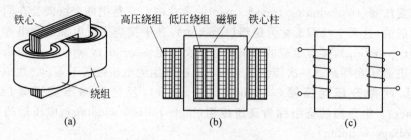

图 1-4　单相心式变压器
(a) 外形示意图；(b) 器身结构(剖视图)；(c) 原理图

式变压器(shell type transformer)中，磁轭不仅包围绕组的顶面和底面，而且包围绕组的侧面，如同绕组的外壳，如图 1-5 所示。心式变压器结构简单，绕组布置和绝缘较容易，因此电力变压器通常采用心式结构。壳式结构机械强度好，一般用于特种变压器和小容量单相变压器。

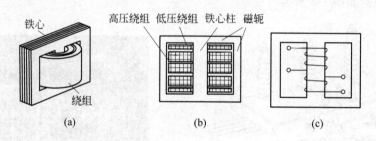

图 1-5　单相壳式变压器
(a) 外形示意图；(b) 器身结构(剖视图)；(c) 原理图

(2) 绕组

绕组是变压器的电路部分，由包有绝缘材料的扁导线或圆导线绕成。常用的导体材料是铜和铝。为了减小变压器的损耗，人们也在尝试制造超导变压器，即用高温超导材料来制造变压器绕组。按照高、低压绕组布置方式的不同，绕组可分为同心式和交叠式两种型式。在图 1-4 所示的心式变压器中，高、低压绕组都做成圆筒形，同心地套在截面近似为圆形的铁心柱上，这种绕组就是同心式绕组。为了便于绝缘，把低压绕组靠近铁心柱，高压绕组套在外面。在图 1-5 所示的壳式变压器中，高、低压线圈都做成圆饼形，沿铁心柱相互交错着叠放，这种绕组称为交叠式绕组。同心式绕组结构简单，制造方便，心式变压器都采用这种绕组。交叠式绕组多用于壳式变压器。

练习题

1-2-1　变压器的核心部件有哪些？各部件的功能是什么？

1-2-2　说明下列概念：一次绕组、二次绕组、高压绕组、低压绕组、心式变压器、壳式变压器、铁心柱、磁轭。

1-2-3　电力变压器的铁心为什么要用涂绝缘漆的薄硅钢片叠成？为什么用软磁材料而不用硬磁材料？

1.3 变压器的额定值

额定值(rated value)是制造厂指定的、用来表示变压器在规定工作条件下的运行特征的一些量值,通常标注在变压器铭牌上。变压器的主要额定值如下。

(1) **额定容量**(rated capacity)S_N(单位:V·A、kV·A、MV·A)

额定容量是变压器在铭牌规定的额定运行条件下输出视在功率的保证值。由于变压器效率很高,因此在设计中规定双绕组变压器的一、二次额定容量相等。对于三相变压器,额定容量是指三相的总容量。

(2) **额定电压**(rated voltage)U_{1N}、U_{2N}(单位:V、kV)

一次额定电压 U_{1N} 是变压器正常运行时一次绕组线路端子间外施电压的有效值。二次额定电压 U_{2N} 是当一次绕组外施额定电压、二次绕组开路时,二次绕组线路端子间电压的有效值。对三相变压器,一、二次额定电压都是指线电压。

(3) **额定电流**(rated current)I_{1N}、I_{2N}(单位:A)

额定电流是变压器在额定运行条件下能够承担的电流,即根据额定容量和额定电压计算出来的电流有效值。对三相变压器,一、二次额定电流 I_{1N}、I_{2N} 都是指线电流。

(4) **额定频率**(rated frequency)f_N(单位:Hz)

我国规定标准**工频**(power frequency)为 50Hz。

除了以上各额定值外,变压器铭牌上还标有相数、额定效率、阻抗电压、额定温升等,也属额定值。三相变压器还标明一、二次绕组的联结方式。

变压器的额定容量、额定电压和额定电流之间的关系是:单相双绕组变压器

$$S_N = U_{1N}I_{1N} = U_{2N}I_{2N}$$

三相双绕组变压器

$$S_N = \sqrt{3}U_{1N}I_{1N} = \sqrt{3}U_{2N}I_{2N}$$

变压器负载运行时,二次电流 I_2 随负载变化而变化,不一定是额定电流 I_{2N},二次电压也随负载变化而有所变化,因此变压器实际输出容量往往不等于其额定容量。当变压器一次绕组接到额定频率、额定电压的交流电网上,二次电流 I_2 达到其额定值 I_{2N} 时,一次电流 I_1 也达到其额定值 I_{1N}。此时,变压器运行于**额定工况**(rated condition),或称额定运行,其负载称为额定负载,也称**满载**(full load)。在额定工况下,变压器可长期可靠运行,并具有优良的性能。因此,额定值是变压器设计、试验和运行中的重要依据。

例 1-1 一台三相变压器,一、二次绕组分别为星形、三角形联结,额定容量 $S_N = 370\text{MV·A}$,一、二次额定电压 $U_{1N}/U_{2N} = 220\text{kV}/20\text{kV}$。求该变压器一、二次侧的额定线电流和额定相电流。

解:一次额定电流

$$I_{1N} = \frac{S_N}{\sqrt{3}U_{1N}} = \frac{370 \times 10^6}{\sqrt{3} \times 220 \times 10^3} = 971\text{A}$$

二次额定电流

$$I_{2N} = \frac{S_N}{\sqrt{3}U_{2N}} = \frac{370 \times 10^6}{\sqrt{3} \times 20 \times 10^3} = 10681\text{A}$$

I_{1N} 和 I_{2N} 均为线电流。一次额定相电流

$$I_{1N\phi} = I_{1N} = 971\text{A}$$

二次额定相电流

$$I_{2N\phi} = I_{2N}/\sqrt{3} = 10681/\sqrt{3} = 6167\text{A}$$

练习题

变压器的主要额定值有哪些？一台单相变压器的一、二次额定电压为 220V/110V，额定频率为 50Hz，试说明其意义。若这台变压器的一次额定电流为 4.55A，则二次额定电流是多大？在什么情况下称其运行在额定工况？

小 结

变压器是一种静止的交流电能变换设备。它可将一种电压、电流的交流电能变换为相同频率的另一种电压、电流的交流电能，以满足交流电能输送、分配和使用的需要。

变压器运行是基于电磁感应作用的，其主要部件是作为磁路的闭合铁心和作为电路的绕组。铁心采用具有较高磁导率、涂绝缘漆的薄硅钢片叠压而成。为了增加一、二次绕组间的电磁耦合，将一、二次绕组都套在同一铁心柱上。

按照铁心结构，变压器可分为心式变压器和壳式变压器两类。电力变压器通常是三相心式变压器。

应掌握变压器主要额定值的定义以及额定容量、额定电压与额定电流间的关系，明确额定工况及额定负载（满载）的含义。

思 考 题

1-1 变压器的主要功能是什么？它是通过什么作用来实现其功能的？

1-2 变压器能否用来直接改变直流电压的等级？

1-3 变压器铁心为什么要做成闭合的？如果在变压器铁心磁回路中出现较大的间隙，会对变压器有什么影响？

习 题

1-1 一台三相变压器，额定电压 $U_{1N}/U_{2N} = 10\text{kV}/3.15\text{kV}$，额定电流 $I_{1N}/I_{2N} = 57.74\text{A}/183.3\text{A}$，求该变压器的额定容量。

1-2 一台三相降压变压器的额定容量 $S_N = 3200\text{kV} \cdot \text{A}$，额定电压 $U_{1N}/U_{2N} = 35\text{kV}/10.5\text{kV}$，一、二次绕组分别为星形、三角形联结，求：

（1）该变压器一、二次侧的额定线电压、额定相电压以及额定线电流、额定相电流；

（2）若负载的功率因数为 0.85（滞后），则该变压器额定运行时能带多少有功负载，输出的无功功率又是多少（忽略负载运行时二次电压的变化）？

第 2 章 变压器的运行分析

本章讨论变压器稳态运行时的电磁关系,这是变压器运行的物理本质,是变压器全篇的基本内容。变压器运行时的电磁关系比较复杂,因此本章将采取由浅入深的方法进行分析,即先分析空载运行,后分析负载运行。

本章以单相双绕组变压器为例,分析变压器的基本原理和稳态运行时的基本方程式、相量图、等效电路及运行特性。对于三相变压器,在对称稳态运行时,只要将电压、电流以及负载等都取为同一相的值,即把三相问题化为单相问题,就可沿用单相变压器的分析方法和结论。

2.1 变压器的空载运行

变压器的一次绕组接在交流电源上,二次绕组**开路**(open circuit),负载电流为零,这种工况称为**空载运行**(no-load operation)。

图 2-1 所示为一台空载运行的单相双绕组变压器,其一次绕组的匝数为 N_1,端子为 A、X;二次绕组的匝数为 N_2,端子为 a、x。下面先分析空载运行时的电磁关系,并在此基础上得出电压方程式、相量图和等效电路。

1. 空载运行时的磁动势、磁通

空载运行时,一次绕组外施正弦交流电压 u_1,其中有交流电流 i_0 流过,该电流称为**空载电流**(no-load current)。i_0 产生交变的空载磁动势 $F_0 = N_1 i_0$,作用在变压器磁路上,产生交变的磁通。该磁通的实际分布情况是很复杂的,为了分析方便,将其等效地分为 ϕ 和 $\phi_{\sigma 1}$ 两部分,如图 2-1 所示。磁通 ϕ 通过铁心闭合,与一、二次绕组都相链,称为**主磁通**(main flux)。主磁通通过的铁心为变压器的**主磁路**(main magnetic circuit)。磁通 $\phi_{\sigma 1}$ 仅与一次绕组本身相链,称为一次绕组**漏磁通**(leakage flux)。漏磁通通过的路径为漏磁路,由部分铁心和非铁磁材料(如变压器油、空气等)构成。变压器空载运行时,二次绕组中没有电流,主磁通仅由一次绕组电流 i_0 产生,因此 i_0 也称为**励磁电流**(exciting current)。相应地,F_0 称为**励磁磁动势**(exciting MMF)。由于是交流电流励磁,铁心中的磁通是交变的,由此变压器铁心磁路是交流磁路。

漏磁通经过的漏磁路虽然由铁心和非铁磁材料两部分组成,但由于非铁磁材料的磁导率远小于铁心的磁导率,因此漏磁路的磁导主要取决于非铁磁材料部分的磁导,它比主磁路的小得多。所以在同一个励磁磁动势 F_0 的作用下,产生的一次绕组漏磁通在数量上要远小于主磁通。空载运行时,一次绕组漏磁通仅占总磁通的 0.1%~0.2%。

交变的一次绕组漏磁通仅在一次绕组中感应产生电动势,而交变的主磁通同时与一、

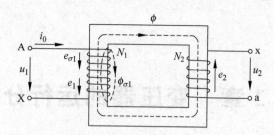

图 2-1 单相双绕组变压器的空载运行

二次绕组交链,在一、二次绕组中都感应出电动势,起着将电能从一次绕组传递到二次绕组的媒介作用。

2. 感应电动势

在不考虑铁心磁路饱和时,励磁磁动势 F_0 产生的主磁通 ϕ 和漏磁通 $\phi_{\sigma 1}$,都以电源电压 u_1 的频率 f 随时间 t 按正弦规律变化,其瞬时值表达式可写为(设初相角为零)

$$\phi = \Phi_m \sin\omega t, \quad \phi_{\sigma 1} = \Phi_{\sigma 1m} \sin\omega t$$

其中,Φ_m、$\Phi_{\sigma 1m}$ 分别是主磁通 ϕ 和一次绕组漏磁通 $\phi_{\sigma 1}$ 的最大值;$\omega = 2\pi f$,为**角频率**(angular frequency)。

(1) 主磁通感应电动势

按图 2-1 中规定的各物理量的**参考方向**(reference direction),可写出主磁通 ϕ 在一、二次绕组中产生的感应电动势 e_1、e_2 的瞬时值表达式分别为

$$e_1 = -N_1 \frac{d\phi}{dt} = -\omega N_1 \Phi_m \cos\omega t = E_{1m} \sin(\omega t - 90°)$$

$$e_2 = -N_2 \frac{d\phi}{dt} = -\omega N_2 \Phi_m \cos\omega t = E_{2m} \sin(\omega t - 90°)$$

e_1、e_2 都随时间 t 按正弦规律变化,写成时间相量的形式为

$$\dot{E}_1 = -j\frac{1}{\sqrt{2}}\omega N_1 \dot{\Phi}_m = -j\sqrt{2}\pi f N_1 \dot{\Phi}_m = -j4.44 f N_1 \dot{\Phi}_m \tag{2-1}$$

$$\dot{E}_2 = -j\frac{1}{\sqrt{2}}\omega N_2 \dot{\Phi}_m = -j\sqrt{2}\pi f N_2 \dot{\Phi}_m = -j4.44 f N_2 \dot{\Phi}_m \tag{2-2}$$

其中,$\dot{\Phi}_m$ 为主磁通 ϕ 的最大值相量;$\dot{E}_1$ 和 $\dot{E}_2$ 分别为相电动势 e_1 和 e_2 的有效值相量。显然,按照所规定的参考方向,$\dot{E}_1$ 和 $\dot{E}_2$ 都**滞后**(lag)于产生它们的主磁通 $\dot{\Phi}_m$ 90°。

由式(2-1)和式(2-2),可得一、二次绕组相电动势 E_1、E_2 与主磁通最大值 Φ_m 的关系为

$$E_1 = 4.44 f N_1 \Phi_m, \quad E_2 = 4.44 f N_2 \Phi_m \tag{2-3}$$

即一、二次绕组相电动势 E_1、E_2 与频率 f、绕组匝数(N_1、N_2)和主磁通最大值 Φ_m 成正比。

(2) 漏磁通感应电动势

一次绕组漏磁通 $\phi_{\sigma 1}$ 在一次绕组中感应的每相**漏磁电动势**(leakage EMF)$e_{\sigma 1}$ 为

$$e_{\sigma 1} = -N_1 \frac{d\phi_{\sigma 1}}{dt} = -\omega N_1 \Phi_{\sigma 1m} \cos\omega t = E_{\sigma 1m} \sin(\omega t - 90°)$$

写成时间相量形式为

$$\dot{E}_{\sigma 1} = -\mathrm{j}\frac{1}{\sqrt{2}}\omega N_1 \dot{\Phi}_{\sigma 1\mathrm{m}} = -\mathrm{j}\sqrt{2}\pi f N_1 \dot{\Phi}_{\sigma 1\mathrm{m}} = -\mathrm{j}4.44 f N_1 \dot{\Phi}_{\sigma 1\mathrm{m}} \tag{2-4}$$

其有效值为

$$E_{\sigma 1} = 4.44 f N_1 \Phi_{\sigma 1\mathrm{m}} \tag{2-5}$$

漏磁路的磁导基本上等于变压器油（或空气等非铁磁性物质）部分的磁导，通常可认为是常数。磁导为常数的漏磁路为线性磁路，通过该磁路的漏磁通的幅值 $\Phi_{\sigma 1\mathrm{m}}$ 与励磁电流大小 I_0 成正比。又由于 $E_{\sigma 1}$ 与 $\Phi_{\sigma 1\mathrm{m}}$ 成正比，因此 $E_{\sigma 1}$ 和 I_0 间为线性关系。由于 $\dot{\Phi}_{\sigma 1\mathrm{m}}$ 与 $\dot{I}_0$ 的参考方向符合右手螺旋定则，二者**同相**(in phase)，因此，根据式(2-4)可得

$$\dot{E}_{\sigma 1} = -\mathrm{j}\dot{I}_0 X_{\sigma 1} \tag{2-6}$$

其中，$X_{\sigma 1}$ 为表示 $E_{\sigma 1}$ 与 I_0 间线性关系的常系数，称为一次绕组**漏电抗**(leakage reactance)，且

$$X_{\sigma 1} = \frac{E_{\sigma 1}}{I_0} = \frac{\sqrt{2}\pi f N_1 \Phi_{\sigma 1\mathrm{m}}}{I_0} = 2\pi f N_1^2 \frac{\Phi_{\sigma 1\mathrm{m}}}{\sqrt{2}N_1 I_0} = \omega N_1^2 \Lambda_{\sigma 1} = \omega L_{\sigma 1} \tag{2-7}$$

式中，$L_{\sigma 1} = N_1^2 \Lambda_{\sigma 1}$，是一次绕组中单位电流产生的漏磁链数，称为一次绕组漏电感；$\Lambda_{\sigma 1}$ 是一次绕组漏磁通所通过的漏磁路的磁导。通常认为 $\Lambda_{\sigma 1}$ 和 $L_{\sigma 1}$ 都是常数。由于漏磁路的磁导 $\Lambda_{\sigma 1}$ 很小，所以漏电抗 $X_{\sigma 1}$ 很小。

3. 电压方程式、变比

(1) 电压方程式

按图2-1中规定的参考方向，根据基尔霍夫电压定律，可写出空载稳态运行时一、二次侧的电压方程式分别为

$$\dot{U}_1 = -\dot{E}_1 - \dot{E}_{\sigma 1} + \dot{I}_0 R_1 \tag{2-8}$$

$$\dot{U}_2 = \dot{E}_2 \tag{2-9}$$

式中，$\dot{U}_1$ 和 $\dot{U}_2$ 分别为一、二次绕组的相电压；R_1 为一次绕组的电阻。

将式(2-6)代入式(2-8)，可得一次侧电压方程式为

$$\dot{U}_1 = -\dot{E}_1 + \dot{I}_0 R_1 + \mathrm{j}\dot{I}_0 X_{\sigma 1} = -\dot{E}_1 + \dot{I}_0(R_1 + \mathrm{j}X_{\sigma 1}) = -\dot{E}_1 + \dot{I}_0 Z_1 \tag{2-10}$$

式中，$Z_1 = R_1 + \mathrm{j}X_{\sigma 1}$，称为一次绕组**漏阻抗**(leakage impedance)。

变压器一次绕组外施额定电压空载运行时，由于铁心磁导较大，因此产生主磁通 Φ_m 所需的电流 I_0 较小，通常 I_0 不超过额定电流的10%；加上漏阻抗模 $|Z_1|$ 通常也很小，所以电压降 $I_0|Z_1|$ 相对于 U_1 而言是很小的。若忽略该漏阻抗压降，则有

$$\dot{U}_1 \approx -\dot{E}_1 = \mathrm{j}4.44 f N_1 \dot{\Phi}_\mathrm{m} \quad \text{或} \quad U_1 \approx E_1 = 4.44 f N_1 \Phi_\mathrm{m} \tag{2-11}$$

可见，当频率 f 和匝数 N_1 一定时，主磁通 Φ_m 的大小取决于一次绕组外施电压 U_1 的大小。但是必须明确，主磁通 Φ_m 是由励磁磁动势 F_0 产生的。

(2) 变比

由式(2-1)~式(2-3)可得

$$\frac{\dot{E}_1}{\dot{E}_2} = \frac{N_1}{N_2} = k \quad \text{或} \quad \frac{E_1}{E_2} = \frac{N_1}{N_2} = k \tag{2-12}$$

比值 k 称为变压器的**变比**(transformation ratio)，是一、二次绕组相电动势 E_1 与 E_2 之比，它等于每相一、二次绕组的**匝数比**(turn ratio)。

由于有式(2-11)和式(2-9)所示的关系，因此变比 k 也可通过变压器的额定相电压求出，即

$$\frac{U_{1N\phi}}{U_{2N\phi}} \approx \frac{E_1}{E_2} = \frac{N_1}{N_2} = k \tag{2-13}$$

式中，$U_{1N\phi}$，$U_{2N\phi}$ 分别为一、二次绕组额定相电压（下标"ϕ"表示"相"）。可见，只要使 $N_1 \neq N_2$，即选择适当的变比 k，就可以把一次电压变换为所需的二次电压。

4. 励磁电流

由式(2-11)可知，当电源电压 u_1 为正弦波时，与 u_1 相平衡的 e_1 及相应的主磁通 ϕ 均为正弦波。励磁电流 i_0 的大小和波形则取决于铁心磁路的磁化特性（饱和程度）。

(1) 理想情况

理想情况是指铁心磁路不饱和（即为线性）且没有铁耗。此时，铁心磁路的磁化曲线 $B = f(H)$ 是一条直线。在铁心磁路尺寸一定时，$H \propto i_0$，$B \propto \phi$，因此，磁化曲线可改用磁化特性 $\phi = f(i_0)$ 表示，也是一条直线。所以励磁电流 I_0 与主磁通 Φ_m 为线性关系，当电源电压 u_1 为正弦变化时，励磁电流 i_0 和主磁通 ϕ 为同相的正弦波。

(2) 磁路饱和、不计铁耗时

在额定电压下，变压器铁心磁路通常是饱和的（此时电力变压器铁心的磁通密度最大值 B_m 一般为 1.4T~1.7T）。磁路饱和后，ϕ 和 i_0 成非线性关系，如图 2-2(a)所示。用作图法可得到励磁电流的波形 $i_0 = f(\omega t)$，如图 2-2(b)所示（只画出了半个周期的情况）。此时励磁电流 i_0 因饱和而畸变为尖顶波，其中含有较大的 3 次谐波 i_{03} 以及其他谐波，其基波 i_{01} 与 ϕ 同相。

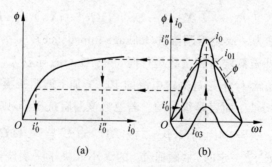

图 2-2 磁路饱和、不计铁耗时的励磁电流波形
(a) 磁化特性；(b) 主磁通和励磁电流波形

2.1 变压器的空载运行

（3）磁路饱和、计及铁耗时

实际情况是磁路中既有饱和，又有铁耗。先分析仅有磁滞损耗的情况，这时应将磁化曲线改为磁滞回线。同样可用作图法得到励磁电流的波形 $i_0 = f(\omega t)$，如图 2-3 所示。可见，励磁电流 i_0 为一扭曲的尖顶波，与主磁通 ϕ 不同时过零点。这说明励磁电流 i_0 的基波不再与主磁通 ϕ 同相，而是超前一个小角度 α。

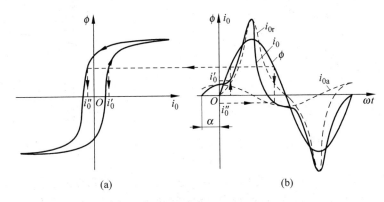

图 2-3 磁路饱和且有磁滞损耗时的励磁电流波形
(a) 磁化特性；(b) 主磁通和励磁电流波形

工程上为了计算和测量方便，通常用一个正弦波的等效励磁电流 $\dot{I}_0$ 来代替实际中非正弦的励磁电流 i_0，$\dot{I}_0$ **超前**（lead）$\dot{\Phi}_m$ 的角度为 α_{Fe}，如图 2-4 所示。前面提及的 $\dot{I}_0$ 就是该等效励磁电流（为了方便，仍简称励磁电流），它可分解为两个分量，即

$$\dot{I}_0 = \dot{I}_{0r} + \dot{I}_{0a} \quad (2-14)$$

其中，$\dot{I}_{0r}$ 与 $\dot{\Phi}_m$ 同相，是产生主磁通的无功分量；$\dot{I}_{0a}$ 超前 $\dot{\Phi}_m$ 90°，是提供铁耗的有功分量。

实际上，铁心中通过交变的主磁通时还有涡流损耗。由于铁心中感应的涡流趋向于阻止主磁通的变化，因此，产生一定的主磁通所需的励磁电流就要比没有涡流时增大一些，从而使磁滞回线变宽，i_0 的基波超前 ϕ 的角度变大。所以，有涡流时，$\dot{I}_0$ 的有功分量 $\dot{I}_{0a}$ 的值和 $\dot{I}_0$ 超前 $\dot{\Phi}_m$ 的角度都要更大一些。此时，$(-\dot{E}_1) \cdot \dot{I}_{0a}$ 代表铁心的铁耗（包括涡流损耗和磁滞损耗）。

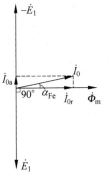

图 2-4 励磁电流与主磁通的相位关系

5. 相量图

上述变压器空载运行时的电磁关系，总结起来可用图 2-5 表示。一、二次侧各电磁量都以频率 f 随时间按正弦规律变化，因此都可以用相量来表示。

根据式（2-10）、式（2-9）及图 2-4，可画出变压器空载运行时的**相量图**（phasor diagram），如图 2-6 所示。其作图步骤是：①画 $\dot{\Phi}_m$，其初相角设为 0°；②画滞后 $\dot{\Phi}_m$ 90°的

$\dot{E}_1$，再画与 $\dot{E}_1$ 同相、大小为 E_1/k 的 $\dot{E}_2$；③根据一、二次侧的电压方程式，画出 $\dot{U}_1$ 和 $\dot{U}_2$。

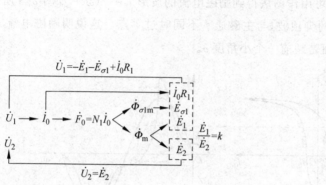 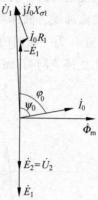

图 2-5　变压器空载运行时电磁关系示意图　　图 2-6　变压器空载运行时的相量图

在相量图中，φ_0 为 $\dot{I}_0$ 与 $\dot{U}_1$ 间的相位差，ψ_0 为 $\dot{I}_0$ 与 $-\dot{E}$ 间的相位差。因 $\dot{U}_1 \approx -\dot{E}_1$，所以 $\varphi_0 \approx \psi_0 \approx \pi/2$。这说明变压器空载运行时，**功率因数**(power factor)很低（$\cos\varphi_0$ 很小），即从电网吸收较大的滞后性**无功功率**(reactive power)。从电网输入的**有功功率**(active power)为 $U_1 I_0 \cos\varphi_0$，空载时，它等于变压器中的损耗，即铁耗 p_Fe 加上一次绕组的**铜耗**(copper loss) $p_\text{Cu1} = I_0^2 R_1$。变压器空载运行时的损耗主要是铁耗 p_Fe，一次绕组铜耗 p_Cu1 很小。

6. 等效电路

在变压器运行中，既有电路的问题，也有磁路的问题，电与磁之间又有密切的联系。如果能将这种复杂的电磁关系用交流电路的形式表示出来，就可使分析计算大为简化。这是建立等效电路的基本思路。

前面已经引入了一次绕组漏电抗 $X_{\sigma 1}$ 这一电路参数，把漏磁路中的电磁关系简化成了如式(2-6)所示的电路方程式。现在，用类似的方法来表示 $\dot{E}_1$ 与 $\dot{I}_0$ 的关系。考虑到交变的主磁通在铁心中引起铁耗，因此不能单纯引入一个电抗，而应引入一个阻抗 Z_m 将 $\dot{E}_1$ 与 $\dot{I}_0$ 联系起来。利用图 2-4 所示的相量关系可推得

$$\dot{E}_1 = -\dot{I}_0 Z_\text{m} \tag{2-15}$$

式中，Z_m 称为**励磁阻抗**(exciting impedance)，

$$Z_\text{m} = R_\text{m} + jX_\text{m} \tag{2-16}$$

其中，X_m 称为**励磁电抗**(magnetizing reactance)，是反映铁心磁路磁化特性的等效电抗，$X_\text{m} = \omega N_1^2 \Lambda_\text{m}$（$\Lambda_\text{m}$ 为铁心磁路的磁导）。R_m 称为**励磁电阻**(magnetizing resistance, core-loss resistance)，是对应于铁耗 p_Fe 的等效电阻。对单相变压器，$p_\text{Fe} = I_0^2 R_\text{m}$。励磁所需的无功功率为 $I_0^2 X_\text{m}$。

将式(2-15)代入式(2-10)中，可得一次绕组的电压方程式为

$$\dot{U}_1 = \dot{I}_0 Z_\text{m} + \dot{I}_0 X_{\sigma 1} + \dot{I}_0 R_1 = \dot{I}_0 (Z_\text{m} + Z_1) \tag{2-17}$$

画出与式(2-17)相对应的**等效电路**(equivalent electric circuit),如图 2-7 所示。

对上述分析结果可总结如下:

① 空载运行的变压器,可以等效地看成阻抗 Z_1 和 Z_m 串联而成的电路。

② 一次绕组漏阻抗 $Z_1 = R_1 + \mathrm{j}X_{\sigma 1}$。$X_{\sigma 1}$ 反映了 I_0 产生漏磁通并感应电动势 $E_{\sigma 1}$ 的作用。由于漏磁路通常是线性的,所以 $X_{\sigma 1}$ 是常数(在额定频率下)。

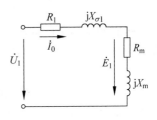

图 2-7 变压器空载运行时的等效电路

③ 励磁阻抗 $Z_m = R_m + \mathrm{j}X_m$。励磁电抗 X_m 反映了励磁电流 I_0 产生主磁通 Φ_m 并感应电动势 E_1 的作用,R_m 反映了 I_0 产生主磁通时铁心中的铁耗。由于铁心磁路的磁化曲线是非线性的,所以 X_m 和 R_m 都不是常数,随主磁通 Φ_m 大小不同(即铁心饱和程度不同)而变化。通常 $X_m \gg R_m$,这表明变压器空载运行时无功功率较大,有功功率很小。

④ 由于主磁通远大于一次绕组漏磁通,因此 $X_m \gg X_{\sigma 1}$。在额定电压下空载运行时,铁耗 p_{Fe} 通常比一次绕组铜耗 p_{Cu1} 大得多,即 $R_m \gg R_1$,所以,$|Z_m| \gg |Z_1|$。这说明,变压器空载运行时,$\dot{U}_1$ 与 $(-\dot{E}_1)$ 是非常接近的。在图 2-6 中,为了清楚起见,作图时夸大了 $\dot{I}_0 R_1$ 和 $\mathrm{j}\dot{I}_0 X_{\sigma 1}$,实际上它们的数值是很小的。$|Z_m|$ 大、I_0 小,是电力变压器的要求,这样可以减小变压器的损耗和电网的无功功率负担。

练习题

2-1-1 某三相变压器,一、二次绕组都采用星形联结,额定值为 $S_N = 100\mathrm{kV \cdot A}$,$U_{1N}/U_{2N} = 6.3\mathrm{kV}/0.4\mathrm{kV}$。现将电源电压由 6.3kV 提高到 10kV,并采用改换高压绕组的办法来适应电源电压的变化。若保持低压绕组不变,每相匝数 $N_2 = 40$,问原来高压绕组匝数是多少?新的高压绕组匝数应为多少?

2-1-2 一台额定电压为 220V/110V 的单相变压器,一、二次绕组的匝数分别为 $N_1 = 1000$,$N_2 = 500$。有人想节省铜线,准备把一、二次绕组匝数分别减为 200 和 100,问是否可以?

2-1-3 变压器造好以后,其铁心中的主磁通 Φ_m 与外施电压的大小及频率有何关系?与励磁电流 I_0 有何关系?一台额定频率为 50Hz、额定电压为 220V/110V 的单相变压器,如果把一次绕组接到 50Hz、380V 或 110V 的交流电源上,主磁通 Φ_m 和励磁电流 I_0 会如何变化?如果把一次绕组接到 220V、60Hz 的交流电源或 220V 的直流电源上,Φ_m 和 I_0 又会如何变化?以上各种情况下二次空载电压是多少?

2-1-4 变压器一次绕组漏阻抗是什么含义?其大小与哪些因素有关?是常数吗?

2-1-5 一台单相变压器,一次绕组电阻 $R_1 = 1\Omega$。当一次绕组施加额定电压 220V 空载运行时,一次绕组电流是否等于 220A?为什么?

2-1-6 求单相变压器的变比时,为什么可以用一、二次额定电压之比来计算?

2-1-7 将一个空心线圈分别接到直流电源和交流电源上,交流电源电压有效值与直流电源电压相等。然后在该线圈中插入铁心,再分别接到上述两个电源上。试比较上述四种情况下,稳态时线圈电流和输入到线圈功率的大小。

2-1-8 变压器空载运行时,输入的有功功率主要消耗在何处?功率因数是滞后的还是超前的?功率因数高吗?

2-1-9 试默画变压器空载运行时的相量图。

2-1-10 在单相电力变压器中,为了得到正弦的感应电动势,若不考虑磁滞和涡流效应,在铁心不饱和与饱和两种情况下,空载励磁电流分别呈何种波形?该电流与主磁通在时间上同相吗?若考虑磁滞和涡流效应,情况又怎样?

2.2 变压器的负载运行

变压器一次绕组接交流电源,二次绕组接负载,称为变压器的负载运行。图2-8表示一台单相变压器的负载运行,负载阻抗 $Z_L = R_L + jX_L$(R_L、X_L分别为负载电阻、电抗)。

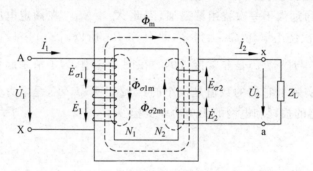

图2-8 单相双绕组变压器的负载运行

分析变压器负载运行时,仍然先从分析电磁关系入手。在此基础上,得到电压方程式、相量图和等效电路。

1. 参考方向规定

参考方向(也称正方向)的规定在2.1节中已经提及,现在对其做一总结。

在分析变压器时,各物理量的参考方向可任意规定。参考方向规定得不同,所列出的表达式中有关物理量的符号便不同。通常采用以下的参考方向惯例:

(1) 在分析电磁感应关系时,规定磁动势、磁通的参考方向都与产生它们的电流的参考方向符合右手螺旋定则,电动势和产生它的磁通的参考方向也符合右手螺旋定则。这样,在电路中,电动势的参考方向和电流的参考方向就是相同的。

(2) 在列写电路方程时,规定在作为负载的电路中,电压的参考方向和电流的参考方向相同。

按以上惯例规定的参考方向如图2-8所示。这样的参考方向规定,也适合于分析变压器中的能量传递关系。

一次绕组可看做交流电源的负载,因此图2-8中规定其电压$\dot{U}_1$和电流$\dot{I}_1$的参考方向一致。当$\dot{I}_1$滞后$\dot{U}_1$的相位差$\varphi_1 < 90°$时,$U_1 I_1 \cos\varphi_1 > 0$,说明一次绕组从电源吸收有功功率;$\varphi_1 > 90°$时,$U_1 I_1 \cos\varphi_1 < 0$,说明一次绕组从电源吸收负的有功功率,实际上为发出有

功功率。把$\dot{U}_1$与$\dot{I}_1$的这种关联参考方向称为**电动机惯例**(motor reference direction)。二次绕组可看做负载的交流电源,因此图 2-8 中规定二次绕组的电压$\dot{U}_2$和电流$\dot{I}_2$的参考方向相反。这种电压与电流的关联参考方向称为**发电机惯例**(generator reference direction)。当$\dot{I}_2$滞后$\dot{U}_2$的相位差$\varphi_2<90°$时,$U_2 I_2 \cos\varphi_2>0$,说明有功功率是从二次绕组发出、由负载吸收的(对负载而言,$\dot{U}_2$和$\dot{I}_2$的参考方向是电动机惯例)。

对于无功功率,同是$\dot{I}_1$滞后$\dot{U}_1 90°$,采用电动机惯例时,称为吸收滞后性(电感性)无功功率;而采用发电机惯例时,则称为发出滞后性无功功率。

2. 负载运行时的磁动势和磁通

二次绕组接负载阻抗 Z_L 时,在电动势$\dot{E}_2$作用下,二次绕组中产生电流$\dot{I}_2$。$\dot{I}_2$产生的磁动势$\dot{F}_2 = N_2 \dot{I}_2$也作用在主磁路上。根据安培环路定律,此时作用在主磁路上的总磁动势(即合成磁动势$\dot{F}_m$)等于一、二次绕组磁动势之和。按图 2-8 规定的参考方向(磁动势与磁通的参考方向相同),有

$$\dot{F}_1 + \dot{F}_2 = \dot{F}_m \tag{2-18}$$

合成磁动势$\dot{F}_m$建立负载运行时的主磁通$\dot{\Phi}_m$,因此是励磁磁动势。交变的主磁通$\dot{\Phi}_m$在一、二次绕组中分别感应产生电动势$\dot{E}_1$、$\dot{E}_2$。

变压器负载稳态运行时,一、二次电流$\dot{I}_1$、$\dot{I}_2$除了共同产生主磁通$\dot{\Phi}_m$外,还分别产生只和一、二次绕组相链的一、二次绕组漏磁通$\dot{\Phi}_{\sigma 1m}$和$\dot{\Phi}_{\sigma 2m}$(均为最大值相量),如图 2-8 所示。交变的漏磁通$\dot{\Phi}_{\sigma 1m}$、$\dot{\Phi}_{\sigma 2m}$分别在一、二次绕组中产生漏磁电动势$\dot{E}_{\sigma 1}$、$\dot{E}_{\sigma 2}$。

3. 电压方程式

根据以上分析和图 2-8 规定的参考方向,可写出一次侧和二次侧的电压方程式分别为

$$\dot{U}_1 = -\dot{E}_1 - \dot{E}_{\sigma 1} + \dot{I}_1 R_1, \quad \dot{U}_2 = \dot{E}_2 + \dot{E}_{\sigma 2} - \dot{I}_2 R_2$$

式中,R_2是二次绕组的电阻。仍将漏磁电动势表示成电流在电抗上产生电压降的形式,有

$$\dot{E}_{\sigma 1} = -j \dot{I}_1 X_{\sigma 1}, \quad \dot{E}_{\sigma 2} = -j \dot{I}_2 X_{\sigma 2} \tag{2-19}$$

则电压方程式可写为

$$\dot{U}_1 = -\dot{E}_1 + \dot{I}_1 (R_1 + jX_{\sigma 1}) = -\dot{E}_1 + \dot{I}_1 Z_1 \tag{2-20}$$

$$\dot{U}_2 = \dot{E}_2 - \dot{I}_2 (R_2 + jX_{\sigma 2}) = \dot{E}_2 - \dot{I}_2 Z_2 \tag{2-21}$$

式中,$Z_2 = R_2 + jX_{\sigma 2}$,为二次绕组漏阻抗。其中,$X_{\sigma 2}$为二次绕组漏电抗,和一次绕组漏电抗 $X_{\sigma 1}$一样,可认为是一个常数。

对负载阻抗 Z_L,有

$$\dot{U}_2 = \dot{I}_2 Z_L \tag{2-22}$$

4. 磁动势平衡方程式

变压器一、二次绕组之间没有电路上的直接联系，一、二次电流 $\dot{I}_1$ 和 $\dot{I}_2$ 是通过共同产生励磁磁动势 $\dot{F}_m$ 以产生主磁通而建立起联系的，如式(2-18)所示。该式也可写成

$$\dot{F}_1 = \dot{F}_m + (-\dot{F}_2) \tag{2-23}$$

这就是说，负载运行时，一次电流 $\dot{I}_1$ 产生的磁动势 $\dot{F}_1$ 可以看做由两个分量组成：一个是建立主磁通 $\dot{\Phi}_m$ 的**励磁分量**(exciting component) $\dot{F}_m$；另一个是与二次电流 $\dot{I}_2$ 产生的磁动势 $\dot{F}_2$ 相平衡的**负载分量**(load component) $\dot{F}_{1L} = -\dot{F}_2 = -N_2\dot{I}_2$。相应地，一次电流 $\dot{I}_1$ 可看做由两个分量组成：一个是产生主磁通 $\dot{\Phi}_m$ 的励磁电流分量 $\dot{I}_m$，其作用与空载运行时的 $\dot{I}_0$ 相同；另一个是与二次电流即负载电流 $\dot{I}_2$ 相平衡的负载分量 $\dot{I}_{1L}$，$\dot{I}_{1L}$ 产生磁动势负载分量 $\dot{F}_{1L} = -N_2\dot{I}_2$，它始终与二次电流产生的磁动势 $\dot{F}_2 = N_2\dot{I}_2$ 大小相等、方向相反，或者说 $\dot{F}_{1L}$ 用于平衡(抵消) $\dot{F}_2$，即

$$N_1\dot{I}_{1L} + N_2\dot{I}_2 = 0 \quad 或 \quad \dot{I}_{1L} = -\frac{\dot{I}_2}{k} \tag{2-24}$$

这样，式(2-23)就可写成

$$N_1\dot{I}_1 = N_1\dot{I}_m + (-N_2\dot{I}_2) \quad 或 \quad N_1\dot{I}_1 + N_2\dot{I}_2 = N_1\dot{I}_m \tag{2-25}$$

此式就是变压器负载运行时的磁动势平衡关系。

磁动势平衡方程式表明了二次电流 $\dot{I}_2$（即负载电流）对一次电流 $\dot{I}_1$ 的作用，也反映了变压器的功率平衡关系。二次侧带负载后，二次电流 $\dot{I}_2$ 产生磁动势 $\dot{F}_2 = N_2\dot{I}_2$，一次绕组磁动势中同时增加一个负载分量 $(-\dot{F}_2) = (-N_2\dot{I}_2)$，与二次绕组磁动势 $\dot{F}_2$ 相平衡，使得一次绕组磁动势由空载时的 $\dot{F}_0 = N_1\dot{I}_0$ 变为 $\dot{F}_1 = N_1\dot{I}_1$。与空载时相比，二次侧有了功率输出；与此同时，一次侧电流增大，输入的功率也相应地增大。

5. 基本方程式

综合上述各电磁量的关系，可得变压器稳态运行时的基本方程式为

$$\left.\begin{aligned}
\dot{U}_1 &= -\dot{E}_1 + \dot{I}_1 Z_1 \\
\dot{U}_2 &= \dot{E}_2 - \dot{I}_2 Z_2 \\
\frac{\dot{E}_1}{\dot{E}_2} &= k \\
\dot{I}_1 + \frac{\dot{I}_2}{k} &= \dot{I}_m \\
\dot{E}_1 &= -\dot{I}_m Z_m \\
\dot{U}_2 &= \dot{I}_2 Z_L
\end{aligned}\right\} \tag{2-26}$$

2.2 变压器的负载运行

至此,可将变压器稳态运行时的电磁关系归纳为图 2-9 所示。

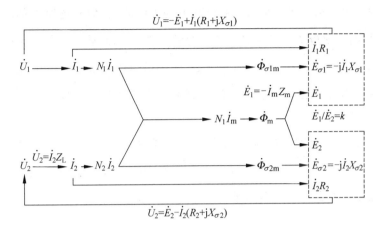

图 2-9　变压器稳态运行电磁关系示意图

以上分析得出的结论都很重要,这里再强调以下几点:

(1) 基本方程式是按照如图 2-8 所示的参考方向写出的,它是变压器电磁关系的综合数学表达形式,变压器稳态运行时必须同时满足这 6 个方程。基本方程式对空载和负载运行都适用,空载运行($I_2=0$)可视为负载运行的特例。

(2) 基本方程式中各电阻、电抗都是每相绕组的参数,各电压、电动势、电流均是同一相的相量,因此,基本方程式也适用于分析三相变压器的对称稳态运行问题。

(3) 变压器正常负载运行时,I_1、I_2 都不超过其额定值。由于漏电抗 $X_{\sigma1}$、$X_{\sigma2}$ 很小,因此漏阻抗压降 $I_1|Z_1|$ 相对于 U_1 仍是很小的,漏阻抗压降 $I_2|Z_2|$ 相对于 E_2 也是很小的。忽略数值很小的漏阻抗压降 $\dot{I}_1 Z_1$ 和 $\dot{I}_2 Z_2$,有

$$\dot{U}_1 \approx -\dot{E}_1, \quad \dot{U}_2 \approx \dot{E}_2 \tag{2-27}$$

而 $U_1 \approx E_1 = 4.44 f N_1 \Phi_m = k E_2$,因此,在电源电压 U_1 及其频率 f 为额定值不变时,从空载到额定负载,一、二次绕组电动势 E_1、E_2 和与之成正比的主磁通 Φ_m 都基本不变,即磁路饱和程度基本不变,因此励磁电流也基本不变。这表明,主磁通 Φ_m 虽然是由励磁磁动势 F_m 或励磁电流 I_m 产生的,但在给定频率下,其大小取决于一次电压 U_1。

(4) 由于变压器从空载运行到额定负载运行时,主磁通 Φ_m 基本不变,因此可近似认为负载时的励磁磁动势、励磁电流分别与空载时的大小相等,即 $F_m \approx F_0$,$I_m \approx I_0$。通常对负载与空载时的励磁磁动势、励磁电流的符号不加区分,都用 $\dot{F}_0$、$\dot{I}_0$ 表示。

(5) X_m 和 R_m 是等效参数,随磁路饱和程度变化而变化。实际变压器正常运行时,由于主磁通 Φ_m 基本不变,因此可近似认为 X_m 和 R_m 是常数。

6. 折合算法

在已知电源电压、变比和各参数的情况下,用基本方程式虽然可以计算出变压器稳态运行时的电流、电动势等未知量,但是使用起来还不够方便。为了像空载运行时那样,找到一个等效电路来表示负载运行时的变压器,需要采用折合算法。

(1) 折合算法的依据

变压器的一次侧和二次侧虽然没有电路上的直接联系,但有磁路上的联系。从磁动势平衡关系可知,二次电流 $\dot{I}_2$ 是通过它产生的磁动势 $\dot{F}_2$ 来影响一次侧的。只要 $\dot{F}_2$ 不变,就不会使 $\dot{F}_1$ 变化。因此,从一次侧的角度看,完全可以将匝数为 N_2、电流为 $\dot{I}_2$ 的二次绕组替换成匝数为 N_1、电流为 $\dot{I}'_2$ 的等效绕组,而保持其磁动势 $\dot{F}_2$ 不变,即

$$N_1 \dot{I}'_2 = N_2 \dot{I}_2 = \dot{F}_2$$

这样,一次侧不受任何影响,但磁动势平衡方程式变为

$$N_1 \dot{I}_1 + N_1 \dot{I}'_2 = N_1 \dot{I}_0$$

其中已将 $\dot{I}_m$ 改用 $\dot{I}_0$ 表示。消去 N_1,则得

$$\dot{I}_1 + \dot{I}'_2 = \dot{I}_0$$

此式中已经没有匝数 N_1 和 N_2 了,磁动势平衡方程式变成了简单的电流平衡方程式。

这种保持一个绕组的磁动势不变,而把其电量换算到另一个匝数基础上的方法称为折合算法,简称**折合**(referring)或折算。

(2) 折合关系

保持二次绕组的磁动势 $\dot{F}_2$ 不变,将其匝数变换为与一次绕组的相同,称为二次绕组向一次绕组折合,或二次绕组(二次侧)折合到一次绕组(一次侧)。折合后,二次侧各物理量的值称为其折合到一次绕组的**折合值**(referred value),用原来各物理量的符号加上一个"′"来表示。下面推导二次绕组折合到一次绕组时的折合关系。

① 折合前后二次绕组磁动势 $\dot{F}_2$ 应不变,因此二次电流折合值为

$$\dot{I}'_2 = \frac{N_2}{N_1} \dot{I}_2 = \frac{1}{k} \dot{I}_2 \tag{2-28}$$

② 二次电动势的折合

$$\dot{E}'_2 = \frac{N_1}{N_2} \dot{E}_2 = k \dot{E}_2 = \dot{E}_1 \tag{2-29}$$

③ 二次侧阻抗的折合

$$Z'_2 + Z'_L = \frac{\dot{E}'_2}{\dot{I}'_2} = \frac{k \dot{E}_2}{\frac{1}{k} \dot{I}_2} = k^2 \frac{\dot{E}_2}{\dot{I}_2} = k^2 (Z_2 + Z_L)$$

设 $Z_L = R_L + jX_L$,则有

$$R'_2 = k^2 R_2, \quad X'_{\sigma 2} = k^2 X_{\sigma 2}; \quad R'_L = k^2 R_L, \quad X'_L = k^2 X_L \tag{2-30}$$

④ 二次电压的折合

$$\dot{U}'_2 = \dot{E}'_2 - \dot{I}'_2 Z'_2 = k \dot{E}_2 - \frac{1}{k} \dot{I}_2 \cdot k^2 Z_2 = k(\dot{E}_2 - \dot{I}_2 Z_2) = k \dot{U}_2 \tag{2-31}$$

可见,将二次绕组折合到一次绕组时,电动势和电压应乘 k,电流应除以 k,阻抗(包括电阻、电抗)应乘 k^2。

折合不会改变变压器的功率传递关系。例如,二次侧有功功率和无功功率不变,即

$$U_2'I_2'\cos\varphi_2' = (kU_2)\left(\frac{1}{k}I_2\right)\cos\left(\arctan\frac{X_L'}{R_L'}\right) = U_2I_2\cos\varphi_2$$

$$U_2'I_2'\sin\varphi_2' = (kU_2)\left(\frac{1}{k}I_2\right)\sin\left(\arctan\frac{X_L'}{R_L'}\right) = U_2I_2\sin\varphi_2$$

可见,折合只是一种分析方法,由于保持 $\dot{F}_2$ 不变,因此并不改变变压器的电磁关系,也就不会改变其功率平衡关系。

7. 等效电路

将二次绕组折合到一次绕组时,一次侧的量为实际值,二次侧的量均为折合值。折合后,式(2-26)变为

$$\left.\begin{array}{l}\dot{U}_1 = -\dot{E}_1 + \dot{I}_1 Z_1 \\ \dot{U}_2' = \dot{E}_2' - \dot{I}_2' Z_2' \\ \dot{E}_1 = \dot{E}_2' \\ \dot{I}_1 + \dot{I}_2' = \dot{I}_0 \\ \dot{E}_1 = -\dot{I}_0 Z_m \\ \dot{U}_2' = \dot{I}_2' Z_L' \end{array}\right\} \quad (2\text{-}32)$$

可见,折合后,不但磁动势平衡方程式简化成电流平衡方程式,而且一、二次绕组电动势相等,一次侧和二次侧似乎有了电路上的联系。这样,就可以采用等效电路来模拟变压器,使变压器的分析计算大大简化。这正是折合的目的。

根据折合后的基本方程式,可画出变压器负载运行时的等效电路,如图 2-10 所示。其中变压器本身的等效电路形状像字母"T",称为 **T 型等效电路**(equivalent-T circuit)。

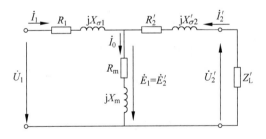

图 2-10 变压器的 T 型等效电路

T 型等效电路能够正确反映变压器对称稳态运行时(包括空载和负载)的情况,但是它含有串联和并联的支路,定量计算时仍较复杂。对于电力变压器,额定运行时一次绕组漏阻抗压降 $I_1|Z_1|$ 仅为一次额定相电压的百分之几,且可以近似认为励磁电流 I_0 不随负载变化,因此,可将 T 型等效电路中的励磁阻抗支路前移至电源端,得到如图 2-11 所示的近似等效电路。这样可使计算和分析大为简化,同时对 $\dot{I}_1$、$\dot{I}_2'$ 和 $\dot{E}_1$ 引起的计算误差很小。在电力变压器中,励磁电流 I_0 与额定电流 I_{1N} 的比值很小(通常不到 3%),因此,在变压器负载为额定值或较大的情况下,可近似认为励磁电流 $I_0 = 0$,即去掉励磁阻抗支路,得到如图 2-12 所示的简化等效电路。用简化等效电路计算实际问题是非常方便的,

且在许多情况下的计算精度能够满足工程实际要求。但要注意,空载运行时,不能用简化等效电路。

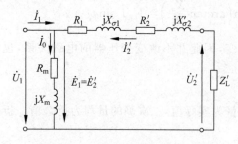

图 2-11 变压器的近似等效电路

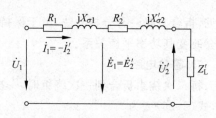

图 2-12 变压器的简化等效电路

在近似等效电路和简化等效电路中,可以将一、二次绕组漏阻抗 Z_1、Z_2' 合并起来,即
$$Z_k = R_k + jX_k, \quad R_k = R_1 + R_2', \quad X_k = X_{\sigma 1} + X_{\sigma 2}' \tag{2-33}$$
其中,Z_k、R_k、X_k 分别称为**短路阻抗**(short-circuit impedance)、短路电阻和短路电抗,分别为二次侧短路时从简化等效电路一次侧端口看进去的阻抗、电阻和电抗。

采用折合算法得到等效电路,是一种重要的分析方法。对于没有电路上的直接联系、而是通过电磁感应作用产生联系的不同绕组,折合算法是分析它们之间关系时的一种通用方法,可用来分析其他电机。

8. 相量图

根据折合后的基本方程式,可以画出变压器稳态负载运行时的相量图。

相量图的画法要视变压器已知和求解的具体条件而定。已知量和求解量不同,画图步骤也不同。例如,已知二次侧电压 U_2、电流 I_2、负载功率因数 $\cos\varphi_2$、变比 k 以及各参数时,绘制相量图的步骤为:

(1) 由已知量求得 U_2'、I_2'、R_2' 和 $X_{\sigma 2}'$;

(2) 由 U_2、I_2 和 $\cos\varphi_2$,画出相量 $\dot{U}_2'$ 和 $\dot{I}_2'$,这里应注意负载的性质,即 $\cos\varphi_2$ 是滞后还是超前的,据此确定 $\dot{U}_2'$ 和 $\dot{I}_2'$ 的相位关系;

(3) 根据 $\dot{E}_2' = \dot{U}_2' + \dot{I}_2'(R_2' + jX_{\sigma 2}')$,画出 $\dot{E}_2'$,再画出 $\dot{E}_1 = \dot{E}_2'$;

(4) 画出超前 $\dot{E}_1$ 90°的主磁通相量 $\dot{\Phi}_m$;

(5) 根据 $\dot{I}_0 = -\dot{E}_1/Z_m$,画出相量 $\dot{I}_0$,它超前 $\dot{\Phi}_m$ 一个小的角度 α_{Fe},$\alpha_{Fe} = \arctan(R_m/X_m)$;

(6) 根据 $\dot{I}_1 = \dot{I}_0 + (-\dot{I}_2')$,画出相量 $\dot{I}_1$;

(7) 根据 $\dot{U}_1 = -\dot{E}_1 + \dot{I}_1(R_1 + jX_{\sigma 1})$,画出相量 $\dot{U}_1$。

按照以上步骤,画出变压器带电感性负载时的相量图,如图 2-13 所示。图中,一次电流 $\dot{I}_1$ 滞后一次电压 $\dot{U}_1$ 的角度 φ_1,是变压器负载运行时的功率因数角,$\cos\varphi_1$ 是功率因数,

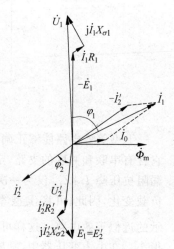

图 2-13 变压器的相量图
(电感性负载)

其大小和性质与负载的大小和性质有关。实际上,当负载较大时,由于 $I_0 \ll I_1$,$I_1|Z_1| \ll U_1$,$I_2|Z_2| \ll U_2$,因此 $\cos\varphi_1$ 的数值接近于 $\cos\varphi_2$。在图 2-13 中,由于夸大了相量 $\dot{I}_0$、$\dot{I}_1 Z_1$ 和 $\dot{I}_2' Z_2'$,这一关系并不明显。

从相量图可以看出,不论 $\dot{U}_1$ 超前还是滞后 $\dot{I}_1$,只要 $|\varphi_1|<90°$,总有输入有功功率 $U_1 I_1 \cos\varphi_1>0$。同理,对二次侧,当 $|\varphi_2|<90°$ 时,输出有功功率 $U_2' I_2' \cos\varphi_2 = U_2 I_2 \cos\varphi_2 > 0$。

当负载是电感性时,$\dot{I}_2'$ 滞后 $\dot{U}_2'$,二次侧发出的无功功率 $U_2' I_2' \sin\varphi_2 = U_2 I_2 \sin\varphi_2 > 0$,是滞后性的;$\dot{I}_1$ 滞后 $\dot{U}_1$,一次侧吸收的无功功率 $U_1 I_1 \sin\varphi_1 > 0$,也是滞后性的。由于负载性质可以是电感性或是电容性的,因此,变压器二次侧输出的无功功率可以是滞后性的,也可以是超前性的,视负载性质而定。但变压器内部吸收的无功功率,都是滞后性的。

需要指出的是,基本方程式、等效电路、相量图是分析变压器运行的三种重要方法。基本方程式是通过分析电磁关系而推导出来的数学表达式;相量图是其图示表达方式,优点是可以直观地表示各物理量的大小、相位及其相互关系;等效电路则是折合后的基本方程式的电路表达形式。因此,三者的物理本质是一致的。通常,定量计算时采用等效电路比较方便;定性分析各物理量间的关系时,可采用相量图或基本方程式。

9. 功率平衡关系

变压器是利用电磁感应作用来传递交流电能的。在电机学中,将这种能量传递(或转换)过程用功率平衡关系来表示。功率平衡关系是电机学中的重要关系之一。

利用 T 型等效电路,可以分析变压器稳态运行时的功率平衡关系。

在图 2-10 所示的 T 型等效电路中,电阻 R_1、R_2' 上消耗的功率 $I_1^2 R_1$、$I_2'^2 R_2' (= I_2^2 R_2)$,分别是一、二次绕组一相的铜耗;等效电阻 R_m 上消耗的功率 $I_0^2 R_m$ 是变压器一相的铁耗;$U_1 I_1$ 是一相输入视在功率;$U_2' I_2' = U_2 I_2$ 是一相输出视在功率;$E_2' I_2' = E_2 I_2 = E_1 I_{1L}$,是通过电磁感应从一次侧传递到二次侧的一相视在电磁功率,是变压器一、二次侧间电能传递的枢纽。

可以看出,变压器稳态运行时,有功功率的平衡关系是:一次侧输入的有功功率,扣除一次绕组铜耗和铁耗,就是传递到二次侧的有功功率,即二次侧得到的**电磁功率**(electromagnetic power);电磁功率扣除二次绕组铜耗,剩下的便是变压器输出的有功功率,即负载获得的有功功率。无功功率的平衡关系是:一次侧吸收的无功功率,扣除一次绕组漏电抗所需的无功功率和励磁所需的无功功率,是传递到二次侧的无功功率,再扣除二次绕组漏电抗所需的无功功率,剩下的是变压器向负载发出的无功功率。

也可以通过电压方程式或相量图来分析变压器的功率平衡关系,可得到同样的结果。

练习题

2-2-1 变压器负载运行时,铁心中的主磁通还是仅由一次电流产生的吗?励磁所需的有功功率(铁耗)是由一次侧还是二次侧提供的?

2-2-2 变压器一次绕组漏磁通由一次绕组磁动势 $I_1 N_1$ 产生,空载运行和负载运行时,无论磁动势还是漏磁通都相差了十几倍或几十倍,漏电抗 $X_{\sigma 1}$ 为何不变?

2-2-3 判断以下说法是否正确：

(1) 变压器既可以变换交流电压、电流和阻抗，又可以变换频率和功率；

(2) 一台变压器，只要一次绕组外施电压及其频率不变，则不论负载如何变化（不超过额定负载），其铁心中的主磁通 Φ_m 基本不变。

2-2-4 变压器加额定电压运行在下列哪种情况时，公式 $\dfrac{U_1}{U_2} \approx \dfrac{E_1}{E_2}$ 的误差为最小？公式 $\dfrac{I_1}{I_2} \approx \dfrac{N_2}{N_1}$ 呢？

(1) 满载；(2) 轻载；(3) 空载。

2-2-5 变压器负载运行时，若将一次电压降低，则参数 X_m、R_m 将如何变化？

2-2-6 变压器一次绕组加额定频率的额定电压，负载运行时，一、二次电流的大小取决于什么？

2-2-7 将二次绕组向一次绕组折合后，二次侧哪些量不变？哪些量改变？怎样改变？

2-2-8 试默画出变压器的 T 型等效电路和简化等效电路，并标明参数，各电压、电流、电动势及其参考方向。变压器的简化等效电路与 T 型等效电路相比，忽略了什么量？这两种等效电路各适用于什么场合？

2-2-9 一台变压器带纯电阻负载稳态运行，分别画出对应于 T 型等效电路和简化等效电路的相量图。

2-2-10 试画出变压器的有功功率流程图。

2-2-11 一台单相变压器，二次侧电压、电流的参考方向采用发电机惯例，如果二次电流超前二次电压 $60°$，则二次侧有功功率和无功功率的传递方向是怎样的？若采用的是电动机惯例，情况又如何？

2-2-12 变压器满载时，二次电流等于其额定值，此时二次电压是否也等于其额定值？

2.3 变压器参数的测定

有两种途径可以得到变压器 T 型等效电路中的参数：一是在设计变压器时计算出来；二是在变压器制成后，通过稳态试验方法求得。

1. 短路试验

单相变压器**短路试验**（short-circuit test）的线路如图 2-14 所示。试验时，二次绕组短路，对一次绕组施加可调的低电压 U_k。使 U_k 从零开始逐渐升高，当一次电流 I_k 达到额定值时，测得 U_k 和输入功率即短路损耗 p_k，并记录室温 θ。

短路试验时，电流为额定值，外施电压很低（一般仅为额定电压的 5%～10%），主磁通很小，因此可忽略励磁电流和铁耗。根据简化等效电路可求得下列参数：

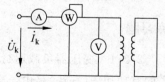

图 2-14 单相变压器短路试验线路图

2.3 变压器参数的测定

$$|Z_k| = \frac{U_k}{I_k}, \quad R_k = \frac{p_k}{I_k^2}, \quad X_k = \sqrt{|Z_k|^2 - R_k^2}$$

需要说明的是：

(1) 为了试验方便，短路试验通常在高压侧做，即在高压侧加电压。

(2) 用上式计算时，U_k、I_k 和 p_k 均为是一相的值。对于三相变压器，测得的电压、电流都是线值，测得的功率是三相功率，因此需要进行换算。

(3) 变压器中漏磁场的情况非常复杂，要从测得的 X_k 中分出 $X_{\sigma 1}$ 和 $X'_{\sigma 2}$ 是非常困难的。需要将二者分开时，通常认为 $X_{\sigma 1} = X'_{\sigma 2} = X_k/2$。

(4) 短路试验时，变压器绕组的温度可能与实际运行时的不同。国家标准规定，短路试验测得的电阻应换算到 75℃ 时的值。当绕组材料为铜线时，由短路试验时的室温 θ 换算到 75℃ 时的短路电阻和短路阻抗分别为

$$R_{k(75℃)} = R_k \frac{234.5 + 75}{234.5 + \theta}, \quad |Z_{k(75℃)}| = \sqrt{R_{k(75℃)}^2 + X_k^2}$$

(5) 变压器短路电流等于额定值时的短路损耗称为**负载损耗**(load loss)，用 p_{kN} 表示。此时，一次侧外施电压 U_k 相对一次额定电压 U_{1N} 的自分值，称为**阻抗电压**(impedance voltage)，用 u_k 表示，即

$$u_k = \frac{I_{1N\phi}|Z_{k(75℃)}|}{U_{1N\phi}} \times 100\% \tag{2-34}$$

2. 空载试验

单相变压器**空载试验**(no-load test)的线路如图 2-15 所示。试验时，二次绕组开路，对一次绕组施加额定电压，测得此时的一次电压 U_1、二次电压 U_{20}、一次电流 I_0、输入功率 p_0，此功率称为**空载损耗**(no-load loss)。

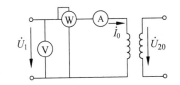

图 2-15 单相变压器空载试验线路图

在空载时的等效电路中，由于漏阻抗模远小于励磁阻抗模，可忽略不计，因此得

$$k = \frac{U_1}{U_{20}}, \quad |Z_m| = \frac{U_1}{I_0}, \quad R_m = \frac{p_0}{I_0^2}, \quad X_m = \sqrt{|Z_m|^2 - R_m^2}$$

需要说明的是：

(1) 为了试验方便和安全，空载试验通常在低压侧做，即在低压侧加额定电压。

(2) 对三相变压器，以上式中的电压 U_1、U_{20}、电流 I_0 和空载损耗 p_0 均要用一相的值。

例 2-1 一台 3150kV·A、50Hz、10kV/6.3kV 的三相变压器，一、二次绕组分别为星形和三角形联结。在高压侧做短路试验，在额定电流下测得短路电压为 550V，短路损耗为 31kW；在低压侧做空载试验，在额定电压下测得空载电流为 25A，空载损耗为 7.7kW。不考虑电阻的温度换算，认为 $Z_1 = Z'_2$。求该变压器 T 型等效电路中的参数。

解：对三相变压器，给出的试验数据中，电压和电流都是线值，功率都是三相功率。

(1) 由短路试验数据求短路阻抗(注意短路试验在高压侧做，高压绕组是星形联结)

高压侧额定相电流

$$I_{1N\phi} = I_{1N} = \frac{S_N}{\sqrt{3}U_{1N}} = \frac{3150}{\sqrt{3}\times 10} = 181.9\text{A}(本例题中下标1、2分别表示高、低压侧)$$

短路阻抗

$$|Z_k| = \frac{U_{k\phi}}{I_{k\phi}} = \frac{U_k/\sqrt{3}}{I_{1N\phi}} = \frac{550/\sqrt{3}}{181.9} = 1.746\Omega$$

短路电阻

$$R_k = \frac{p_{k\phi}}{I_{k\phi}^2} = \frac{p_k}{3I_{k\phi}^2} = \frac{p_k}{3I_{1N\phi}^2} = \frac{31\times 10^3}{3\times 181.9^2} = 0.3123\Omega$$

短路电抗

$$X_k = \sqrt{|Z_k|^2 - R_k^2} = \sqrt{1.746^2 - 0.3123^2} = 1.718\Omega$$

因为 $Z_1 = Z_2'$，所以，

$$R_1 = R_2' = R_k/2 = 0.3123/2 = 0.1562\Omega,$$
$$X_{\sigma 1} = X_{\sigma 2}' = X_k/2 = 1.718/2 = 0.859\Omega$$

（2）由空载试验数据求励磁阻抗（注意空载试验在低压侧做，低压绕组是三角形联结）
低压侧额定相电流

$$I_{2N\phi} = \frac{I_{2N}}{\sqrt{3}} = \frac{S_N}{3U_{2N}} = \frac{3150}{3\times 6.3} = 166.7\text{A}$$

励磁阻抗

$$|Z_m| = \frac{U_{2N\phi}}{I_{0\phi}} = \frac{U_{2N}}{I_0/\sqrt{3}} = \frac{6.3\times 10^3}{25/\sqrt{3}} = 436.5\Omega$$

励磁电阻

$$R_m = \frac{p_{0\phi}}{I_{0\phi}^2} = \frac{p_0/3}{(I_0/\sqrt{3})^2} = \frac{p_0}{I_0^2} = \frac{7.7\times 10^3}{25^2} = 12.32\Omega$$

励磁电抗

$$X_m = \sqrt{|Z_m|^2 - R_m^2} = \sqrt{436.5^2 - 12.32^2} = 436.3\Omega$$

（3）求 T 型等效电路中的参数

短路试验和空载试验分别是在变压器的低压、高压侧做的，而变压器的等效电路是折合到某一侧的。如果 T 型等效电路是折合到高压侧的，则应将（2）中求出的励磁阻抗参数折合到高压侧。为此，应先求出变比 k。变比 k 约等于一、二次额定相电压之比，即

$$k = \frac{E_1}{E_2} = \frac{U_{1N\phi}}{U_{2N\phi}} = \frac{U_{1N}/\sqrt{3}}{U_{2N}} = \frac{10/\sqrt{3}}{6.3} = 0.9164$$

故折合到高压侧的参数为

$$R_m' = k^2 R_m = 0.9164^2 \times 12.32 = 10.35\Omega$$
$$X_m' = k^2 X_m = 0.9164^2 \times 436.3 = 366.4\Omega$$
$$R_1 = R_2' = 0.1562\Omega, X_{\sigma 1} = X_{\sigma 2}' = 0.859\Omega$$

练习题

2-3-1 对变压器做短路试验时，操作步骤是先短路、后加电压，且加电压要从零开

始。这是为什么？

2-3-2 对变压器做空载试验时为什么要加额定电压？所加电压不是额定值行不行？

2.4 标 幺 值

在电机工程计算中，各物理量（电压、电流、阻抗、功率等）除了用实际值表示外，还经常用标幺值表示。

1. 标幺值的概念

一个物理量的实际值与选定的一个同单位的固定数值的比值，称为该物理量的**标幺值**（per unit value），该固定数值称为**基值**（base value），即

$$标幺值 = \frac{实际值（任意单位）}{基值（与实际值同单位）}$$

本书在物理量符号下面加一条短横线来表示其标幺值。例如，对某一电压 U，若以 220V 为基值，则当 $U=220$V 时，其标幺值 $\underline{U}=1$；当 $U=110$V 时，其标幺值 $\underline{U}=0.5$。若以 110V 为基值，则当 $U=220$V、110V 时，其标幺值分别为 $\underline{U}=2$ 和 $\underline{U}=1$。显然，基值选取得不同，标幺值也不同。在应用标幺值时，必须先选定基值。

2. 基值的选取

为使标幺值具有一定意义，通常选取各物理量的额定值作为其基值。

对于单相变压器，功率基值为 S_N，一、二次侧电压（包括以 V 为单位的电压降和电动势）的基值分别为 U_{1N}、U_{2N}，一、二次电流的基值分别为 I_{1N}、I_{2N}，一、二次侧阻抗的基值 Z_{1N}、Z_{2N} 分别等于一、二次侧的电压基值与电流基值的比值，即 $Z_{1N}=U_{1N}/I_{1N}$，$Z_{2N}=U_{2N}/I_{2N}$。

三相变压器中，由于功率有三相和一相之分，电压和电流都有线、相之分，因此在应用标幺值时应特别注意基值的正确选取。

(1) 功率基值：三相变压器功率（指三相总功率）的基值仍为 S_N，但一相功率的基值为每相额定容量 $S_{N\phi}$，$S_{N\phi}=S_N/3$；

(2) 电压、电流基值：三相变压器一、二次侧的线电压和线电流基值分别为一、二次额定电压 U_{1N}、U_{2N} 和一、二次额定电流 I_{1N}、I_{2N}，而一、二次侧的相电压和相电流基值分别为一、二次额定相电压 $U_{1N\phi}$、$U_{2N\phi}$ 和一、二次额定相电流 $I_{1N\phi}$、$I_{2N\phi}$，线值、相值的基值之间的关系，与三相绕组的联结方式（星形联结或三角形联结）有关；

(3) 阻抗基值：三相变压器一、二次侧的阻抗基值 Z_{1N}、Z_{2N} 分别为变压器一、二次侧的相电压基值与相电流基值的比值，即 $Z_{1N}=\dfrac{U_{1N\phi}}{I_{1N\phi}}$，$Z_{2N}=\dfrac{U_{2N\phi}}{I_{2N\phi}}$。

不难看出，功率、电压、电流、阻抗这四个基本物理量的基值不是任意选取的，它们之间应满足电路定律，即一旦选定了其中两个量的基值，余下两个量的基值应根据选定量的基值计算出来。

3. 标幺值的优点

标幺值是一个求相对值的概念，采用它有以下优点。

(1) 电力变压器额定容量和额定电压的范围都很大,阻抗参数若用实际值表示,也相差很悬殊。但用标幺值表示时,参数和性能数据都在较小的范围内,既易于记忆,又便于不同变压器间的比较和分析。例如,变压器的空载电流标幺值 $\underline{I}_0$ 通常不超过 10%。对于额定容量为 30kV·A 以上的三相油浸式双绕组电力变压器,我国国家标准中规定的 $\underline{I}_0$、$|\underline{Z}_k|$ 量值如表 2-1 所示。一般地,额定容量较大的变压器,其 $\underline{I}_0$ 和 $\underline{R}_k$ 相对较小,$|\underline{Z}_k|$ 较大。

表 2-1 三相油浸式双绕组电力变压器的空载电流和短路阻抗

电压等级/kV	额定容量	$\underline{I}_0$/%	$|\underline{Z}_k|$/%	$\underline{X}_k/\underline{R}_k$
6、10	30kV·A~6300kV·A	0.6~2.8	4.0~5.5	2.8~8.4
35	50kV·A~31500kV·A	0.40~2.00	6.5~8.0	2.2~19
66	630kV·A~63000kV·A	0.50~1.40	8~9	5.9~23
110	6.3MV·A~120MV·A	0.35~1.05	10.5	12.5~30
220	31.5MV·A~360MV·A	0.42~0.98	12~14	23~59
330	90MV·A~360MV·A	0.50~0.60	14~15	42~61
500	240MV·A~720MV·A	0.15~0.25	14~16	48~71

(2) 标幺值便于直观地表示变压器的运行情况。例如,某台变压器负载电流 $I_2=100\text{A}$,若不知道其额定值,则难以判断该负载是大还是小。但若给出其标幺值 $\underline{I}_2=1$,就可判断出它正满载运行;若 $\underline{I}_2=1.2$,则说明它**过载**(overload)20%,应立即减小其负载。

(3) 用标幺值表示时,一个物理量折合前后的值相等。例如:

$$\underline{R}'_2 = \frac{I_{1N\phi}R'_2}{U_{1N\phi}} = \frac{I_{1N\phi}k^2 R_2}{U_{1N\phi}} = \frac{kI_{1N\phi}R_2}{U_{1N\phi}/k} = \frac{I_{2N\phi}R_2}{U_{2N\phi}} = \underline{R}_2$$

因此,各量在其所在的一侧直接求标幺值即可,不需要先折合、再求标幺值,且有 $\underline{R}_k = \underline{R}_1 + \underline{R}_2$,$\underline{X}_k = \underline{X}_{\sigma 1} + \underline{X}_{\sigma 2}$,$\underline{Z}_k = \underline{Z}_1 + \underline{Z}_2$,$\underline{I}_1 + \underline{I}_2 = \underline{I}_0$,从而简化计算。

(4) 三相变压器电压、电流的线值与相值间可能有 $\sqrt{3}$ 倍的关系。用标幺值表示时,由于线值与相值的基值间有同样的 $\sqrt{3}$ 倍关系,因此线值的标幺值等于相值的标幺值。同理,用标幺值表示时,正弦交变量的最大值与有效值相等,三相功率与一相功率相等。

(5) 采用标幺值后,某些不同的物理量可具有相同的值,这也能简化计算。例如,短路阻抗模的标幺值等于阻抗电压 u_k,即

$$|\underline{Z}_k| = \frac{I_{1N\phi}|Z_k|}{U_{1N\phi}} = \frac{U_{k\phi}}{U_{1N\phi}} = \underline{U}_k = u_k$$

又如,电阻 R_1 的标幺值和额定电流下该电阻上的电压降及铜耗 p_{Cu1} 的标幺值相等,即

$$\underline{R}_1 = \frac{I_{1N\phi}R_1}{U_{1N\phi}} = \frac{I_{1N\phi}^2 R_1}{U_{1N\phi}I_{1N\phi}} = \underline{p}_{Cu1}$$

标幺值的缺点是物理量均无单位,因此无法用量纲关系来检查方程式或公式的正确性。

例 2-2 一台三相变压器,一、二次绕组分别为星形联结和三角形联结,$S_N=8000\text{kV}\cdot\text{A}$,$U_{1N}/U_{2N}=110\text{kV}/6.3\text{kV}$。在额定电压下,空载损耗 $p_0=12\text{kW}$,空载电流为额定电流的 0.85%;当短路电流为额定值时,短路损耗 $p_{kN}=50\text{kW}$,短路电压为额定电压的 10.5%。

2.4 标幺值

不考虑温度换算，求折合到高压侧的短路阻抗和励磁阻抗的实际值及其标幺值。

解：由于题目中给出了空载电流和短路电压的标幺值，因此先求标幺值比较方便。

$$|\underline{Z}_k| = u_k = \underline{U}_k = 0.105$$

$$\underline{R}_k = \underline{p}_{kN} = \frac{p_{kN}}{S_N} = \frac{50}{8000} = 0.00625$$

$$\underline{X}_k = \sqrt{|\underline{Z}_k|^2 - \underline{R}_k^2} = \sqrt{0.105^2 - 0.00625^2} = 0.1048$$

$$|\underline{Z}_m| = \frac{1}{\underline{I}_0} = \frac{1}{0.0085} = 117.6$$

$$\underline{p}_0 = \frac{p_0}{S_N} = \frac{12}{8000} = 0.0015$$

$$\underline{R}_m = \frac{\underline{p}_0}{\underline{I}_0^2} = \frac{0.0015}{0.0085^2} = 20.76$$

$$\underline{X}_m = \sqrt{|\underline{Z}_m|^2 - \underline{R}_m^2} = \sqrt{117.6^2 - 20.76^2} = 115.8$$

用标幺值表示时参数不需折合，因此，

$$\underline{Z}_k = \underline{R}_k + j\underline{X}_k = 0.00625 + j0.1048, \quad \underline{Z}_m = \underline{R}_m + j\underline{X}_m = 20.76 + j115.8$$

下面求折合到高压侧的阻抗实际值，为此应先求高压侧阻抗基值 Z_{1N}。高压绕组为星形联结，则

$$Z_{1N} = \frac{U_{1N\phi}}{I_{1N\phi}} = \frac{U_{1N}/\sqrt{3}}{I_{1N}} = \frac{U_{1N}^2}{\sqrt{3}U_{1N}I_{1N}} = \frac{U_{1N}^2}{S_N} = \frac{(110 \times 10^3)^2}{8000 \times 10^3} = 1512.5\,\Omega$$

折合到高压侧的短路阻抗和励磁阻抗分别为

$$Z_k = Z_{1N}\underline{Z}_k = 1512.5 \times (0.00625 + j0.1048) = 9.453 + j158.5\,\Omega$$

$$Z_m = Z_{1N}\underline{Z}_m = 1512.5 \times (20.76 + j115.8) = 31400 + j175148\,\Omega$$

练习题

2-4-1 什么是标幺值？计算变压器问题时采用标幺值有什么优点？一般电力变压器的空载电流标幺值、短路阻抗模的标幺值（即阻抗电压）约为多大？

2-4-2 试证明：计算变压器漏阻抗压降时，$\underline{I}_1|\underline{Z}_1| = \underline{I}_1|\underline{Z}_1|$，即一次绕组漏阻抗压降的标幺值等于电流 I_1 与漏阻抗模 $|Z_1|$ 二者标幺值的乘积。

2-4-3 试证明：变压器短路电阻的标幺值 $\underline{R}_k$ 等于负载损耗的标幺值 $\underline{p}_{kN}$。

2-4-4 试证明：在额定电压时，变压器空载电流标幺值 $\underline{I}_0$ 等于励磁阻抗模的标幺值 $|\underline{Z}_m|$ 的倒数。

2-4-5 三相变压器二次线电流分别为 $I_2 = 0$、$0.8I_{2N}$、I_{2N} 时，二次相电流标幺值分别是多大？一次线电流和相电流的标幺值分别是多大？与三相绕组的联结方式有关吗？与负载的性质有关系吗？

2-4-6 一台三相电力变压器，一、二次绕组分别为三角形联结和星形联结，额定容量 $S_N = 600\,\text{kV} \cdot \text{A}$，额定电压 $U_{1N}/U_{2N} = 10000\text{V}/400\text{V}$，问其电压、电流和阻抗基值各是多少？当一次电流（指线电流）为 30A 时，其标幺值为多大？若该变压器短路阻抗标幺值

$\underline{Z}_k = 0.016 + j0.045$,求其实际值。

2.5 变压器的运行特性

对于负载来说,变压器相当于一个交流电源,因此其运行特性主要有电压调整特性和效率特性。反映变压器运行性能的主要指标是电压调整率和效率。

1. 电压调整率和电压调整特性

变压器在额定电压下空载运行时,二次电压 U_{20} 为其额定值 U_{2N}。负载运行时,由于电流在一、二次绕组漏阻抗上产生电压降,因此二次电压 U_2 随负载变化而变化。

二次电压变化的大小可用**电压调整率**(voltage regulation)ΔU 来表示,它是指一次侧接在额定频率和额定电压的电网上、负载功率因数 $\cos\varphi_2$ 一定的条件下,从空载到负载时二次电压的变化量与二次额定电压的比值,即

$$\Delta U = \frac{U_{20} - U_2}{U_{2N}} \times 100\% = \frac{U_{1N} - U_2'}{U_{1N}} \times 100\% = 1 - \underline{U}_2 \tag{2-35}$$

下面利用与简化等效电路相对应的相量图推导出电压调整率计算公式。

图 2-16 所示为用标幺值表示的相量图。在 $-\dot{U}_2$ 的延长线上取点 P,使 $OP = \underline{U}_{1N} = 1$。由式(2-35)可得 $\Delta U = 1 - \underline{U}_2 = AP$。过点 B、C 分别作 OP 的垂线交 OP 于点 D、E。由于 $\dot{U}_1$ 与 $-\dot{U}_2$ 的夹角很小(图 2-16 中为清楚起见,夸大了短路阻抗压降),因此可忽略很小的 EP,则有 $\Delta U \approx AE = AD + DE$。由于 $AD = \underline{I}_2 \underline{R}_k \cos\varphi_2$,$DE = \underline{I}_2 \underline{X}_k \sin\varphi_2$,因此

$$\begin{aligned}\Delta U &= \underline{I}_2(\underline{R}_k\cos\varphi_2 + \underline{X}_k\sin\varphi_2) \times 100\% \\ &= \beta(\underline{R}_k\cos\varphi_2 + \underline{X}_k\sin\varphi_2) \times 100\%\end{aligned} \tag{2-36}$$

式中,$\beta = \underline{I}_2 = \underline{I}_1$,可反映负载大小,称为**负载因数**(load factor)。

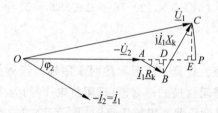

图 2-16 用负载时的相量图求电压调整率

由式(2-36)可以看出:

(1) 电压调整率 ΔU 不仅与负载大小即负载因数 β 成正比,而且与变压器的短路阻抗 Z_k 的标幺值有关。在负载大小和功率因数一定时,$|\underline{Z}_k|$ 大的变压器,其 ΔU 也大。

(2) 电压调整率 ΔU 还与负载性质有关。负载为电感性时,$\varphi_2 > 0$,故 ΔU 总为正值,即负载时二次电压总比其额定值低;负载为电容性时,$\varphi_2 < 0$,ΔU 可能为负值,即负载时二次电压可能高于其额定值。

当一次电压为额定值,负载功率因数不变时,二次电压 U_2 与负载电流 I_2 的关系曲线 $U_2 = f(I_2)$ 称为**电压调整特性**(voltage regulation characteristic),也称**外特性**。用标幺值表示的电压调整特性如图 2-17 所示。负载为额定值($\beta = 1$)、功率因数为指定值(通常为

0.8 滞后)时的电压调整率,称为额定电压调整率。它是变压器的一个重要性能指标,反映了变压器输出电压的稳定性,其值通常为 5% 左右。

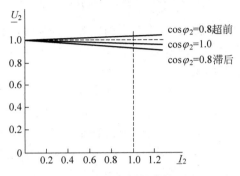

图 2-17 变压器的电压调整特性 $\underline{U}_2 = f(\underline{I}_2)$

2. 效率与效率特性

变压器运行时会产生损耗。变压器的损耗可分为两类:一是交变磁通在铁心中引起的铁耗 p_{Fe},二是一、二次绕组电阻上的铜耗 p_{Cu}。变压器在额定电压 U_{1N} 下正常运行时,一、二次电流会随负载变化,但主磁通幅值基本不变,可近似认为铁耗不随负载变化,称为不变损耗;不计励磁电流时,铜耗与负载电流的平方成正比,称为可变损耗。

按照前面分析的变压器有功功率平衡关系,输入有功功率 P_1 减去总损耗 $\sum p = p_{Fe} + p_{Cu}$,就是输出有功功率 P_2。因此,变压器的**效率**(efficiency)为

$$\eta = \frac{P_2}{P_1} \times 100\% = \left(1 - \frac{\sum p}{P_2 + \sum p}\right) \times 100\% \tag{2-37}$$

在应用该式计算效率时,通常作以下假定:

(1) 忽略负载时二次电压的变化,则

$$P_2 = U_2 I_2 \cos\varphi_2 \approx U_{2N} I_2 \cos\varphi_2 = \beta U_{2N} I_{2N} \cos\varphi_2 = \beta S_N \cos\varphi_2$$

(2) 认为负载运行时的铁耗 p_{Fe} 不变,且等于空载损耗 p_0;

(3) 认为负载运行时的铜耗 p_{Cu} 与负载电流 I_2 的平方成正比,且额定负载时的铜耗等于负载损耗 p_{kN},于是有

$$p_{Cu} = p_k = \frac{I_2^2}{I_{2N}^2} p_{kN} = \beta^2 p_{kN}$$

根据上述三个假定,可得效率公式为

$$\eta = \left(1 - \frac{p_0 + \beta^2 p_{kN}}{\beta S_N \cos\varphi_2 + p_0 + \beta^2 p_{kN}}\right) \times 100\% \tag{2-38}$$

对三相变压器,上式中的 S_N、p_0、p_{kN} 均为三相的值。

在上述假定条件下得到的这个效率公式是有误差的,但误差不会超过 0.5%,并且所有的电力变压器均采用此公式计算效率,可以在同样的基础上进行比较。

对给定的变压器,p_0 和 p_{kN} 是一定的,可分别通过空载试验和短路试验求得,因此效率与负载的大小与性质有关。当负载功率因数 $\cos\varphi_2$ 一定时,效率 η 仅取决于负载因数 β。$\beta=0$ 时,$\eta=0$;当 β 较小时,$p_{Cu} < p_{Fe}$,总损耗增加的速度慢于 P_2,因此 η 随 β 的增加而升高;当 β 较大时,$p_{Cu} > p_{Fe}$,总损耗增加的速度快于 P_2,η 随 β 的增加而降低。可见,效

率 η 有最大值 η_m。由式(2-38)，可求出 $\eta=\eta_m$ 时的负载因数 β_m 为

$$\beta_m = \sqrt{\frac{p_0}{p_{kN}}} \quad 或 \quad \beta_m^2 p_{kN} = p_0 \tag{2-39}$$

这表明：当可变损耗等于不变损耗时，或者说铜耗等于铁耗时，变压器效率达到最高。

电力变压器实际中不会总是满载运行，因此，设计变压器时取 $\beta_m < 1$，其值应根据变压器长期运行中的负载情况而定，一般 $\beta_m = 0.5 \sim 0.6$。

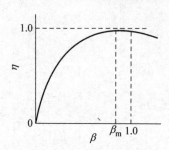

图 2-18 变压器的效率特性

负载功率因数 $\cos\varphi_2$ 一定时，效率 η 与负载因数 β 的关系曲线 $\eta=f(\beta)$ 称为效率特性，如图 2-18 所示。额定负载时的效率称为**额定效率**（rated efficiency），用 η_N 表示，它也是变压器的一个重要性能指标。电力变压器的额定效率很高，通常为 $95\% \sim 99\%$，甚至更高。

例 2-3 一台三相变压器，一、二次绕组分别为星形联结和三角形联结。$S_N = 1000 \text{kV} \cdot \text{A}$，$U_{1N}/U_{2N} = 66\text{kV}/10.5\text{kV}$。在额定电压下，空载损耗 $p_0 = 2.4\text{kW}$；当短路电流为额定值时，短路损耗 $p_{kN} = 11.6\text{kW}$，短路电压为额定电压的 8%。不考虑温度换算，当高压侧加额定电压，低压侧负载电流为 48.4A，负载功率因数 $\cos\varphi_2 = 0.9$（滞后）时，求变压器的二次电压和效率。

解：(1) 求二次电压 U_2

注意：三相变压器的一、二次电压和电流，未特别说明时均是指线值。

方法 1 利用电压调整率公式

$|\underline{Z}_k| = \underline{U}_k = 0.08$

$\underline{R}_k = \underline{p}_{kN} = \dfrac{p_{kN}}{S_N} = \dfrac{11.6}{1000} = 0.0116$

$\underline{X}_k = \sqrt{|\underline{Z}_k|^2 - \underline{R}_k^2} = \sqrt{0.08^2 - 0.0116^2} = 0.07915$

$\cos\varphi_2 = 0.9$（滞后），$\sin\varphi_2 = \sqrt{1-(\cos\varphi_2)^2} = \sqrt{1-0.9^2} = 0.4359$

$I_{2N} = \dfrac{S_N}{\sqrt{3}U_{2N}} = \dfrac{1000}{\sqrt{3} \times 10.5} = 55\text{A}$，$\beta = \dfrac{I_2}{I_{2N}} = \dfrac{48.4}{55} = 0.88$

$\Delta U = \beta(\underline{R}_k\cos\varphi_2 + \underline{X}_k\sin\varphi_2) \times 100\%$

$\quad\quad = 0.88 \times (0.0116 \times 0.9 + 0.07915 \times 0.4359) \times 100\%$

$\quad\quad = 3.955\%$

$U_2 = U_{2N}(1-\Delta U) = 10.5 \times (1-0.03955) = 10.08\text{kV}$

方法 2 利用简化等效电路（略）。

(2) 求效率 η

$$\eta = \left(1 - \frac{p_0 + \beta^2 p_{kN}}{\beta S_N \cos\varphi_2 + p_0 + \beta^2 p_{kN}}\right) \times 100\%$$

$\quad = \left(1 - \dfrac{2.4 + 0.88^2 \times 11.6}{0.88 \times 1000 \times 0.9 + 2.4 + 0.88^2 \times 11.6}\right) \times 100\%$

$\quad = 98.58\%$

练习题

2-5-1　变压器负载运行时,引起二次电压变化的原因是什么?

2-5-2　变压器在额定电压下负载运行时,其效率是否为一个固定的数值?为什么?

2-5-3　一台变压器额定运行时的铁耗 p_{Fe} 和铜耗 $p_{Cu}(=p_{Cu1}+p_{Cu2})$ 分别为 1kW 和 4kW,当负载因数 $\beta=0.5$ 时,p_{Fe} 和 p_{Cu} 分别约为多大?

2-5-4　为什么电力变压器设计时一般取 $p_0<p_{kN}$?如果设计时取 $p_0=p_{kN}$,那么变压器最适合带多大的负载?

小　　结

变压器的工作原理是基于电磁感应定律的,磁场是变压器运行的媒介。由于一、二次绕组匝数不同,通过电磁感应作用,可将一种电压、电流量值的交流电能变换成另一种电压、电流量值的交流电能。

根据磁场实际分布情况和所起作用的不同,变压器中的磁通可分为主磁通和漏磁通两部分。主磁通沿铁心磁路闭合,在一、二次绕组中感应电动势 E_1、E_2,是传递电磁功率的媒介;漏磁通主要通过非铁磁材料闭合,不直接参与电能的传递,在电路中起电压降的作用。漏磁通基本不受磁路饱和影响,用可看做常数的漏电抗 $X_{\sigma 1}$ 和 $X_{\sigma 2}$ 来表征。主磁通经过的铁心磁路具有非线性(饱和),与其相对应的参数是电抗 X_m,反映变压器铁耗的参数是电阻 R_m,这两个等效参数都不是常数;但变压器在额定电压下运行时,因主磁通大小基本不变,故可将它们做线性化处理,近似看做常数。划分主磁通和漏磁通,把线性问题和非线性问题分别处理,是电机学中常用的一种分析方法。

变压器对称稳态运行时的电磁关系,反映了变压器运行的物理本质。变压器中同时存在磁场和电路问题,且磁场和电路间有密切联系。变压器内部的磁场由一、二次绕组的磁动势共同产生,磁路上的磁动势平衡方程式和电路中的电动势平衡方程式是其两种基本电磁关系。二次侧负载变化对一次侧的影响就是通过二次绕组磁动势来实现的。为了将复杂的电磁作用关系简化为电路中的关系,以方便分析与计算,引入了电路参数 Z_m 和 $X_{\sigma 1}$、$X_{\sigma 2}$。在此基础上,采用折合算法,把变压器中的电磁关系用一、二次侧间有电路联系的 T 型等效电路来表达。基本方程式、等效电路和相量图是描述变压器电磁关系的不同形式,其物理本质是相同的,它们是定性或定量分析计算变压器各种稳态运行问题的重要工具。

在基本方程式、等效电路和相量图中,各物理量都是一相的量。在应用它们进行分析计算时,都需要先规定好各物理量的参考方向。漏电抗 $X_{\sigma 1}$、$X_{\sigma 2}$ 和励磁阻抗 $Z_m=R_m+jX_m$ 都是变压器的重要参数,可以通过短路试验和空载试验测得。

电压调整率和效率是变压器的主要性能指标。电压调整率反映变压器二次电压的稳定性,它与变压器短路阻抗标幺值以及负载的大小、性质有关。效率反映变压器运行的经济性,在可变损耗等于不变损耗时其值达到最高。

标幺值是电机工程中常用的表示物理量量值相对大小的方法,应充分理解并学会应用,并了解电力变压器空载电流和短路阻抗的标幺值的大致范围。

思 考 题

2-1 变压器的参考方向和惯例的选择是不可改变的吗？规定不同的参考方向对变压器各电磁量之间的实际关系有无影响？教材中一次绕组电路采用电动机惯例，是否意味着变压器的功率总是从一次侧流向二次侧？应该如何判断其实际的功率流向？

2-2 变压器空载运行时的磁通是由什么电流产生的？主磁通和一次绕组漏磁通在磁通路径、数量及与二次绕组的关系上有何不同？由此说明主磁通和漏磁通在变压器中的不同作用。

2-3 变压器二次绕组开路、一次绕组加额定电压时，虽然一次绕组电阻很小，但一次电流并不大，为什么？Z_m 代表什么物理意义？电力变压器不用铁心而用空气心行不行？

2-4 在制造同一规格的变压器时，如果误将其中一台变压器的铁心截面积做小了（是正常铁心截面积的一半），问：在做空载试验中，当这台变压器的外施电压与其他正常变压器的相同时，它的主磁通、励磁电流、励磁阻抗和其他正常变压器的相比有什么不同？又若误将其中一台变压器的一次绕组匝数少绕一半，做上述试验时，这台变压器的主磁通、励磁电流、励磁阻抗和其他正常变压器的有什么不同（设磁路为线性，不计漏阻抗）？

2-5 变压器的电抗参数 X_m、$X_{\sigma1}$、$X_{\sigma2}$ 各与什么磁通相对应？它们与铁心磁路的饱和程度有关系吗？试说明这些参数的物理意义以及它们的区别，从而分析它们的数值在空载试验、短路试验和正常负载运行时是否相等。

2-6 变压器一、二次绕组在电路上并没有联系，但在负载运行时，若二次电流增大，则一次电流也变大，为什么？由此说明磁动势平衡的概念及其在定性分析变压器中的作用。

2-7 变压器稳态运行时，哪些量随着负载变化而变化？哪些量不随负载变化？

2-8 说明变压器折合算法的依据及具体方法。是否可以将一次侧的量折合到二次侧？若能折合，那么折合后，磁动势平衡方程式是什么？一次侧电压、电流、电动势及阻抗、功率等量与折合前的实际量分别是什么关系？电压、电流相量的相位差改变吗？

2-9 某单相变压器的额定容量 $S_N=100\text{kV·A}$，额定电压 $U_{1N}/U_{2N}=3300\text{V}/220\text{V}$，参数为 $R_1=0.45\Omega$，$X_{\sigma1}=2.96\Omega$，$R_2=0.0019\Omega$，$X_{\sigma2}=0.0137\Omega$。分别求折合到高、低压侧的短路阻抗，它们之间有什么关系？

2-10 某单相变压器的额定电压为 220V/110V，在高压侧测得的励磁阻抗 $|Z_m|=240\Omega$，短路阻抗 $|Z_k|=0.8\Omega$，则在低压侧测得的励磁阻抗和短路阻抗分别应为多大？

2-11 某三相电力变压器，额定容量 $S_N=560\text{kV·A}$，额定电压 $U_{1N}/U_{2N}=10\text{kV}/0.4\text{kV}$，高、低压绕组分别为三角形联结和星形联结，低压绕组每相电阻和漏电抗分别为 $R_2=0.004\Omega$，$X_{\sigma2}=0.0058\Omega$。将低压侧的量折合到高压侧，折合值 R_2'、$X_{\sigma2}'$ 分别是多少？

2-12 一台三相变压器二次绕组为三角形联结，变比 $k=4$。带每相阻抗 $Z_L=(3+\text{j}0.9)\Omega$ 的三相对称负载稳态运行时，若负载为三角形联结，则在变压器的等效电路中，Z_L' 应为多少？若负载为星形联结，Z_L' 又是多少？

2-13 变压器一、二次侧间的功率传递靠什么作用来实现？在等效电路上可用哪些电量的乘积来表示？由此说明变压器能否直接传递直流电功率。

2-14 变压器运行时本身吸收什么性质的无功功率？变压器二次侧带电感性负载时，从一次侧吸收的无功功率是什么性质的？

2-15 画出变压器二次侧带纯电容负载时的相量图，并说明这时变压器的励磁无功功率实际上是由负载侧供给的。

2-16 变压器做空载试验和短路试验时，从电源输入的有功功率主要消耗在什么地方？在一、二次侧分别做同一试验，测得的输入功率和参数相同吗（不计误差）？为什么？

2-17 试证明：在高压侧和在低压侧做空载试验所测得的空载电流，用标幺值表示时是相等的（忽略漏阻抗）。

2-18 变压器电压调整率的定义是什么？其大小与哪些因素有关？二次侧带什么性质负载时，有可能使电压调整率为零？

2-19 一台电力变压器，负载性质一定，当负载大小分别为 $\beta=1, \beta=0.8, \beta=0.1$ 及空载时，其效率分别为 $\eta_1、\eta_2、\eta_3、\eta_0$，试比较各效率的大小。

习 题

2-1 一台变压器，主磁通 $\phi=\Phi_m\sin\omega t$，其参考方向如题图 2-1 所示。已知绕组 AX 的电动势 e_1 有效值为 E_1，当(a) $\dot{E}_1$ 的参考方向从 A 端指向 X 端；(b) $\dot{E}_1$ 的参考方向从 X 端指向 A 端时：

(1) 写出 e_1 的瞬时值表达式，画出 ϕ 和 e_1 的波形图及 $\dot{\Phi}_m、\dot{E}_1$ 的相量图；

(2) 说明在 $\omega t=0$ 到 $\pi/2$ 的时间内，主磁通 ϕ 的变化规律以及 A 与 X 哪端的电位高。

2-2 变压器一、二次绕组的电压、电动势参考方向如题图 2-2(a)所示，设变比 $k=2$，一次电压 u_1 的波形如题图 2-2(b)所示。试画出 $e_1、e_2$、主磁通 ϕ 和 u_2 随时间 t 变化的波形，并用相量图表示 $\dot{E}_1、\dot{E}_2、\dot{\Phi}_m、\dot{U}_2$ 和 $\dot{U}_1$ 的关系（忽略漏阻抗压降）。

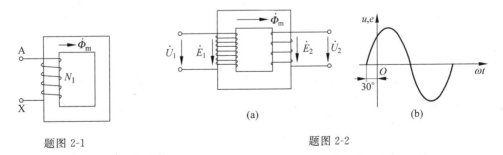

题图 2-1   题图 2-2

2-3 一台变压器各电磁量的参考方向如题图 2-3 所示，试写出一、二次绕组电动势 $\dot{E}_1、\dot{E}_2$ 的表达式及空载时一次侧的电压平衡方程式。

2-4 一台三相电力变压器，一、二次绕组均为星形联结，额定容量 $S_N=100\text{kV}\cdot\text{A}$，额定电压 $U_{1N}/U_{2N}=6000\text{V}/400\text{V}$，一次绕组漏阻抗 $Z_1=(4.2+\text{j}9)\Omega$，励磁阻抗

$Z_m = (514+j5526)\Omega$。求:

(1) 励磁电流及其与额定电流的比值;

(2) 空载运行时的输入功率;

(3) 空载运行时一次绕组的相电压、相电动势及漏阻抗压降,并比较它们的大小。

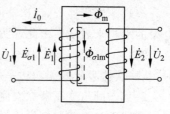

题图 2-3

2-5 如题图 2-4 所示的单相变压器,额定电压为 $U_{1N}/U_{2N}=220V/110V$,高压绕组端子为 A、X,低压绕组端子为 a、x,A 和 a 为同名端。在 A 和 X 两端加 220V 电压,a、x 端开路时的励磁电流为 I_0,励磁磁动势为 F_0,主磁通为 Φ_m,励磁阻抗模为 $|Z_m|$。求下列三种情况下的主磁通、励磁磁动势、励磁电流和励磁阻抗模:

(1) A、X 端开路,a、x 端加 110V 电压;

(2) X 和 a 端相联,A、x 端加 330V 电压;

(3) X 和 x 端相联,A、a 端加 110V 电压。

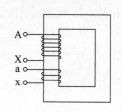

题图 2-4

2-6 A 和 B 两台单相变压器的额定电压都是 220V/110V,高压绕组匝数相等。当将高压绕组接 220V 电源空载运行时,测得它们的励磁电流相差 1 倍。设磁路线性,现将两台变压器的高压绕组串联起来,接到 440V 电源上,二次绕组开路,求两台变压器的二次电压及主磁通的数量关系。

2-7 如题图 2-5 所示,变压器一、二次绕组匝数比为 $N_1/N_2=3$,若 $i_1=10\sin\omega t$,试写出(a)、(b)两种情况下二次电流 i_2 的瞬时值表达式(忽略励磁电流)。

2-8 规定变压器电压、电动势、电流和磁通的参考方向如题图 2-6 所示。试写出变压器的基本方程式,并画出二次绕组带纯电容负载时的相量图。

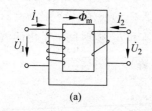 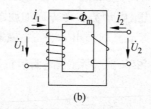 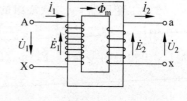

题图 2-5 题图 2-6

2-9 一台单相降压变压器额定容量为 200kV·A,额定电压为 1000V/230V,一次绕组参数为 $R_1=0.1\Omega$,$X_{\sigma1}=0.16\Omega$,$R_m=5.5\Omega$,$X_m=63.5\Omega$。已知额定运行时 $\dot{I}_1$ 滞后 $\dot{U}_1 30°$,求空载与额定负载运行时的一次绕组电动势 E_1。

2-10 晶体管功率放大器对负载来说,相当于一个交流电源,其电动势 $E_s=8.5V$,内阻 $R_s=72\Omega$。另有一扬声器,电阻 $R_L=8\Omega$。现采用两种方法把扬声器接入放大器电路作负载:一种是直接接入;另一种是经过变比 $k=3$ 的单相变压器接入,分别如题图 2-7(a)、(b)所示。忽略变压器的漏阻抗和励磁电流,求:

(1) 两种接法时扬声器获得的功率;

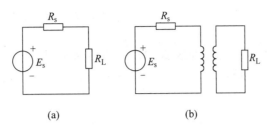

题图 2-7

(2) 要使放大器输出功率最大,变压器变比应为多大?变压器在电路中的作用是什么?

2-11 一台三相变压器,一、二次绕组分别为三角形、星形联结,额定数据为:$S_N = 200\text{kV} \cdot \text{A}$,$U_{1N}/U_{2N}=1000\text{V}/400\text{V}$,折合到一次侧的参数为 $Z_m=(20+\text{j}170)\Omega$,$Z_k=(0.26+\text{j}0.61)\Omega$,设 $Z_1=Z_2'$。画出折合到二次侧的 T 型等效电路,并标明其中各参数的实际值和标幺值。

2-12 一台单相变压器,$S_N=2\text{kV} \cdot \text{A}$,$U_{1N}/U_{2N}=1100\text{V}/110\text{V}$,$R_1=4\Omega$,$X_{\sigma 1}=15\Omega$,$R_2=0.04\Omega$,$X_{\sigma 2}=0.15\Omega$。当负载阻抗 $Z_L=(10+\text{j}5)\Omega$ 时,求:

(1) 一、二次电流 I_1 和 I_2;

(2) 二次电压 U_2 比 U_{2N} 降低了多少?

2-13 一台三相变压器,$S_N=2000\text{kV} \cdot \text{A}$,$U_{1N}/U_{2N}=1000\text{V}/400\text{V}$,一、二次绕组均为星形联结,折合到高压侧的每相短路阻抗为 $Z_k=(0.15+\text{j}0.35)\Omega$。一次绕组接额定电压,二次绕组接三相对称负载,负载为星形联结,每相阻抗为 $Z_L=(0.96+\text{j}0.48)\Omega$,求此时的一、二次电流和二次电压。

2-14 一台三相电力变压器,$S_N=1000\text{kV} \cdot \text{A}$,$U_{1N}/U_{2N}=10000\text{V}/3300\text{V}$,一、二次绕组分别为星形、三角形联结,短路阻抗标幺值 $\underline{Z}_k=0.015+\text{j}0.053$,带三相三角形联结的对称负载,每相负载阻抗 $Z_L=(50+\text{j}85)\Omega$,求一、二次电流和二次电压。

2-15 某台三相电力变压器,一、二次绕组分别为三角形、星形联结,额定容量 $S_N=600\text{kV} \cdot \text{A}$,额定电压 $U_{1N}/U_{2N}=10000\text{V}/400\text{V}$,短路阻抗 $Z_k=(1.8+\text{j}5)\Omega$,二次侧带星形联结的三相负载,每相负载阻抗 $Z_L=(0.3+\text{j}0.1)\Omega$。计算该变压器的以下几个量:

(1) 一次电流 I_1 及其与额定电流 I_{1N} 的百分比 β_1,二次电流 I_2 及其与额定电流 I_{2N} 的百分比 β_2;

(2) 二次电压 U_2 及其与额定电压 U_{2N} 相比降低的百分值;

(3) 输出容量。

2-16 两台单相变压器:第 I 台,$S_{NI}=1\text{kV} \cdot \text{A}$,$U_{1NI}/U_{2NI}=240\text{V}/120\text{V}$,折合到高压侧的短路阻抗为 $4\angle 60°\Omega$;第 II 台,$S_{NII}=1\text{kV} \cdot \text{A}$,$U_{1NII}/U_{2NII}=120\text{V}/24\text{V}$,折合到高压侧的短路阻抗为 $1\angle 60°\Omega$。现将第 II 台变压器的高压绕组接在第 I 台的低压绕组上,再将第 I 台的高压绕组接到 240V 交流电源作连续降压,如题图 2-8 所示。

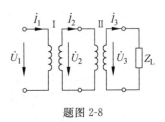

题图 2-8

忽略励磁电流,分别求负载 $Z_L=(10+j\sqrt{300})\Omega$ 和负载侧短路时各级电压和电流的大小。

2-17 两台完全相同的单相变压器,$S_N=1kV\cdot A$,$U_{1N}/U_{2N}=220V/110V$,$Z_1=Z_2'$,$Z_2=(0.1+j0.15)\Omega$,忽略励磁电流,求题图2-9(a)、(b)、(c)、(d)四种情况下二次绕组的循环电流。

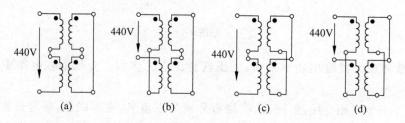

题图 2-9

2-18 一台三相变压器,$S_N=750kV\cdot A$,$U_{1N}/U_{2N}=10000V/400V$,一、二次绕组分别为星形、三角形联结。在低压侧做空载试验,数据为 $U_2=U_{2N}=400V$,$I_{20}=65A$,$p_0=3.7kW$。在高压侧做短路试验,数据为 $U_{1k}=450V$,$I_{1k}=35A$,$p_k=7.5kW$。设 $Z_1=Z_2'$,求该变压器的参数。

2-19 将上题变压器的计算结果用标幺值表示,并证明:把折合到一侧的参数取标幺值,与参数不折合而直接取标幺值所得的结果相同。

2-20 一台单相变压器,$S_N=600kV\cdot A$,$U_{1N}/U_{2N}=35kV/6.3kV$,当电流为额定值时,变压器漏阻抗压降占额定电压的 6.5%,绕组铜耗为 9.5kW;当一次绕组加额定电压、二次绕组开路时,励磁电流为额定电流的 5.5%,功率因数为 0.1。求这台变压器的短路阻抗和励磁阻抗的标幺值和实际值。

2-21 一台三相变压器,$S_N=100kV\cdot A$,$U_{1N}/U_{2N}=6kV/0.4kV$,一、二次绕组均为星形联结。在高压侧做短路试验,测得短路电流为 9.4A 时的短路电压为 251.9V,输入功率为 1.92kW,求短路阻抗标幺值。

2-22 一台三相降压电力变压器,一、二次绕组均为星形联结,$U_{1N}/U_{2N}=10000V/400V$。在二次侧做空载试验,测得数据为:$U_2=U_{2N}=400V$,$I_{20}=60A$,$p_0=3800W$。在一次侧做短路试验,测得数据为:$U_{1k}=440V$,$I_{1k}=I_{1N}=43.3A$,$p_k=10900W$,室温为 20℃。求该变压器的参数(用标幺值表示)。

2-23 一台三相变压器,$U_{1N}/U_{2N}=110kV/6.3kV$,一、二次绕组均为星形联结,短路阻抗标幺值为 $\underline{Z}_k=0.008+j0.1$。带三相对称星形联结负载,每相负载阻抗标幺值 $\underline{Z}_L=1+j0.3$。求二次电压比其额定值降低了多少。

2-24 某台单相变压器满载时,二次电压为 115V,电压调整率为 2%,一次绕组与二次绕组的匝数比为 20:1,求一次电压。

2-25 某台单相变压器,一、二次电压比在空载时为 14.5:1,在额定负载时为 15:1,求此变压器的匝数比及额定电压调整率。

2-26 额定频率为 50Hz、额定功率因数为 0.8(滞后)、额定电压调整率为 10% 的变压器，现将它接到 60Hz 电源上，保持一次电压为额定值不变，且使负载功率因数仍为 0.8（滞后），电流仍为额定值。已知在额定工况下变压器的短路电抗压降为短路电阻压降的 10 倍，求 60Hz 时的电压调整率。

2-27 一台三相变压器，$S_N=5600\text{kV}\cdot\text{A}$，$U_{1N}/U_{2N}=35\text{kV}/6.3\text{kV}$，一、二次绕组分别为星形、三角形联结。在高压侧做短路试验，测得 $U_{1k}=2610\text{V}$，$I_{1k}=92.3\text{A}$，$p_k=53\text{kW}$。当 $U_1=U_{1N}$，$I_2=I_{2N}$ 时，测得二次电压 $U_2=U_{2N}$，求此时负载的性质及功率因数角 φ_2 的大小。

2-28 一台三相变压器，$S_N=5600\text{kV}\cdot\text{A}$，$U_{1N}/U_{2N}=6\text{kV}/3.3\text{kV}$，一、二次绕组分别为星形、三角形联结。空载损耗 $p_0=18\text{kW}$，负载损耗 $p_{kN}=56\text{kW}$。求：

(1) 当输出电流 $I_2=I_{2N}$，$\cos\varphi_2=0.8$ 时的效率 η；

(2) 效率最大时的负载因数 β_m。

2-29 一台三相变压器，一、二次绕组分别为星形、三角形联结，$S_N=1000\text{kV}\cdot\text{A}$，$U_{1N}/U_{2N}=10000\text{V}/6300\text{V}$，空载损耗 $p_0=4.9\text{kW}$，负载损耗 $p_{kN}=15\text{kW}$。求：

(1) 该变压器供给额定负载且 $\cos\varphi_2=0.8$（滞后）时的效率；

(2) $\cos\varphi_2=0.8$（滞后）和 $\cos\varphi_2=1$ 时的最高效率。

2-30 某工厂中使用的一台配电变压器，$S_N=315\text{kV}\cdot\text{A}$，$U_{1N}/U_{2N}=6000\text{V}/400\text{V}$，一、二次绕组均为星形联结，空载损耗 $p_0=1150\text{W}$，负载损耗 $p_{kN}=5066\text{W}$。全日负载情况是：满载 10h，$\cos\varphi_2=0.85$；3/4 负载 4h，$\cos\varphi_2=0.8$；1/2 负载 5h，$\cos\varphi_2=0.5$；1/4 负载 4h，$\cos\varphi_2=0.9$；空载 1h。求全日平均效率。

第3章 三相变压器

由于电力系统采用三相制,因此三相变压器在实际中应用最为广泛。三相变压器在对称稳态运行时,三相的电压、电流、电动势等大小分别相等,相位分别互差120°,因此可以只取其中一相进行分析,第2章中介绍的分析方法和结论也都适用。

本章介绍的是三相变压器特有的磁路系统和电路系统,即三相铁心磁路的结构和三相绕组联结方法及形成的联结组,还要介绍与其相关的空载电动势波形以及并联运行问题。

3.1 三相变压器的磁路系统

三相变压器按其磁路系统主要分为三相变压器组和三相心式变压器两种。

三相变压器组(transformer bank)是由三台相同的单相变压器按照一定的绕组联结方式构成的,如图 3-1 所示,其中一、二次侧的三相绕组都采用**星形联结**(star connection),当然也可采用其他联结方式。三相变压器组各相的磁路是彼此无关的,三相主磁通 $\dot\Phi_A$、$\dot\Phi_B$、$\dot\Phi_C$ 都有自己独立的通路。

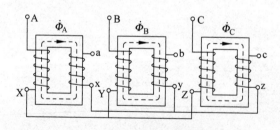

图 3-1 三相变压器组的磁路系统

若将三台相同的单相变压器的铁心拼合到一起,就可以演变出三相心式变压器磁路系统,如图 3-2 所示。在图 3-2(a)中,各相主磁通都会通过中间的铁心柱构成回路,其中的主磁通为三相主磁通之和。当一次侧三相绕组外施对称三相电压时,三相主磁通 $\dot\Phi_A$、$\dot\Phi_B$、$\dot\Phi_C$ 是对称的,即 $\dot\Phi_A+\dot\Phi_B+\dot\Phi_C=0$,此时中间铁心柱并没有磁通经过,因此可将其去掉,如图 3-2(b)所示。为了简化结构,便于制造,将三个铁心柱布置在同一平面上,就得到如图 3-2(c)所示的三相心式变压器铁心。

从图 3-2(c)可以看到,三相心式变压器的各相磁路是彼此相关的,各相主磁通都以

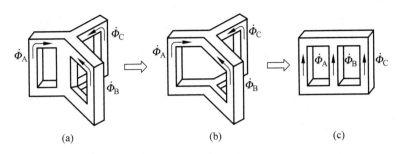

图 3-2 三相心式变压器的磁路系统

另外两相的磁路作为自己的回路。这种磁路系统，三相之间不很对称，即三相磁路长度不相等，中间一相的较短，两边两相的较长。因此，当外施三相对称电压时，三相的空载电流略有不同。但由于电力变压器空载电流标幺值很小，因此这种不对称对变压器负载运行的影响极小，可忽略不计。

不论是三相变压器组，还是三相心式变压器，各相基波磁通通过的路径都是铁心磁路，遇到的磁阻较小。

练习题

3-1-1　三相变压器组和三相心式变压器在磁路结构上有何区别？三相对称的磁通和三相同相的磁通在这两种磁路中遇到的磁阻有何不同？

3-1-2　三相心式变压器加对称电压空载运行时，三相空载电流中哪个较大、哪个较小？为什么？

3.2　三相变压器的电路系统——绕组联结方式和联结组

三相变压器可以变电压、变电流、变阻抗，本节讨论变压器的另一个作用——变相位。对于某些负载，如晶闸管整流电路，为保证各晶闸管触发脉冲的同步，需要知道一、二次电压的相位差。两台或两台以上的变压器并联运行时，一、二次电动势的相位差也是重要数据。这种相位关系可用联结组来表示。

1. 绕在同一铁心柱上的高、低压绕组（单相变压器）电动势的相位关系

绕在同一铁心柱上的高、低压绕组，与同一主磁通相链，当主磁通交变时，两个绕组中感应的相电动势存在一定的极性关系。在图 3-3(a)中，当主磁通瞬时值在图示的参考方向上增加时，根据楞次定律，可判断出两个绕组中相电动势的瞬时实际方向都是由下面一端指向上面一端。因此，A 与 a 是同名端，X 与 x 也是同名端。绕组的同名端用"·"标记。两个绕组的同名端与它们在铁心柱上的实际绕向有关。在图 3-3(b)中，下面一个绕组的绕向与图 3-3(a)中的相反，同名端的情况也正好与图(a)中相反。

每个绕组都有两端，将其中一个规定为首端，另一个则为末端。一般用大写字母 A、

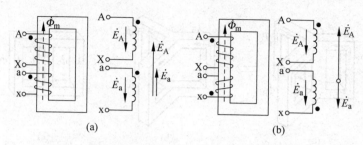

图 3-3 同一铁心柱上高、低压绕组电动势的相位关系
(a) 绕向相同；(b) 绕向相反

X 分别作为高压绕组的首、末端标志，用小写字母 a、x 分别作为低压绕组的首、末端标志。把每个绕组相电动势的参考方向都统一规定为从首端指向末端，如图 3-3 所示。高、低压绕组的相电动势相量分别为 $\dot{E}_{AX}$、$\dot{E}_{ax}$，为了简单起见，用 $\dot{E}_A$、$\dot{E}_a$ 表示。

显然，绕组首、末端选择不同，高、低压绕组相电动势的相位差就不同。若将高、低压绕组的同名端标记为首端 A、a，则高、低压绕组相电动势 $\dot{E}_A$ 与 $\dot{E}_a$ 是同相的，如图 3-3(a) 所示；反之，若将高、低压绕组的非同名端标记为首端 A、a，则 $\dot{E}_A$ 和 $\dot{E}_a$ 是反相的，即 $\dot{E}_a$ 滞后 $\dot{E}_A$ 180°，如图 3-3(b) 所示。

通常用时钟序数表示法来形象地表示高、低压绕组电动势的相位关系：以高压绕组相电动势相量 $\dot{E}_A$ 作为时钟的长针，且永远指向钟面上"12"的位置，以低压绕组相电动势相量 $\dot{E}_a$ 作为短针，短针在钟面上所指的数字就是时钟序数。当 $\dot{E}_a$ 与 $\dot{E}_A$ 反相即 $\dot{E}_a$ 滞后 $\dot{E}_A$ 180°时，时钟序数为 6；当 $\dot{E}_a$ 与 $\dot{E}_A$ 同相时，时钟序数改用 0 而不是 12。

上述的电动势相位关系，也是单相变压器高、低压绕组电动势的相位关系。对于图 3-3(a)、(b) 所示的单相变压器，表示其电动势相位关系的联结组分别为 I I0、I I6，其中：两个罗马数字 I 表示高、低压绕组都是单相，数字 0、6 是上述的时钟序数。单相变压器只有这两种联结组。

2. 三相变压器的联结组

1) 三相绕组的标志与联结方式

三相心式变压器中，除了同一铁心柱上的高、低压绕组之间存在上述的极性关系外，同一侧的三相绕组间也有极性问题。如果从三相绕组的各端子分别流入电流，在各相铁心柱中产生的磁通方向都指向同一个磁路节点，则这三个端子为同名端，仍用"·"表示。在高压侧或低压侧，应将三相绕组的同名端都规定为首端（或末端），如图 3-4 所示。三相高压绕组首、末端的标志分别用大写字母 A、B、C 和 X、Y、Z；三相低压绕组首、末端的标志分别用小写字母 a、b、c 和 x、y、z。

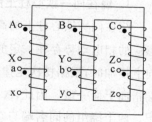

图 3-4 三相变压器的首、末端标志

在三相变压器中，不论是一次绕组还是二次绕组，主要

有两种联结方式，即星形联结(简称 Y 联结)和**三角形联结**(delta connection)(简称 D 联结)。规定首端 A、B、C 和 a、b、c 分别为高、低压侧三相绕组的端子。Y 联结如图 3-5 所示，将三个末端 X、Y、Z 或 x、y、z 联在一起成为中性点；如果中性点有引出线，则其端子以 N(高压侧)或 n(低压侧)标记。D 联结有两种方式，分别如图 3-6(a)、(b)所示。另外，三相绕组还可以采用**曲折形联结**(zigzag connection)(简称 Z 联结)。

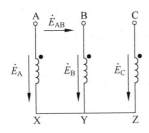

图 3-5 星形联结(Y 联结)

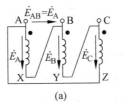 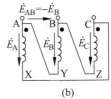

图 3-6 三角形联结(D 联结)

2) 联结组

三相绕组不论是 Y 联结还是 D 联结，其相、线电动势相量都可构成一个等边三角形。以高压绕组为例，图 3-7(a)所示为图 3-5 中 Y 联结的电动势相量图，图 3-7(b)、(c)分别为图 3-6(a)、(b)两种 D 联结的电动势相量图。可以看出：首端 A、B、C 都构成一个等边△ABC，三个顶点 A、B、C 都按相序(正序)顺时针排列，△ABC 的重心为 O，它是三相绕组实际的(Y 联结时)或假想的(D 联结时)中性点。在画电动势相量三角形时，可利用这些特点。

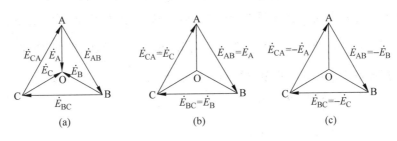

图 3-7 电动势相量三角形
(a) Y 联结；(b) 第一种 D 联结；(c) 第二种 D 联结

三相变压器的高、低压绕组，都既可以采用星形联结，也可以采用三角形联结；同一铁心柱上的高、低压绕组，可以绕向相同或不同，可以是同一相的或不同相的。这样，高、低压绕组的联结方式就有各种不同的组合，每种组合即为一种联结组。

对于三相变压器，关心的问题是低压侧与高压侧对应的线电动势间的相位差，如 $\dot{E}_{ab}$ 与 $\dot{E}_{AB}$、$\dot{E}_{bc}$ 与 $\dot{E}_{BC}$ 间的相位差。不论高、低压侧的三相绕组是 Y 联结还是 D 联结，低压侧与高压侧对应的线电动势间的相位差总是 30°的整数倍。由于钟面上相邻两个时数刻度的夹角是 30°，因此也可以用时钟序数来表示该相位差。时钟序数和表示绕组联结方式的英文字母结合起来,构成三相变压器的**联结组标号**(connection symbol)。

在三相变压器铭牌上都要标明联结组标号,其书写形式是:用大、小写字母分别表示高压绕组、中压(如果有)与低压绕组的联结方式,Y 联结用 Y 或 y 表示,中性点有引出线时用 YN 或 yn 表示,D 联结用 D 或 d 表示;先写代表高压绕组联结方式的大写字母,再依次写代表中压、低压绕组联结方式的小写字母及其时钟序数。例如,一台三相变压器,高压、中压绕组都为星形联结,并都有中性点引出,低压绕组为三角形联结,中压侧线电动势与高压侧对应的线电动势同相,低压侧线电动势滞后高压侧对应的线电动势 330°,则其联结组标号为 YNyn0d11。

下面通过具体例子说明如何通过作相量图来确定三相变压器的联结组标号。

(1) Yy 联结(高、低压绕组均为 Y 联结)

如图 3-8(a)所示为一种 Yy 联结变压器的绕组联结图,其特征是:

① 高、低压绕组均按相序从左向右排列,高、低压绕组分别画在上面和下面,三相分别上下对齐,且上、下对齐的高、低压绕组是绕在同一铁心柱上的。

② 高、低压绕组的联结方式,同名端,首、末端及电动势的参考方向都已标出。

联结组标号中的时钟序数,可以通过画出高、低压绕组的电动势相量三角形,根据对应的线电动势(如 $\dot{E}_{ab}$ 滞后 $\dot{E}_{AB}$)的相位差来确定,时钟序数等于该相位差除以 30°。

我国国家标准采用国际电工委员会(IEC)标准中规定的方法来判断联结组标号中的时钟序数。可以按以下步骤来判断:

① 作高压绕组的线电动势相量△ABC(三角形的顶点按顺时针排列),其重心为 O。

② 作低压绕组的线电动势相量△abc:根据同一铁心柱上高、低压绕组相电动势的相位关系,确定△abc 顶点的位置。由图 3-8(a)可知,$\dot{E}_a$ 与 $\dot{E}_A$ 反相,$\dot{E}_b$ 与 $\dot{E}_B$ 反相,因此 $\dot{E}_{ab}$ 与 $\dot{E}_{AB}$ 反相,据此可画出△abc,其顶点按顺时针排列,如图 3-8(b)所示。

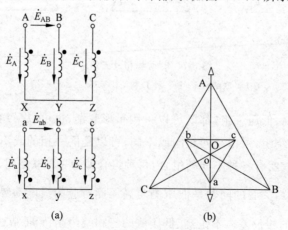

图 3-8 Yy6 联结组

(a) 绕组联结图;(b) 用电动势相量图确定时钟序数

③ 将两个三角形的重心 o 与 O 重合,将△ABC 的一条中线(如有向线段$\overline{OA}$)作为时钟的长针,并指向 12 点位置;将△abc 对应的一条中线(有向线段$\overline{oa}$)作为时钟的短针,如图 3-8(b)中空心箭头所示。短针指向的时数,即是联结组标号中的时钟序数。可见,该变压器的联结组标号为 Yy6。

(2) Dy 联结(高、低压绕组分别为 D 联结、Y 联结)

如图 3-9(a)所示为一种 Dy 联结变压器的绕组联结图。根据同一铁心柱上高、低压绕组相电动势的相位关系,可知$\dot{E}_{AB}=-\dot{E}_B$,与$\dot{E}_c$同相;$\dot{E}_{BC}=-\dot{E}_C$,与$\dot{E}_a$同相。据此可确定出相量三角形△abc 顶点 a、b、c 的位置(有向线段 co 与 AB 平行,ao 与 BC 平行),如图 3-9(b)所示。将重心 o 与 O 重合,可知该变压器的联结组标号为 Dy3。

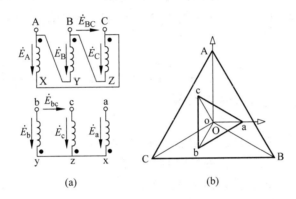

图 3-9 Dy3 联结组

(a)绕组联结图;(b)用电动势相量图确定时钟序数

Yy 联结共有 0、2、4、6、8、10 六个偶数的时钟序数,Yd(或 Dy)联结共有 1、3、5、7、9、11 六个奇数的时钟序数。为了制造和使用方便,我国国家标准规定三相双绕组电力变压器的联结组为 YNd11、Yyn0、Dyn11 和 Yd11。YNd11 联结组主要用于高压输电线路中,使电力系统的高压侧中性点可以接地;Yyn0 和 Dyn11 联结组主要用于配电变压器,其二次侧中性点可以引出而成为三相四线制;Yd11 用于二次电压超过 400V、额定容量不超过 6300kV·A 的电力变压器。

练习题

3-2-1 单相双绕组变压器各绕组的同名端与其端子的标志有关吗?单相双绕组变压器可能有几种联结组?并进一步说明利用电压表确定单相变压器绕组同名端和联结组标号的方法。

3-2-2 三相变压器的联结组标号是由一、二次侧相电动势还是线电动势的相位关系来决定的?能否不用线电动势$\dot{E}_{AB}$与$\dot{E}_{ab}$,而用$\dot{E}_{BC}$与$\dot{E}_{bc}$或$\dot{E}_{BA}$与$\dot{E}_{ba}$的相位关系来确定联结组标号?

3.3 三相变压器的空载电动势波形

变压器运行时,其铁心通常处于饱和状态。在 2.1 节讨论单相变压器时已经提到,由于铁心饱和,产生正弦变化的主磁通 ϕ 所需的励磁电流 i_0 为尖顶波(如图 2-2 所示),其中含有基波和一系列谐波,谐波中以 3 次谐波 i_{03} 最为显著。反之,当励磁电流 i_0 为正弦波时,由于磁路非线性,磁通比励磁电流增加得慢,因此,主磁通 ϕ 将为平顶波,其中含有较强的 3 次谐波 ϕ_3。

对于三相变压器,三相的 3 次谐波电流彼此间的相位差为 $3 \times 120° = 360°$,即同相,因此 3 次谐波励磁电流在绕组中能否流通取决于绕组的联结方式。主磁通中若有 3 次谐波,其在铁心中的流通情况与铁心磁路结构密切相关。下面就不同的绕组联结方式和铁心磁路结构分别进行讨论。

1. Yy 联结的变压器

采用 Yy 联结的变压器,3 次谐波电流不能在绕组中流通,励磁电流基本上为正弦波,因此,主磁通的波形取决于铁心磁路结构。

(1) 三相变压器组

三相变压器组的各相磁路互相独立。在励磁电流为正弦波、主磁通为平顶波时,主磁通中的 3 次谐波 ϕ_3 和其基波 ϕ_1 都通过铁心闭合,因此,在各相绕组中,除了主磁通基波 ϕ_1 产生的基波电动势 e_1 外,还有 3 次谐波磁通 ϕ_3 产生的 3 次谐波电动势 e_3,如图 3-10 所示。由于三相中的 3 次谐波电动势是同相的,因此在线电动势中互相抵消,即线电动势仍为正弦波。但是,相电动势 $e \approx e_1 + e_3$,如图 3-10 所示,e 的幅值较基波电动势 e_1 有了较大的增加。在工程实际中使用的变压器,e_3 的幅值可能达到 e_1 的 45%~60%。幅值较高的尖顶波形的相电动势会对变压器绝缘材料构成很大威胁,特别是对高压大容量变压器的威胁更大,因此三相变压器组不采用 Yy 联结。

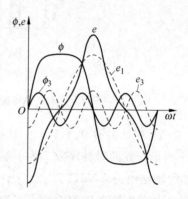

图 3-10 平顶波主磁通产生的电动势波形

(2) 三相心式变压器

三相心式变压器的三相铁心磁路是相互关联的。三相对称的基波磁通可以沿铁心闭合。但是三相的 3 次谐波磁通相位相同,因此无法沿基波磁通通过的铁心磁路闭合,而只能穿出铁心,经由绝缘介质(如变压器油)和变压器箱壁而闭合,如图 3-11 所示。可见,3 次谐波磁通所通过路径的磁阻很大,因此它的数值并不大,所感应的电动势 e_3 的幅值也不大。所以三相心式变压器即使在磁路饱和时,主磁通及相电动势都接近正弦波。由于 3 次谐波磁通在经过金属结构件时,会产生涡流损耗而降低变压器的效率,并可能引起局部过热,因此,在额定容量不大于 1600kV·A 的心式变压器中才采用 Yy 联结组。

2. Dy 和 Yd 联结的变压器

对于 Dy 和 Yd 联结的三相变压器,线电流中没有 3 次谐波。由于饱和,主磁通中含有 3 次谐波。3 次谐波磁通感应的 3 次谐波电动势,会在三角形联结的绕组回路中产生同相的 3 次谐波电流 i_3,如图 3-12 所示。i_3 是励磁电流性质(因为另一侧绕组中没有 3 次谐波电流与之平衡),它产生的 3 次谐波磁通对由饱和引起的 3 次谐波磁通起削弱作用,结果使 3 次谐波磁通和 3 次谐波电动势都很小,主磁通和电动势波形都接近正弦波。为了产生接近正弦波的主磁通,所需的 3 次谐波电流是很小的,对变压器正常运行影响不大。

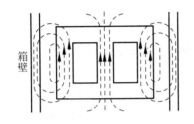

图 3-11 三相心式变压器 3 次谐波磁通的路径示意图

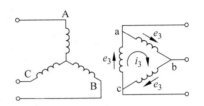

图 3-12 Yd 联结二次绕组中的 3 次谐波电流

以上分析表明,为了使三相变压器的主磁通和相电动势接近正弦波,不论是心式变压器还是变压器组,都希望有一侧的绕组接成 D 联结。当需要采用 Yy 联结时,可在铁心柱上另外布置一套 D 联结绕组,目的是为 3 次谐波电流提供通路。我国国家标准中规定,额定容量在 1600kV·A 以上的三相电力变压器,二次绕组采用 D 联结。

练习题

3-3-1 为什么三相变压器组不宜采用 Yy 联结,而容量不很大的三相心式变压器却可以采用?

3-3-2 Yd 联结的三相变压器,当一次绕组接三相对称电源时,试分析下列各量是否含有 3 次谐波:(1)一、二次相、线电流;(2)主磁通;(3)一、二次相、线电动势;(4)一、二次相、线电压。

3.4 变压器的并联运行

在大容量发电厂和变电站中,通常采用几台电力变压器并联的运行方式。所谓**变压器的并联运行**(parallel operation),是指变压器的一、二次绕组分别并联到一、二次侧公共母线上,共同对负载供电。如图 3-13 所示,当把并联开关 QS 合上时,变压器 β、γ 就和变压器 α 并联运行。

变压器并联运行具有以下优点:①在某台变压器发生故障或进行检修时,可把它从电网上切除,其他变压器可以继续运行,从而提高供电的可靠性;②可以根据负载的大小来调整投入运行的变压器数量,使投入运行的变压器都接近满载,以提高运行效率和改善

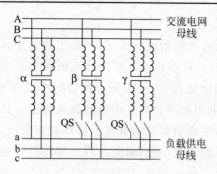

图 3-13 变压器的并联运行

功率因数;③可以减少备用变压器的容量。但是并联运行的变压器数量也不宜过多,因为总容量一定时,并联台数过多,每台变压器的容量就过小,设备成本和安装面积也会增加,经济性降低。所以实际应用中,应综合考虑可靠性、效率、负载变化等因素。

1. 并联运行的理想条件

变压器并联运行的理想状况是:

① 各变压器空载运行时,彼此之间没有**循环电流**(circulating current),每台变压器和单独空载运行一样。

② 负载运行时,各变压器按照其额定容量成比例地分担负载。

③ 各变压器同一相的负载电流的相位相同。这样,总的负载电流就等于各变压器负载电流的代数和;在总负载电流一定时,各台变压器的负载电流均为最小。

为了达到这样的理想状况,并联运行的变压器应满足以下三个条件:

① 一、二次额定电压分别相等(即额定电压比相等)。

② 二次线电压对一次线电压的相位移相同(或者说联结组标号相同)。

③ 短路阻抗标幺值相等,即短路阻抗模及其阻抗角都相等。

如果不满足第①或第②个条件,图 3-13 中并联开关 QS 两端将出现电位差;QS 合上后,各变压器的二次绕组和一次绕组中就会产生循环电流。该电位差是相量差,既与线电压的大小有关,也与其相位移有关。由联结组标号可知,如果各三相变压器二次线电压不同相,则其相位移至少是 30°,此时循环电流就可达额定电流的几倍,有可能损坏并联运行的各变压器,所以联结组标号不同的变压器绝对不允许并联运行。此外,要求各电力变压器一、二次额定电压比的误差不大于 0.5%,以保证由此引起的空载循环电流不超过额定电流的 5%。

2. 并联运行时的负载分配

设上述第①、②个条件都满足,仅第③个条件不满足。以图 3-13 所示的三台变压器 α、β 和 γ 为例,用简化等效电路分析它们并联运行时的负载分担情况。简化等效电路如图 3-14 所示,其中 $Z_{k\alpha}$、$Z_{k\beta}$、$Z_{k\gamma}$ 分别是变压器 α、β、γ 的短路阻抗,则有

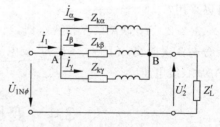

图 3-14 变压器并联运行的简化等效电路

$$\dot{U}_{AB} = \dot{I}_\alpha Z_{k\alpha} = \dot{I}_\beta Z_{k\beta} = \dot{I}_\gamma Z_{k\gamma}$$

$$\underline{I}_\alpha : \underline{I}_\beta : \underline{I}_\gamma = \frac{1}{Z_{k\alpha} I_{N\phi\alpha}} : \frac{1}{Z_{k\beta} I_{N\phi\beta}} : \frac{1}{Z_{k\gamma} I_{N\phi\gamma}}$$

$$= \frac{U_{1N\phi}}{Z_{k\alpha} I_{N\phi\alpha}} : \frac{U_{1N\phi}}{Z_{k\beta} I_{N\phi\beta}} : \frac{U_{1N\phi}}{Z_{k\gamma} I_{N\phi\gamma}}$$

$$= \frac{1}{\underline{Z}_{k\alpha}} : \frac{1}{\underline{Z}_{k\beta}} : \frac{1}{\underline{Z}_{k\gamma}}$$

3.4 变压器的并联运行

其中 $I_{N\phi\alpha}$、$I_{N\phi\beta}$、$I_{N\phi\gamma}$ 分别为变压器 α、β、γ 的额定相电流。

通常并联运行的各变压器的最大、最小额定容量之比应不大于 3∶1，此时可近似认为各变压器短路阻抗的阻抗角相等，因而负载电流 $\dot{I}_\alpha$、$\dot{I}_\beta$、$\dot{I}_\gamma$ 同相，于是上式变为

$$\beta_\alpha : \beta_\beta : \beta_\gamma = \underline{I}_\alpha : \underline{I}_\beta : \underline{I}_\gamma = \frac{1}{|\underline{Z}_{k\alpha}|} : \frac{1}{|\underline{Z}_{k\beta}|} : \frac{1}{|\underline{Z}_{k\gamma}|}$$

这表明：并联运行的各变压器的负载因数与其短路阻抗模的标幺值成反比。因此短路阻抗模标幺值小的变压器先达到满载。若各变压器的短路阻抗标幺值相等，则各变压器的负载因数相等，它们可以按照其额定容量成比例地分担负载，能同时达到满载。为了充分利用变压器容量，要求并联运行的各变压器的短路阻抗模标幺值相差不超过 10%。

例 3-1 两台额定电压均为 35kV/10kV、联结组标号均为 Yd11 的三相变压器 α、β 并联运行，变压器 α 的额定容量 $S_{N\alpha}=1800\mathrm{kV\cdot A}$，$|\underline{Z}_{k\alpha}|=0.0825$，变压器 β 的额定容量 $S_{N\beta}=1000\mathrm{kV\cdot A}$，$|\underline{Z}_{k\beta}|=0.0675$。设备变压器短路阻抗的阻抗角相等，试求：

（1）当总负载为 2800kV·A 时，每台变压器的电流、容量及负载因数；

（2）在不使任一台变压器过载的情况下，两台变压器能供给的最大总负载和总设备容量利用率。

解：（1）两台变压器一次电流的比值，即其容量的比值为

$$\frac{I_\alpha}{I_\beta} = \frac{S_\alpha}{S_\beta} = \frac{\beta_\alpha S_{N\alpha}}{\beta_\beta S_{N\beta}} = \frac{|Z_{k\beta}|S_{N\alpha}}{|Z_{k\alpha}|S_{N\beta}} = \frac{0.0675 \times 1800}{0.0825 \times 1000} = 1.4727$$

又总负载为

$$S = S_\alpha + S_\beta = 2800 \mathrm{kV\cdot A}$$

解得容量为

$$S_\alpha = 1668 \mathrm{kV\cdot A}, \quad S_\beta = 1132 \mathrm{kV\cdot A}$$

负载因数为

$$\beta_\alpha = S_\alpha/S_{N\alpha} = 1668/1800 = 0.9267(欠载), \quad \beta_\beta = S_\beta/S_{N\beta} = 1132/1000 = 1.132(过载)$$

一次电流为

$$I_\alpha = \beta_\alpha \frac{S_{N\alpha}}{\sqrt{3}U_{1N}} = 0.9267 \times \frac{1800}{\sqrt{3}\times 35} = 27.52\mathrm{A}, \quad I_\beta = \frac{I_\alpha}{1.4727} = \frac{27.52}{1.4727} = 18.69\mathrm{A}$$

（2）变压器 β 先达到满载。

当 $\beta_\beta=1$ 即 $S_\beta=1000\mathrm{kV\cdot A}$ 时，

$$\beta_\alpha = |\underline{Z}_{k\beta}|/|\underline{Z}_{k\alpha}| = 0.0675/0.0825 = 0.8182$$

此时

$$S_\alpha = \beta_\alpha S_{N\alpha} = 0.8182 \times 1800 = 1473 \mathrm{kV\cdot A}$$

最大负载为

$$S_{max} = S_\alpha + S_{N\beta} = 1473 + 1000 = 2473 \mathrm{kV\cdot A}$$

总设备容量利用率为

$$S_{max}/(S_{N\alpha}+S_{N\beta}) = 2473/(1800+1000) = 88.32\%$$

练习题

3-4-1 变压器并联运行的条件有哪些？哪一个条件是要严格保证的？为什么？

3-4-2 联结组标号和一、二次额定电压都相同的变压器并联运行时,若短路阻抗标幺值不同,对负载分配有何影响?若并联运行的各变压器的额定容量不同,为了尽量提高设备容量利用率,则它们的额定容量与其短路阻抗标幺值最好满足什么关系?

3-4-3 变压器 α 额定容量 $S_{N\alpha}=30\text{MV}\cdot\text{A}$,$|Z_{k\alpha}|=0.11$;变压器 β 额定容量 $S_{N\beta}=10\text{MV}\cdot\text{A}$,$|Z_{k\beta}|=0.1$。试求它们并联运行时的电流分配比例(设两台变压器短路阻抗的阻抗角相等)。

3-4-4 有 α 和 β 两台变压器并联运行,已知额定容量和阻抗电压分别为 $S_{N\alpha}=10\text{kV}\cdot\text{A}$,$u_{k\alpha}=5\%$;$S_{N\beta}=30\text{kV}\cdot\text{A}$,$u_{k\beta}=3\%$。当总负载为 $30\text{kV}\cdot\text{A}$ 时,求各变压器的负载(设两台变压器短路阻抗的阻抗角相等)。

小 结

本章分析了三相变压器的磁路系统、电路系统以及空载电动势波形和并联运行问题。

三相变压器按其磁路系统主要分为三相变压器组和三相心式变压器两种。二者的根本区别在于各相磁路是否有关联。三相变压器的磁路结构和绕组联结方式对其空载电动势波形有很大的影响。

空载电动势及励磁电流的波形问题是由磁路饱和引起的。励磁电流的波形和三相绕组的联结方式有关;主磁通及其感应的电动势的波形不仅与励磁电流波形有关,还与磁路结构有关。为了使主磁通和电动势的波形接近正弦波,应采用 Yd 或 Dy 联结;在容量不很大的变压器中采用 Yy 联结时,需要采用心式磁路结构。

三相变压器的联结组标号反映了变压器绕组的联结方式和变相位的作用。联结组标号取决于绕组的绕向、标志方法与联结方式。应明确同一铁心柱上的高、低压绕组的电动势的相位关系,掌握通过作电动势相量图,确定联结组标号或绕组联结图的方法。

应掌握变压器并联运行的条件和负载分配关系。额定电压相等和联结组标号相同,可保证空载运行时不产生循环电流,是变压器并联运行的前提条件;短路阻抗标幺值相等则可保证负载按变压器额定容量成比例分配,使设备容量得到充分利用。

思 考 题

3-1 对三相变压器,若只将二次绕组标志 a、b、c 相应改标为 c、a、b,则其联结组标号中的时钟序数将如何变化?

3-2 一台三相变压器的联结组标号为 Yd5,试说明如何将其改接为 Yd1 和 Yd11。

3-3 一台三相变压器,联结组标号为 Yy2,若需改接成 Yy0,应怎样改?

3-4 有三台相同的单相变压器,已知每台一、二次绕组各自的端子,但不知道它们的同名端。如果只有一块仅能测量低压侧电压的电压表,能否在未确定每一单相变压器同名端的情况下,将三台变压器正确接成:(1)Dy 联结;(2)Yd 联结。

3-5 联结组标号为 Yy0 的三相变压器,一次绕组的 B 与 Y 接反了,二次绕组联结无误。如果该变压器是由三台单相变压器联结而成的,则会发生什么现象?能否在二次侧

3-6 Yd联结的三相变压器，一次绕组加额定电压空载运行，将二次绕组的闭合三角形打开，用电压表测量开口处电压；再将三角形闭合，用电流表测量回路电流。问在三相变压器组和三相心式变压器中，各次测得的电压、电流有何不同？为什么？

3-7 一、二次额定电压都相同的两台三相变压器，联结组标号分别为 Yyn0 和 Yyn8，能否设法使它们并联运行？

3-8 联结组标号、短路阻抗标幺值与一次额定电压都相同的降压变压器并联运行时，若二次额定电压不等，会发生什么情况？为了充分利用并联运行的各变压器的容量，对容量大的变压器，希望其二次额定电压大些还是小些好？为什么？

3-9 两台额定电压相同的三相变压器组并联运行，其励磁电流相差一倍。现由于一次侧输电电压提高一倍，为了临时供电，将这两台变压器的一次绕组串联起来接到输电线上，二次绕组仍然并联供电。在二次绕组中是否会出现很大的循环电流？为什么？

习　　题

3-1 根据题图 3-1 所示的绕组联结图，确定出联结组标号。

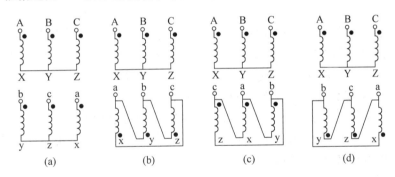

题图 3-1

3-2 根据下列联结组标号，画出绕组联结图：(1)Yy2；(2)Yd5；(3)Dy1；(4)Yy8。

3-3 题图 3-2 所示为一台 Yz 联结的三相变压器，即高压绕组采用 Y 联结，低压绕组采用曲折形联结。这种具有 Z 联结绕组的电力变压器，适合用作具有良好防雷击特性的配电变压器，或者对一、二次侧相位移有特殊要求的整流变压器。Z 联结的一般联结方法是：每个铁心柱上的绕组分成两半，一个铁心柱上的上半绕组与另一个铁心柱上的下半绕组反向串联起来，组成一相绕组。a_1、b_1、c_1 为线路端子，a_2、b_2、c_2 接在一起，作为中性点。

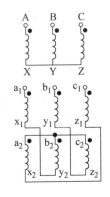

题图 3-2

(1) 试作出题图 3-2 所示变压器二次绕组的电动势相量图，并确定该变压器联结组标号中的时钟序数；

(2) Z联结变压器用作整流变压器,当要求二次侧线电动势滞后一次侧对应的线电动势的相位差不是30°的整数倍时,Z联结的每相绕组可由各铁心柱上匝数不同的几部分绕组串联起来组成。通过适当设计各部分绕组的匝数和联结关系,可以得到不同的相位差。对于题图3-2所示的变压器,如果要求低压侧线电动势超前高压侧对应线电动势15°,则每相低压绕组上、下两部分的匝数比应是多少?

3-4 两台单相变压器A和B,一、二次额定电压相同,$S_{NA}=30\text{kV}\cdot\text{A}$,$u_{kA}=3\%$,$S_{NB}=50\text{kV}\cdot\text{A}$,$u_{kB}=5\%$。将这两台变压器并联运行,所带总负载为70kV·A时,变压器A过载的百分率是多少?(设两台变压器短路阻抗的阻抗角相等)

3-5 有一台Dd联结的变压器组,各相变压器的容量为2000kV·A,额定电压为60kV/6.6kV,在二次侧测得的短路电压为160V,满载时的铜耗为15kW。另有一台Yy联结的变压器组,各相变压器的容量为3000kV·A,额定电压为34.7kV/3.82kV,在一次侧测得的短路电压为840V,满载时的铜耗为22.5kW。这两台变压器组能并联运行吗?

3-6 某变电所有三台变压器A、B、C,联结组标号均为Yy0,额定电压相同,额定容量和阻抗电压分别为:$S_{NA}=3200\text{kV}\cdot\text{A}$,$u_{kA}=6.9\%$;$S_{NB}=5600\text{kV}\cdot\text{A}$,$u_{kB}=7.5\%$;$S_{NC}=3200\text{kV}\cdot\text{A}$,$u_{kC}=7.6\%$。设各台变压器短路阻抗的阻抗角相等。求:

(1) 变压器A与变压器B并联运行,当总负载为8000kV·A时,每台变压器分担的负载;

(2) 三台变压器并联运行时,在不许任何一台过载的条件下,总负载最大值。

3-7 具有相同联结组标号的三台变压器α、β、γ并联运行,它们的数据为:$S_{N\alpha}=1000\text{kV}\cdot\text{A}$,$|\underline{Z}_{k\alpha}|=0.0625$;$S_{N\beta}=1800\text{kV}\cdot\text{A}$,$|\underline{Z}_{k\beta}|=0.066$;$S_{N\gamma}=3200\text{kV}\cdot\text{A}$,$|\underline{Z}_{k\gamma}|=0.07$。设各台变压器短路阻抗的阻抗角相等。

(1) 在总负载为5500kV·A时,每台变压器的负载是多少?

(2) 在不许任何一台变压器过载的情况下,三台变压器所能负担的最大总负载是多少?这时变压器总设备容量的利用率是多少?

3-8 某工厂由于生产发展,用电容量由500kV·A增为800kV·A。原有一台变压器,额定值为:$S_N=560\text{kV}\cdot\text{A}$,$U_{1N}/U_{2N}=6300\text{V}/400\text{V}$,Yyn0,$u_k=6.5\%$。今有三台备用变压器,数据如下:

变压器A $S_{NA}=320\text{kV}\cdot\text{A}$,$U_{1NA}/U_{2NA}=6300\text{V}/400\text{V}$,Yyn0,$u_{kA}=5\%$;

变压器B $S_{NB}=240\text{kV}\cdot\text{A}$,$U_{1NB}/U_{2NB}=6300\text{V}/400\text{V}$,Yyn4,$u_{kB}=6.5\%$;

变压器C $S_{NC}=320\text{kV}\cdot\text{A}$,$U_{1NC}/U_{2NC}=6300\text{V}/440\text{V}$,Yyn0,$u_{kC}=6.5\%$。

(1) 在不允许变压器过载的情况下,选用哪一台与原有变压器并联运行最为恰当?

(2) 如果负载进一步增加后,需用三台变压器并联运行,选两台额定电压相同的与原有的一台并联运行,求最大总负载容量可能是多少?其中哪一台变压器最先满载?

第 4 章 自耦变压器、三绕组变压器和互感器

本章讨论三种特殊变压器——自耦变压器、三绕组变压器和互感器。实际中还使用诸如变流变压器、电炉变压器、牵引变压器等特种变压器,限于篇幅,本书不一一介绍。

4.1 自耦变压器

一次侧和二次侧共用一部分绕组的变压器称为**自耦变压器**(autotransformer)。图 4-1(a)、(b)所示分别为一台单相降压自耦变压器的结构示意图和绕组联结图。绕组 ax 是一、二次侧共用的,称为**公共绕组**(common winding),其匝数为 N_2。与公共绕组串联的绕组 Aa 称为**串联绕组**(series winding),其匝数为 N_1。绕组 Aa 与 ax 的绕向相同。

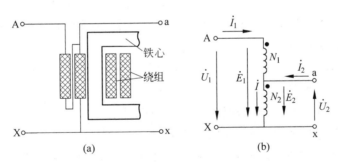

图 4-1 单相自耦变压器
(a) 结构示意图;(b) 绕组联结图

自耦变压器有单相的,也有三相的。下面以单相降压自耦变压器为例进行分析,其结论也适用于单相升压自耦变压器以及对称运行的三相自耦变压器的每一相。

1. 电压、电流关系

自耦变压器中的磁通也可分为主磁通和漏磁通。主磁通 $\dot{\Phi}_m$ 在高、低压绕组中感应产生电动势 $\dot{E}_1$、$\dot{E}_2$。忽略较小的漏阻抗压降,可得一、二次额定相电压之比为

$$\frac{U_{1N\phi}}{U_{2N\phi}} \approx \frac{E_1}{E_2} = \frac{N_1+N_2}{N_2} = k_A \tag{4-1}$$

式中,k_A 为自耦变压器的变比,对于降压变压器,$k_A>1$。

自耦变压器负载运行时,具有与双绕组变压器类似的磁动势平衡关系。按照图 4-1(b)中规定的参考方向,有

$$\dot{I}_1 N_1 + \dot{I} N_2 = \dot{I}_0 (N_1 + N_2)$$

当电源电压为额定值时,主磁通 Φ_m 基本不变。在分析负载运行时,若忽略 $\dot{I}_0$,则有

$$\dot{I}_1 \approx -\frac{\dot{I}}{k_A - 1} \tag{4-2}$$

由图 4-1(b)可得节点 a 的电流关系为

$$\dot{I}_2 = \dot{I} - \dot{I}_1 \approx \dot{I} + \frac{\dot{I}}{k_A - 1} = \dot{I}\left(1 + \frac{1}{k_A - 1}\right) = \dot{I}\frac{k_A}{k_A - 1} \tag{4-3}$$

由式(4-2)及式(4-3)可知,当忽略励磁电流时,$\dot{I}_1$ 和 $\dot{I}$ 是反相的,$\dot{I}_2$ 和 $\dot{I}$ 是同相的,且 $I_2 > I$(因 $k_A > 1$),因此电流有效值的关系为

$$I_1 + I = I_2 \tag{4-4}$$

即低压侧相电流有效值等于串联绕组和公共绕组的相电流有效值之和。

2. 容量关系

从图 4-1(b)可以看出,串联绕组 Aa 和公共绕组 ax 的额定容量分别为

$$S_{NAa} = U_{NAa} I_{1N} = U_{1N} \frac{N_1}{N_1 + N_2} I_{1N} = S_{NA}\left(1 - \frac{1}{k_A}\right) \tag{4-5}$$

$$S_{Nax} = U_{Nax} I_N = U_{2N} I_{2N} \frac{k_A - 1}{k_A} = S_{NA}\left(1 - \frac{1}{k_A}\right) = S_{NAa} \tag{4-6}$$

即自耦变压器的串联绕组和公共绕组的额定容量相等,且都比变压器额定容量 S_{NA} 小(因 $k_A > 1$)。而额定容量 S_{NA} 为

$$S_{NA} = U_{1N} I_{1N} = (U_{NAa} + U_{Nax}) I_{1N} = U_{NAa} I_{1N} + U_{Nax} I_{1N} = S_{NAa} + S_{Nc}$$

或

$$S_{NA} = U_{2N} I_{2N} = U_{Nax}(I_{1N} + I_N) = U_{Nax} I_{1N} + U_{Nax} I_N = S_{Nc} + S_{Nax}$$

这表明,自耦变压器的额定容量 S_N 包含两部分:一是绕组容量 $S_{NAa} = S_{Nax}$,它实质上是以串联绕组 Aa 为一次侧、以公共绕组 ax 为二次侧的一个双绕组变压器,通过电磁感应作用从一次侧传递到二次侧的容量;二是容量 $S_{Nc} = U_{Nax} I_{1N}$,它是通过电路上的联结,从一次侧直接传递到二次侧的,因此称为传导容量。传导容量不需要利用电磁感应来传递,因此自耦变压器的绕组容量小于其额定容量。

以上是针对降压自耦变压器进行分析的,对于升压自耦变压器,令变比 $k_A = (N_1 + N_2)/N_1 > 1$,可得出同样的结论。

例 4-1 一台单相双绕组变压器,额定数据为:$S_N = 10 \text{kV} \cdot \text{A}$,$U_{1N}/U_{2N} = 220\text{V}/110\text{V}$,$|\underline{Z}_k| = 0.04$。现将它改接为额定电压为 220V/330V 的升压自耦变压器,求:

(1) 该自耦变压器的一、二次额定电流和额定容量;

(2) 该自耦变压器的短路阻抗标幺值 $|\underline{Z}_{kA}|$。

解:(1)由题意,双绕组变压器的高、低压绕组分别是自耦变压器的公共绕组和串联绕组,可画出自耦变压器的绕组联结图,如图 4-2 所示。因此,自耦变压器二次(高压侧)

额定电流 I_{2NA} 等于双绕组变压器低压绕组额定电流 I_{2N}，即

$$I_{2NA} = I_{2N} = \frac{S_N}{U_{2N}} = \frac{10 \times 10^3}{110} = 90.91\text{A}$$

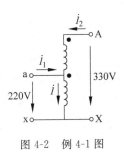

图 4-2 例 4-1 图

根据式(4-4)，该自耦变压器一次额定电流 I_{1NA} 应为双绕组变压器的高、低压绕组额定电流之和，即

$$I_{1NA} = I_{1N} + I_{2N} = \frac{S_N}{U_{1N}} + I_{2N} = \frac{10 \times 10^3}{220} + 90.91$$
$$= 45.45 + 90.91 = 136.36\text{A}$$

自耦变压器的额定容量为

$$S_{NA} = U_{1NA} I_{1NA} = 220 \times 136.36 = 30\text{kV} \cdot \text{A}$$

或

$$S_{NA} = U_{2NA} I_{2NA} = 330 \times 90.91 = 30\text{kV} \cdot \text{A}$$

也可利用式(4-5)或式(4-6)的关系来求 S_{NA}，此时变比 k_A 应按降压变压器计算，即

$$k_A = (U_{1N} + U_{2N})/U_{1N} = (220 + 110)/220 = 1.5$$

$$S_{NA} = S_N \frac{k_A}{k_A - 1} = 10 \times \frac{1.5}{1.5 - 1} = 10 \times 3 = 30\text{kV} \cdot \text{A}$$

(2) 将该自耦变压器低压侧(即公共绕组)短路，从高压侧看，短路阻抗的实际值等于双绕组变压器从低压侧看时短路阻抗的实际值，即

$$|Z_{kA}| = |Z_k| \frac{U_{2N}}{I_{2N}} = 0.04 \times \frac{110}{90.91} = 0.0484\Omega$$

其标幺值为

$$|Z_{kA}^*| = \frac{|Z_{kA}| I_{2NA}}{U_{2NA}} = \frac{0.0484 \times 90.91}{330} = 0.01333$$

可见，自耦变压器的短路阻抗标幺值比构成它的双绕组变压器的短路阻抗标幺值小(因为前者的阻抗基值比后者的大)，二者的关系为 $Z_{kA}^* = Z_k^*(1 - 1/k_A)$。因此，自耦变压器的短路电流较大。

3. 主要优缺点

变压器的尺寸和有效材料(铁心和绕组所用的材料)的用量由绕组容量决定。绕组容量大，绕组、铁心的尺寸及变压器外形尺寸都大，消耗材料多。自耦变压器的绕组容量小于额定容量，因此当变压器额定容量相同时，自耦变压器比双绕组变压器的绕组容量小，所需的有效材料少、体积小、造价低；由于有效材料消耗少，铜耗、铁耗都小，因此效率就高。这是自耦变压器的主要优点。由于自耦变压器的绕组容量为 $\left(1 - \frac{1}{k_A}\right) S_{NA}$，$k_A$ 越接近1，其优点越突出，因此电力自耦变压器的变比 k_A 一般为 1.5～2，可用于联结两个电压相近的电力系统。在实验室中，广泛使用自耦变压器作为调压器。

自耦变压器的一、二次侧间有电路上的直接联系，因此其内部绝缘与防过电压的措施要加强，例如中性点必须可靠接地，一、二次侧都要安装避雷器等。

练习题

4-1-1 自耦变压器的绕组额定容量总是与变压器额定容量相同吗？其高、低压绕组之间的功率是怎样传递的？自耦变压器一次额定容量与二次额定容量相同吗？

4-1-2 电力系统中使用的自耦变压器的变比 k_A 通常在什么范围内？k_A 太大、太小各有何缺点？

4.2 三绕组变压器

每相有三个或更多绕组的变压器称为**多绕组变压器**（multi-winding transformer）。电力系统中应用的多绕组变压器通常是**三绕组变压器**（three-winding transformer）。三绕组变压器的铁心一般为心式结构，每个铁心柱上同心地套着高压、中压和低压三个绕组，如图 4-3 所示。为了便于绝缘，高压绕组布置在最外层，中、低压绕组位于里面两层。高、中、低压绕组的额定容量分配比例可为 100/100/100、100/100/50、100/50/100 等，以其中最大的额定容量作为变压器额定容量。

三绕组变压器主要用于电力系统中，将三个不同电压等级的电网相互联结起来，可代替两台双绕组变压器，因此比较经济。运行时，可以从一侧向另两侧供电，也可从两侧同时向第三侧供电。常用的联结组标号为 YNyn0d11。

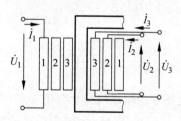

图 4-3 三绕组变压器示意图

1. 分析方法与等效电路

在双绕组变压器的分析中，将磁通分为主磁通和漏磁通两部分。漏磁通的概念十分明确，即只与绕组本身相链、不交链另一绕组的磁通是漏磁通。在如图 4-3 所示的三绕组变压器中，三个绕组互相耦合。比如对三次绕组来说，它产生的不与一次绕组相链的磁通却可能与二次绕组相链。因此，绕组的漏磁通需要重新定义。沿用双绕组变压器中划分主磁通和漏磁通的方法，分析起来比较复杂。因此，采用耦合电路中自感、互感的概念进行分析。

令 R_1、R_2、R_3 分别为一、二、三次绕组的电阻，$L_j(j=1,2,3)$ 为各绕组的自感，$M_{ij}=M_{ji}(i,j=1,2,3;i\neq j)$ 为绕组间的互感；一、二、三次绕组的相电压分别为 $\dot{U}_1$、$\dot{U}_2$、$\dot{U}_3$，相电流分别为 $\dot{I}_1$、$\dot{I}_2$、$\dot{I}_3$。为了得到等效电路，把二、三次绕组都折合到一次绕组。设一、二、三次绕组的匝数分别为 N_1、N_2、N_3，则三个绕组之间的变比为

$$k_{12}=\frac{N_1}{N_2},\quad k_{13}=\frac{N_1}{N_3},\quad k_{23}=\frac{N_2}{N_3}$$

二、三次绕组的电压、电流和参数的折合值为

$$\dot{U}'_2=k_{12}\dot{U}_2,\quad \dot{I}'_2=\frac{\dot{I}_2}{k_{12}},\quad R'_2=k_{12}^2 R_2,\quad L'_2=k_{12}^2 L_2,\quad M'_{12}=M'_{21}=k_{12}M_{12},$$

4.2 三绕组变压器

$$\dot{U}'_3 = k_{13}\dot{U}_3, \quad \dot{I}'_3 = \frac{\dot{I}_3}{k_{13}}, \quad R'_3 = k_{13}^2 R_3, \quad L'_3 = k_{13}^2 L_3, \quad M'_{13} = M'_{31} = k_{13}M_{13},$$

$$M'_{23} = M'_{32} = k_{12}k_{13}M_{23}$$

采用分析双绕组变压器时的参考方向惯例,规定三个绕组回路各量的参考方向,如图 4-3 所示,则电压方程式为

$$\dot{U}_1 = R_1\dot{I}_1 + \mathrm{j}\omega L_1\dot{I}_1 + \mathrm{j}\omega M'_{12}\dot{I}'_2 + \mathrm{j}\omega M'_{13}\dot{I}'_3 \tag{4-7}$$

$$-\dot{U}'_2 = R'_2\dot{I}'_2 + \mathrm{j}\omega L'_2\dot{I}'_2 + \mathrm{j}\omega M'_{12}\dot{I}_1 + \mathrm{j}\omega M'_{23}\dot{I}'_3 \tag{4-8}$$

$$-\dot{U}'_3 = R'_3\dot{I}'_3 + \mathrm{j}\omega L'_3\dot{I}'_3 + \mathrm{j}\omega M'_{13}\dot{I}_1 + \mathrm{j}\omega M'_{23}\dot{I}'_2 \tag{4-9}$$

由于铁心磁路具有饱和效应,因此严格来讲,上式中的自感和互感并非常数。与双绕组变压器一样,当一次绕组电压 U_1 不变时,主磁通大小基本不变,铁心磁导基本不变,因此可近似认为自感、互感都是常数,即上面三个式子是一组线性方程组。

三绕组变压器负载运行时,忽略励磁电流,三个绕组的电流关系为

$$\dot{I}_1 + \dot{I}'_2 + \dot{I}'_3 = 0 \tag{4-10}$$

为了用等效电路来表示式(4-7)~式(4-10),作如下运算:式(4-7)减式(4-8),并从式(4-10)以 $\dot{I}'_3 = -(\dot{I}_1 + \dot{I}'_2)$ 代入;用式(4-7)减式(4-9),并以 $\dot{I}'_2 = -(\dot{I}_1 + \dot{I}'_3)$ 代入;分别可得

$$\dot{U}_1 - (-\dot{U}'_2) = \dot{I}_1(R_1 + \mathrm{j}X_1) - \dot{I}'_2(R'_2 + \mathrm{j}X'_2) = \dot{I}_1 Z_1 - \dot{I}'_2 Z'_2 \tag{4-11}$$

$$\dot{U}_1 - (-\dot{U}'_3) = \dot{I}_1(R_1 + \mathrm{j}X_1) - \dot{I}'_3(R'_3 + \mathrm{j}X'_3) = \dot{I}_1 Z_1 - \dot{I}'_3 Z'_3 \tag{4-12}$$

式中,

$$Z_1 = R_1 + \mathrm{j}X_1, \quad X_1 = \omega(L_1 - M'_{12} - M'_{13} + M'_{23})$$

$$Z'_2 = R'_2 + \mathrm{j}X'_2, \quad X'_2 = \omega(L'_2 - M'_{12} - M'_{23} + M'_{13})$$

$$Z'_3 = R'_3 + \mathrm{j}X'_3, \quad X'_3 = \omega(L'_3 - M'_{13} - M'_{23} + M'_{12})$$

根据式(4-10)、式(4-11)及式(4-12),可画出三绕组变压器的简化等效电路,如图 4-4 所示。

需注意:Z_1、Z'_2、Z'_3 为等效阻抗。其中 X_1、X'_2、X'_3 是由各绕组的自感和绕组间的互感组合而成的,由于它们不是漏电抗,所以称为等效电抗,这与双绕组变压器中的情况是不同的。在每个等效电抗的表达式中,都是两个电感相加、另两个电感相减,四个电感中与主磁通对应的部分便抵消掉了,因此,等效电抗具有漏电抗的性质,可视为常数。

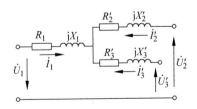

图 4-4 三绕组变压器的简化等效电路

2. 参数测定

图 4-4 所示的简化等效电路的参数,可通过三个短路试验来测定:①一次绕组加低电压,二次绕组短路,三次绕组开路,测得 $Z_{k12} = Z_1 + Z'_2$;②一次绕组加低电压,三次绕组

短路,二次绕组开路,测得 $Z_{k13}=Z_1+Z_3'$;③二次绕组加低电压,三次绕组短路,一次绕组开路,测得 Z_{k23},再向一次绕组折合,得 $Z_{k23}'=k_{12}^2 Z_{k23}=Z_2'+Z_3'$。由这三个阻抗关系,即可求出简化等效电路中的6个参数,这里不再赘述。

练习题

4-2-1 三绕组变压器一次绕组的额定容量与二、三次绕组的额定容量之和总是相同吗?为什么?

4-2-2 三绕组变压器的一次绕组加额定电压运行时,二次绕组负载发生的变化是否会对三次绕组的端电压产生影响?为什么?

4.3 互 感 器

互感器是一种用于测量的设备,分为电压互感器和电流互感器两种。它们被广泛用于电力系统中,向测量、保护和控制装置提供高压电网的电压、电流信息。采用互感器,可实现其二次侧的测量回路与其一次侧的高压电网之间的电气隔离,以保证操作人员和测量装置的安全,而且可用小量程的电压表、电流表来测量高电压、大电流。

电压互感器(potential transformer,PT)和**电流互感器**(current transformer,CT)有多种型式,这里只简要介绍工作原理与一般变压器相同的电磁式电压互感器和电流互感器。

1. 电压互感器

图 4-5 是单相电压互感器的示意图。其一次绕组接被测的高压电路,匝数 N_1 很多;二次侧可接电压表、功率表的电压线圈等,匝数 N_2 很少。由于二次侧所接的电压表等的内阻抗很大,因此,电压互感器运行时相当于一台空载运行的降压变压器。若忽略漏阻抗压降,则一、二次电压之比 $U_1/U_2 \approx E_1/E_2=N_1/N_2$。通过选择适当的匝数比,就可以把高电压变换为低电压。电压互感器的二次额定电压标准值是 100V 或 $100/\sqrt{3}$V。

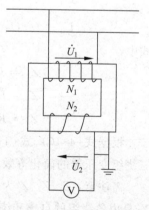

图 4-5 电压互感器

为了减小对电压大小和相位的测量误差,在设计和制作中应减小励磁电流和一、二次绕组漏阻抗。为此,铁心采用导磁性能好、铁耗小的硅钢片制成,并使磁路不饱和(磁通密度较低,一般为 0.6T~0.8T);绕组导线较粗,绕制时应尽量减小漏磁。

使用电压互感器时,应注意:①二次侧绝不允许短路,否则会产生很大的短路电流,可能引起绕组发热而破坏绕组绝缘,导致高压侵入低压回路,危及人身和设备安全。②为安全起见,铁心和二次绕组的一端必须可靠接地。③电压互感器有一定的额定容量,因此二次侧不能并联过多的仪表,以免电流较大而影响测量精度。

2. 电流互感器

图 4-6 所示为单相电流互感器的示意图。其一次绕组串联在被测的大电流电路中，匝数 N_1 极少，通常只有几匝甚至一匝；二次侧可接电流表、功率表的电流线圈等，匝数 N_2 很多。由于二次侧所接的电流表等的内阻抗很小，因此，电流互感器运行时相当于一台短路运行的变压器。若忽略励磁电流，则一、二次电流之比 $I_1/I_2 \approx N_2/N_1$。通过选择适当的匝数比，就可以把大电流变换为小电流。电流互感器的二次额定电流标准值为 5A 和 1A。

为了减小对电流大小和相位的测量误差，励磁电流应越小越好。通常铁心磁通密度 $B_m < 0.2T$，所需的励磁电流极小。此外，也要尽量减小一、二次绕组的漏阻抗值。

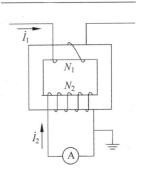

图 4-6　电流互感器

使用电流互感器时，应注意：①二次侧绝不允许开路，否则，电流互感器就变为空载运行，一次侧的大电流完全变成励磁电流，使铁心中磁通密度比额定运行时增大许多倍，致使铁心过度饱和，损耗大幅增加，引起铁心过热甚至烧毁互感器；更严重的是，匝数较多的二次绕组中会感应出超过 1kV 的高电压，可能击穿绕组绝缘，并危及操作人员的安全。②二次绕组必须可靠接地，以防止在绝缘损坏时一次侧高压侵入二次侧。③二次回路中串入的阻抗值不能超过有关标准规定，即电流表不能串入太多，以免降低测量精度。

练习题

4-3-1　为什么电压互感器运行时二次侧不允许短路，电流互感器运行时二次侧不允许开路？

4-3-2　为了保证互感器的测量精度，在设计制作互感器时，主要应采取哪些措施？使用时应注意什么？为什么？

小　　结

本章在前面 3 章的基础上简要讨论了自耦变压器、三绕组变压器和互感器。

自耦变压器的特点是一次绕组与二次绕组间不仅有磁的联系，而且有电路上的直接联系。因此在从一次侧传递到二次侧的容量中，一部分是通过电磁感应传递的绕组容量，另一部分是通过电路联系直接传递的传导容量。与相同容量的双绕组变压器相比，自耦变压器的绕组容量小，材料消耗少，损耗小，效率高，但自耦变压器的短路阻抗标幺值较小，短路电流较大。

三绕组变压器是多绕组变压器中最常用的一种，其工作原理与双绕组变压器相同，结构型式与运行性能也类似于双绕组变压器。由于三绕组变压器中的磁场分布情况比双绕组变压器更复杂，因此通常利用自感、互感的概念进行分析。三绕组变压器简化等效电路中的等效电抗是组合电抗，具有漏电抗性质，可通过三个短路试验来测取。

电磁式互感器的工作原理与变压器相同。为保证测量精度，应尽量减小励磁电流和漏阻抗值。应理解和掌握使用互感器时的主要注意事项。

思 考 题

4-1 一台额定容量为 10kV·A、额定电压为 2300V/230V 的单相双绕组变压器,若将其一、二次绕组串联起来,改接成一台自耦变压器,可能有几种接法? 各种接法的一、二次额定电压和一、二次额定电流分别是多大? 哪种接法得到的自耦变压器的额定容量最大?

4-2 三绕组变压器等效电路中的等效电抗与双绕组变压器等效电路中的漏电抗在概念上有何异同?

4-3 三绕组变压器二、三次绕组均短路,一次绕组加额定电压,如何计算各绕组的短路电流?

习 题

4-1 一台单相双绕组变压器的额定值为:$S_N=20\text{kV·A}$,$U_{1N}/U_{2N}=220\text{V}/110\text{V}$,$|Z_k|=0.05$。现把它改接为 330V/220V 的降压自耦变压器,求:

(1) 自耦变压器的额定容量及其高、低压侧额定电流;

(2) 从高压侧看时,自耦变压器短路阻抗的实际值和标幺值;

(3) 从低压侧看时,自耦变压器短路阻抗的实际值和标幺值;

(4) 双绕组变压器和自耦变压器的高压侧加额定电压、低压侧短路时,稳态短路电流与额定电流之比,即稳态短路电流标幺值。

4-2 一台三相双绕组变压器的额定值为:$S_N=5600\text{kV·A}$,$U_{1N}/U_{2N}=6.6\text{kV}/3.3\text{kV}$,$u_k=10.5\%$,联结组标号为 Yyn0。现将它改接为 9.9kV/3.3kV 的降压自耦变压器,求:

(1) 自耦变压器额定容量 S_{NA} 与原来双绕组变压器额定容量 S_N 之比;

(2) 自耦变压器加额定电压时的稳态短路电流标幺值,以及它与双绕组变压器加额定电压时的稳态短路电流标幺值之比。

4-3 一台三相变压器,$S_N=31500\text{kV·A}$,$U_{1N}/U_{2N}=400\text{kV}/110\text{kV}$,联结组标号为 Yyn0,$u_k=14.9\%$,空载损耗 $p_0=105\text{kW}$,负载损耗 $p_{kN}=205\text{kW}$。现将它改装成自耦变压器,改装前后的一相线路分别如题图 4-1(a)、(b)所示。求:

(1) 改装后,变压器的额定容量、绕组容量、传导容量以及变压器增加了多少容量?

(2) 改为自耦变压器后,在带功率因数为 0.8(滞后)的额定负载时,效率比改装前提高了多少?

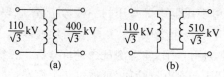

题图 4-1

习题   73

（3）改为自耦变压器后,在额定电压下的稳态短路电流是改装前额定电压下的稳态短路电流的多少倍？改装前后的稳态短路电流分别为其额定电流的多少倍？

4-4 一台联结组标号为 Yyn0 的三相双绕组变压器,$S_N=320\text{kV}\cdot\text{A}$,$U_{1N}/U_{2N}=6300\text{V}/400\text{V}$,空载损耗 $p_0=1.524\text{kW}$,负载损耗 $p_{kN}=5.5\text{kW}$,$u_k=4.5\%$。

（1）求该变压器带功率因数为 0.8（滞后）的额定负载时的电压调整率和效率；

（2）将该变压器改接为 6300V/6700V 的升压自耦变压器,其额定容量是多少？带功率因数为 0.8（滞后）的额定负载时的电压调整率和效率是多少？

4-5 一台额定容量为 $20\text{kV}\cdot\text{A}$ 的单相双绕组变压器,高压绕组是一个线圈,匝数为 N_1,额定电压为 2400V；低压绕组是两个线圈,每个线圈匝数为 N_2,额定电压为 1200V。现将它改接成如题图 4-2 所示的各种联结的自耦变压器,在每一线圈的电压、电流都不超过额定值的条件下,求每一种联结方式下自耦变压器高、低压侧的额定电压、额定电流、额定容量以及公共绕组的额定电流。

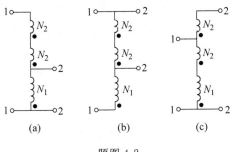

题图 4-2

4-6 一台单相三绕组变压器,额定电压为：高压侧 100kV,中压侧 20kV,低压侧 10kV。当中压侧带功率因数为 0.8（滞后）、$10000\text{kV}\cdot\text{A}$ 的负载,低压侧带 $6000\text{kV}\cdot\text{A}$ 的进相无功负载（纯电容负载）时,求高压侧的电流（不计变压器的损耗和励磁电流）。

4-7 三相三绕组变压器的额定电压为 60kV/30kV/10kV,联结组标号为 Yd11d11。中压侧带功率因数为 0.8（滞后）的 $5000\text{kV}\cdot\text{A}$ 负载,在低压侧接电容器以改善功率因数。当高压侧功率因数提高到 0.95（滞后）时,低压侧每相接入的电容器的电容值是多大？高、中、低压绕组的电流分别约是多少？

4-8 一台三相三绕组变压器的额定容量为 $10000\text{kV}\cdot\text{A}/10000\text{kV}\cdot\text{A}/10000\text{kV}\cdot\text{A}$,额定电压 $U_{1N}/U_{2N}/U_{3N}=110\text{kV}/38.5\text{kV}/11\text{kV}$,联结组标号为 YNyn0d11。在额定电流下做三个短路试验,数据分别为：

（1）$p_{k12}=148.75\text{kW}$,$u_{k12}=10.1\%$；

（2）$p_{k13}=111.2\text{kW}$,$u_{k13}=16.95\%$；

（3）$p_{k23}=82.7\text{kW}$,$u_{k23}=6.06\%$。

试求其简化等效电路中的各个参数。

第 2 篇 交流电机的共同问题

第 5 章 交流电机的绕组和电动势

5.1 交流电机的基本工作原理，对交流绕组的基本要求

1. 交流电机的基本工作原理

交流电机(alternating current machine)包括**同步电机**(synchronous machine)和**异步电机**(asynchronous machine)，两者都既可以用作发电机，也可以用作电动机。

同步电机作为发电机使用较多，现在世界上工农业生产中使用的交流电能几乎全部是**同步发电机**(synchronous generator)发出的。在实际电力系统中，不仅把同一发电厂的多台同步发电机并联起来，而且把分散在不同地区的若干个发电厂通过升压变压器和高压输电线并联起来，联合为用户供电。

同步电动机(synchronous motor)以往多用于拖动大型的、不要求调速的生产机械，如空气压缩机，它的突出优点是能够调节其励磁电流来改善电网的功率因数。随着电力电子技术的发展，同步电动机调速系统得到了越来越多的应用。

异步电机主要用作电动机，拖动各种生产机械，用于各行各业。**异步电动机**(asynchronous motor)是电力系统的主要负载。

异步电机作为发电机运行，存在着电压和频率随负载变化，不易控制的缺点，一般只在特殊场合才使用。但是通过与电力电子技术相结合，**异步发电机**(asynchronous generator)的应用领域得以拓宽。

(1) 同步电机的基本工作原理

图 5-1 所示为简单的同步发电机模型的截面图，电机在垂直于纸面的轴向上具有一定的长度。发电机由**定子**(stator)和**转子**(rotor)两大部分组成，定子、转子之间是气隙。定子由**定子铁心**(stator iron core)和**定子绕组**(stator winding)组成。定子铁心为圆筒形，在铁心内圆表面开有**槽**(slot)，槽内嵌放了导体。不同槽内的导体按照一定方式连接起来，形成定子绕组，也叫**交流绕组**(AC winding)。定子铁心中间是可以绕着轴心旋转

5.1 交流电机的基本工作原理，对交流绕组的基本要求

的转子，转子上安装**磁极**(field pole)。磁极上套有线圈，各个磁极上的线圈按一定规律联结起来，形成**励磁绕组**(excitation winding, field winding)。励磁绕组通入直流电流，各个磁极表现为 N 极或者 S 极。转子上也可以布置永磁体来形成磁极。

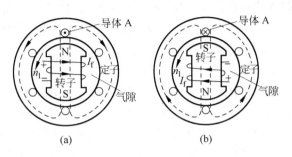

图 5-1 简单的同步发电机模型的截面图

转子励磁绕组通入直流电流 I_f 的方向如图 5-1 所示，产生的磁场及其极性示意于图中。当**原动机**(prime mover)拖动转子以恒定的**转速**(speed)n_1 相对于定子逆时针方向旋转时，磁场也随转子一道转动，定子槽内的导体相对于磁场运动。根据法拉第电磁感应定律，导体中将产生感应电动势。以导体 A 为例，在图 5-1(a)所示时刻，导体 A 位于 N 极正中间。磁感应线由 N 极出发，经过气隙进入定子，其方向与导体 A 垂直。导体与磁场的相对运动可以看成是磁场和转子不动，而导体以恒定转速 n_1 顺时针方向旋转，导体相对于磁场的运动方向与磁感应线的方向垂直。于是，磁感应线、导体和导体运动的方向三者相互垂直，则导体的感应电动势的大小可表示为

$$e = b_\delta l v$$

其中，b_δ 为导体 A 所在处的磁通密度；l 为导体 A 的轴向长度；v 为导体 A 与 b_δ 间的相对线速度。

导体感应电动势的方向可以用右手定则确定。把右手手掌伸开，大拇指与其他四个手指呈 90°角，让磁感应线指向手心，大拇指指向导体运动的方向，其他四个手指的指向就是导体感应电动势的方向。这样判定的电动势方向是导体感应电动势的瞬时实际方向。在图 5-1(a)所示瞬间，导体 A 的感应电动势的瞬时实际方向为出纸面。当磁极逆时针转过 180°时，如图 5-1(b)所示，导体 A 位于 S 极正中间，该处的磁感应线由定子经过气隙进入转子的 S 极，所以导体 A 的感应电动势的瞬时实际方向为进纸面。如果磁极继续逆时针旋转 180°，则导体 A 又位于 N 极中间，感应电动势又变为出纸面。由此可见，在图 5-1 所示的两极电机的情况下，磁极每旋转一周，导体感应电动势的瞬时实际方向就交变一次；其他导体感应电动势的情况也一样。

电机中磁极总是成对交替出现的，一个 N 极和一个 S 极称为一对极。导体每经过一对极，感应电动势的瞬时实际方向就变化一个周期。实际电机转子上可以有 p 对 N、S 极，即 p 对极(p 为正整数)。转子每转一圈，就有 p 对磁极经过定子上的导体 A，于是导体 A 的感应电动势变化了 p 个周期。若电机的转速为 n_1(单位：r/min)，则导体 A 的感应电动势的变化频率 f 为

$$f = \frac{pn_1}{60}$$

可见,当电机的**极对数**(number of pole pairs)p 和转速 n_1 一定时,频率 f 就是固定值。

导体 A 若与外部负载相联构成回路,将有电流流过,向负载输出电能。在实际电机中,都是将多个槽中的导体联结成绕组再与外电路相联,而且交流发电机中一般都采用**三相绕组**(three-phase winding),发出三相交流电。

三相同步电机作为电动机运行时,由外部三相电源向电动机供电。电机三相对称的定子绕组中流过三相对称的交流电流时,会在三相电流产生的磁动势作用下,产生一个**旋转磁场**(rotating magnetic field),具体情况在磁动势部分介绍。转子励磁绕组中仍通入直流电,产生固定的极性,相当于磁铁。定子旋转磁场可以看成是旋转的磁铁,与转子磁极之间产生吸引力,吸引转子磁铁随着旋转磁场一道旋转。这时电机的转速严格按照下式计算:

$$n_1 = \frac{60f}{p}$$

由此可见,同步电机不论作为发电机运行,还是作为电动机运行,在磁极的极对数 p 一定时,电机的转速 n_1 与频率 f 间有着严格的关系。这种关系称为同步关系,n_1 称为**同步转速**(synchronous speed)。同步电机这个名词就是由此得来的。

(2) 异步电机的基本工作原理

从基本结构上来看,异步电机定子的定子铁心和定子绕组与同步电机的完全相同,只是转子结构不同而已。异步电机的转子由转子铁心和**转子绕组**(rotor winding)组成。图 5-2 所示为一台笼型异步电机的截面图,沿垂直纸面的方向有一定的长度。转子铁心靠近气隙的外圆表面处开槽,槽里嵌放导体;各个槽内的导体两端伸出转子铁心外,两端用短路环分别把两端伸出的导体彼此联结起来,形成闭合的绕组。

以异步电动机为例来说明。大多数异步电机定子绕组是三相绕组。当三相绕组流过三相电流时,产生一个旋转磁场,可以把这个旋转磁场想象成会旋转的磁极,如图 5-2 所示的 N、S 极。假设此旋转磁极以转速 n_1 沿逆时针方向旋转,它与转子有相对运动,在转子导体上产生感应电动势。在图示瞬间,转子导体 A 的感应电动势的瞬时实际方向为进纸面,导体 B 为出纸面。由于转子绕组两端都短路而形成了闭合绕组,因此感应电动势将在导体中产生电流,可以近似认为该电流与感应电动势的方向一致。载流导体 A 和 B 都与它们所在处的磁场垂直。由电磁力定律可知,载流导体 A 和 B 都会受到电磁力的作用,电磁力的大小为

$$f = b_\delta l i$$

其中,b_δ 为导体所在处的磁通密度;l 为导体 A 的轴向长度;i 为导体中流过的电流。

载流导体受力的方向由左手定则确定。将左手手掌伸开,大拇指和其他四个手指呈 90°角,让磁感应线指向手心,四个手指指向导体中电流的方向,则大拇指的指向就是导体受力的方向。图 5-2 中,导体 A 的受力方向为从右到左,导体 B 的受力方向为从左到右。导体受力乘上转子的半径,得到作用在转子上的转矩,称为**电磁转矩**(electromagnetic torque)。该电磁转矩的

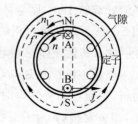

图 5-2 笼型异步电机的简单模型

方向为逆时针方向,企图使电机的转子逆时针方向旋转。如果电磁转矩能够克服电机转子上的因摩擦和负载引起的阻力转矩,电机转子就能沿逆时针方向旋转起来,转动方向与定子磁场的旋转方向相同。如果在转子轴上加上**机械负载**(mechanical load),电机就拖动机械负载旋转,输出机械功率,将电能转换为机械能。

异步电动机的转子转速不可能达到与定子磁场的转速相等,因为如果转子转速与定子磁场转速相同,转子导体与磁场之间不存在相对运动,就不能产生感应电动势和电流,也无法产生电磁力和电磁转矩。所以异步电动机的转子转速不会等于定子磁场的转速,而是始终低于定子磁场的转速。异步电机因此而得名。

从以上所述可以看出,同步电机和异步电机这两种交流电机在工作原理上有很大不同,但是两者在很多问题上是相同的。例如,两者的定子基本结构相同;都有交流绕组,都有感应电动势的问题;交流绕组流过电流,都有产生磁动势的问题。此外,交流电机内部一些电磁关系、机电能量转换关系等,也有许多相同的地方。为此将交流电机共同的部分抽出来加以介绍,这就是本篇介绍的交流电机的共同问题——交流绕组、感应电动势、磁动势问题,这部分内容是同步电机和异步电机分析的基础。

2. 对交流绕组的基本要求

从交流电机的原理上看,交流绕组不仅要产生感应电动势,而且要通过电流产生磁动势,因此交流绕组是交流电机实现能量转换所必不可少的关键部件。

交流电机的绕组种类很多,分类方法也很多。可以按照相数分为**单相绕组**(single-phase winding)、**两相绕组**(two-phase winding)、三相绕组、**多相绕组**(polyphase winding);按照槽内层数分为**单层绕组**(single-layer winding)、**双层绕组**(two-layer winding)、**单双层绕组**(single and two layer winding);按照每极每相槽数分为**整数槽绕组**(integral slot winding)和**分数槽绕组**(fractional slot winding),等等。限于篇幅,本章主要介绍交流电机最常见的单层绕组和双层绕组。

从电气性能、工艺和结构方面,对交流绕组有一些要求:

(1) 在导体数一定的情况下,能得到较大的基波电动势和基波磁动势。

(2) 对三相电机来说,要求三相绕组感应的基波电动势是对称的,即三相基波电动势的有效值大小相等,在时间相位上互差120°时间电角度。三相的阻抗也要求相等。

(3) 电动势和磁动势应尽量接近正弦波,谐波分量较小。

(4) 用铜量少,具有足够的绝缘强度和机械强度,有较好的散热条件。

(5) 制造简单,维修方便。

这些要求可以主要归结为对电动势和磁动势的要求。在电机的设计和制造中,应使交流绕组尽可能满足这些要求,按照这些要求去安排绕组。

交流绕组及其感应电动势和产生磁动势的问题,对于同步电机和异步电机都适用。为了更容易理解,将以同步发电机为例,来安排绕组和分析感应电动势,所有结论都能用到异步电机上。

练习题

5-1-1 同步电机与异步电机的工作原理有什么区别?何谓同步和异步?

5-1-2 交流绕组在交流电机中有什么作用？对交流绕组有什么要求？

5.2 三相单层集中整距绕组及其电动势

交流绕组是由放置在铁心槽中的导体通过一定的方式联结而成的。不同槽中的两根导体联结形成线匝，多个线匝联结组成线圈，多个线圈相联成为线圈组，最后由线圈组联结成相绕组。下面将根据这种联结关系，按照由简单到复杂的顺序，研究如何布置和联结交流绕组，以满足对绕组电动势的要求。

1. 导体感应电动势

这里以简单的同步发电机模型为对象进行分析，如图 5-3 所示。励磁绕组通入直流电后产生磁场，发电机转子由原动机拖着以恒定转速 n_1 相对于定子逆时针方向旋转，定子导体相对磁场运动感应电动势，感应电动势可以由 $e=b_\delta lv$ 决定。当导体长度确定、转速一定时，导体感应电动势由**气隙磁通密度**(air gap magnetic flux density)大小决定，因此需对励磁绕组通电产生的气隙磁场进行分析，即分析气隙中不同位置处的气隙磁通密度。

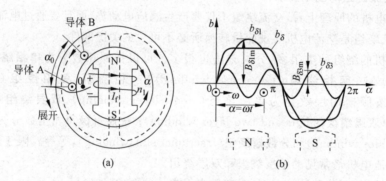

图 5-3 简单的同步发电机模型及气隙磁通密度分布波形

为了便于进行数学描述，将电机沿轴向剖开，展开为直线，在转子外圆表面建立直角坐标系，原点取在两个磁极的中间，横坐标为转子外圆表面上各点距离原点的用圆心角表示的距离，顺时针方向为正，纵坐标为气隙磁通密度的大小，如图 5-3(b)所示，其中定子在上方，磁极在下方。规定气隙磁通和气隙磁通密度由转子进入定子为正，由定子进入转子为负。

当励磁绕组中流过直流电流时，将产生磁动势，称为励磁磁动势，它产生的磁场可用图 5-3(a)中的磁感应线来定性表示。根据安培环路定律，每个磁回路包围的电流都相同，因此作用在每个磁回路上的磁动势都相同。如图 5-3(a)所示，在磁极表面与定子铁心内圆之间，气隙长度相等，且气隙较小，而相邻磁极之间的气隙较大。气隙小，磁阻就小，相同的磁动势作用产生的磁通密度就大；反之，气隙大，产生的磁通密度就小。因此，气隙圆周的气隙磁通密度分布如图 5-3(b)所示，是一个平顶波。

转子旋转时，气隙磁通密度波随着转子一同旋转，同时图 5-3(b)中的坐标系也一同旋转。定子导体静止不动，因此相对于气隙磁通密度波运动而感应产生电动势。

5.2 三相单层集中整距绕组及其电动势

研究非正弦分布的气隙磁通密度感应的电动势,可以进行**谐波分析**(harmonic analysis)。它是将非正弦磁通密度分解为多个正弦量,分别考虑各个正弦量的作用,最后将各个正弦量的作用综合起来,得到原来的非正弦量的作用。图 5-3(b)中的磁通密度波形关于原点和横坐标对称,因此傅里叶级数分解后将不含直流分量、偶数次谐波和余弦项,只有奇数次的正弦项,即

$$b_\delta = b_{\delta 1} + b_{\delta 3} + \cdots + b_{\delta \nu} = B_{\delta 1m}\sin\alpha + B_{\delta 3m}\sin 3\alpha + \cdots + B_{\delta \nu m}\sin\nu\alpha \quad (5-1)$$

其中 $b_{\delta 1}$ 为**基波分量**(fundamental component), $b_{\delta 3}$ 为 3 次**谐波分量**(harmonic component), $b_{\delta \nu}$ 为 ν 次谐波分量; $B_{\delta 1m}$ 为基波分量的幅值, $B_{\delta 3m}$ 为 3 次谐波分量的幅值, $B_{\delta \nu m}$ 为 ν 次谐波分量的幅值。图 5-3(b)中画出了基波和 3 次谐波磁通密度波形,更高次的谐波分量未画出。

(1) 基波感应电动势

规定导体 A 的感应电动势的参考方向为出纸面为正,如图 5-3 所示。根据电磁感应定律,导体切割基波磁感应线产生的基波感应电动势大小为

$$e_1 = b_{\delta 1} l v$$

其中, $b_{\delta 1}$ 为导体所在处的基波磁通密度。感应电动势的瞬时实际方向由右手定则确定。

图 5-3 中的发电机为一对极,转子每转动一周,即 2π 弧度,导体感应电动势就变化一个周期,即经过 2π 电弧度。而对 p 对极的电机,转子每转过 2π 弧度,导体感应电动势则变化 p 个周期,即经过 $2p\pi$ 电弧度。在分析电机时,将一对极表面所占的空间角度定为 $360°$ 或 2π 弧度,它与电机整个转子表面所占的空间几何角度 $360°$ 或 2π 是有区别的。前者称为空间**电角度**(electrical angle, electrical degree),后者称为空间**机械角度**(mechanical angle, mechanical degree)。只有对于一对极的电机,两者才是相同的。对于 p 对极的电机,总的空间机械角度永远是 $360°$ 或 2π,但是空间电角度却是 $p \times 360°$ 或 $2p\pi$。可见,空间电角度与空间机械角度之间的关系为

$$空间电角度 = p \times 空间机械角度$$

引入空间电角度后,转子在一段时间内转过的空间电角度就和电动势在时间上经过的电角度相等。在以后的分析中,都采用空间电角度,而不用空间机械角度,电机学中没有特别说明的角度也均指电角度。只有在计算转子的机械角速度时,才使用空间机械角度。

引入空间电角度后,转速也可用**电角速度**(electrical angular velocity)来衡量。转子转速为 n_1(单位:r/min)时,相应的电角速度为

$$\omega = 2\pi p \frac{n_1}{60} \quad (5-2)$$

可以将上述定子、转子之间的相对运动看成转子不动而导体 A 以电角速度 ω 沿顺时针方向,即 $+\alpha$ 方向旋转。取图 5-3(a)所示转子所在位置的瞬间作为时间的起点,即 $t=0$ 时刻。当时间经过了 t 秒,即 $t=t$ 时刻,导体 A 移到图中 α 处, $\alpha = \omega t$,该处的基波气隙磁通密度

$$b_{\delta 1} = B_{\delta 1m}\sin\alpha = B_{\delta 1m}\sin\omega t$$

导体 A 中感应的基波电动势瞬时值为

$$e_{A1} = b_{\delta 1} l v = B_{\delta 1m} l v \sin\omega t = \sqrt{2} E_1 \sin\omega t \tag{5-3}$$

式中，E_1 为基波感应电动势的有效值，

$$E_1 = \frac{1}{\sqrt{2}} B_{\delta 1m} l v = \frac{1}{\sqrt{2}} \frac{\pi}{2} \left(\frac{2}{\pi} B_{\delta 1m}\right) l (2\tau_p f) = \frac{1}{\sqrt{2}} \pi f B_{1av} l \tau_p$$

$$= \frac{1}{\sqrt{2}} \pi f \Phi_1 = 2.22 f \Phi_1 \tag{5-4}$$

式中，τ_p 为每个磁极在定子内圆表面所占的空间距离，称为**极距**(pole pitch)，用长度表示时，$\tau_p = \dfrac{\pi D}{2p}$($D$ 为定子铁心内圆直径)；$v = 2p\tau_p \dfrac{n_1}{60} = 2\tau_p f$，为导体 A 运动的线速度；$B_{1av} = \dfrac{2}{\pi} B_{\delta 1m}$，为基波气隙磁通密度的平均值；$\Phi_1 = B_{1av} l \tau_p$，为**每极磁通量**(air-gap flux per pole)。

对于正弦变化的时间变量，可以用复平面上的相量来表示，其大小用有效值表示。导体中的基波感应电动势 e_{A1} 随时间变化的波形如图 5-4(a)所示，对应的相量 $\dot{E}_{A1}$ 如图 5-4(b)所示，此相量以电角速度 ω 逆时针方向在复平面上旋转，为旋转相量，其瞬时值可以由不同时刻相量在 +j 轴上的投影乘 $\sqrt{2}$ 得到。

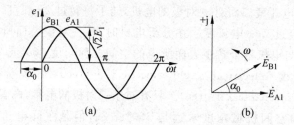

图 5-4 相距一定角度的两根导体的基波感应电动势波形和相量图

再来看空间上与导体 A 相距 α_0 电角度的导体 B，其感应电动势的参考方向与导体 A 的相同。如图 5-3(a)所示，在 $t=0$ 时刻，导体 B 所在的位置为 $\alpha = \alpha_0$。在 $t=t$ 时刻，导体 B 所在的位置为 $\alpha = \omega t + \alpha_0$，该位置的基波气隙磁通密度为

$$b_{\delta 1} = B_{\delta 1m} \sin(\omega t + \alpha_0)$$

因此，导体 B 中感应的基波电动势瞬时值为

$$e_{B1} = b_{\delta 1} l v = B_{\delta 1m} l v \sin(\omega t + \alpha_0) = \sqrt{2} E_1 \sin(\omega t + \alpha_0) \tag{5-5}$$

用曲线和相量表示的导体 B 的基波感应电动势也示于图 5-4 中。

通过以上分析，可以得出如下结论：空间位置上相差 α_0 电角度的两个导体，它们的基波感应电动势在时间相位上也相差 α_0 电角度；顺着转子转动的方向看，空间位置超前的导体，其感应电动势在时间相位上是滞后的，因为转子磁极总是先切割后面的导体再切割前面的导体。

(2) 谐波感应电动势

转子励磁磁动势产生的气隙磁通密度中，还含有 3 次、5 次等奇数次的谐波气隙磁通密度，它们同样随转子转动，相对定子导体运动，在导体中感应电动势。

由式(5-1),3 次谐波气隙磁通密度波为
$$b_{\delta 3} = B_{\delta 3m}\sin 3\alpha$$
式中,$B_{\delta 3m}$ 为 3 次谐波气隙磁通密度的最大值。

3 次谐波气隙磁通密度的空间分布波形如图 5-3(b)所示。可见,3 次谐波气隙磁通密度的极对数是基波的 3 倍,极距只有基波的 1/3,基波气隙磁通密度的 2π 电弧度对于 3 次谐波气隙磁通密度而言却是 $3\times 2\pi$,这正是 $B_{\delta 3m}\sin 3\alpha$ 中 α 前的因数 3 的物理含义。导体相对气隙磁场运动,经过谐波磁通密度的一对磁极,电动势将变化一个周期,交变一次,因此导体 A 以同样的线速度运动所感应的 3 次谐波电动势的频率为基波的 3 倍。其余各次谐波感应电动势也可以同样分析。

定子上导体 A 中感应的 3 次谐波电动势瞬时值为
$$e_3 = b_{\delta 3} lv = B_{\delta 3m} lv \sin 3\omega t = \sqrt{2} E_3 \sin 3\omega t \tag{5-6}$$
式中,E_3 为 3 次谐波感应电动势的有效值,
$$E_3 = \frac{1}{\sqrt{2}} B_{\delta 3m} lv = \frac{1}{\sqrt{2}} \frac{\pi}{2} \left(\frac{2}{\pi} B_{\delta 3m}\right) l \frac{\tau_p}{3} \times 2 \times 3f$$
$$= \frac{\pi}{\sqrt{2}} 3f\Phi_3 = 2.22 \times 3f\Phi_3 \tag{5-7}$$
式中,$\Phi_3 = \frac{2}{\pi} B_{\delta 3m} l \frac{\tau_p}{3}$,为 3 次谐波每极磁通量。

一般地,气隙中的 ν 次谐波磁通密度的表达式为
$$b_{\delta \nu} = B_{\delta \nu m} \sin \nu \alpha$$
它在导体 A 中感应的电动势为 ν 次谐波电动势
$$e_\nu = \sqrt{2} E_\nu \sin \nu \omega t \tag{5-8}$$
$$E_\nu = 2.22 \nu f \Phi_\nu \tag{5-9}$$
式中,E_ν 为 ν 次谐波电动势的有效值;Φ_ν 为 ν 次谐波每极磁通量。

知道导体感应电动势后,就可以分析由多个导体联结而成的线匝、线圈、线圈组以及相绕组的感应电动势。

2. 整距线匝的感应电动势

线匝(turn)是由不同槽内的两根导体联结而成的匝数为 1 的线圈,其构成如图 5-5(b)所示。两根导体按图示的方式联结起来,放在槽中的直线部分感应电动势,是有效部分;而端部不感应电动势,只是起电路联结作用。每个线匝有两个出线端,从左到右依次分别称为首端和末端。两根导体在定子表面所跨的距离称为**节距**(pitch),用 y_1 表示。节距一般用槽数表示,也可以用空间电角度或电弧度表示。节距等于极距,即 $y_1 = \pi$ 电弧度时为**整距**(full-pitch);节距小于极距,即 $y_1 < \pi$ 时为**短距**(short-pitch);节距大于极距,即 $y_1 > \pi$ 时为**长距**(long-pitch)。在电机中,为了节约铜,一般不用长距。

单从材料利用率的角度看,希望线匝的感应电动势为最大,节距应取为整距。但实际应用中还需要考虑其他因素(如电动势波形),节距并不是都取整距。

取相距一个极距的两根导体 A 和 X 构成线匝,即 $y_1 = \pi$,如图 5-5(a)、图 5-5(b)所示。在图示时刻,导体 A 和 X 基波感应电动势相量 $\dot{E}_{A1}$ 和 $\dot{E}_{X1}$ 如图 5-5(c)所示,两者在时

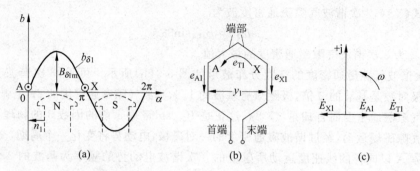

图 5-5 整距线匝感应的基波电动势

间相位上相差 180°时间电角度,即总是大小相等,方向相反。

规定线匝电动势的参考方向如图 5-5(b)所示,则线匝基波感应电动势相量 $\dot{E}_{T1}$ 是两根导体基波感应电动势相量 $\dot{E}_{A1}$ 与 $\dot{E}_{X1}$ 之差,即

$$\dot{E}_{T1} = \dot{E}_{A1} - \dot{E}_{X1}$$

整距线匝基波感应电动势的有效值为

$$E_{T1} = 2E_{A1} = 2 \times 2.22 f\Phi_1 = 4.44 f\Phi_1 \tag{5-10}$$

同理可知:整距线匝感应的各次谐波电动势的有效值,分别等于其导体感应的谐波电动势有效值的两倍。

3. 整距线圈的感应电动势

实际中的线圈可以由一个线匝构成,也可以由多个同样的线匝串联构成。线圈的每个线匝外均包有绝缘,各线匝之间均相互绝缘。图 5-6 所示为由两个线匝串联构成的线圈。一个线圈有两个**线圈边**(coil side),分别放置在两个槽内;连接两个线圈边的部分称为**线圈端部**(end winding)。整个线圈的出线端仍为两个,一个首端、一个末端。

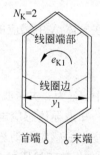

图 5-6 $N_K = 2$ 的线圈

一个线圈的各线匝感应电动势相同,所以整距线圈基波电动势有效值为

$$E_{K1} = 4.44 f N_K \Phi_1 \tag{5-11}$$

其中,N_K 为线圈**匝数**(number of turns)。

整距线圈的 ν 次谐波电动势有效值为

$$E_{K\nu} = 4.44 \nu f N_K \Phi_\nu \tag{5-12}$$

4. 三相单层集中整距绕组

上面的整距线圈与外电路接通后,即可对外输出单相交流电能。但工农业生产中广泛使用的是三相交流电,要求交流发电机是能发出对称的三相交流电的三相发电机。所谓三相对称,就是三相基波电动势的有效值相同,在时间相位上互差 120°时间电角度,且 A 相基波电动势超前 B 相基波电动势 120°,B 相基波电动势又超前 C 相基波电动势 120°,相量图如图 5-7(a)所示。

5.2 三相单层集中整距绕组及其电动势

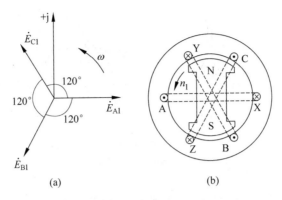

图 5-7 三相对称基波电动势相量图和三相对称绕组

三相单层集中整距绕组(three-phase single-layer concentrated full-pitch winding)是最简单的三相绕组。单层绕组表示每个槽内只放置一个线圈边；**集中绕组**(concentrated winding)表示组成**相绕组**(phase winding)的线圈集中放置在一起，即每对极下只有一个线圈；整距表示线圈节距与极距相等。因此，三相单层集中整距绕组由三个线圈组成，一个线圈构成一相绕组。

只要三个整距线圈的匝数相同，三者相对于同一个磁场运动产生的感应电动势的有效值就相同。要求基波电动势在时间上互差120°，只要线圈在定子内圆表面空间上彼此错开120°空间电角度即可。三相绕组的相对位置则需要根据三相基波电动势超前和滞后的关系来确定，它还与转子转动方向有关。前面已经得到结论：顺转子转向看，空间位置超前的导体或线圈，其感应电动势滞后。因此，顺转子转动方向，B相线圈应该放置在A相线圈前面120°空间电角度的位置上，C相线圈应在A相线圈前面240°的位置。由于转子是逆时针方向旋转，所以三个线圈组成的三相绕组的布置如图5-7(b)所示，磁极N先经过A相绕组，再转到B相绕组，最后转到C相绕组，按照A、B、C的次序在三相绕组中感应电动势。

将三相绕组的首端分别标为A、B、C，末端分别标为X、Y、Z[①]。图5-7(b)标出了绕组电动势的参考方向，即由末端指向首端。三相绕组共有6根引出线，根据需要可以把三相绕组联成星形或三角形，如图5-8所示，图中也给出了电动势的参考方向。

整距绕组的感应电动势中，除了基波电动势外，还含有一系列奇数次的谐波电动势，当联结成三相对称绕组时，这些谐波电动势的情况如何呢？

先讨论3次谐波电动势。3次谐波磁通密度的极对数是基波的3倍，B相绕组在空间上超前A相绕组120°电角度，对于3次谐波磁通密度而言，则是相差了3×120°电角度。因此3次谐波感应电动势相位也相差3×120°时间电角度，即A相和B相的3次谐波感应电动势同相。同理，C相与A、B两相的3次谐波电动势也同相，用相量表示为

$$\dot{E}_{A3} = \dot{E}_{B3} = \dot{E}_{C3} = \dot{E}_3$$

---

① 按照国家标准规定，交流电机三相绕组的接线端子标志分别为U1、U2、V1、V2和W1、W2。本教材仍沿用习惯做法，分别用A、X，B、Y和C、Z来标志。

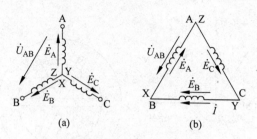

图 5-8 三相交流绕组的联结方法
(a) 星形联结(Y 联结); (b) 三角形联结(D 联结)

当三相绕组为 Y 联结时,如图 5-8(a)所示,3 次谐波线电压 $\dot{U}_{AB3}$ 为

$$\dot{U}_{AB3} = \dot{E}_{A3} - \dot{E}_{B3} = 0$$

当三相绕组为 D 联结时,如图 5-8(b)所示,3 次谐波电动势将在闭合的三角形回路里产生电流 $\dot{I}_3$ 为

$$\dot{I}_3 = \frac{\dot{E}_{A3} + \dot{E}_{B3} + \dot{E}_{C3}}{Z_{A3} + Z_{B3} + Z_{C3}} = \frac{3\dot{E}_3}{3Z_3} = \frac{\dot{E}_3}{Z_3}$$

式中,$Z_{A3} = Z_{B3} = Z_{C3} = Z_3$,为各相的 **3 次谐波阻抗**(third harmonic impedance)。

3 次谐波线电压 $\dot{U}_{AB3}$ 为

$$\dot{U}_{AB3} = \dot{E}_{A3} - \dot{I}_3 Z_3 = \dot{E}_3 - \dot{I}_3 Z_3 = 0$$

同样可以证明,在线电压中也不存在 3 的整数倍数次谐波电压。因此,无论三相对称绕组是 Y 联结还是 D 联结,线电压里都不存在 3 次谐波或 3 的整数倍数次谐波电压,这是三相对称绕组的优点之一。但是对于 D 联结的三相对称绕组,由于三角形闭合回路里有循环电流 $\dot{I}_3$,会引起附加损耗,降低电机的效率,所以现代大型三相同步发电机定子绕组多采用 Y 联结。

对于其他高次谐波电动势(如 5 次、7 次、11 次、13 次等),三相之间的相位差为 120°时间电角度,将出现在线电压里。这些高次谐波电压使发电机的线电压波形偏离正弦波较远。如果要让三相发电机的线电压波形接近正弦波,就需要采取措施削弱各高次谐波电动势。

三相单层集中整距绕组,非常简单,一个整距线圈就可构成一相绕组。但是这种绕组有严重的缺点,除了电动势波形不好外,还因绕组集中放置,运行时绕组散热困难。此外,三相单层集中整距绕组只利用了定子表面的很少一部分区域,还有许多空间没有充分利用,利用率很低,很不经济。

例 5-1 一台 4 极同步电机,定子上有 a、b、c 三根导体,如图 5-9(a)所示联结起来,导体 a、c 与导体 b 之间相距的机械角度均为 30°。已知每根导体的基波和 3 次谐波感应电动势有效值分别为 E_1 和 E_3,求三根导体联结后总的基波和 3 次谐波感应电动势。

解: 由导体感应电动势求总的感应电动势,可以利用相量图求解。规定三根导体感应电动势与总的感应的电动势的参考方向如图 5-9(a)所示。

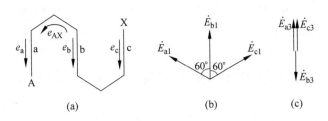

图 5-9 例 5-1 图
(a) 导体联结图；(b) 基波相量图；(c) 3 次谐波相量图

4 极电机的极对数 $p=2$。导体 a、c 与导体 b 均相距 30°机械角度，相应的空间电角度为 $p\times 30°=2\times 30°=60°$，即 a、b、c 三根导体的基波感应电动势依次相差 60°电角度，画出相量图如图 5-9(b)所示。由于导体 b 电动势的参考方向与总电动势的参考方向相反，因此总的基波电动势为 $\dot{E}_{AX1}=\dot{E}_{a1}-\dot{E}_{b1}+\dot{E}_{c1}$。可见，总的基波感应电动势 $E_{AX1}=0$。

对于 3 次谐波而言，两根导体相距的空间电角度是基波的 3 倍，所以 a、b、c 三根导体的 3 次谐波感应电动势依次相差 180°电角度，画出相量图如图 5-9(c)所示。由于导体 b 感应电动势的参考方向与总电动势的参考方向相反，因此有 $\dot{E}_{AX3}=\dot{E}_{a3}-\dot{E}_{b3}+\dot{E}_{c3}=3\dot{E}_{a3}$，即总的 3 次谐波感应电动势为 $E_{AX3}=3E_3$。

练习题

5-2-1 空间坐标、感应电动势、磁通密度的参考方向是否会影响感应电动势的分析结果？如果改变各参考方向的规定，分别会对什么产生影响？

5-2-2 同步电机励磁绕组通电产生的气隙磁通密度与什么有关？气隙磁通密度的波形如何？

5-2-3 空间电角度与空间机械角度有什么关系？为什么要采用空间电角度，它有什么好处？

5-2-4 一个整距线圈的两个线圈边在空间上相距的电角度是多少？如果电机有 p 对极，在空间上相距的机械角度是多少？

5-2-5 在定子表面空间相距 α 电角度的两根导体，它们的感应电动势大小与相位有何关系？

5-2-6 三相对称绕组感应电动势的相位关系与什么有关？知道绕组在空间的位置，是否可以知道感应电动势的相位关系？

5-2-7 同样的空间机械角度，对于基波和谐波的空间电角度有什么不同？对于感应的基波和谐波电动势有什么影响？

5-2-8 交流电机中导体感应电动势的有效值、频率、相位和波形分别由什么决定？分别与什么有关？

5-2-9 仅将同步发电机转速提高一倍，其他条件不变，一根导体的感应电动势会如何变化？一个整距线圈的电动势又会如何变化？

5-2-10 三相交流电机线电压中是否含有 3 次谐波？三相交流发电机的定子绕组为什么一般都采用星形联结？

5.3 三相单层分布绕组及其电动势

在实际电机中，很少采用三相单层集中整距绕组。为了能有效利用定子表面空间，便于绕组散热，10kW 以下的三相异步电机大多数采用**三相单层分布绕组**(three-phase single-layer distributed winding)。单层表示每个槽内只放置一个线圈边，嵌线工艺比较简便，可以提高工效；**分布绕组**(distributed winding)与集中绕组不同，在每对极下每相绕组不再仅由一个线圈构成，而是由放置在不同槽中的多个线圈相互联结而成。分布能起到削弱**谐波电动势**(harmonic EMF)的作用，从而提高电机的性能。

1. 电动势星形相量图

电机定子内圆表面均匀开有多个槽，每个槽内都放置了相同的导体，这些导体该如何联结成线圈？线圈应该如何分配给三相以满足对三相对称电动势的要求？每一相的电动势如何计算？

各个槽的导体数是相同的，它们切割同一个磁极下的磁场时，感应电动势的幅值和频率是一样的，但是相位却因为切割磁感应线的先后而不同。因此应该重点分析导体感应电动势之间的相位关系。

下面结合一个具体实例进行说明。有一台交流电机，转子极对数 $p=2$，定子上均匀分布了 24 个槽，即定子**槽数**(number of slots)$Q=24$，每个槽内放置一根导体，由原动机拖动电机转子逆时针方向以 n_1 恒速旋转，如图 5-10(a)所示。

规定各导体感应电动势的参考方向为出纸面，如图 5-10(a)所示。当磁极转到图示位置时，第 24 槽中的导体正好位于 N 极中心下面，其感应电动势为正最大值，用时间相量表示其基波感应电动势，如图 5-10(b)所示。此时，其基波感应电动势相量处于 $+j$ 轴位

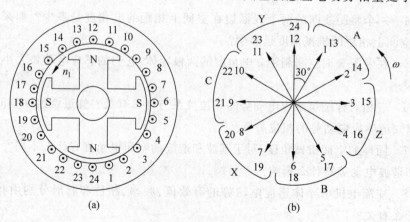

图 5-10 $p=2$，$Q=24$ 的电机
(a)截面图；(b)基波电动势星形相量图

置。由于这里分析的是各导体电动势相位的相对关系,所以没有必要再画出+j轴。

由前面的结论:顺转子转向看,导体空间位置超前的,其感应电动势时间相位滞后,滞后的时间电角度与空间上超前的空间电角度相同。1号槽的导体顺转子转向在空间上超前24号槽一个**槽距角**(slot-pitch angle)α,以电角度表示为

$$\alpha = \frac{p \times 360°}{Q} \tag{5-13}$$

其中,p 为极对数;Q 为定子槽数。本例中,$\alpha = \frac{2 \times 360°}{24} = 30°$。因此1号槽导体的基波感应电动势在时间上滞后于24号槽导体的基波感应电动势30°电角度,如图5-10(b)所示。

按照相邻两根槽导体的基波感应电动势相位差为α电角度的规律,可作出全部定子槽导体的基波感应电动势相量图,如图5-10(b)所示,这叫做星形相量图。一对极下的各槽导体组成了360°的星形相量图,第二对极下的槽导体基波感应电动势相量与第一对极的重合在一起。电机有p对极,星形相量图就重复p次。星形相量图清楚地表示了各槽导体感应电动势相量的相对关系,这对于安排绕组的联结方法和计算绕组感应电动势大小都是很有用的。

2. 利用星形相量图安排单层分布绕组

采用三相对称绕组,每一个线圈由两个槽内的导体联结而成,所以将一对极内的导体等分成6份,相应地,基波电动势星形相量图也等分为6份,如图5-10(b)所示。每一份由属于同一相的两个槽内的导体组成,占据的范围是60°电角度。把每极下每相所占有的区域称为**相带**(phase belt)。这种每个相带占有60°空间电角度的分相方法称为60°相带法。每个相带含有的槽数可用**每极每相槽数**(number of slots per phase belt)q 表示如下:

$$q = \frac{Q}{2pm} \tag{5-14}$$

式中,m 为相数,对于三相电机,m=3。本例中,q=2。

根据三相对称电动势的要求,三相基波电动势互差120°电角度,且A相超前于B相,B相超前于C相,所以,可以在基波电动势星形相量图中,按顺时针方向间隔120°地标出相带A、B、C,如图5-10(b)所示。图中,1、2槽和13、14槽属于相带A,5、6槽和17、18槽属于相带B,9、10槽和21、22槽属于相带C。这些槽代表了各相线匝的一根导体或者线圈的一个线圈边,显然它们满足三相电动势对称的要求。

还需要确定线匝的另一根导体如何布置。为了使绕组基波感应电动势尽可能地大,应分别找与A、B、C三个相带分别相差180°的相带构成线匝,即如图5-10(b)所示的X、Y、Z相带。A、X相带里的槽都属于A相,B、Y相带里的槽都属于B相,C、Z相带里的槽都属于C相。

为了更好地说明导体、线匝、线圈、绕组的联结关系,用**绕组展开图**(developed winding diagram)来表示。将图5-10(a)所示的电机沿轴向剖开并展开成平面,俯视定子铁心和线圈,仅画出线圈(不画出定子铁心,磁极放在定子上边也不画出),如图5-11所示。图中等长等距的直线段代表定子槽及槽中导体,共有24个槽,每个槽标上号码。1号槽中导体与相距180°电角度的7号槽中导体联结形成一个整距线圈,2号槽中导体与8

号槽中导体联结形成另一个整距线圈；两个线圈串联构成一个**线圈组**（coil assembly）。线圈串联时，应使线圈组基波感应电动势增大。由右手定则确定每根导体感应电动势在某时刻的实际方向，如图 5-11 所示。可见，串联的方法是把线圈 2 的首端与线圈 1 的末端相联，把线圈 1 的首端与线圈 2 的末端引出来，作为线圈组的出线端，分别标上 A_1、X_1。同样地，由第 13、19 槽中导体构成整距线圈，第 14、20 槽中导体构成另一个整距线圈，两个线圈串联后组成另一个线圈组，出线端为 A_2、X_2。

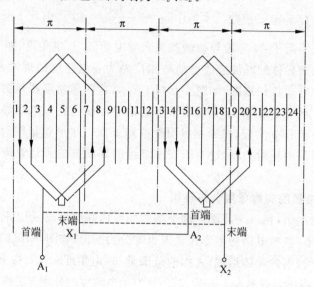

图 5-11 单层分布绕组的一相绕组展开图

最终的 A 相绕组由 A 相的这两个线圈组联结构成，它们可以根据不同的需要进行联结。当要求发电机电动势高时，可以将同一相的各线圈组按照瞬时电动势相加的规律串联起来，成为一路串联绕组，如图 5-11，把 X_1 和 A_2 相联；如果要求发电机电动势低些，而电流要求大些，可以采用并联绕组，如图 5-11 中虚线所示，把 A_1、A_2 相联，X_1、X_2 相联，成为有两条支路的并联绕组。并联绕组的电动势等于一个线圈组的电动势，而总电流则是每一个并联支路电流的 2 倍。B、C 相的绕组联结方法和 A 相完全一样，图 5-11 中没有画出。采用上述的联结方法，就能得到三相对称绕组。

对于单层绕组，每个槽内布置一个线圈边，一个线圈由两个槽内的导体联结而成，所以单层绕组的线圈数是槽数 Q 的一半。一对极下 6 个相带可以组成 3 个线圈组，A、B、C 三相各有一个线圈组。对一个 p 对极的电机，每相应有 p 个线圈组，可以根据需要将 p 个线圈组进行串联或并联，所以单层绕组最大可能的**并联支路数**（number of parallel paths）$a=p$。

3. 绕组相电动势计算、分布因数

(1) 整距分布线圈组的基波电动势

单层分布绕组的一对极下的线圈组由 q 个相同的线圈串联而成，各线圈基波感应电动势的有效值相同，但它们切割磁场的时间先后不一样，各线圈感应电动势的相位也不同。相邻的两个整距线圈在空间上相差 α 电角度，其基波感应电动势在时间上也相差 α

5.3 三相单层分布绕组及其电动势

电角度。所以求线圈组感应电动势时,计算的是各线圈感应电动势的相量和。

以每极每相槽数 $q=3$ 的线圈组为例。在定子槽中相邻布置的 3 个整距线圈 $11'$、$22'$、$33'$,首末端相联构成线圈组,相邻两个线圈间相隔一个槽距角 α,如图 5-12(a)、(b)所示。3 个线圈的基波感应电动势相量如图 5-12(c)所示,依次错开 α 电角度。利用相量求和,可得线圈组的电动势 $\dot{E}_{q1} = \dot{E}_{K11} + \dot{E}_{K12} + \dot{E}_{K13}$。对于 q 个线圈,也可以利用相量图求出总电动势。根据几何关系,可以作出各整距线圈基波电动势相量组成的多边形的外接圆,如图 5-12(d)所示(图中仍以 $q=3$ 为例),设外接圆的半径为 r,则

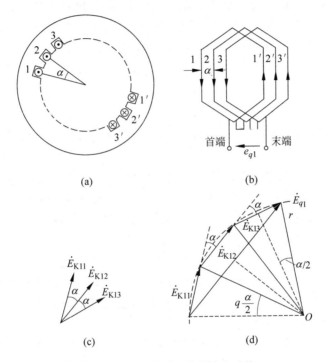

图 5-12 分布线圈组的基波电动势

$$E_{K1} = 2r\sin\frac{\alpha}{2} \tag{5-15}$$

$$E_{q1} = 2r\sin q\frac{\alpha}{2} \tag{5-16}$$

线圈组的总基波电动势有效值为

$$E_{q1} = qE_{K1}\frac{\sin q\frac{\alpha}{2}}{q\sin\frac{\alpha}{2}} = qE_{K1}k_{d1} = 4.44 fqN_K k_{d1}\Phi_1$$

式中

$$k_{d1} = \frac{\sin q\frac{\alpha}{2}}{q\sin\frac{\alpha}{2}} \tag{5-17}$$

称为**基波分布因数**(fundamental distribution factor)。基波分布因数 k_{d1} 是小于 1 的数。它说明将 q 个整距线圈分布放置时，线圈组的总基波感应电动势要比各线圈集中放置时的小。从数学上看，把集中整距线圈组的基波电动势乘上一个小于 1 的基波分布因数 k_{d1}，就与分布整距线圈组的基波电动势相等。因此，从产生相同的基波电动势有效值的角度看，可以把实际上分布的 q 个整距线圈等效看做一个集中线圈组，但是这个集中线圈组的总匝数不是 qN_K，而是有效匝数 qN_Kk_{d1}。

(2) 整距分布线圈组的谐波电动势

由于 ν 次谐波气隙磁场的极对数是基波的 ν 倍，槽距角对于基波而言是 α，但对于 ν 次谐波而言就是 $\nu\alpha$，因此相邻的整距线圈 ν 次谐波感应电动势之间的相位差为 $\nu\alpha$。同样可以证明，ν **次谐波分布因数**(harmonic distribution factor)$k_{d\nu}$ 为

$$k_{d\nu} = \frac{\sin q\frac{\nu\alpha}{2}}{q\sin\frac{\nu\alpha}{2}} \tag{5-18}$$

式中，ν 为**谐波次数**(harmonic number, harmonic order)。上式中如果令 $\nu=1$，就是基波的分布因数。

由于相邻线圈的谐波感应电动势之间相差的角度比基波大，因此所求得的谐波分布因数要比基波分布因数小得多，即基波电动势因为分布会减小，但减小得不多，而高次谐波电动势却大大减小了。例如，对于 60°相带绕组，如果每极每相槽数 $q=4$，可以算出基波与各次谐波的分布因数分别为

$$k_{d1} = 0.958, \quad k_{d3} = 0.653, \quad k_{d5} = 0.205, \quad k_{d7} = -0.158$$

这就是说，由于分布，基波电动势被消减了约 4%；而 3 次、5 次和 7 次谐波电动势分别被消减了约 35%、80% 和 85%。3 次谐波电动势虽然被削弱得少些，但三相对称绕组联结，线电动势里不会出现 3 次谐波电动势。

集中绕组的相电动势波形与气隙磁通密度波形完全一样，但是分布绕组的情况有所不同。图 5-13 所示为由 3 个分布的线圈串联在一起的相绕组。虽然每个线圈的电动势是平顶波，但加起来的相电动势波形已经接近正弦波。可见线圈的分布能改善相电动势的波形。

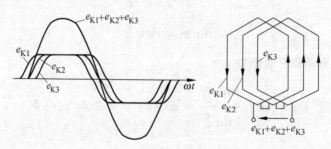

图 5-13 线圈分布对电动势波形的改善

(3) 三相单层分布绕组相电动势的计算

对于单层分布绕组，若每相共有 p 个线圈组，每相每对极下有 q 个线圈，则每个线圈

组的基波电动势有效值为

$$E_{q1} = qE_{K1}k_{d1} = 4.44fqN_Kk_{d1}\Phi_1$$

设绕组并联支路数为 a，则每相每条支路共有 p/a 个线圈组串联在一起，每相绕组基波电动势有效值为

$$E_{\phi 1} = \frac{p}{a}E_{q1} = 4.44fqN_K k_{d1}\frac{p}{a}\Phi_1 = 4.44f\left(\frac{pqN_K}{a}\right)k_{d1}\Phi_1 = 4.44fN_1 k_{d1}\Phi_1 \tag{5-19}$$

式中，$N_1 = \dfrac{pqN_K}{a}$ 为单层分布绕组的**每相串联匝数**（total series turns per phase）。

每个线圈组的 ν 次谐波电动势有效值为

$$E_{q\nu} = qE_{K\nu}k_{d\nu} = 4.44\nu fqN_K k_{d\nu}\Phi_\nu \tag{5-20}$$

每相 ν 次谐波电动势有效值为

$$E_{\phi\nu} = 4.44\nu fN_1 k_{d\nu}\Phi_\nu \tag{5-21}$$

练习题

5-3-1 分布线圈组的电动势的相位与各线圈感应电动势的相位关系如何？是否一定与线圈组的某一个线圈电动势相位相同？

5-3-2 从基波感应电动势等效的角度，用一个整距线圈代替分布线圈组时，该整距线圈的匝数和位置应如何安排？

5-3-3 采用 60°相带法得到的每极每相槽数 $q=4$ 的三相对称单层绕组，能将 5、7 次谐波电动势削弱为零吗？能将哪些次数的谐波电动势削弱为零？

5.4 三相双层分布短距绕组及其电动势

三相单层分布整距绕组采用分布，可以削弱绕组中的谐波电动势。单层分布绕组的节距不能任意选择，因为有些槽要被其他相的绕组占据；采用双层绕组时，可以利用短距来进一步削弱线圈中的谐波电动势。

双层绕组是指在每个槽中放置两个线圈边，每个线圈边为一层，如图 5-14 所示。双层绕组线圈的一个边置于槽的上层，另一边则置于另一个槽的下层，而每个槽内放置两个线圈边，所以线圈总数等于槽数。双层绕组的优点是线圈能够任意短距，不会出现单层绕组中那样某些槽被占有而无法放置线圈边的情况。如果短距设计得适当，将对改善电动势的波形有好处。容量在 10kW 以上的交流电机，大都采用双层绕组。

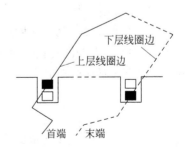

图 5-14 双层绕组一个线圈示意图

1. 短距线圈的电动势

（1）基波电动势

图 5-15(a)、(b)所示为一个短距线圈 AX，线圈的节距为 $y_1 = y\pi(0<y<1)$。图 5-15(c)

所示为在图(a)所示瞬间,短距线圈的两个线圈边及整个线圈的基波电动势相量图,$\dot{E}_{A1}$、$\dot{E}_{X1}$分别是两个线圈边 A、X 的所有导体的基波电动势的相量和。

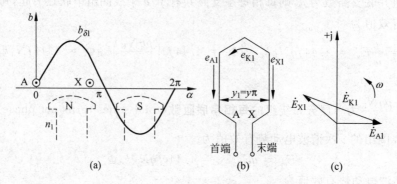

图 5-15　短距线圈及其基波电动势相量

根据图 5-15 规定的电动势参考方向,短距线圈的基波电动势相量为

$$\dot{E}_{K1} = \dot{E}_{A1} - \dot{E}_{X1} = E_{A1}\angle 0 - E_{X1}\angle y\pi$$

短距线圈基波电动势有效值为

$$E_{K1} = 2E_{A1}\sin y\frac{\pi}{2} = 4.44fN_K\Phi_1\sin y\frac{\pi}{2} = 4.44fN_K k_{p1}\Phi_1 \tag{5-22}$$

式中,$k_{p1} = \sin y\frac{\pi}{2}$,为**基波节距因数**(fundamental pitch factor)。

当把线圈做成短距或长距时,基波节距因数 $k_{p1} < 1$;只有整距线圈 $y=1$,基波节距因数 $k_{p1} = 1$。

当线圈短距后,两个线圈边中感应的基波电动势相位差不是 π 时间电弧度,所以短距线圈的基波电动势有效值不是每个线圈边感应电动势有效值的两倍,而是把线圈看成是整距线圈所得的电动势再乘上一个小于 1 的基波节距因数 k_{p1}。从基波电动势有效值等效的角度看,图 5-15 中的短距线圈可以等效看做整距线圈,不过它的匝数不是 N_K,而是 $N_K k_{p1}$。

(2) 谐波电动势

一个短距线圈的两个线圈边切割基波气隙磁通密度,感应的基波电动势相位差为 $y\pi$ 电弧度,切割 ν 次谐波气隙磁通密度感应的高次谐波电动势相位差为 $\nu y\pi$,因此,短距线圈的 ν 次谐波感应电动势为

$$E_{K\nu} = 4.44\nu f N_K \sin\left(\nu\frac{y\pi}{2}\right)\Phi_\nu = 4.44\nu f N_K k_{p\nu}\Phi_\nu$$

式中,$k_{p\nu} = \sin\nu\frac{y\pi}{2}$,为 **ν 次谐波节距因数**(harmonic pitch factor)。

2. 三相双层分布短距绕组的安排

下面举例说明三相双层分布短距绕组的安排。

已知三相电机定子槽数 $Q=36$,极对数 $p=2$,并联支路数 $a=1$,联成三相双层分布短距绕组。步骤如下:

5.4 三相双层分布短距绕组及其电动势

(1) 计算槽距角 α

$$\alpha = \frac{p \times 360°}{Q} = \frac{2 \times 360°}{36} = 20°$$

(2) 确定线圈节距

根据对电动势波形的要求，考虑对各次谐波电动势的削弱情况，确定线圈的节距。由前面对谐波电动势的分析计算可知：当节距为 $y_1 = \frac{4}{5}\tau_p$ 时，线圈感应的 5 次谐波电动势为零；当节距为 $y_1 = \frac{6}{7}\tau_p$ 时，线圈感应的 7 次谐波电动势为零。3 次谐波在线电动势中不出现，所以电动势中较大的谐波电动势是 5 次和 7 次谐波电动势。电机设计中综合考虑对两者的削弱效果，一般取线圈节距为 $y_1 = \frac{5}{6}\tau_p$。本例中，用槽数表示的极距 $\tau_p = 9$，因此用槽数表示的节距为 $y_1 = \frac{5}{6} \times 9 = \frac{15}{2}$，但节距是线圈所跨的槽数，应为整数，取 $y_1 = 7$。

(3) 画基波电动势星形相量图

对于双层绕组，只需要画出短距线圈的基波电动势相量图，而不需要再画出导体电动势相量图，因为线圈节距已经确定，即线圈边的联结已经确定，不需要再考虑导体的联结关系。线圈电动势由两个线圈边电动势组成，由相量运算可知，相邻线圈的基波电动势相量也是相差 α 电角度，图 5-16 所示为三相短距线圈基波电动势星形相量图。

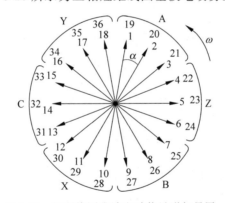

图 5-16 短距线圈基波电动势星形相量图

(4) 按 60° 相带法分相

把图 5-16 中的相量等分成 6 份，可将其中三个相隔 120° 电角度的相带沿顺时针方向标为 A、B、C。与单层绕组不同，不必再将相带 A 与同它相距 180° 电角度的另一相带联成线圈，与相带 A 相距 180° 电角度的相带仍属于 A 相绕组，标为 X。同样还可以标出相带 Y、Z，如图 5-16 所示。这样，每极每相槽数

$$q = \frac{Q}{2pm} = \frac{36}{2 \times 2 \times 3} = 3$$

(5) 画绕组展开图

用等长、等距的实线表示放在槽内上层的线圈边；下层线圈边俯视时无法看到，所以用等长、等距的虚线表示。为了清楚画出线圈的联结关系，实线与虚线稍微分开一点画出，如图 5-17 所示。根据线圈的节距，把属于同一线圈的上、下层线圈边连成线圈。第 1

槽的上层线圈边与相隔 $y_1=7$ 个槽的第 8 槽的下层线圈边相联,构成第 1 号线圈,线圈号始终与上层边所在槽号相同。

根据图 5-16 划分的相带,把每个相带里的线圈彼此串联起来,构成一个**极相组**(phase group per pole)。极相组是在每极下每相的 q 个线圈串联组成的线圈组,图 5-17 中仅画出了 A 相的极相组。

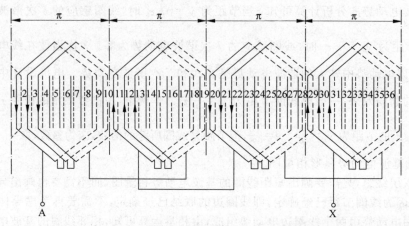

图 5-17　三相双层分布短距绕组的一相绕组展开图

(6) 确定绕组的并联支路数

图 5-17 中每相有 4 个极相组,根据需要,可以把它们并联,也可以把它们串联起来。并联支路数最少是 1,最多是 4。双层绕组的并联支路数最多是 $a=2p$。本例要求 $a=1$,因此把图 5-17 中属于 A 相的 4 个极相组串联起来得到 A 相绕组。串联时,需要注意电动势的方向,应使各极相组的电动势相加。如果是并联,应将电动势高的出线端彼此相联,电动势低的出线端彼此相联。

3. 三相双层分布短距绕组的电动势计算

(1) 基波电动势

一个短距线圈的基波电动势有效值为

$$E_{K1} = 4.44 f N_K k_{p1} \Phi_1 \tag{5-23}$$

一个极相组的基波感应电动势有效值为

$$E_{q1} = 4.44 f q N_K k_{d1} k_{p1} \Phi_1 \tag{5-24}$$

一相绕组的基波感应电动势有效值为

$$E_{\phi 1} = 4.44 f \frac{2p}{a} q N_K k_{d1} k_{p1} \Phi_1 = 4.44 f N_1 k_{dp1} \Phi_1 \tag{5-25}$$

式中,$N_1 = \dfrac{2pqN_K}{a}$,为双层绕组的每相串联匝数;$k_{dp1} = k_{d1} k_{p1}$,称为**基波绕组因数**(fundamental winding factor),其物理意义是绕组的基波感应电动势与把绕组的各线圈都看成是整距并集中一起时的绕组基波电动势之比。

从基波电动势角度看,相绕组也可以等效看成是集中整距绕组,**每相有效匝数**(effective turns per phase)为 $N_1 k_{dp1}$,而不是 N_1。

(2) 谐波电动势

一个短距线圈 ν 次谐波感应电动势有效值为

5.4 三相双层分布短距绕组及其电动势

$$E_{K\nu} = 4.44\nu f N_K k_{p\nu} \Phi_\nu \tag{5-26}$$

一个极相组的 ν 次谐波感应电动势有效值为

$$E_{q\nu} = 4.44\nu f q N_K k_{d\nu} k_{p\nu} \Phi_\nu \tag{5-27}$$

一相绕组的 ν 次谐波感应电动势有效值为

$$E_{\phi\nu} = 4.44\nu f N_1 k_{dp\nu} \Phi_\nu \tag{5-28}$$

式中，$k_{dp\nu} = k_{d\nu} k_{p\nu}$，为 ν 次**谐波绕组因数**（harmonic winding factor）。

在电机中，应使基波电动势尽可能大，且波形尽可能接近正弦。可通过合理设计磁极形状使气隙磁场接近正弦分布，并采用分布短距绕组来削弱谐波电动势。

例 5-2 一台 4 极 24 槽的交流电机，有 3 个匝数相同的线圈联结成绕组，如图 5-18 所示，求该绕组的基波绕组因数。

解：由题可知，极距 $\tau_p = \dfrac{Q}{2p} = \dfrac{24}{4} = 6$，三个线圈的节距分别为 8、6 和 4，节距各不相同，分别为长距、整距和短距。设每个线圈边基波感应电动势的有效值为 E_1，整距线圈的基波感应电动势有效值为 $2E_1$。利用短距因数分别求出三个线圈的基波感应电动势有效值，为

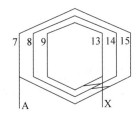

图 5-18　例题 5-2 图

$$E_{K71} = 2E_1 \sin\dfrac{8}{6}\dfrac{\pi}{2} = \sqrt{3}E_1,$$

$$E_{K81} = 2E_1 \sin\dfrac{6}{6}\dfrac{\pi}{2} = 2E_1,$$

$$E_{K91} = 2E_1 \sin\dfrac{4}{6}\dfrac{\pi}{2} = \sqrt{3}E_1$$

由短距线圈的相量图可知，三个线圈的基波感应电动势相位相同，所以可以直接求代数和，为

$$E_{\phi1} = E_{K71} + E_{K81} + E_{K91} = 2(1+\sqrt{3})E_1$$

绕组的基波绕组因数为

$$k_{dp1} = \dfrac{E_{\phi1}}{3\times 2E_1} = \dfrac{2(1+\sqrt{3})E_1}{3\times 2E_1} = \dfrac{1+\sqrt{3}}{3}$$

从上面还可以看出，这里的长距线圈和短距线圈的短距因数相同。

本例还可以用另外一种思路求解。改变线圈边的联结顺序，如图 5-19 所示，这样可把节距不等的多个线圈变换成节距相同且为整距的分布线圈，绕组电动势不会有任何变化，因而绕组因数等于分布因数。求解过程如下：

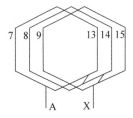

图 5-19　例题 5-2 解法

$$\alpha = \dfrac{p\times 360°}{Q} = \dfrac{2\times 360°}{24} = 30°$$

$$k_{dp1} = k_{d1}k_{p1} = \dfrac{\sin q\dfrac{\alpha}{2}}{q\sin\dfrac{\alpha}{2}}\times 1 = \dfrac{\sin 3\times\dfrac{30°}{2}}{3\sin\dfrac{30°}{2}} = \dfrac{1+2\cos 2\times\dfrac{30°}{2}}{3} = \dfrac{1+\sqrt{3}}{3}$$

两种方法求出的绕组的基波绕组因数相同。

练习题

5-4-1 短距线圈的电动势的相位与组成线圈的两个槽导体电动势的相位关系如何？是否与其中一个槽导体感应电动势的相位相同？

5-4-2 从基波电动势等效的角度，用一个整距线圈代替一个短距线圈时，该整距线圈的匝数和位置应如何设置？用一个整距线圈代替一个短距线圈组时，该整距线圈的匝数和位置应如何设置？

5-4-3 长距线圈对电动势有什么影响？它有什么缺点？

5-4-4 交流电机中相绕组感应电动势的有效值、频率、相位、相序和波形分别由什么决定？分别与什么有关？与导体感应电动势有什么不同？

5-4-5 双层绕组中相邻的两个极相组串联时应如何联结？如果接反，会出现什么结果？

小 结

从同步电机和异步电机的运行原理可见，交流绕组相对磁场运动感应产生电动势，流过电流产生磁动势，是电机机电能量转换中非常关键的部件。本章以同步发电机为例，讨论了交流电机中非常重要的理论基础之一——交流电机的绕组和电动势，所有的分析和结论对于异步电机同样适用。

对于交流绕组，总是要求能够获得尽可能大的基波电动势，尽可能削弱谐波电动势，并保证三相电动势对称，同时要节省材料和便于制造。绕组的布置和联结都是以这些要求为原则进行的。

从绕组的最基本的构成单元导体开始，直到相绕组，着重于分析各电动势的大小、频率、相位和波形四个要素，对于多相绕组，还需要考虑对称性问题。

同步发电机励磁绕组通电产生的磁场并非完全正弦分布，可以分解为基波和各次谐波磁通密度，各磁通密度相对于定子导体运动而感应产生基波和各次谐波电动势。根据对绕组的要求，选择相距一个极距或者接近一个极距的两根导体构成线匝，多个线匝串联成线圈，由多个相邻的线圈联结成线圈组，由线圈组相联得到相绕组。

以相量图为工具，定量分析计算了由导体到相绕组的基波电动势和谐波电动势。采用短距、分布以及三相对称绕组削弱或消除谐波电动势，使感应电动势更接近正弦波。由于绕组的短距和分布，在计算中分别引入了节距因数和分布因数。

采用电动势星形相量图确定并分配各槽内导体或线圈到各相绕组，形成不同类型的三相对称绕组，采用绕组展开图形象地表示导体或线圈与相绕组之间的联结关系。

思 考 题

5-1 同步电机转子表面气隙磁通密度分布的波形是怎样的？转子表面某一点的气隙磁通密度大小随时间变化吗？定子表面某一点的气隙磁通密度随时间变化吗？

5-2 为了得到三相对称的基波感应电动势，对三相绕组安排有什么要求？

5-3　绕组分布与短距为什么能改善电动势波形？若希望完全消除电动势中的第 ν 次谐波，在采用短距方法时，y_1 应取多少？

5-4　采用绕组分布短距改善电动势波形时，每根导体中的感应电动势波形是否也相应得到改善？

5-5　试述双层绕组的优点。为什么现代交流电机大多采用双层绕组（小型电机除外）？

5-6　单层绕组中，每相串联匝数 N_1 和每个线圈的匝数 N_K、每极每相槽数 q、极对数 p、并联支路数 a 之间有什么关系？在双层绕组中这种关系是怎样的？

5-7　为什么分布因数总是小于 1？节距因数呢？节距 $y_1 > \tau_p$ 的绕组的节距因数会不会大于 1？

5-8　三相单层和双层绕组，同一相的各线圈组间分别应如何联结？为什么？

5-9　比较交流电机下列各量的波形是否相同：气隙磁通密度、定子上一根导体的电动势、定子上一个整距线圈的电动势、定子上一个短距线圈的电动势、定子上一个整距分布线圈组的电动势。

5-10　若保持磁极宽度与极距的比例不变，将磁极对数增加一倍，其他条件不变，则一根导体中的感应电动势会如何变化？原来的一个整距线圈电动势如何变化？

5-11　一台 4 极 36 槽的交流电机定子上有 3 根导体 A、B、C，分别位于 1 号、4 号和 7 号槽内，已知每根导体感应的基波电动势为 10V，3 次谐波电动势为 2V。现将这 3 根导体顺次串联起来（上一根导体的末端联至下一根导体的首端），所得到的总的基波电动势和 3 次谐波电动势分别是多大？

5-12　三相单层整距分布对称绕组可以采用 120° 相带法分相吗？为什么？

5-13　三相短距分布对称绕组可以采用 120° 相带法分相吗？为什么？采用 120° 相带法分相得到的相绕组感应电动势与 60° 相带法分相得到的相绕组感应电动势有什么不同？

习　题

5-1　如题图 5-1 所示，在同步电机转子上建立坐标系，$t=0$ 时刻导体 1 位于坐标原点处，导体 2 位于 α_1 处，导体感应电动势参考方向如图中所示。导体的有效长度为 $l(\text{m})$，转子转速为 $n_1(\text{r/min})$，定子内径为 $D(\text{m})$。气隙磁通密度分布为 $b_\delta = \sum_{\nu=1,3,5,\cdots} B_{\delta\nu m} \sin\nu\alpha$ (T)，求：

（1）导体 1、2 的感应电动势随时间变化的表达式 $e_1 = f(t)$ 及 $e_2 = f(t)$；

（2）分别画出两根导体的基波电动势及 3 次谐波电动势相量。

5-2　有一台同步发电机，定子槽数 $Q=36$，极数 $2p=4$，如题图 5-2 所示。若已知第 1 槽中导体感应电动势基波瞬时值为 $e_1 = \sqrt{2}E_1 \sin\omega t$，试分别写出第 2、10、19 和 36 槽中导体感应电动势基波瞬时值的表达式，并画出相应的基波电动势相量图。

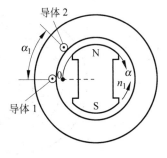

题图 5-1

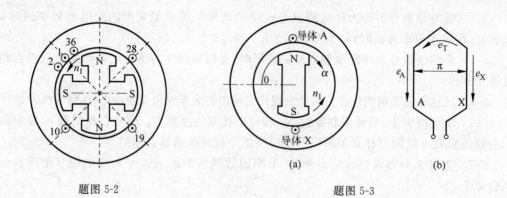

题图 5-2　　　　　　　　　　题图 5-3

5-3　如题图 5-3 所示,在同步电机转子上建立坐标系,$t=0$ 时刻导体 A 位于 N 极中心处,导体 X 位于 S 极中心处,导体感应电动势参考方向如图所示。导体的有效长度为 $l(\mathrm{m})$,切割磁通的线速度为 $v(\mathrm{m/s})$,气隙磁通密度分布为 $b_\delta = \sum\limits_{\nu=1,3,5,\cdots} B_{\delta\nu m}\sin\nu\alpha$ (T)。

(1) 求导体 A 和 X 的电动势随时间变化的表达式 $e=f(t)$;

(2) 将导体 A 和 X 组成一匝线圈,在此线圈中感应的电动势为 e_T,e_T 的参考方向如图(b)所示,求其表达式 $e_\mathrm{T}=f(t)$;

(3) 画出导体及线圈基波电动势相量图。

5-4　如题图 5-4 所示,在同步电机转子上建立坐标系,$t=0$ 时刻导体 A、X 分别位于 $\dfrac{y\pi}{2}$ 和 $-\dfrac{y\pi}{2}$ 电角度处,导体感应电动势参考方向如图所示。导体的有效长度为 $l(\mathrm{m})$,切割磁通的线速度为 $v(\mathrm{m/s})$。气隙磁通密度分布为 $b_\delta = \sum\limits_{\nu=1,3,5,\cdots} B_{\delta\nu m}\sin\nu\alpha$ (T)。

(1) 求导体 A 和 X 的感应电动势随时间变化的表达式;

(2) 把导体 A 和 X 组成一匝线圈,写出线圈电动势的表达式;

(3) 画出导体与线圈的基波电动势相量图。

5-5　一对极的电机定子上放置了相距 150°空间电角度的两根导体 A 与 X,导体电动势的参考方向如题图 5-5 所示。原动机拖动电机转子逆时针方向以 n_1 的转速恒速旋转时,每根导体感应的基波、3 次、5 次和 7 次谐波电动势有效值分别为 10V、3V、2V 和 1.5V。把 A、X 两根导体组成线匝,线匝电动势 $e_\mathrm{T}=e_\mathrm{A}-e_\mathrm{X}$。

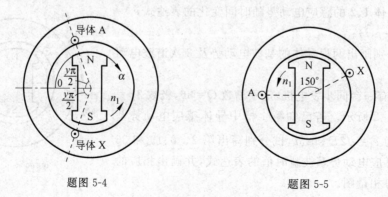

题图 5-4　　　　　　　　　　题图 5-5

(1) 求该短距线匝的基波电动势有效值;

(2) 画出图中所示瞬间两根导体 A、X 以及线匝的基波电动势相量在复平面上的位置;

(3) 求该短距线匝的 3 次、5 次和 7 次谐波电动势有效值。

5-6 一台交流电机,在它的定子上依次均匀放置了 4 个整距线圈,相邻两个整距线圈之间的槽距角 $\alpha=15°$ 空间电角度。已知每个整距线圈的基波、3 次、5 次和 7 次谐波电动势有效值分别为 30V、10V、6V 和 4V。现将这些整距线圈按首、末端相联构成线圈组,求该线圈组的基波、3 次、5 次和 7 次谐波电动势有效值。

5-7 求下列两种情况下双层三相交流绕组的基波绕组因数:

(1) 极对数 $p=3$,定子槽数 $Q=54$,线圈节距 $y_1=\dfrac{7}{9}\tau_p$;

(2) 极对数 $p=2$,定子槽数 $Q=60$,线圈跨槽 1~13。

5-8 一台 4 极、50Hz 的三相交流电机,定子内径为 0.74m,铁心长度为 1.52m,定子绕组为双层绕组,每极每相槽数为 3,线圈节距为 7,每个线圈 2 匝,并联支路数为 1。已知气隙基波磁通密度为 $b_{\delta1}=1.2\cos\alpha$(T)(坐标在转子上),求每个线圈和每相绕组中的基波电动势。

5-9 一台三相同步发电机,极对数 $p=3$,额定转速 $n_1=1000$r/min,定子每相串联匝数 $N_1=125$,基波绕组因数 $k_{dp1}=0.92$。如果每相基波感应电动势为 $E_1=230$V,求每极磁通量 Φ_1。

5-10 一台星形联结、50Hz、12 极的三相同步发电机,定子槽数为 180,上面布置双层绕组,每个槽中有 16 根导体,线圈节距为 12,并联支路数为 1。试求:

(1) 基波绕组因数 k_{dp1};

(2) 要使空载基波线电动势为 1380V,每极磁通量 Φ_1 应是多少?

5-11 一台三相 4 极交流电机,定子有 36 个槽,布置 60° 相带双层绕组,线圈节距为 7。如果每个线圈为 10 匝,每相绕组的所有线圈均为串联,则当三相绕组星形联结、线电动势为 380V、50Hz 时,每极磁通量是多少? 如果要求线电动势为 110V、50Hz,要保持其产生的每极磁通量不变,则定子绕组应如何联结?

5-12 一台 50Hz、星形联结的三相同步电机,转子励磁绕组产生的每极磁通量为 0.1Wb,气隙 3 次谐波磁通密度的幅值 $B_{\delta3m}$ 为基波磁通密度幅值 $B_{\delta1m}$ 的 20%,5 次谐波磁通密度幅值 $B_{\delta5m}$ 为 $B_{\delta1m}$ 的 10%,每相绕组串联导体数为 320,绕组因数为 $k_{dp1}=0.95$,$k_{dp3}=-0.604$,$k_{dp5}=0.163$。求每相绕组空载电动势的基波和 3、5 次谐波的有效值以及总的相电动势和线电动势的有效值。

5-13 有一台三相同步发电机,$2p=2$,3000r/min,定子槽数 $Q=60$,绕组为双层绕组,每相串联匝数 $N_1=20$,每极磁通量 $\Phi_1=1.505$Wb,试求:

(1) 基波电动势的频率、整距时基波的绕组因数和相电动势;

(2) 整距时 5 次谐波的绕组因数;

(3) 如要消除 5 次谐波,绕组节距应选多少? 此时基波电动势变为多少?

5-14 一台三相异步电动机,定子采用双层分布短距绕组,Y 联结。已知定子槽数

$Q=36$,极对数 $p=3$,线圈节距 $y_1=5$,每个线圈串联匝数 $N_K=20$,并联支路数 $a=1$,频率 $f=50\text{Hz}$,基波和 5、7 次谐波的每极磁通量分别为 $\Phi_1=0.00398\text{Wb}$,$\Phi_5=0.0004\text{Wb}$,$\Phi_7=0.00001\text{Wb}$。求:

(1) 导体基波电动势有效值;

(2) 线匝基波电动势有效值;

(3) 线圈基波电动势有效值;

(4) 极相组基波电动势有效值;

(5) 相绕组基波电动势有效值;

(6) 每相绕组 5 次、7 次谐波电动势的有效值。

5-15 一台三相同步发电机,额定频率 $f_N=50\text{Hz}$,额定转速 $n_N=1000\text{r/min}$,定子绕组为双层短距绕组,$q=2$,每相串联匝数 $N_1=72$,绕组节距 $y_1=\dfrac{5}{6}\tau_p$,并联支路数 $a=1$,试求:

(1) 极对数 p;

(2) 定子槽数 Q;

(3) 画出电动势星形相量图;

(4) 画出绕组展开图(只画一相,其他两相只画引出线);

(5) 绕组因数 k_{dp1}、k_{dp3}、k_{dp5}、k_{dp7}。

5-16 已知相数 $m=3$,极对数 $p=2$,每极每相槽数 $q=1$,线圈节距为整距。

(1) 画出并联支路数 $a=1$、2 和 4 三种情况的双层绕组;

(2) 若每槽有两根导体,每根导体产生 1V 的基波电动势(有效值),以上的绕组每相分别能产生多大的基波电动势?

(3) 5 次谐波磁通密度在每根导体上感应 0.2V(有效值)电动势,以上绕组每相分别能产生多大的 5 次谐波电动势?

第 6 章 交流绕组的磁动势

交流电机的绕组中流过电流,就会产生磁动势,磁动势在电机的磁路中产生磁通。磁动势也是电机内部能量转换的关键问题。交流电机中有的绕组流过直流电流,有的流过交流电流,直流电流可以看成是交流电流的特例,而且绕组流过直流电流时产生的磁动势比流过交流电流时简单得多,所以本章主要研究绕组流过交流电流时产生的磁动势。三相交流电机的三相交流绕组在空间上有相位差,绕组中流过的电流在时间上也有相位差,所以交流绕组的磁动势既与时间有关,又与空间有关,比较复杂。本章将从最简单的单层集中整距绕组中的一相开始分析,然后过渡到三相绕组以及分布短距的双层绕组。分析中着重于磁动势的大小、波形和性质。

6.1 单层集中整距绕组的磁动势

6.1.1 单层集中整距绕组的一相磁动势

单层集中整距绕组是最简单的电机绕组,定子每对极下的每相绕组集中在一起,每相绕组就是一个整距线圈,因此下面以一个整距线圈为对象进行分析。图 6-1 所示为一台三相两极电机,AX 为一个整距线圈,即 A 相绕组,匝数为 N_K。分析绕组通电所产生的磁动势在气隙圆周上的分布。

1. 参考方向的规定和坐标系的建立

定子绕组电流的参考方向如图 6-1 所示,磁动势的参考方向为出定子进转子,磁动势由转子到定子则为负。为了便于分析,将电机定子铁心展开为直线,转子在上部,定子在下部,如图 6-2 所示。在定子内圆表面建立直角坐标系,原点取在线圈 AX 的轴线处,横坐标 α 为气隙圆周不同位置距离原点的圆心角,以空间电角度衡量,以逆时针方向为空间电角度的正方向,纵坐标为磁动势的大小。

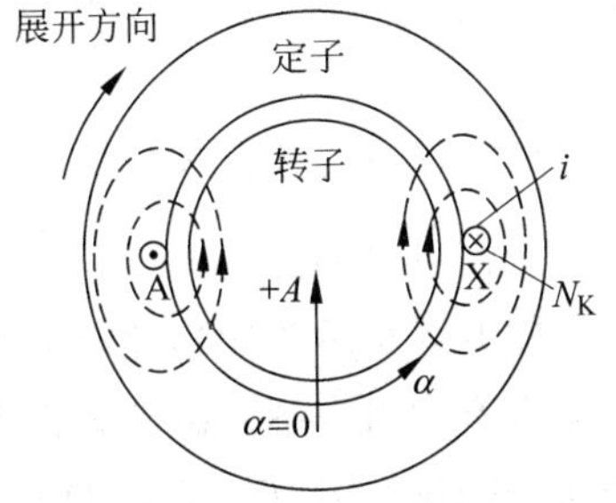

2. 磁动势表示方法

线圈 AX 通入电流 i,产生的磁动势为 $N_K i$,它将在电机中产生两极的磁场,图 6-1 中用磁感应线示意磁场情况。图中每一个磁回路包围的安匝数都等于 $N_K i$,每一个磁回路均由两段气隙和定、转子铁心组成。由于铁心的磁导率比空气的磁导率大得多,为了分析方便,忽略铁心的磁阻,认为磁动势完全消耗在两段气隙中。由

图 6-1 通入电流的一相整距绕组

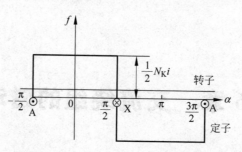

图 6-2 线圈通电产生的磁动势沿气隙圆周方向的空间分布

于气隙均匀,所以每段气隙上消耗的磁动势大小均为 $\frac{1}{2}N_\text{K}i$。

由右手螺旋定则可知,α 在 $-\frac{\pi}{2}$ 到 $\frac{\pi}{2}$ 的范围内,气隙磁动势的方向是出定子进转子,按上述参考方向规定,该磁动势为正值;α 在 $\frac{\pi}{2}$ 到 $\frac{3\pi}{2}$ 的范围内,气隙磁动势由转子到定子,为负值。因此,气隙磁动势的空间分布表达式为

$$\begin{cases} f(\alpha) = f_\text{K} = \frac{1}{2}N_\text{K}i & \alpha \in \left(-\frac{\pi}{2}, \frac{\pi}{2}\right] \\ f(\alpha) = -f_\text{K} = -\frac{1}{2}N_\text{K}i & \alpha \in \left(\frac{\pi}{2}, \frac{3\pi}{2}\right] \end{cases} \tag{6-1}$$

图 6-2 所示为气隙磁动势沿圆周方向的空间分布情况。磁动势为正,磁感应线出定子进转子,相当于定子磁场的 N 极;磁动势为负,磁感应线出转子进定子,相当于定子磁场的 S 极。可见,一个流过电流的整距线圈产生的气隙磁动势沿圆周方向是矩形波,在两个线圈边处发生正、负跳转。

3. 磁动势的分解

对矩形波分布的气隙磁动势进行傅里叶级数分解,由于磁动势波具有纵轴对称和横轴对称的性质,所以分解后没有平均值和正弦项,没有偶数次项,只有奇数次的余弦项,即

$$f(\alpha) = f_{\text{K}1} + f_{\text{K}3} + f_{\text{K}5} + \cdots$$

$$= c_1\cos\alpha + c_3\cos3\alpha + c_5\cos5\alpha + \cdots = \sum_{\nu=1,3,5,\cdots}^{\infty} c_\nu\cos\nu\alpha \tag{6-2}$$

式中,ν 为谐波次数;各次谐波的幅值 $c_\nu = \frac{1}{\pi}\int_0^{2\pi} f(\alpha)\cos\nu\alpha\, d\alpha = \frac{4}{\pi}f_\text{K}\frac{1}{\nu}\sin\nu\frac{\pi}{2}$;$f_{\text{K}1} = \frac{4}{\pi}f_\text{K}\cos\alpha$,为基波磁动势;$f_{\text{K}3} = -\frac{1}{3}\frac{4}{\pi}f_\text{K}\cos3\alpha$,为 3 次谐波磁动势;$f_{\text{K}5} = \frac{1}{5}\frac{4}{\pi}f_\text{K}\cos5\alpha$,为 5 次谐波磁动势……

图 6-3 所示为矩形波磁动势以及分解得到的基波、3 次和 5 次谐波磁动势,其他高次谐波没有画出。图中磁动势为正,物理上表示定子磁场的 N 极;磁动势为负,物理上相当于定子磁场的 S 极;磁动势正负变化一次表示一对磁极。极对数在数学上则表示为 $\cos\nu\alpha$ 项中的因数 ν。

6.1 单层集中整距绕组的磁动势

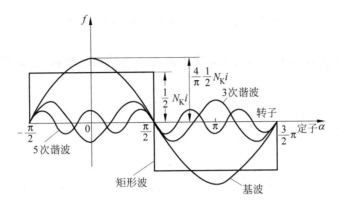

图 6-3 矩形波磁动势的分解

因此可以得到以下结论：

(1) 基波磁动势的幅值为 $\dfrac{4}{\pi}f_K$，第 ν 次谐波的幅值等于基波幅值的 $\dfrac{1}{\nu}$。

(2) 基波磁动势的极对数和波长均与原矩形波的相同；第 ν 次谐波的极对数为基波的 ν 倍，波长为基波的 $\dfrac{1}{\nu}$。

(3) 线圈的轴线(横坐标的原点 $\alpha=0$)处是各次谐波的幅值所在位置；在该位置上，不同次数的谐波幅值，有的是正值，有的是负值。

4. 电流交变时的磁动势

设线圈中通入交流电，电流为 $i=\sqrt{2}I_K\cos\omega t$。就某一时刻而言，电机中各个磁回路的磁动势仍为 $N_K i$，而且空间分布仍为矩形波。随着时间的变化，电机中各个磁回路的磁动势 $N_K i$ 都将与电流 i 一起随时间变化，所以气隙磁动势的分布虽然仍是矩形波，但矩形波的幅值 f_K 将随时间变化，即

$$f_K = \frac{1}{2}N_K i = \frac{\sqrt{2}}{2}N_K I_K \cos\omega t \tag{6-3}$$

对矩形波磁动势进行傅里叶分解，可得

$$\begin{aligned}f(\alpha) &= f_{K1} + f_{K3} + f_{K5} + \cdots \\ &= F_{K1}\cos\omega t\cos\alpha - F_{K3}\cos\omega t\cos3\alpha + F_{K5}\cos\omega t\cos5\alpha - \cdots\end{aligned} \tag{6-4}$$

其中，基波磁动势为

$$f_{K1} = \frac{4}{\pi}f_K\cos\alpha = \frac{4}{\pi}\frac{\sqrt{2}}{2}N_K I_K \cos\omega t\cos\alpha = F_{K1}\cos\omega t\cos\alpha \tag{6-5}$$

式中，$F_{K1}=\dfrac{4}{\pi}\dfrac{\sqrt{2}}{2}N_K I_K=0.9N_K I_K$，是基波磁动势的最大振幅，与线圈匝数和交流电流的有效值大小有关；$F_{K1}\cos\omega t$ 是基波磁动势的振幅，它与电流 i 一样，都以时间角频率 ω 作余弦交变。

3 次谐波磁动势为

$$f_{K3} = -\frac{1}{3}\frac{4}{\pi}f_K\cos3\alpha = -F_{K3}\cos\omega t\cos3\alpha \tag{6-6}$$

式中，$F_{K3} = \frac{1}{3}\frac{4}{\pi}\frac{\sqrt{2}}{2}N_K I_K = \frac{1}{3}F_{K1}$，为 3 次谐波磁动势的最大振幅，它是基波最大振幅的 1/3。

5 次谐波磁动势为

$$f_{K5} = \frac{1}{5}\frac{4}{\pi}f_K\cos5\alpha = F_{K5}\cos\omega t\cos5\alpha \tag{6-7}$$

式中，$F_{K5} = \frac{1}{5}\frac{4}{\pi}\frac{\sqrt{2}}{2}N_K I_K = \frac{1}{5}F_{K1}$，为 5 次谐波磁动势的最大振幅，它是基波最大振幅的 1/5。

基波和各次谐波磁动势的振幅都以与电流相同的角频率 ω 而随时间交变，通常称为磁动势波形以角频率 ω **脉振**(pulsation)。

可见：

(1) 线圈通入交流电产生的气隙磁动势沿定子内圆周呈矩形分布，其幅值随时间脉动。

(2) 矩形波磁动势分解成的基波和谐波磁动势，它们都在空间呈余弦分布，都是空间电角度 α 的函数，但极对数和波长不同；它们的振幅都随时间按电流 i 的变化规律 ($\cos\omega t$) 而变化，即都是时间电角度 ωt 的函数。所以基波和谐波磁动势既是**空间函数**(spatial function)，又是**时间函数**(time function)。

(3) 基波和各次谐波磁动势的振幅位置均在线圈轴线处，虽然振幅大小随时间变化，但振幅位置不随时间变化，这种磁动势称为**脉振磁动势**(pulsating MMF)，即为物理学中的驻波。

5. 脉振磁动势的分解

整距线圈通入交流电产生的基波脉振磁动势为 $f_{K1} = F_{K1}\cos\omega t\cos\alpha$，对其进行三角变换可得

$$f_{K1} = \frac{1}{2}F_{K1}\cos(\alpha-\omega t) + \frac{1}{2}F_{K1}\cos(\alpha+\omega t) = f'_{K1} + f''_{K1} \tag{6-8}$$

可见，该基波磁动势可分解为两部分。

第一部分 $f'_{K1} = \frac{1}{2}F_{K1}\cos(\alpha-\omega t)$ 不仅与空间电角度 α 有关，而且与时间电角度 ωt 有关，是物理学中的波动方程。在任何时刻，该磁动势都在空间按余弦分布。比如，$\omega t = 0$ 时，$f'_{K1} = \frac{1}{2}F_{K1}\cos\alpha$，其最大值在 $\alpha = 0$ 位置；$\omega t = 30°$ 时，$f'_{K1} = \frac{1}{2}F_{K1}\cos(\alpha-30°)$，其最大值在 $\alpha = 30°$ 的位置，如图 6-4 所示。可以看出，f'_{K1} 的最大值始终出现在 $\cos(\alpha-\omega t) = 1$，即 $\alpha = \omega t$ 的位置。也就是说，随着时间的推移，f'_{K1} 在向 α 的正方向移动，而其幅值始终不变。α 表示的是电机的圆周方向，所以 f'_{K1} 实际上是正向旋转的磁动势波，其旋转的角速

6.1 单层集中整距绕组的磁动势

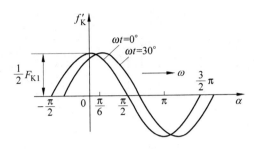

图 6-4 沿正方向移动的磁动势波

度可由 $\alpha=\omega t$ 求得，为 $\dfrac{\mathrm{d}\alpha}{\mathrm{d}t}=\omega$，即旋转的电角速度为 ω，与电流随时间变化的角频率相等。所以，有如下结论：

(1) f'_{K1} 在空间上按余弦分布，随时间的推移向 α 的正方向移动，是一个行波。

(2) 行波的电角速度为 ω，其大小与线圈中电流的电角频率 ω 相等。

第二部分为 $f''_{K1}=\dfrac{1}{2}F_{K1}\cos(\alpha+\omega t)$。可以看出，$f''_{K1}$ 的最大值始终出现在 $\cos(\alpha+\omega t)=1$，即 $\alpha=-\omega t$ 的位置上。也就是说，f''_{K1} 随着 ωt 的推移在向 α 的反方向移动，所以 f''_{K1} 是反向旋转的磁动势波，旋转的角速度由 $\alpha=-\omega t$ 可知，为 $\dfrac{\mathrm{d}\alpha}{\mathrm{d}t}=-\omega$，即旋转的电角速度为 $-\omega$。所以，有如下结论：

(1) f''_{K1} 在空间上按余弦分布，随时间的推移向 α 的反方向移动，是一个行波。

(2) 行波的电角速度为 $-\omega$，大小与线圈中电流的电角频率 ω 相等。

由以上两部分的分析可见：

(1) 一个脉振磁动势波可以分解为两个极对数和波长与脉振波完全一样，分别朝相反方向旋转的**旋转磁动势**(rotating MMF)波，二者旋转的电角速度分别为 ω 和 $-\omega$，大小与电流的角频率相等，每个旋转波的幅值是脉振波最大振幅的一半，等于 $\dfrac{1}{2}F_{K1}$。

(2) 当电流为正的最大值时，脉振波的振幅为最大值，两个旋转波的正幅值正好都转到 $\alpha=0$ 即通电线圈的轴线处，这时两个旋转波重叠在一起。

6. 磁动势的矢量表示法

一个在空间按正弦分布的磁动势波，可以用**空间矢量**(spatial vector)来表示，矢量的长度等于幅值，矢量的位置代表磁动势波正幅值所在的位置。如图 6-5(a)所示，一个在空间按正弦分布、幅值为 F 的磁动势 f，随时间变化朝 α 正方向以电角速度 ω 移动，在图示时刻其正幅值位于 $\alpha=\alpha_1$ 处。可以用如图 6-5(b)所示的磁动势矢量表示它，矢量长度为 F，矢量位置在 α_1 处，矢量移动方向和电角速度也表示在图中。

由于坐标系建立在定子圆周表面，因此，把磁动势矢量画在极坐标上，能更形象地表示磁动势的旋转性质，如图 6-5(c)所示。这就是**空间矢量图**(spatial vector diagram)。与时间相量图一样，空间矢量图也只能表示某一时刻空间矢量的情况。

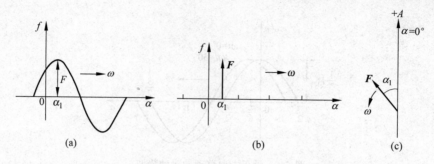

图 6-5 磁动势的空间矢量表示

用空间矢量图也可以表示一个线圈通交流电产生脉振磁动势，以及脉振磁动势分解成两个旋转磁动势的情况，如图 6-6 所示，图中还画出了对应时刻按余弦变化的电流的相量图。由于相量图和矢量图都只能表示某一时刻的情况，图中选择了四个不同时刻 $\omega t = 0°$、$45°$、$90°$、$180°$ 画图。由图可见，脉振磁动势矢量 F_{K1} 的位置始终处于线圈轴线 $+A$ 处，它是两个转向相反的旋转磁动势矢量 F'_{K1} 与 F''_{K1} 之和，F'_{K1}、F''_{K1} 旋转的电角速度都与交流电流的角频率 ω 相同。

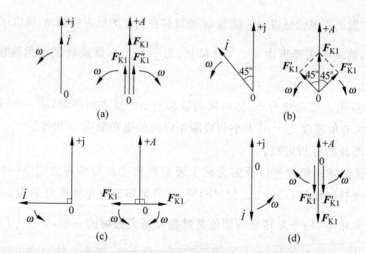

图 6-6 不同时刻的电流相量、脉振磁动势矢量和两个旋转磁动势矢量

(a) $\omega t = 0°$；(b) $\omega t = 45°$；(c) $\omega t = 90°$；(d) $\omega t = 180°$

7. 一相绕组的磁动势

前面分析了整距线圈通电流产生的磁动势，实际上整距线圈就是最简单的单层集中整距绕组的一相绕组。对于相绕组的磁动势，习惯采用每相串联匝数 N_1 和相电流 I 表示。单层绕组每对极下有 q 个整距线圈；集中绕组则相当于 q 个线圈集中在一起，其匝数可表示为 qN_K。对多支路的绕组而言，线圈电流 I_K 不是电机的相电流 I，而是支路电流，它与相电流的关系为 $I_K = I/a$（a 为并联支路数）。所以，用相绕组的串联匝数 N_1 和相电流 I 表示时，一相集中整距绕组的基波磁动势的最大振幅为

$$F_{\phi 1} = \frac{4}{\pi} \frac{\sqrt{2}}{2} q N_K I_K = \frac{4}{\pi} \frac{\sqrt{2}}{2} \frac{p q N_K}{p} \frac{I}{a} = \frac{4}{\pi} \frac{\sqrt{2}}{2} \frac{N_1 I}{p} = 0.9 \frac{N_1 I}{p}$$

6.1 单层集中整距绕组的磁动势

也可以这样理解：pqN_K 是每相绕组的串联总匝数，$pqN_K\dfrac{\sqrt{2}I}{a}$ 为一相绕组所有线圈集中在一起通电产生的总磁动势幅值；由于绕组是分布在 p 对极下的，每对极下产生的磁动势相同，所以每极基波磁动势最大振幅为 $\dfrac{1}{2}\dfrac{1}{p}\dfrac{4}{\pi}\left(pqN_K\dfrac{\sqrt{2}I}{a}\right)=\dfrac{4}{\pi}\dfrac{\sqrt{2}}{2}\dfrac{N_1 I}{p}$。

6.1.2 三相单层集中整距绕组的磁动势

1. 三相基波磁动势

三相单层集中整距绕组布置如图 6-7 所示，B 相绕组在空间沿 α 正方向超前 A 相绕组 120°电角度，C 相绕组又超前 B 相绕组 120°电角度。各相绕组电流的参考方向如图 6-7 所示，直角坐标系仍建立在定子内圆表面，取 A 相绕组的轴线 +A 为原点。

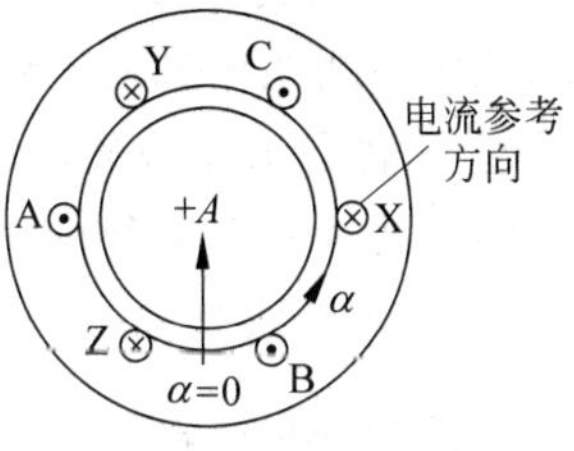

设三相对称电流为

$$i_A=\sqrt{2}I\cos\omega t,\quad i_B=\sqrt{2}I\cos(\omega t-120°),$$
$$i_C=\sqrt{2}I\cos(\omega t-240°)$$

A 相电流 i_A 产生的基波磁动势 f_{A1}，以 A 相绕组轴线为中心按余弦分布，随着 i_A 以角频率 ω 脉振，即

$$f_{A1}=F_{\phi 1}\cos\omega t\cos\alpha$$

图 6-7 三相单层集中整距绕组的分布

B 相电流 i_B 产生的基波磁动势 f_{B1}，在空间上以 B 相绕组的轴线(位于 $\alpha=120°$处)为中心按余弦分布，在时间上随 i_B 以角频率 ω 脉振，即

$$f_{B1}=F_{\phi 1}\cos(\omega t-120°)\cos(\alpha-120°)$$

同理可以得到 C 相电流 i_C 产生的基波磁动势为

$$f_{C1}=F_{\phi 1}\cos(\omega t-240°)\cos(\alpha-240°)$$
$$=F_{\phi 1}\cos(\omega t+120°)\cos(\alpha+120°)$$

下面分别采用解析法和空间矢量图法求**三相合成磁动势**(three-phase resultant MMF)。

(1) 解析法

先将每相脉振磁动势分解为正转和反转磁动势，正、反转磁动势分别求和，得到总的正转和反转磁动势，最后将正、反转磁动势合成，求得总的磁动势，即三相合成磁动势，过程如下：

$$\begin{aligned}f_1&=f_{A1}+f_{B1}+f_{C1}\\&=\dfrac{1}{2}F_{\phi 1}\cos(\alpha-\omega t)+\dfrac{1}{2}F_{\phi 1}\cos(\alpha+\omega t)\\&\quad +\dfrac{1}{2}F_{\phi 1}\cos(\alpha-\omega t)+\dfrac{1}{2}F_{\phi 1}\cos(\alpha+\omega t-240°)\\&\quad +\dfrac{1}{2}F_{\phi 1}\cos(\alpha-\omega t)+\dfrac{1}{2}F_{\phi 1}\cos(\alpha+\omega t-120°)\\&=\dfrac{3}{2}F_{\phi 1}\cos(\alpha-\omega t)\\&=F_1\cos(\alpha-\omega t)\end{aligned}\tag{6-9}$$

式中 3 个反转磁动势相加之和为零，只剩下三个正转磁动势相加。三相合成基波磁动势的幅值为

$$F_1 = \frac{3}{2}F_{\phi 1} = \frac{3}{2}\frac{4}{\pi}\frac{\sqrt{2}}{2}\frac{N_1 I}{p} = 1.35\frac{N_1 I}{p}$$

由式(6-9)可见：

① 每一相电流都产生脉振磁动势，其振幅大小随时间变化；但是三相电流产生合成基波旋转磁动势，其幅值 F_1 是不变的，是基波脉振磁动势最大振幅的 $\frac{3}{2}$ 倍。

② 三相合成基波磁动势的极对数和一相基波脉振磁动势的一样，波长也一样。

③ 三相合成基波磁动势的旋转方向是朝 $+\alpha$ 方向，即由电流超前相绕组的轴线转向电流滞后相绕组的轴线，与三相电流的相序和三相绕组的空间布置有关。

④ 三相合成基波旋转磁动势正幅值在 $\alpha=\omega t$ 处。当某一相电流达到正最大值时，三相合成基波旋转磁动势的正幅值正好位于该相绕组的轴线处。

⑤ 三相合成基波磁动势旋转的电角速度为 ω，电机学中习惯以转速表示旋转磁动势的旋转速度，用 n_1 表示，$n_1 = \frac{60\omega}{2\pi p} = \frac{60f}{p}$(r/min)。

(2) 空间矢量图法

将每一相绕组产生的基波脉振磁动势分解为正转和反转的基波磁动势，正、反转磁动势分别求矢量和，分析合成的正、反转磁动势的大小，得出最终的合成磁动势。

空间矢量图只能画出某一时刻的情况。取 A 相电流 i_A 为正最大值时刻，电流相量图如图 6-8(a)所示，此时，$\dot{I}_A$ 产生的基波脉振磁动势矢量分解出来的正转磁动势矢量 $\boldsymbol{F}'_{A1}$ 和反转磁动势矢量 $\boldsymbol{F}''_{A1}$，正好都在 A 相绕组的轴线 $+A$ 处，如图 6-8(b)所示。

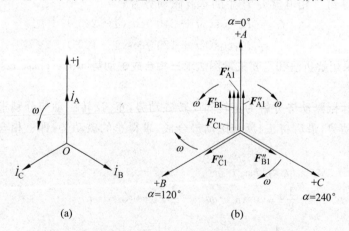

图 6-8 三相电流相量和三相基波磁动势矢量的合成

B 相电流 i_B 产生的基波脉振磁动势矢量分解出来的正转磁动势矢量 $\boldsymbol{F}'_{B1}$ 和反转磁动势矢量 $\boldsymbol{F}''_{B1}$，在 i_B 为正最大值时与 B 相绕组轴线 $+B$ 重合。但是在画图时刻，i_B 要再经过 120°电角度才达到正最大值，所以 $\boldsymbol{F}'_{B1}$ 和 $\boldsymbol{F}''_{B1}$ 要分别沿各自的旋转方向从轴线 $+B$ 回退 120°空间电角度。同理，可画出 C 相电流产生的正转和反转旋转磁动势矢量 $\boldsymbol{F}'_{C1}$ 和 $\boldsymbol{F}''_{C1}$，

如图 6-8(b)所示。

三个正转磁动势矢量重合,所以合成的正转矢量为三相的正转矢量之和;而三个反转磁动势矢量在空间上互差 120°空间电角度,三者的矢量和为零。因此,最终的三相合成磁动势为三相正转磁动势之和。由图 6-8(b)可知,三相电流产生的合成基波磁动势是正转磁动势,幅值为一相基波脉振磁动势最大振幅的 $\frac{3}{2}$ 倍。这与解析法得到的结果一致。矢量图法求解比解析法直观,但是定量计算不够方便。

2. 三相谐波磁动势

(1) 3 次谐波磁动势

3 次谐波磁动势与基波磁动势的不同之处在于极距发生了变化,基波的一个极距对于 3 次谐波而言是 3 个极距。基波的空间电角度 α 对于 3 次谐波就是 3α,所以,仍采用分析基波磁动势时的坐标,三相 3 次谐波磁动势表达式分别为

$$f_{A3} = -F_{\phi 3}\cos\omega t\cos 3\alpha$$
$$f_{B3} = -F_{\phi 3}\cos(\omega t - 120°)\cos 3(\alpha - 120°) = -F_{\phi 3}\cos(\omega t - 120°)\cos 3\alpha$$
$$f_{C3} = -F_{\phi 3}\cos(\omega t - 240°)\cos 3(\alpha - 240°) = -F_{\phi 3}\cos(\omega t - 240°)\cos 3\alpha$$

式中,$F_{\phi 3} = \frac{1}{3}F_{\phi 1} = \frac{1}{3}\frac{4}{\pi}\frac{\sqrt{2}}{2}\frac{N_1 I}{p} = \frac{1}{3}\times 0.9\frac{N_1 I}{p}$,为每相 3 次谐波脉振磁动势的最大振幅。

三相 3 次谐波合成磁动势为

$$f_3 = f_{A3} + f_{B3} + f_{C3}$$
$$= -F_{\phi 3}\cos 3\alpha[\cos\omega t + \cos(\omega t - 120°) + \cos(\omega t - 240°)] = 0 \quad (6\text{-}10)$$

可见,三相 3 次谐波脉振磁动势在空间上是同相的,但由于三相电流在时间上互差 120°电角度,导致三相 3 次谐波脉振磁动势互相抵消。同理,3 的整数倍数次谐波脉振磁动势也都相互抵消。

3 次谐波脉振磁动势是谐波磁动势中最大的一次,因三相对称使合成的 3 次谐波磁动势为零,这又是三相绕组的一大好处。

(2) 5 次谐波磁动势

基波的一个极距对于 5 次谐波而言是 5 个极距。仍采用分析基波磁动势时的坐标,各相 5 次谐波磁动势的表达式为

$$f_{A5} = F_{\phi 5}\cos\omega t\cos 5\alpha$$
$$f_{B5} = F_{\phi 5}\cos(\omega t - 120°)\cos 5(\alpha - 120°)$$
$$f_{C5} = F_{\phi 5}\cos(\omega t - 240°)\cos 5(\alpha - 240°)$$

式中,$F_{\phi 5} = \frac{1}{5}F_{\phi 1} = \frac{1}{5}\frac{4}{\pi}\frac{\sqrt{2}}{2}\frac{N_1 I}{p} = \frac{1}{5}\times 0.9\frac{N_1 I}{p}$,为各相 5 次谐波脉振磁动势的最大振幅。

三相合成的 5 次谐波磁动势为

$$f_5 = f_{A5} + f_{B5} + f_{C5}$$
$$= \frac{1}{2}F_{\phi 5}\cos(5\alpha - \omega t) + \frac{1}{2}F_{\phi 5}\cos(5\alpha + \omega t)$$
$$+ \frac{1}{2}F_{\phi 5}\cos(5\alpha - \omega t + 240°) + \frac{1}{2}F_{\phi 5}\cos(5\alpha + \omega t)$$

$$+ \frac{1}{2}F_{\phi 5}\cos(5\alpha - \omega t + 120°) + \frac{1}{2}F_{\phi 5}\cos(5\alpha + \omega t)$$

$$= \frac{3}{2}F_{\phi 5}\cos(5\alpha + \omega t) = F_5\cos(5\alpha + \omega t) \tag{6-11}$$

式中，$F_5 = \frac{3}{2}F_{\phi 5} = \frac{3}{2}\frac{1}{5}\frac{4}{\pi}\frac{\sqrt{2}}{2}\frac{N_1 I}{p} = \frac{3}{2} \times \frac{1}{5} \times 0.9\frac{N_1 I}{p}$，为三相合成的 5 次谐波磁动势的幅值。

可见，三相合成的 5 次谐波磁动势沿 $-\alpha$ 方向以角速度 $\frac{\omega}{5}$ 旋转。类似可知，三相合成的 $\nu = 6k - 1$ 次（k 为正整数）谐波磁动势是反转的，转速为三相合成基波磁动势的 $\frac{1}{\nu}$。

(3) 7 次谐波磁动势

各相 7 次谐波磁动势表达式为

$$f_{A7} = -F_{\phi 7}\cos\omega t\cos 7\alpha$$
$$f_{B7} = -F_{\phi 7}\cos(\omega t - 120°)\cos 7(\alpha - 120°)$$
$$f_{C7} = -F_{\phi 7}\cos(\omega t - 240°)\cos 7(\alpha - 240°)$$

式中，$F_{\phi 7} = \frac{1}{7}F_{\phi 1} = \frac{1}{7}\frac{4}{\pi}\frac{\sqrt{2}}{2}\frac{N_1 I}{p} = \frac{1}{7} \times 0.9\frac{N_1 I}{p}$，为各相 7 次谐波脉振磁动势的最大振幅。

三相合成的 7 次谐波磁动势为

$$f_7 = f_{A7} + f_{B7} + f_{C7}$$
$$= -\frac{1}{2}F_{\phi 7}\cos(7\alpha - \omega t) - \frac{1}{2}F_{\phi 7}\cos(7\alpha + \omega t - 240°)$$
$$-\frac{1}{2}F_{\phi 7}\cos(7\alpha - \omega t) - \frac{1}{2}F_{\phi 7}\cos(7\alpha + \omega t)$$
$$-\frac{1}{2}F_{\phi 7}\cos(7\alpha - \omega t) - \frac{1}{2}F_{\phi 7}\cos(7\alpha + \omega t - 120°)$$
$$= -\frac{3}{2}F_{\phi 7}\cos(7\alpha - \omega t) = -F_7\cos(7\alpha - \omega t) \tag{6-12}$$

式中，$F_7 = \frac{3}{2}F_{\phi 7} = \frac{3}{2} \times \frac{1}{7} \times \frac{4}{\pi} \times \frac{\sqrt{2}}{2}\frac{N_1 I}{p} = \frac{3}{2} \times \frac{1}{7} \times 0.9\frac{N_1 I}{p}$，为三相合成的 7 次谐波磁动势的幅值。

可见，三相合成的 7 次谐波磁动势沿 $+\alpha$ 方向以电角速度 $\frac{\omega}{7}$ 旋转。类似可知，三相合成的 $\nu = 6k + 1$ 次（k 为正整数）谐波磁动势是正转的，转速为三相合成基波磁动势的 $\frac{1}{\nu}$。

三相电机中，三相合成基波磁动势是主要的，谐波磁动势占的量比较小。3 次谐波合成磁动势为零，因此谐波磁动势中主要考虑 5、7 次谐波的影响。

例 6-1 以 α 表示定子圆周的机械角度，定子绕组通电产生的磁动势 $f = F\cos(\nu\alpha + k\omega t)$，试分析：

(1) 该磁动势的性质；

(2) 产生该磁动势电流的频率；

(3) 该磁动势在定子绕组中感应电动势的频率。

解：(1) 根据磁动势的数学表达式 $f=F\cos(\nu\alpha+k\omega t)$ 分析。

取某一时刻看，若 $t=0$，则 $f=F\cos\nu\alpha$。可见当 α 变化 2π 机械弧度时，磁动势 f 变化 $\nu\times 2\pi$ 弧度，即磁动势正、负交替变化了 ν 次。正、负交替一次，物理上表现为一对磁极，所以磁动势在 2π 机械角度范围内的极对数为 ν。

取不同时刻看，磁动势的幅值始终为 F，但是幅值出现的位置却随时间发生改变，并且幅值始终出现在 $\cos(\nu\alpha+k\omega t)=1$ 处，即 $\nu\alpha+k\omega t=0$，$\alpha=-\dfrac{k\omega t}{\nu}$ 的位置，所以该磁动势是沿 α 反方向转动的旋转磁动势。由 $\alpha=-\dfrac{k\omega t}{\nu}$ 可知，旋转的角速度为 $\dfrac{\mathrm{d}\alpha}{\mathrm{d}t}=-\dfrac{k\omega}{\nu}$。

(2) 固定某一位置看，如取 $\alpha=0$，则 $f=F\cos k\omega t$，该位置的磁动势随时间按余弦变化，是脉振磁动势，脉振的角频率为 $k\omega$，它与绕组电流的角频率相同，所以产生该磁动势的电流的频率为 $\dfrac{k\omega}{2\pi}$。

(3) 由前面分析知，磁动势的极对数 $p=\nu$，角速度为 $\dfrac{k\omega}{\nu}$。此角速度即为相对定子绕组运动的角速度，相应的转速为 $\dfrac{k\omega}{2\nu\pi}$［转/秒］。由于磁动势相对于定子绕组转过一对极，绕组感应电动势交变一次，因此在定子绕组中感应的电动势频率为 $p\dfrac{k\omega}{2\nu\pi}=\nu\dfrac{k\omega}{2\nu\pi}=\dfrac{k\omega}{2\pi}$，即与绕组电流频率相同。

练习题

6-1-1 空间坐标、磁动势、绕组轴线的参考方向的规定是否会影响磁动势的分析结果？如果改变参考方向的规定，会对什么产生影响？

6-1-2 整距线圈流过正弦电流产生的磁动势有什么特点？请分别从空间分布和时间上的变化特点予以说明。这些特征与哪些因素有关？

6-1-3 一个脉振的基波磁动势可以分解为两个磁动势行波，试说明这两个行波在幅值、转速和相互位置关系上的特点。

6-1-4 三相对称绕组通入三相对称的正弦电流产生的合成基波旋转磁动势有什么特点？请分别就它的幅值、转向、转速、瞬时位置几方面予以说明。这些特征与哪些因素有关？

6-1-5 三相合成基波磁动势的旋转方向由什么决定？仅知道三相绕组的电流相位关系，就能够确定三相合成基波磁动势的旋转方向吗？

6-1-6 交流绕组通入交流电流产生的磁动势既是时间的函数，又是空间的函数，为什么？试以脉振磁动势和旋转磁动势为例加以说明。从数学表达式上如何看出？

6.2 三相双层分布短距绕组的磁动势

1. 整距分布线圈组的磁动势

整距分布绕组的每对极下、每相的线圈组由 q 个整距线圈组成，各线圈流过的电流相同,所以各线圈产生的脉振磁动势的振幅及其随时间变化的规律都是一样的,但各线圈磁动势以各线圈轴线为对称轴脉振,各线圈轴线错开一定空间电角度,所以需要进行矢量求和。

图 6-9 所示为由 3 个整距线圈组成的一个线圈组在某一时刻各线圈产生的基波磁动势矢量图,3 个矢量长度相同,随时间变化规律一致,但相邻两个矢量间相距一个槽距角 α。

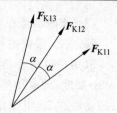

图 6-9 三个整距分布线圈产生的基波磁动势矢量

采用与计算线圈组电动势相同的方法,可以得到整距分布线圈组产生的基波磁动势的最大振幅为

$$F_{q1} = qF_{K1} \frac{\sin q \frac{\alpha}{2}}{q \sin \frac{\alpha}{2}} = qF_{K1}k_{d1} \tag{6-13}$$

式中,F_{K1} 为一个整距线圈产生的基波脉振磁动势的最大振幅;$k_{d1} = \dfrac{\sin q \dfrac{\alpha}{2}}{q \sin \dfrac{\alpha}{2}}$,为基波磁动势的分布因数。

同理,ν 次谐波脉振磁动势的最大振幅为

$$F_{q\nu} = q \frac{1}{\nu} F_{K1} k_{d\nu} \tag{6-14}$$

式中,$k_{d\nu} = \dfrac{\sin q \dfrac{\nu\alpha}{2}}{q \sin \dfrac{\nu\alpha}{2}}$,为 ν 次谐波分布因数。

2. 双层短距线圈的磁动势

为了说明方便,以 $q=1$ 的双层短距绕组为例。取一对极范围内轴线相距 $180°$ 电角度的两个线圈进行分析,两个线圈的布置和联结方式如图 6-10(a)、(b) 所示,图中还画出了导体电流的参考方向。图 6-10(c) 中,实线表示 1 号线圈产生的磁动势,虚线表示 2 号线圈的磁动势。这时,每个线圈在两个线圈边之间区域的磁动势与两个线圈边外部区域的磁动势振幅不相等,这是因为对于定子内表面而言,线圈边之间区域的面积比线圈边之外的小,而进入定子内表面和从定子内表面出发的磁通应始终相等,所以线圈边之间区域的磁通密度要更大。由于气隙均匀,因此线圈边之间区域上气隙消耗的磁动势更大。设每个线圈匝数为 N_K,1 号线圈通以电流 i 产生的磁动势可以表

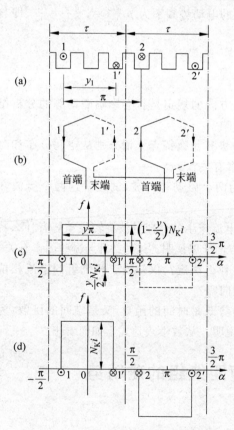

图 6-10 双层短距线圈产生的磁动势

示为

$$f_K(\alpha) = \left(1 - \frac{y}{2}\right)N_K i \quad \alpha \in \left(-\frac{y\pi}{2}, \frac{y\pi}{2}\right]$$

$$f_K(\alpha) = -\frac{y}{2}N_K i \quad \alpha \in \left(\frac{y\pi}{2}, \left(2 - \frac{y}{2}\right)\pi\right]$$

把两个短距线圈的磁动势在各个位置相加,可得到总磁动势,如图 6-10(d)所示,它是阶梯形分布的磁动势。另外还可看出,对于多对极的情况,图中一对极下的两个短距线圈产生的磁动势在其他对极的范围内产生的磁动势正负抵消,总磁动势为零,因此分析磁动势时只需考虑一对极的范围。

图 6-10(d)所示的总磁动势 $f(\alpha)$ 是关于纵轴和横轴对称的,进行谐波分析可知,它不含直流分量和正弦项,也没有偶数次谐波分量,只有奇数次余弦项,即

$$f(\alpha) = c_1\cos\alpha + c_3\cos3\alpha + c_5\cos5\alpha + \cdots = \sum_{\nu=1,3,5,\cdots}^{\infty} c_\nu\cos\nu\alpha \tag{6-15}$$

式中,各次的幅值为

$$c_\nu = \frac{1}{\pi}\int_0^{2\pi} f(\alpha)\cos\nu\alpha\,d\alpha = \frac{4}{\pi}N_K i\frac{1}{\nu}\sin\nu y\frac{\pi}{2} = \frac{4}{\pi}N_K i\frac{1}{\nu}k_{p\nu}$$

其中,$k_{p\nu} = \sin\nu y\frac{\pi}{2}$,为 ν 次谐波节距因数。

当线圈通以交流电流 $i = \sqrt{2}I_K\cos\omega t$ 时,两个双层短距线圈总磁动势为

$$f(\alpha) = 2F_{K1}\cos\omega t\cos\alpha\sin y\frac{\pi}{2} + 2F_{K3}\cos\omega t\cos3\alpha\sin3y\frac{\pi}{2}$$
$$+ \cdots + 2F_{K\nu}\cos\omega t\cos\nu\alpha\sin\nu y\frac{\pi}{2} = f_{K1} + f_{K3} + \cdots + f_{K\nu} \tag{6-16}$$

其中,$F_{K1} = \frac{4}{\pi}\frac{\sqrt{2}}{2}N_K I_K = 0.9N_K I_K$,$F_{K\nu} = \frac{1}{\nu}F_{K1}$($\nu = 3, 5, 7,\cdots$)。

两个双层短距线圈的基波磁动势为

$$f_{K1} = 2F_{K1}\cos\omega t\cos\alpha\sin y\frac{\pi}{2} = 2F_{K1}k_{p1}\cos\omega t\cos\alpha \tag{6-17}$$

其中,$k_{p1} = \sin y\frac{\pi}{2}$,为基波节距因数。

如果图 6-10 中的两个线圈均为整距,则一个整距线圈产生的基波磁动势最大振幅为 F_{K1},两个整距线圈产生的基波磁动势最大振幅为 $2F_{K1}$,双层的幅值是单层的两倍。而两个双层短距线圈的基波磁动势最大振幅为整距时的 $2F_{K1}$ 乘一个基波节距因数 k_{p1}。

ν 次谐波合成磁动势为

$$f_{K\nu} = 2F_{K\nu}\cos\omega t\cos\nu\alpha\sin\nu y\frac{\pi}{2} = 2F_{k\nu}k_{p\nu}\cos\omega t\cos\nu\alpha \tag{6-18}$$

式中,$k_{p\nu} = \sin\nu y\frac{\pi}{2}$,为 ν 次谐波节距因数。

3. 双层分布短距一相绕组产生的磁动势

对于多对极的双层分布短距绕组产生的磁动势,可以取一对极的范围进行分析。仍

将一对极下相距180°电角度的两个短距线圈一起考虑,则一相双层分布短距绕组在每对极下,就由分布着的 q 对这样的线圈组成,因此一相双层分布短距绕组的基波磁动势为(以 A 相为例)

$$f_{A1} = F_{\phi 1}\cos\omega t\cos\alpha$$

其中,$F_{\phi 1}=2F_{K1}k_{p1}\times qk_{d1}=2\dfrac{4}{\pi}\dfrac{\sqrt{2}}{2}N_KI_Kqk_{dp1}$,为一相基波磁动势的最大振幅;$k_{dp1}=k_{d1}k_{p1}$,为基波绕组因数。同样改用每相串联匝数 N_1 和相电流 I 来表示,则有

$$F_{\phi 1} = \frac{4}{\pi}\frac{\sqrt{2}}{2}\frac{2pqN_KI_K}{p}k_{dp1} = \frac{4}{\pi}\frac{\sqrt{2}}{2}\frac{2pqN_KI}{pa}k_{dp1} = \frac{4}{\pi}\frac{\sqrt{2}}{2}\frac{N_1I}{p}k_{dp1}$$

一相 ν 次谐波磁动势为(以 A 相为例)

$$f_{A\nu} = F_{\phi\nu}\cos\omega t\cos\nu\alpha$$

式中,$F_{\phi\nu}=\dfrac{1}{\nu}\dfrac{4}{\pi}\dfrac{\sqrt{2}}{2}\dfrac{N_1I}{p}k_{dp\nu}$,为一相 ν 次谐波磁动势的最大振幅;$k_{dp\nu}=k_{d\nu}k_{p\nu}$,为 ν 次谐波绕组因数。

4. 三相双层分布短距绕组产生的磁动势

三相对称双层分布短距绕组通入三相对称电流,将产生三相合成的基波和谐波磁动势,可以与三相集中整距绕组的磁动势一样进行推导。

三相合成基波磁动势为

$$f_1 = F_1\cos(\alpha - \omega t) \tag{6-19}$$

它是基波旋转磁动势,幅值为

$$F_1 = \frac{3}{2}\frac{4}{\pi}\frac{\sqrt{2}}{2}\frac{N_1k_{dp1}I}{p} = 1.35\frac{N_1k_{dp1}I}{p}$$

对于 3 次以及 3 的整数倍次谐波,三相合成磁动势仍为零。

对于 $\nu=6k-1$ 次谐波,三相合成磁动势为

$$f_\nu = F_\nu\cos(\nu\alpha + \omega t) \tag{6-20}$$

对于 $\nu=6k+1$ 次谐波,三相合成磁动势为

$$f_\nu = F_\nu\cos(\nu\alpha - \omega t) \tag{6-21}$$

式中,$F_\nu=\dfrac{1}{\nu}\dfrac{3}{2}\dfrac{4}{\pi}\dfrac{\sqrt{2}}{2}\dfrac{N_1k_{dp\nu}I}{p}=\dfrac{1}{\nu}1.35\dfrac{N_1k_{dp\nu}I}{p}$,为三相 ν 次谐波合成磁动势的幅值。

练习题

6-2-1 分析多极电机交流绕组产生的磁动势时,是否需要考虑整个电机圆周的情况?为什么?

6-2-2 如何理解 $F_1=\dfrac{3}{2}\dfrac{4}{\pi}\dfrac{\sqrt{2}}{2}\dfrac{N_1k_{dp1}I}{p}$ 中的电流、极对数?为何磁动势幅值与极对数有关?

6-2-3 为什么分布和短距能够削弱谐波磁动势?

6-2-4 磁动势的极对数如何确定?与什么有关?

6-2-5 采用双层分布短距绕组的一对极交流电机,若错将一个极下的线圈组的联

结方向接反了,则通电后产生的磁动势极对数是多少?

6.3 椭圆形磁动势

电机中除了常采用三相对称绕组外,还使用多相绕组、两相绕组以及单相绕组。无论相数如何,绕组通电产生的磁动势同样可以采用解析法或者矢量图法进行分析求解。一相绕组产生的磁动势是脉振性质的,可以分解为正转和反转旋转磁动势。将所有各相绕组产生的正转磁动势和反转磁动势分别叠加,得到总的正转磁动势 F' 和反转磁动势 F'',将正、反转磁动势求和得到总的磁动势。

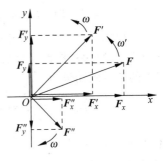

图 6-11 正、反转磁动势的合成

在已经得到正转磁动势 F' 和反转磁动势 F'' 后,以二者重合的位置作为 x 轴,重合时刻为时间起点,如图 6-11 所示。假设 $F' > F''$,在 t 时刻,正转磁动势 F' 的位置在 $\alpha = \omega t$ 处,可以在正交的 x 和 y 轴上投影得到 F'_x 和 F'_y;反转磁动势的位置在 $\alpha = -\omega t$ 处,在 x 和 y 轴上投影为 F''_x 和 F''_y。两个磁动势在 x 轴上的投影之和为

$$F_x = F'_x + F''_x = F'\cos\omega t + F''\cos\omega t = (F' + F'')\cos\omega t$$

在 y 轴上的投影之和为

$$F_y = F'_y + F''_y = F'\sin\omega t - F''\sin\omega t = (F' - F'')\sin\omega t$$

由上两式可得合成磁动势的方程为

$$\frac{F_x^2}{(F'+F'')^2} + \frac{F_y^2}{(F'-F'')^2} = 1 \tag{6-22}$$

由于 $F' > F''$,最终的合成磁动势方程是椭圆方程。可见,合成磁动势矢量的轨迹是椭圆,称为**椭圆形磁动势**(elliptic MMF)。当正、反转磁动势矢量重合时,合成磁动势最大,为椭圆的长轴;当正、反转磁动势矢量反向时,合成磁动势最小,为椭圆的短轴。合成磁动势矢量的旋转方向与正、反转磁动势中幅值大的一致。合成磁动势的旋转角速度不再保持不变,不是均匀的,有时快、有时慢,平均电角速度仍为 ω。

由式(6-22)可见:

(1) 当 $F''=0$(或 $F'=0$)时,合成磁动势矢量的轨迹是圆,称为正转(或反转)**圆形磁动势**(circular MMF)。

(2) 当 $F'=F''$ 时,合成磁动势为脉振磁动势。

(3) 当 $F' \neq F''$ 时,合成磁动势为椭圆形磁动势。

前面讲述的三相对称绕组通入对称三相电流产生的基波磁动势是圆形磁动势。实际上,对称绕组中通入对称电流,一定会产生基波圆形磁动势。为了使电机性能较好,总是希望绕组产生的尽可能是圆形磁动势。

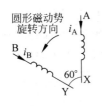

图 6-12 例 6-2 图

例 6-2 设在交流电机的定子铁心上有两相绕组 A 和 B,相距 60°电角度,如图 6-12 所示,A 相绕组与 B 相绕组的有效匝数之

比为 1：2。在 A 相绕组中通入电流 $i_A = \sqrt{2}I\sin\omega t$(A)，要获得旋转方向如图所示的基波圆形旋转磁动势，求 B 相绕组中通入电流的瞬时值表达式。

解：本题可以采用解析法或矢量图法求解。

方法一　解析法

首先建立空间坐标系，以 A 相绕组轴线为原点，逆时针方向为空间电角度 α 的正方向。

设 A、B 相绕组的有效匝数分别为 N_A 和 N_B，B 相绕组通入的电流为 $i_B = \sqrt{2}I_B\sin(\omega t + \varphi)$。

A 相绕组通电产生的基波磁动势是脉振磁动势，在空间上以 A 相绕组的轴线（即 $\alpha=0$ 的位置）为对称轴呈余弦分布，随时间的变化与通入的电流一致，因此可知 A 相电流产生的基波磁动势为

$$f_{A1} = F_{A1}\cos\alpha\sin\omega t = \frac{1}{2}F_{A1}\sin(\omega t - \alpha) + \frac{1}{2}F_{A1}\sin(\omega t + \alpha)$$

其中，$F_{A1} = 0.9\dfrac{N_A I}{p}$。

B 相绕组通电产生的基波磁动势也是脉振磁动势，在空间以 B 相绕组轴线，即 $\alpha = 60°$ 位置为对称轴呈余弦分布，时间上的变化与 B 相绕组通入的电流一致，因此可知 B 相电流产生的基波磁动势为

$$\begin{aligned}f_{B1} &= F_{B1}\cos(\alpha - 60°)\sin(\omega t + \varphi)\\ &= \frac{1}{2}F_{B1}\sin(\omega t - \alpha + \varphi + 60°) + \frac{1}{2}F_{B1}\sin(\omega t + \alpha + \varphi - 60°)\end{aligned}$$

其中，$F_{B1} = 0.9\dfrac{N_B I_B}{p}$。

要求两相电流产生的合成磁动势朝逆时针方向，即 α 的正方向旋转，所以，A、B 相电流产生的朝 α 负方向旋转的磁动势分量应合成为零，即 $\frac{1}{2}F_{A1}\sin(\omega t + \alpha) + \frac{1}{2}F_{B1}\sin(\omega t + \alpha + \varphi - 60°) = 0$，因此应有

$$F_{A1} = F_{B1} = 0.9\frac{N_A I}{p} = 0.9\frac{N_B I_B}{p}, \quad \varphi = -120°$$

由于 $N_A : N_B = 1 : 2$，故 $I_B = \dfrac{I}{2}$，所以 B 相电流的瞬时值表达式为

$$i_B = \frac{\sqrt{2}}{2}I\sin(\omega t - 120°)$$

方法二　矢量图法

设 A、B 相绕组的有效匝数分别为 N_A 和 N_B，B 相绕组通入的电流为 $i_B = \sqrt{2}I_B\sin(\omega t + \varphi)$。

取 A 相电流为正最大值时刻画矢量图，即 $\omega t = 90°$ 时，此时 A 相电流产生的基波脉振磁动势分解得到的正、反磁动势分量 $\boldsymbol{F}'_{A1}$ 和 $\boldsymbol{F}''_{A1}$ 都在 A 相绕组轴线 $+A$ 上，如图 6-13 所示。两个旋转磁动势分量的幅值均为脉振磁动势最大振幅 $F_{A1} = 0.9\dfrac{N_A I}{p}$ 的 1/2。

要求合成磁动势的旋转方向为 α 正方向，因此 B 相电流产生的反转磁动势分量 $\boldsymbol{F}''_{B1}$ 应

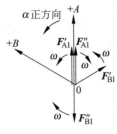

图 6-13 例 6-2 矢量图

与 A 相电流产生的反转磁动势 F''_{A1} 抵消,即 F''_{B1} 与 F''_{A1} 方向相反、幅值相等。由此可知 B 相电流产生的反转和正转磁动势分量 F''_{B1} 和 F'_{B1} 的位置如图 6-13 所示。说明从 $\omega t = 90°$ 时,再经过 $120°$ 电角度,B 相基波脉振磁动势振幅达到最大,它的两个旋转磁动势分量重合在 +B 轴上,所以 $\varphi = -120°$。由 $F''_{B1} = F''_{A1}$,可得 $I_B = I/2$。

所以得到 B 相电流的瞬时值表达式为

$$i_B = \frac{\sqrt{2}}{2} I \sin(\omega t - 120°)$$

练习题

6-3-1 产生脉振磁动势、椭圆形磁动势、圆形磁动势的条件是什么?

6-3-2 就基波磁动势而言,某一时刻,脉振磁动势、圆形磁动势和椭圆形磁动势在空间上如何分布?能从某一时刻三者在空间上的分布区分三者吗?连续观察几个时刻,如何区别三者?

6-3-3 一台三相电机,定子绕组采用星形联结,接到三相对称电源上工作,由于某种原因使 C 相断线,问这时电机定子三相合成基波磁动势的性质。

小 结

交流绕组通入交流电流产生的磁动势与电动势一样,也是交流电机中非常重要的问题。由于绕组在空间分布,而电流随时间交变,所以交流绕组通入交流电流产生的磁动势既是空间函数,也是时间函数。

一相集中整距绕组通入交流电流,产生空间上矩形分布的脉振磁动势。对矩形波磁动势进行谐波分析,可以得到基波和一系列奇数次谐波磁动势,它们在空间上正弦分布,时间上与电流变化一致,仍为脉振磁动势。基波和各次谐波磁动势的极对数和幅值都各不相同。

空间上正弦分布的磁动势波,只要知道其幅值和幅值所在的位置,就可以完全确定,所以采用空间矢量来描述。

一个在空间正弦分布的脉振磁动势波可以分解为两个波长相同、旋转方向相反的磁动势波,这两个旋转磁动势的幅值均为脉振磁动势波最大振幅的一半,旋转的电角速度与脉振磁动势的角频率相同。

对称三相绕组中通入对称的三相电流产生的合成磁动势,也包含基波和各奇数次的谐波磁动势。此时的基波磁动势是一个幅值不变的旋转磁动势,旋转的电角速度与电流交变的角频率相同。各次谐波磁动势的转速各不相同,转向可能与基波旋转磁动势的转向相同或相反。其中 3 次和 3 的整数倍数次谐波合成磁动势为零。

绕组的短距和分布使基波和各次谐波磁动势的幅值减小,但谐波磁动势减小的幅度比基波磁动势的大得多,因此能够起到削弱谐波磁动势和改善磁动势波形的作用。

对于其他形式的绕组通入交流电流产生磁动势的情况,可以将各绕组通电产生的脉振磁动势分解为正转和反转的两个磁动势，将所有正、反转磁动势合成得到总的合成正、反转磁动势，两者再合成得到最终的磁动势。根据合成正、反转磁动势幅值大小的关系，最终的磁动势有可能为圆形旋转磁动势、椭圆形旋转磁动势或脉振磁动势。

思 考 题

6-1 单相整距绕组中流过的正弦电流频率发生变化，而幅值不变，这对它在气隙空间上产生的脉振磁动势有无影响？

6-2 一台三相电机，本来设计的额定频率为 50Hz，若通以三相对称、频率为 100Hz 的交流电流，则这台电机的合成基波磁动势的极对数和转速有什么变化？

6-3 交流电机绕组的磁动势相加时为什么可以用空间矢量来运算？有什么条件？

6-4 比较单相交流绕组和三相交流绕组所产生的基波磁动势的性质有何主要区别（幅值大小、正幅值位置、极对数、转速、转向）。

6-5 设磁动势 $f = F\cos k\omega t \cos \nu\alpha$，该磁动势的性质如何？$\cos\nu\alpha$ 中的因数 ν 的物理意义是什么？$\cos k\omega t$ 表示什么意义？

6-6 设定子绕组通电产生的磁动势 $f = F\cos(\nu\alpha - k\omega t)$，试问产生该磁动势的电流频率、磁动势的极对数、磁动势的转速和转向及定子绕组中感应电动势的频率分别是多少？其中 α 前的因数 ν 的物理意义是什么？t 前的系数 $k\omega$ 表示什么意义？

6-7 从推导过程的物理意义说明三相合成磁动势幅值公式

$$F_\nu = \left(\frac{1}{\nu}\right)\left(\frac{3}{2}\right)\left(\frac{4}{\pi}\right)\left(\frac{N_1}{2p}\right)(\sqrt{2}I)(k_{\mathrm{dp}\nu})$$

每个括号中的式子代表的意义。

6-8 三相合成基波磁动势某一时刻的位置如何确定？若把三相绕组三个出线端中的任何两个换接一下（相序反了），问旋转磁场转向将如何变化？

6-9 一台同步电机，转子不动。在励磁绕组中通以单相交流电流，并将定子三相绕组端点短接起来，则定子三相感应电流产生的合成基波磁动势是旋转的还是脉振的？

6-10 三相对称绕组中通以三相对称的正弦电流，是否就不会产生谐波磁动势了呢？

6-11 把一台三相交流电机定子绕组的三个首端和三个末端分别连在一起，再通以交流电流，合成磁动势是怎样的？将三相绕组依次串联起来后通以交流电流，合成磁动势又是怎样的？

6-12 一个线圈通入直流电流时产生矩形波脉振磁动势，而通入正弦交流电流时产生正弦波脉振磁动势。这种说法是否正确？

6-13 绕组的分布和短距对削弱谐波电动势的作用与削弱谐波磁动势的作用有何不同？试分别说明。

6-14 一台 50Hz 的三相同步电机，转子以同步转速旋转，定子三相绕组电流产生的 5、7 次谐波磁动势在定、转子绕组中感应的电动势的频率分别是多少？

6-15 交流电机定子一相绕组通以 ν 次谐波电流 $i_\nu = I_{m\nu}\sin\nu\omega t$ 时所产生的基波磁动

势的性质如何？如果在三个对称绕组中通以三相 ν 次谐波电流 $i_{A\nu}=I_{m\nu}\sin\nu\omega t$，$i_{B\nu}=I_{m\nu}\sin\nu(\omega t-120°)$，$i_{C\nu}=I_{m\nu}\sin\nu(\omega t+120°)$，则产生的合成基波磁动势的性质又如何？

习 题

6-1 在电机的定子上集中放置了 3 个匝数为 N_K 的整距线圈 AX、BY 和 CZ，如题图 6-1 所示。在定子内圆表面上建立直角坐标系，坐标原点选在 3 个线圈的轴线 $+A$ 处，逆时针方向为 α 的正方向。在 3 个线圈里通入三相对称交流电流 $i_A=\sqrt{2}I\cos\omega t$，$i_B=\sqrt{2}I\cos(\omega t-120°)$，$i_C=\sqrt{2}I\cos(\omega t+120°)$，求：

(1) 每个线圈产生的基波磁动势；

(2) 3 个线圈产生的合成基波磁动势和合成 3 次谐波磁动势。

6-2 在题图 6-2 所示的三相对称绕组里，通以电流为 $i_A=i_B=i_C=\sqrt{2}I\sin\omega t$ 时，求三相合成的基波和 3 次谐波磁动势。

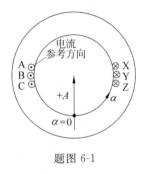

题图 6-1

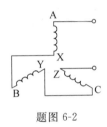

题图 6-2

6-3 用三个等效线圈 AX、BY 和 CZ 代表的三相绕组，如题图 6-3 所示。现通以电流为 $i_A=\sqrt{2}I\sin\omega t$，$i_B=\sqrt{2}I\sin(\omega t-120°)$ 和 $i_C=\sqrt{2}I\sin(\omega t+120°)$。

(1) 当 $\omega t=120°$ 时，求三相合成基波磁动势幅值的位置；

(2) 当 $\omega t=150°$ 时，求三相合成基波磁动势幅值的位置。

6-4 有 3 个整距线圈，匝数均为 N_K，在电机定子上彼此相距 120°空间电角度，坐标原点放在 AX 线圈的轴线处，如题图 6-3 所示。3 个线圈里流过的电流为 $i_A=\sqrt{2}I\cos\omega t$，$i_B=\sqrt{2}I\cos(\omega t+120°)$，$i_C=\sqrt{2}I\cos(\omega t-120°)$，求 3 个整距线圈产生的合成基波磁动势的幅值大小、转速及转向。

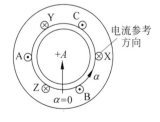

题图 6-3

6-5 一台三相 4 极同步电机，定子绕组是双层短距分布绕组，每极有 12 个槽，线圈节距 $y_1=10$，每个线圈 2 匝，并联支路数 $a=2$。通入频率 $f_1=60$Hz 的三相对称正弦电流，电流有效值为 15A，求：

(1) 三相合成基波磁动势的幅值和转速；

(2) 三相合成 5 次和 7 次谐波磁动势的幅值和转速。

6-6 空间位置互差 90°电角度的两相绕组，它们的匝数彼此相等，如题图 6-4 所示。

(1) 若通以电流 $i_A = i_B = \sqrt{2}I\sin\omega t$，求两相合成基波磁动势和 3 次谐波磁动势；

(2) 若通以电流 $i_A = \sqrt{2}I\sin\omega t$ 和 $i_B = \sqrt{2}I\sin\left(\omega t - \dfrac{\pi}{2}\right)$，求两相合成的基波磁动势和 3 次谐波磁动势。

6-7 两个绕组在空间相距 120°电角度，如题图 6-5 所示，它们的有效匝数相等。已知绕组 AX 里流过的电流为 $i_A = \sqrt{2}I\sin\omega t$，求绕组 BY 流过的电流 i_B 是多少，才能产生如图所示的圆形旋转磁动势？

6-8 在交流电机定子圆周上放置了两个整距线圈 AX 和 BY，它们均为 N_K 匝，如题图 6-6 所示。将坐标原点放在线圈 AX 轴线 +A 处，线圈 BY 的轴线 +B 在坐标轴上的位置是 α_0。今在两个线圈中分别通入交流电流 $i_A = \sqrt{2}I\cos(\omega t + \alpha_A)$，$i_B = \sqrt{2}I\cos(\omega t + \alpha_B)$，试分别写出两个线圈电流各自产生的基波脉振磁动势和两个线圈电流产生的合成基波磁动势的解析式。

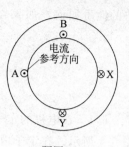

题图 6-4

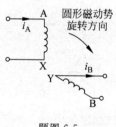

题图 6-5

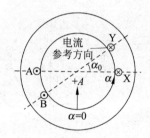

题图 6-6

第3篇 同步电机

第7章 同步电机的用途、分类、基本结构和额定值

7.1 同步电机的用途和分类

1. 同步电机的用途

同步电机主要作为发电机运行。现代社会中使用的交流电能,几乎全由同步发电机产生,包括火力发电厂和核电厂的**汽轮发电机**(turbo-generator)、水电站的**水轮发电机**(hydraulic generator)等。电力系统中将多个发电厂的多台发电机并联运行,以提高电能品质、经济性和可靠性。目前无论汽轮发电机还是水轮发电机,单机容量均已超过100万 kW。

在一些特殊的供电系统中,也广泛使用同步发电机,如柴油机拖动的中小型同步发电机,燃汽轮机为原动机的高速同步发电机,风力机为原动机的低速发电机等。

同步电机作为电动机运行,主要驱动一些不要求调速的大功率生产机械,它的突出优点是可以通过调节励磁来改善电网的功率因数。

随着电力电子技术的发展,同步电动机与变频器组成无换向器电动机,没有直流电机的机械换向器,性能与直流电机相当,而且容量、电压、转速可以更高。

同步电机还可以用作**同步调相机**(或称同步补偿机)(synchronous condenser, synchronous compensator),实际上就是一台并联在电网上空转的同步电动机,向电网发出或者吸收无功功率,对电网无功功率进行调节。

2. 同步电机的分类

同步电机的分类方法很多,可以按照不同的规则进行分类。

按用途分为:发电机、电动机和补偿机,其中,同步发电机按原动机类型,可分为汽轮发电机、水轮发电机、**风力发电机**(wind turbine generator)、**柴油发电机**(diesel engine generator)和其他动力的发电机;

按转子结构特点分:**凸极**(salient pole)及**隐极**(non-salient pole)电机;

按电机安装特点分:**立式**(vertical type)及**卧式**(horizontal type)电机;

按励磁方式分：电励磁式及永磁式电机；

按冷却方式分：空气冷却、氢气冷却、水冷却、蒸发冷却、混合冷却电机（如定子用水内冷，转子也用水冷，铁心用空气冷却，称为水-水-空冷；也有水-水-氢或水-氢-氢冷却）；

按通风方式分：开启式、防护式及封闭式电机；

按电机的负载分：均匀负载、交变负载及冲击负载电机。

练习题

7-1-1 同步电机有哪些用途？试举出实际应用场合。

7-1-2 同步电机有哪些分类方法？

7.2 同步电机的基本结构

同步电机由静止的定子和旋转的转子等部分组成。按结构不同，可分为隐极同步电机和凸极同步电机两大类。下面以发电机为例分别介绍，并简要说明其励磁方式。

1. 隐极同步发电机（non-salient pole synchronous generator）

典型的隐极同步发电机为汽轮发电机，如图7-1所示。

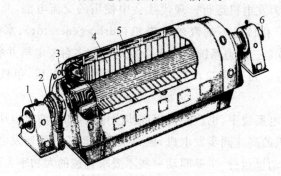

图7-1 汽轮发电机

1—轴承座；2—出水支座；3—端盖；4—定子；5—转子；6—进水口

（1）定子

定子由导磁的定子铁心、导电的定子绕组和固定铁心与绕组用的一些结构部件构成，这些部件有**机座**（stator frame）、**铁心端压板**（core end plate）、**绕组端部支架**（winding overhang support）等。

为了减小交变磁场在定子铁心中引起的磁滞损耗和涡流损耗，定子铁心用0.5mm厚的硅钢片叠压而成。当定子铁心外径大于1m时，用扇形的硅钢片拼成一个整圆。在叠装时，把每层的接缝错开，减小铁心的涡流损耗。硅钢片叠成的铁心沿轴向每隔3cm～6cm需要留出宽约1cm的通风沟，以便散热。整个定子铁心用拉紧螺杆和非磁性铁心端压板压紧成整体后，固定在机座上。

定子铁心内圆表面开有槽，槽内嵌放定子绕组。大型电机定子槽形一般都做成开口槽，便于嵌线，槽口处用**槽楔**（slot wedge）将定子绕组压紧固定在定子槽中。定子绕组在同步电机中常被称为**电枢绕组**（armature winding），由许多线圈联结而成，线圈形状如

7.2 同步电机的基本结构

图 7-2 所示。为了减小趋肤效应引起的附加损耗,每个线圈又是由多股扁铜线并联绕制而成的,并且在槽内的直线部分对股线进行**换位**(transposition)。线圈的端部用绕组端部支架固定。

定子机座用来固定定子铁心,同时也用来将整个电机固定在安装基础上。定子机座为钢板焊接结构,要求有足够的刚度和机械强度。

(2) 转子

隐极同步电机的转子由导磁的铁心、产生励磁磁场的导电的励磁绕组、**集电环**(collector ring)和一些结构部件构成,这些部件包括固定励磁绕组用的**中心环**(centering ring)、**护环**(retaining ring)以及**端盖**(end bracket, end shield)、轴承等。

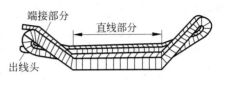

图 7-2 定子绕组

转子铁心是汽轮发电机的关键部件之一。汽轮发电机由于转速高,转子直径受离心力影响有一定的限制,因此转子为细长的圆柱体,从外表看没有突出的磁极,故称为隐极,如图 7-3 所示。转子铁心是电机磁路的一部分,由于高速旋转而承受着很大的机械应力,所以一般都采用高机械强度和良好导磁性能的合金钢整体锻件。沿转子铁心圆周外表面上开有槽,槽内放置励磁绕组。为了使励磁绕组产生的磁动势接近正弦分布,在磁极的中心部分,转子表面不开槽,形成大齿;转子表面开槽部分形成的齿称为小齿,如图 7-4 所示。

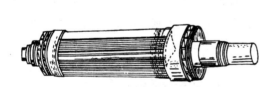

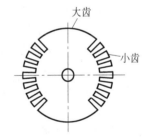

图 7-3 汽轮发电机转子装配　　图 7-4 汽轮发电机的转子铁心

励磁绕组由扁铜线绕成**同心绕组**(concentric winding),通过装在转子上的集电环和定子上的**电刷**(brush)与外部静止的直流电源相联。在槽内的部分用槽楔压紧固定,所以槽楔必须采用高强度、低电阻的金属。端部采用护环保护励磁绕组不会因离心力而甩出,采用中心环支撑护环并阻止励磁绕组端部的轴向移动。

端盖用来将电机本体的两端封盖起来,并与机座、定子铁心和转子一起构成电机内部完整的通风系统。汽轮发电机的轴承都采用油膜液体润滑的座式轴承并配有油循环系统。

2. 凸极同步发电机(salient pole synchronous generator)

由于凸极转子的结构和加工工艺都比隐极转子的简单,因此在转速不高的情况下多采用凸极结构。凸极同步发电机由静止的定子和旋转的转子等部分组成,其定子结构与隐极同步发电机的相同,但是其转子结构却与隐极同步发电机不同,由磁极、磁轭、励磁绕组、阻尼绕组、集电环、转轴和**转子支架**(spider)等组成。

磁极一般用 1mm～3mm 厚的钢板冲成磁极的形状后叠压铆成。磁极是转子磁路的一部分，不同磁极之间通过磁轭连接，形成完整的转子磁路。用扁铜线绕成集中线圈套在磁极的极身上，各磁极上的线圈联结起来，构成励磁绕组。励磁绕组通过集电环和电刷与外部直流电源相联。在磁极的极靴表面还开有多个槽，槽内插入铜条，铜条两端伸出转子铁心端面，两端分别焊接在铜环上，形成短路的绕组，称为**阻尼绕组**(damping winding)，如图 7-5 所示。磁轭与转子支架相联，通过转子支架安装在转轴上。

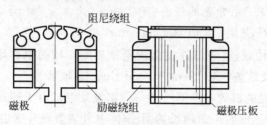

图 7-5　磁极装配示意图

凸极同步电机有卧式和立式两类。大多数同步电动机、调相机和用内燃机拖动的发电机采用卧式结构，卧式结构与隐极发电机相似。低速、大型水轮发电机采用立式结构。

由于水轮机的转速较低，因此水轮发电机的磁极数较多。由于需要有足够空间布置励磁绕组，所以电机的直径较大，而轴向长度较短，具有圆盘形状。

水轮发电机采用立式结构时，转子全部的重量和水流的轴向推力需要由**推力轴承**(thrust bearing)支撑，总计可达几百吨到数千吨，因此推力轴承是水轮发电机的一个重要部件。按推力轴承安放的位置，立式水轮发电机可分为**悬式水轮发电机**(suspended hydrogenerator)和**伞式水轮发电机**(umbrella hydrogenerator)两种结构形式，如图 7-6 所示。悬式结构是把推力轴承装在转子的上部，整个转子悬挂在推力轴承上。伞式结构是把推力轴承安放在发电机转子的下部，形状如伞形。悬式结构稳定性好，用于转速较高的水轮发电机中；伞式结构轴向长度小，可以降低厂房的高度并显著节约钢材，用于低速水轮发电机中。

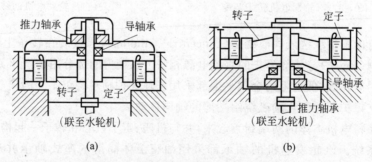

图 7-6　立式水轮发电机结构示意图
(a) 悬式；(b) 伞式

水轮发电机为了防止轴的摆动，保证机组的稳定运行，还装有**导轴承**(guide bearing)，悬式结构中有上、下两个导轴承；伞式结构中只有一个导轴承。

由于大容量水轮发电机直径很大，为了便于运输，通常把定子分成多瓣，运到电站再拼装成一个整体。

3. 同步发电机的励磁方式

同步发电机需要由励磁系统产生磁场以实现机电能量转换,因此励磁系统是同步发电机的重要组成部分。励磁方式可以分为电励磁方式和永磁励磁方式。

电励磁方式种类很多,分类方法也很多。可根据是否采用**励磁机**(exciter)而分为有励磁机和无励磁机,根据励磁机的电源性质分为**直流励磁机**(DC exciter)和**交流励磁机**(AC exciter),根据有无电刷分为有刷和无刷,根据**整流器**(rectifier)是否旋转分为静止整流器和旋转整流器,根据电源是否自身提供分为他励和自励。其中常用的有直流励磁机励磁方式、交流励磁机励磁方式、**静止整流器励磁**(stationary rectifier excitation)方式、**旋转整流器励磁**(rotating rectifier excitation)方式。

直流励磁机励磁方式是将直流发电机与同步发电机同轴相联,一同旋转,或者用其他原动机拖动旋转,将直流发电机产生的直流电压通过集电环和电刷装置施加到发电机转子励磁绕组来励磁。这种励磁方式很早一直被采用,但由于换向器的存在导致易产生火花,磨损快,维护工作量大等缺点。随着新材料和电力电子技术的发展,直流励磁机励磁方式已被永磁励磁方式和采用整流器的励磁方式所取代。

交流励磁机静止整流器励磁方式是将交流励磁机与同步发电机同轴联接,一起旋转,交流励磁机产生的交流电压通过静止的整流器变成直流电压,经过集电环和电刷装置供给发电机转子绕组励磁。这种励磁方式不用换向器,无火花,维护方便,但因交流励磁机与发电机同轴相连,转轴长度增长,会减弱轴系的刚度与稳定性。

自励静止整流器励磁方式是在发电机的出线端接励磁变压器,将励磁变压器输出的电压经整流器整流后,通过集电环和电刷输入转子绕组励磁。这种励磁方式采用静止部件,不需要专门的励磁机,设备少,维护方便,在现代大型发电机上应用广泛。

旋转整流器励磁方式则是采用旋转电枢的交流励磁机,其转子上布置电枢绕组,定子上放置励磁绕组,当励磁机随同步发电机一同旋转时,励磁机转子电枢绕组切割定子励磁磁场而产生感应电动势,经过与转子电枢同步旋转的整流器整流后,直接接入同步发电机转子绕组励磁。这种励磁方式不用集电环和电刷装置,没有滑动接触,因此也称为无刷励磁方式。这种励磁方式可靠性高、维护工作量少,在实际中也应用广泛。

与传统的电励磁方式相比,永磁励磁方式具有诸多特点,转子上不需要布置励磁绕组,不需要通入直流电流,转子结构简单,运行可靠;不通电则不存在电阻损耗,因此效率高;永磁励磁方式不需要集电环和电刷装置,减少了维护工作量和故障率;转子上永磁材料的形状和尺寸可以灵活多样,尤其对于低速或者高速电机更为适合。对于低速电机,由于极对数多,为了使励磁绕组有足够的空间布置,电机的尺寸势必较大;而采用永磁励磁时,因为没有励磁绕组节约了空间,电机的体积就可以做得更小。对于高速电机,由于永磁材料质量轻,高速旋转时离心力小,因而更适合于高速运行。

练习题

7-2-1 隐极和凸极同步发电机各由哪些部件组成?各部件有什么功能?

7-2-2 同步发电机常用的励磁方式有哪些?

7.3 同步电机的额定值

同步电机的主要额定值如下：

(1) 额定容量 S_N（单位：kV·A）

额定容量是指在铭牌规定的运行条件下发电机出线端的视在功率。

(2) **额定功率**(rated power)P_N（单位：kW）

对于发电机，额定功率是在铭牌规定的运行条件下即在额定工况时发电机出线端的有功功率。对于电动机，是指在额定工况时转轴输出的机械功率。

(3) 额定电压 U_N（单位：V、kV）

额定电压是在额定运行条件下，定子（电枢）绕组出线端的线电压的有效值。

(4) 额定电流 I_N（单位：A）

额定电流是在额定运行条件下，电枢绕组的线电流的有效值。

(5) 额定频率 f_N（单位：Hz）

额定频率是额定运行时电枢绕组电气量的频率。我国规定标准工频为50Hz。

(6) **额定转速**(rated speed)n_N（单位：r/min）

额定转速是同步电机额定运行时的转速，是与额定频率相对应的同步转速。

(7) **额定功率因数**(rated power factor)$\cos\varphi_N$

额定功率因数是额定运行时电枢绕组侧的功率因数。

(8) 额定效率 η_N

对于发电机，额定效率是额定运行时电枢绕组输出的电功率（即额定功率）与转轴输入的机械功率（即额定输入功率）的比值。对于电动机，额定效率是额定运行时转轴输出的机械功率（即额定功率）与电枢绕组输入的电功率（即额定输入功率）的比值。

(9) **额定励磁电压**(rated field voltage)U_{fN}（单位：V）和**额定励磁电流**(rated field current)I_{fN}（单位：A）

额定励磁电压和额定励磁电流是指同步电机在额定运行条件下，转子励磁绕组外施的直流励磁电压和流入的直流励磁电流。

综合上述额定值可知，额定值之间不是完全独立的，对于三相同步发电机有

$$P_N = S_N \cos\varphi_N = \sqrt{3} U_N I_N \cos\varphi_N$$

对三相同步电动机，则有

$$P_N = \sqrt{3} U_N I_N \cos\varphi_N \eta_N$$

除了上述各额定值外，同步电机铭牌上还标有相数、绕组联结方式、绝缘等级、额定温升等。

在同步电机的分析和实际应用中，各物理量除了采用实际值表示外，还经常采用标幺值表示，用标幺值表示电机的各个物理量时，更便于判断各物理量的大小，非常直观。额定值经常用作标幺值的基值。一些物理量的基值规定如下：

(1) 线电压基值选额定电压，相电压基值选额定相电压；

(2) 线电流基值选额定电流，相电流基值选额定相电流；

(3) 阻抗基值选额定相电压与额定相电流的比值；

(4) 励磁电流基值通常选为同步电机空载稳态运行时,产生额定端电压时所加的励磁电流,注意它不是额定励磁电流。

练习题

7-3-1 对于同步发电机和电动机,额定功率分别指什么功率？

7-3-2 同步电机各物理量的基值是如何规定的？

小　　结

同步电机定子交流电动势和交流电流的频率,在极对数一定的条件下,与转子转速保持严格的同步关系。同步电机主要用做发电机,也可用做电动机,还可用作同步补偿机。

同步电机的种类很多,分类方法也很多。同步电机的结构与原动机有很大关系。

汽轮发电机采用汽轮机作为原动机。由于汽轮机转速较高,受离心力的限制,汽轮发电机的转子采用隐极结构。为增大容量,只能增大转子轴向长度,导致机组轴向尺寸增长,因而采用卧式结构。

水轮发电机采用水轮机作为原动机。由于水轮机转速较低,为满足频率要求,极对数较多,因此采用凸极式转子。水轮发电机转子直径较大,轴向尺寸较短。由于水轮机常采用立式结构,为便于与水轮机连接,水轮发电机采用立式结构。

思　考　题

7-1 汽轮发电机和水轮发电机的主要结构特点是什么？为什么有这样的特点？

7-2 什么是同步电机？其频率、极对数和同步转速之间有什么关系？一台 $f=50\text{Hz}$、$n=3000\text{r/min}$ 的汽轮发电机的极数是多少？一台 $f=50\text{Hz}$、$2p=100$ 的水轮发电机的转速为多少？

习　　题

7-1 一台同步电动机,额定频率 $f_N=50\text{Hz}$,极对数 $p=4$,求额定转速。

7-2 一台水轮发电机,额定转速 $n_N=500\text{r/min}$,额定频率 $f_N=50\text{Hz}$,试确定其极对数。

7-3 一台三相同步发电机的数据如下：额定容量 $S_N=20\text{kV}\cdot\text{A}$,额定功率因数 $\cos\varphi_N=0.8$（滞后）,额定电压 $U_N=400\text{V}$。试求该发电机的额定电流 I_N 及额定运行时发出的有功功率 P_N 和无功功率 Q_N。

第8章 同步发电机的电磁关系和分析方法

第2篇分别详细讨论了交流绕组的感应电动势和磁动势问题。实际交流电机运行时,感应电动势和电流产生磁动势是同时存在,相互影响的。本章讨论同步发电机对称稳态运行时内部各电磁量之间的相互作用关系即电磁关系,进行定性和定量分析。

同步发电机的电磁关系是了解同步发电机设计和运行问题的理论基础,对解决发电机设计和运行方面的许多问题具有重要的意义。

8.1 同步发电机的空载运行

空载运行是指同步发电机由原动机拖动以额定转速运行,励磁绕组通入直流励磁电流,定子绕组开路,不与外部电路或者负载相联的工作状态。前面对交流绕组感应电动势的分析,实际上就是在同步发电机空载运行下进行的。此时,发电机励磁绕组中通入直流电流,产生励磁磁动势,它在气隙中产生磁通;静止的定子绕组切割旋转的气隙磁通,产生三相对称的感应电动势,称为空载电动势,以 E_0 表示。下面详细分析励磁磁动势产生电动势的过程以及二者之间的定性和定量关系。

1. 基波励磁磁动势

当励磁绕组中通入直流励磁电流时,产生励磁磁动势。由于转子以额定转速(即同步转速 n_1)旋转,所以励磁磁动势也与转子一起相对定子旋转。凸极同步电机和隐极同步电机转子结构不同,下面分别讨论。

(1) 凸极同步电机

凸极同步电机的励磁绕组为集中绕组。图 8-1(a)所示为凸极同步电机的示意图,励磁绕组用一个线圈表示,一对极下的励磁绕组匝数为 N_f。定子绕组即电枢绕组用等效的三个集中整距线圈代表,该集中线圈的匝数等于电枢绕组的有效匝数 $N_1 k_{dp1}$。电枢绕组的感应电动势的参考方向如图中所示,磁动势的参考方向仍规定为从定子到转子为正。仍在定子内圆表面建立坐标系,坐标原点取在 A 相绕组的轴线 $+A$ 处(正的磁动势与正的电动势间满足右手螺旋定则的地方);横坐标为定子内圆表面各点距离原点的圆心角,以空间电角度 α 表示,逆时针方向为正,纵坐标为磁动势。将定子圆周展开成直线后形成直角坐标系,定子在下面,转子在上面,如图 8-1(b)所示。

励磁绕组通入的励磁电流为 I_f 时,在一对极下产生的磁动势为 $N_f I_f$。由于对称性,

8.1 同步发电机的空载运行

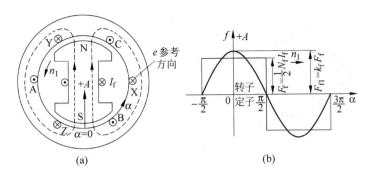

图 8-1 凸极同步电机的励磁磁动势

每个磁回路经过的两段气隙相同,每个气隙上的磁动势为 $\frac{1}{2}N_f I_f$。当 α 在 $-\frac{\pi}{2}$ 到 $\frac{\pi}{2}$ 之间时,气隙磁动势出定子进转子,气隙磁动势为 $+\frac{1}{2}N_f I_f$;当 α 在 $\frac{\pi}{2}$ 与 $\frac{3\pi}{2}$ 之间时,气隙磁动势出转子进定子,气隙磁动势为 $-\frac{1}{2}N_f I_f$。气隙磁动势波形如图 8-1(b)所示,是一个矩形波,每极磁动势的幅值为 $F_f = \frac{1}{2}N_f I_f$。

对矩形波磁动势进行傅里叶级数分解,得到基波和谐波。其中,基波磁动势的幅值为 $F_{f1} = \frac{4}{\pi}F_f = k_f F_f$,$k_f$ 为励磁磁动势**波形因数**(form factor),它的意义是

$$k_f = \frac{励磁磁动势基波幅值}{励磁磁动势幅值}$$

对于凸极同步电机,$k_f = \frac{4}{\pi}$。

在上述规定的参考方向下基波励磁磁动势正幅值始终位于转子 S 极中心对应的位置。在图 8-1(a)所示瞬间,S 极中心正好与 A 相绕组轴线重合,基波磁动势幅值处于 $\alpha=0$ 位置。基波磁动势随着转子一起以同步转速 n_1 沿 α 正方向旋转,是旋转磁动势。

(2) 隐极同步电机

隐极同步电机的励磁绕组是由一组同心的线圈串联而成。图 8-2(a)所示的励磁绕组,由四个线圈 11′、22′、33′ 和 44′ 串联而成。磁极中间的部分不放置绕组,目的是使励磁磁动势的空间分布更接近正弦波。一对极下励磁绕组串联的匝数为 N_f,励磁电流为 I_f 时,励磁磁动势分布为阶梯波,如图 8-2(b)所示,其幅值为 $F_f = \frac{1}{2}N_f I_f$。

同样进行傅里叶级数分解,得到基波磁动势幅值为 $F_{f1} = k_f F_f$。显然,隐极同步电机的励磁磁动势的波形因数与励磁绕组在转子上的布置有关,但不论其如何分布,都可以通过傅里叶级数分解求得波形因数 k_f。由于阶梯波比矩形波更接近正弦波,所以隐极同步电机的波形因数 $k_f \approx 1$。

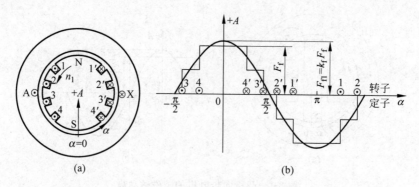

图 8-2 隐极同步电机的励磁磁动势

为了方便,将隐极同步发电机的励磁绕组等效为集中整距线圈,如图 8-3(a)所示。图 8-3(b)所示为基波励磁磁动势的波形,它随转子以同步转速 n_1 在空间旋转。

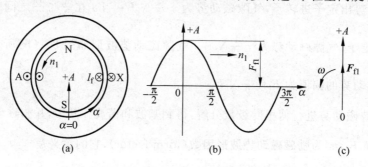

图 8-3 隐极同步电机基波励磁磁动势

2. 基波励磁磁动势空间矢量

励磁绕组产生的基波励磁磁动势在空间按正弦分布,因此可用一个空间矢量 $\boldsymbol{F}_{f1}$ 来表示,矢量的长度等于该磁动势的幅值 $F_{f1}=k_f F_f$,矢量的位置就是其正幅值所在的位置。基波励磁磁动势随转子一道以同步转速 n_1 沿 α 正方向旋转。在图 8-1(a)和图 8-2(a)所示时刻,其正幅值都在 $\alpha=0$ 位置。此时画出的矢量 $\boldsymbol{F}_{f1}$ 就在 $\alpha=0$ 位置,如图 8-3(c)所示,该矢量以同步电角速度 $\omega=p\dfrac{2\pi n_1}{60}$ 沿逆时针方向(α 正方向)旋转。

3. 基波气隙磁通密度空间矢量

基波气隙磁动势作用在磁路上,会在气隙中产生磁通密度波。规定气隙磁通密度的参考方向与磁动势的相同。隐极电机气隙均匀,当不考虑铁心的磁滞、涡流效应和饱和特性时,气隙磁通密度与磁动势成正比,基波磁动势产生在空间按正弦分布的基波气隙磁通密度 b_{01}。b_{01} 的相位与基波磁动势的相同,如图 8-4(a)所示,也可以用一个空间矢量 $\boldsymbol{B}_0$ 来表示,如图 8-4(b)所示。

凸极电机由于气隙不均匀,情况更为复杂。气隙磁通密度大小不仅与磁动势的大小有关,而且还与气隙长度有关。即使不考虑铁心的磁滞、涡流效应和饱和特性,基波励磁

8.1 同步发电机的空载运行

磁动势产生的气隙磁通密度波 b_0 也不是正弦分布。但如果对 b_0 进行分解,不计磁滞和涡流效应时,得到的基波磁通密度 b_{01} 与基波励磁磁动势仍然同相位,如图 8-5 所示,因此仍可用图 8-4(b)所示的空间矢量图来表示。

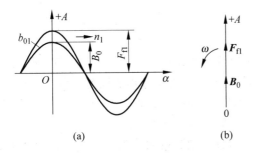

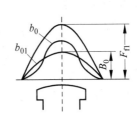

图 8-4 隐极同步电机的基波励磁磁动势和基波磁通密度

图 8-5 凸极同步电机的基波励磁磁动势和磁通密度

4. 定子绕组一相的基波感应电动势、时间相量 $\dot{E}_0$

转子以同步转速 n_1 旋转时,定子绕组切割基波气隙磁通密度,产生随时间正弦变化的基波感应电动势。三相绕组感应的基波电动势之间的关系在交流绕组电动势部分已经讨论过,只要知道绕组的空间位置分布和转子的转向,就可以确定三相感应电动势间的相位关系,因此这里只研究一相绕组感应电动势。

取 A 相为研究对象,用 $\dot{E}_0$ 表示 A 相基波感应电动势时间相量。在转子转至图 8-6(a)所示的位置时,基波励磁磁动势空间矢量 F_{f1} 如图 8-6(b)所示。此时 A 相绕组的两个线圈边都处于极间,此处的气隙磁通密度为零,因此感应电动势的瞬时值为零,相量 $\dot{E}_0$ 在时间相量图+j 轴上的投影为零,即 $\dot{E}_0$ 处于水平位置,如图 8-6(c)所示。

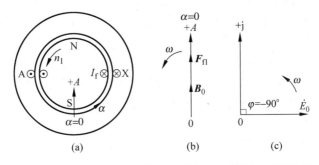

图 8-6 S极中心位于 $\alpha=0$ 位置时的空间矢量图和时间相量图

再取转子转过 90°电角度的时刻来看,此时转子 N、S 中心分别位于 A 相绕组的两个线圈边处,由右手定则可知,此时 A 相绕组的基波感应电动势为正的最大值,因此在时间相量图中,相量 $\dot{E}_0$ 将与+j 轴重合。

空间矢量图中的空间矢量 F_{f1}、B_0 都以电角速度 ω 沿逆时针方向旋转,时间相量图中的时间相量 $\dot{E}_0$ 也以电角速度 ω 沿逆时针方向旋转。设空间矢量 F_{f1} 与空间参考轴(即+A 轴)

之间的夹角为 α，时间相量 $\dot{E}_0$ 与时间参考轴（即 $+j$ 轴）之间的夹角为 φ，则两个夹角之间满足 $\varphi=\alpha-90°$。在交流绕组电动势部分已经得到结论：以电角度表示空间角度后，转子在空间上转过一个电角度，电动势相量在时间上也转过同样的电角度，所以两个夹角之间的这种关系在任何转子位置下都成立。

5. 时空相矢量图

时间相量 $\dot{E}_0$、空间矢量 F_{f1}、B_0 以及转子位置之间关系密切。只要知道其中任何一个相对于其自身参考轴的位置，就可以知道其他量对应各自参考轴的位置。为了分析方便，将空间矢量图的参考轴 $+A$ 轴与时间相量图的参考轴 $+j$ 轴重合，把时间相量图与空间矢量图画在一起，就成为时间空间相量矢量图，简称时空相矢量图。

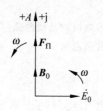

图 8-7 空载时的时空相矢量图

与图 8-6 对应的时空相矢量图如图 8-7 所示。可以看出，在时空相矢量图中，时间相量 $\dot{E}_0$ 滞后于产生它的空间矢量 B_0 90° 电角度。因此，只要知道时间相量或者空间矢量，就很容易画出相应的空间矢量或时间相量。时空相矢量图使得找矢量或相量变得非常方便，后面分析中还要进一步用到。

需要特别强调的是，空间矢量和时间相量的物理意义是截然不同的，画在同一个时空相矢量图中本来是没有物理意义的，比如 $\dot{E}_0$ 滞后 B_0 或 F_{f1} 90° 电角度，就没有确定的物理意义，而且这一关系还是在 $+A$ 轴与 $+j$ 轴重合时得到的。时空相矢量图只是为了便于确定空间矢量或时间相量位置而作的，相量或者矢量的实际意义必须在自身所在的时间相量图或者空间矢量图上分析。

6. 空载特性

上面分析了基波励磁磁动势和定子一相绕组基波感应电动势之间的物理联系，用时空相矢量图表达了它们之间的定性关系。下面要进一步确定它们之间的定量关系，知道一定大小的励磁电流 I_f（或者励磁磁动势 F_f）能产生多大的感应电动势。通常经过计算或者试验可以得到一台电机的**空载特性**（no-load characteristic），或称**开路特性**（open circuit characteristic），它表示了 $E_0=f(I_f)$ 的函数关系。由于电机的铁心磁路具有饱和特性，励磁电流与它在电机气隙中产生的磁通不是线性关系，因此感应电动势和励磁电流也不成线性关系，即空载特性通常是一条饱和曲线，如图 8-8 所示。

空载特性的纵坐标是定子一相绕组感应电动势有效值 E_0，它基本上是由基波气隙磁通密度感应产生的。因为气隙中谐波磁通密度感应的谐波电动势通过定子绕组的短距、分布被削弱，变得很小。空载特性的横坐标是励磁电流 I_f，它产生的磁动势是实际的励磁磁动势 F_f，而不是基波励磁磁动势 F_{f1}，这点必须明确。另外，空载特性虽然是在电

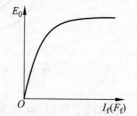

图 8-8 同步电机的空载特性

机空载情况下（定子电流为零）得到的，但它表达的是磁动势在电机主磁路中产生磁场，磁场又在定子绕组感应电动势的能力，因此在电机负载情况下仍能使用。

空载运行时的电磁关系可以表示为

$$I_\mathrm{f} \rightarrow \boldsymbol{F}_\mathrm{f1} \rightarrow \boldsymbol{B}_0 \rightarrow \dot{E}_0$$

励磁绕组通入励磁电流,产生励磁磁动势;励磁磁动势在电机中产生气隙磁通密度;磁动势和气隙磁通密度随转子一起旋转,相对定子绕组运动,在定子绕组中感应电动势。空载特性表示了励磁电流或励磁磁动势与空载电动势之间的定量关系。

练习题

8-1-1 基波励磁磁动势矢量始终在 S 极中心所对的位置,这一结论是在什么条件下得到的?如果改变这些条件,对这一结论有什么影响?

8-1-2 励磁绕组通入励磁电流产生励磁磁动势,励磁磁动势产生气隙磁通密度,磁通交链绕组得到绕组的磁链,磁链变化在绕组中感应电动势。这一从励磁电流到感应电动势的过程中,哪些物理量是在空间分布的?哪些物理量是随时间变化的?它们之间都是如何联系的?

8-1-3 空载特性反映的是哪两个物理量之间的关系?具体反映了电机中怎样一个物理过程?使用时需要注意什么?

8-1-4 时空相矢量图上电动势始终滞后于产生它的磁动势 90° 电角度。这一结论是在什么条件下得到的?实际上两者的确是相差 90° 电角度吗?

8-1-5 隐极和凸极同步电机的励磁磁动势和气隙磁通密度分布的波形如何?转子表面某一点的气隙磁通密度大小随时间如何变化?定子表面某一点的气隙磁通密度随时间如何变化?

8.2 同步发电机负载时的电枢反应

同步发电机空载运行时,只有励磁磁动势作用在电机磁路上。发电机与外部电路接通,带上负载后,三相对称电枢绕组中流过三相对称电流,产生三相合成磁动势,称为**电枢磁动势**(armature MMF)。此时作用在磁路上的磁动势不再只是励磁磁动势,而是励磁磁动势与电枢磁动势的合成磁动势,它产生气隙磁通,在定子绕组中感应电动势。

电枢磁动势的出现使气隙磁场发生变化。基波电枢磁动势对基波励磁磁动势的影响称为**电枢反应**(armature reaction)。分析电枢反应就是研究基波电枢磁动势对基波励磁磁动势作用的性质,这将对电机内部的电磁关系产生深刻的影响。

首先对比这两种基波磁动势的性质。

(1) 转子励磁绕组的基波励磁磁动势

幅值,$F_\mathrm{f1} = k_\mathrm{f} \dfrac{1}{2} N_\mathrm{f} I_\mathrm{f}$,励磁电流 I_f 不变时,F_f1 不变;

极对数,与转子磁极的对数一样;

转向,与转子转动方向一致;

转速,与转子转速一样,为同步转速 n_1。

(2) 定子三相绕组的基波电枢磁动势

幅值，$F_1 = 1.35 \dfrac{N_1 I_1}{p} k_{dp1}$；

极对数，与绕组的联结方式有关，它必须与转子极对数 p 相同，否则电机无法产生平均电磁转矩；

转速，定子绕组感应电动势的频率为 $f_1 = \dfrac{pn_1}{60}$，定子绕组电流的频率与电动势的相同，因此基波电枢磁动势的转速为 $\dfrac{60f_1}{p} = n_1$。

转向，转子沿着从 A 相绕组轴线到 B 相绕组轴线，再到 C 相绕组轴线的方向转动，感应电动势和电流的相序为 A、B、C；产生的基波电枢磁动势的转向也是由 A 相绕组轴线向 B 相绕组轴线，再向 C 相绕组轴线，即与转子旋转方向一样。

由以上比较可见，基波电枢磁动势与基波励磁磁动势的极对数、转速和转向都相同，二者在空间上是相对静止的，因此可以将两个磁动势进行合成。合成磁动势也是一个同样极对数、转速和转向的基波旋转磁动势，由它在电机中产生基波气隙磁场。

励磁绕组还会产生谐波励磁磁动势，它在气隙中产生谐波磁通，在定子绕组中感应产生谐波电动势。由于定子绕组采用短距、分布绕组削弱谐波电动势，还通过采用合理设计的磁极形状或励磁绕组的合理分布来减小励磁绕组产生的谐波励磁磁场，因此定子绕组中的谐波电动势很小，可以忽略不计。

定子绕组同样也要产生谐波电枢磁动势，它们的极对数、转速和转向各不相同，经过的磁路也和基波磁通不同，它们和励磁磁动势并不是相对静止，无法与励磁磁动势合成。通常将它们的作用归入漏磁通之中考虑。

下面具体研究基波电枢磁动势（常用空间矢量 $\boldsymbol{F}_a$ 来表示）对基波励磁磁动势 $\boldsymbol{F}_{f1}$ 的作用。以后在没有特别说明的情况下，基波电枢磁动势均简称为电枢磁动势。

以隐极同步发电机为例，取 A 相进行分析。空载时，定子 A 相绕组的电动势为 $\dot{E}_0$，加上负载后，A 相绕组电流为 $\dot{I}$。当发电机所带负载的性质不同时，如负载为电阻、电感或电容，就会使 $\dot{E}_0$ 和 $\dot{I}$ 之间的相位差 ψ 不同。ψ 叫做**内功率因数角**（internal power-factor angle），它与电机的内阻抗及外加负载性质有关。ψ 不同，电枢反应的性质也不同。以下利用时空相矢量图，分四种情况来讨论。

1. $\psi = 0$

坐标系以及参考方向的规定与前面相同。设 $\omega t = 0$ 时，转子位置如图 8-9(a) 所示，转子 S 极中心在空间坐标上的位置，即 $\boldsymbol{F}_{f1}$ 的位置是 $\alpha = 90°$。作此时的时空相矢量图，如图 8-9(b) 所示，A 相电动势 $\dot{E}_0$ 滞后 $\boldsymbol{F}_{f1}$ 90° 电角度，正好与 $+j$ 轴重合。根据 $\psi = 0$ 画出 A 相电枢电流相量 $\dot{I}$ 的位置，$\dot{I}$ 与 $\dot{E}_0$ 重合。由第 6 章中三相对称绕组流过对称电流产生磁动势的结论：哪一相电流达到正最大值，三相合成基波磁动势 $\boldsymbol{F}_a$ 就和该相绕组轴线重合，可知此时 $\boldsymbol{F}_a$ 与 $+A$ 轴重合。最后可将转子磁动势 $\boldsymbol{F}_{f1}$ 和电枢磁动势 $\boldsymbol{F}_a$ 合成，得到合成基波磁动势 $\boldsymbol{F}_\delta$，即 $\boldsymbol{F}_\delta = \boldsymbol{F}_{f1} + \boldsymbol{F}_a$。

由于 $+A$ 轴与 $+j$ 轴重合，因此 A 相电流相量 $\dot{I}$ 与电枢磁动势矢量 $\boldsymbol{F}_a$ 始终重合在一

8.2 同步发电机负载时的电枢反应

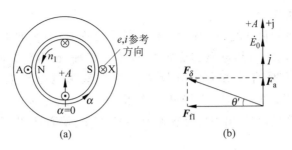

图 8-9 $\psi=0$ 时的电枢反应

起,以相同的电角速度 ω 旋转。但必须注意,如果时间量和空间参考轴不是取同一相的量,情况就不是这样的。

把通过磁极中心线的轴线称为**直轴**(direct-axis),也叫 d 轴;把通过两个磁极之间,即与直轴相差 90°空间电角度的轴线称为**交轴**(quadrature-axis),也叫 q 轴。从 $\psi=0$ 时的时空相矢量图可见,电枢磁动势 F_a 滞后 F_{f1} 90°电角度,位于交轴上,因此叫做**交轴电枢反应磁动势**(quadrature-axis armature reaction MMF)。交轴电枢反应使得合成磁动势 F_δ 比空载时的直轴位置后移了一个 θ' 角,幅值也增加了。

2. $\psi=90°$

仍设 $\omega t=0$ 时转子位置为 $\alpha=90°$,如图 8-10 所示。先在时空相矢量图中画出 F_{f1} 和 $\dot E_0$,根据 $\psi=90°$,可以画出相量 $\dot I$;再根据 F_a 与 $\dot I$ 重合,画出 F_a 来;再将 F_{f1} 与 F_a 合成得到 F_δ。从图上可知 $\psi=90°$ 时的电枢反应特点为:F_a 与 F_{f1} 相位差为 180°,即 F_a 作用在 F_{f1} 的相反方向上,对 F_{f1} 起去磁作用,叫做直轴去磁电枢反应磁动势。直轴去磁电枢反应使合成磁动势 F_δ 比 F_{f1} 减小,气隙磁通密度将比空载时减小,感应电动势相应减小。这时 F_δ 与 F_{f1} 为同一方向,$\theta'=0$。

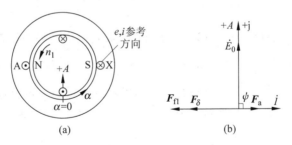

图 8-10 $\psi=90°$(滞后)时的电枢反应

3. $\psi=-90°$

仍在转子位置 $\alpha=90°$ 时作时空相矢量图,如图 8-11 所示。F_{f1} 和 $\dot E_0$ 的位置仍不变,根据 $\psi=-90°$ 得到相量 $\dot I$,它超前 $\dot E_0$ 90°电角度;作出与相量 $\dot I$ 重合的矢量 F_a,再作出合成磁动势 F_δ。可以看到 $\psi=90°$ 超前时的电枢反应特点为:F_a 与 F_{f1} 同方向,对 F_{f1} 起增磁作用,叫做直轴增磁电枢反应磁动势,这时合成磁动势 F_δ 比 F_{f1} 增大,气隙磁通密度将比空载时增大,感应电动势相应增大。这时 F_δ 与 F_{f1} 在同一方向,$\theta'=0$。

4. $\psi > 0$ 的任意角

这是同步发电机带负载的一般情况。仍以转子位置为 $\alpha = 90°$ 的瞬间来作时空相矢量图。如图 8-12 所示，$\psi > 0$ 时，电枢磁动势 $\boldsymbol{F}_a$ 既不在直轴，也不在交轴。这时的 $\boldsymbol{F}_a$ 可分解为两个分量：一个是直轴方向的分量 $\boldsymbol{F}_{ad}$，称为**直轴电枢反应磁动势**（direct-axis armature reaction MMF）分量，对 $\boldsymbol{F}_{f1}$ 起去磁作用；另一个是交轴方向的分量 $\boldsymbol{F}_{aq}$，称为交轴电枢反应磁动势分量，它的出现使合成磁动势 $\boldsymbol{F}_\delta$ 与 $\boldsymbol{F}_{f1}$ 偏离，产生了 θ' 角。

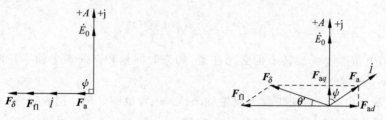

图 8-11 $\psi = -90°$（超前）时的电枢反应　　图 8-12 $\psi > 0$ 的任意角时的电枢反应

例 8-1　一台 $p = 1$ 的同步发电机，定子上布置三相对称绕组，空间坐标系和感应电动势、电流的参考方向如图 8-1 所示，转子逆时针方向转动，A 相感应电动势为 $e_{0A} = \sqrt{2}E_1 \sin(\omega t - 150°)$。试写出 B、C 相感应电动势 e_{0B}、e_{0C} 的表达式，画出转子在 $t = 0$ 时刻所在的位置。如果 $\psi = 60°$，此时的电枢反应的性质如何？

解：由于转子逆时针方向转动，B 相绕组顺转子转向超前 A 相绕组 120° 空间电角度，所以 B 相绕组感应电动势 e_{0B} 滞后 A 相感应电动势 e_{0A} 120° 时间电角度，即 $e_{0B} = \sqrt{2}E_1 \sin(\omega t - 270°)$。同理，C 相绕组感应电动势 $e_{0C} = \sqrt{2}E_1 \sin(\omega t - 30°)$。

从 $t = 0$ 时刻起，e_{0A} 再经过 240° 时间电角度达到正最大值。由右手定则可知，届时转子 S 极中心将正对着线圈边 X，所以在 $t = 0$ 时，转子位置为 S 极中心正对着线圈边 Y，如图 8-13(a)所示。

由 $t = 0$ 时 S 极中心位于 $\alpha = 210°$ 处，可画出基波励磁磁动势矢量 $\boldsymbol{F}_{f1}$，如图 8-13(b)所示。由 e_{0A} 表达式，或者 $\dot{E}_{0A}$ 在时空相矢量图上滞后 $\boldsymbol{F}_{f1}$ 90° 电角度，可以画出相量 $\dot{E}_{0A}$。由 $\psi = 60°$，即 A 相电流 $\dot{I}_A$ 滞后 $\dot{E}_{0A}$ 60° 电角度，可画出电流相量 $\dot{I}_A$。电枢反应磁动势 $\boldsymbol{F}_a$ 与 $\dot{I}_A$ 重合，可分解为两个分量 $\boldsymbol{F}_{ad}$ 和 $\boldsymbol{F}_{aq}$，其中 $\boldsymbol{F}_{ad}$ 与 $\boldsymbol{F}_{f1}$ 方向相反，起去磁作用；$\boldsymbol{F}_{aq}$ 与 $\boldsymbol{F}_{f1}$ 垂直，起交磁作用。

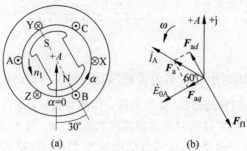

图 8-13 例 8-1 的转子位置图和时空相矢量图

练习题

8-2-1 转子基波励磁磁动势在定子三相绕组中感应电动势,产生三相交流电流,三相交流电流流过三相绕组产生基波电枢磁动势。试详细分析为什么基波电枢磁动势的转向与转子转向相同。

8-2-2 时空相矢量图上电流相量与三相电流产生的基波旋转磁动势重合在一起旋转,这一结论是在什么条件下得到的?如果改变条件,结论会有什么变化?

8-2-3 电枢反应的性质由什么决定?与哪些因素有关?

8.3 隐极同步发电机的时空相矢量图和相量图

1. 负载时定子绕组一相的电压方程式

同步发电机负载运行时,电枢绕组中有电流 $\dot{I}$,产生电枢磁动势 $\boldsymbol{F}_\mathrm{a}$,$\boldsymbol{F}_\mathrm{a}$ 与基波励磁磁动势 $\boldsymbol{F}_\mathrm{f1}$ 相加得到合成基波磁动势 $\boldsymbol{F}_\delta$。$\boldsymbol{F}_\delta$ 在气隙中产生基波磁通密度,通常用空间矢量 $\boldsymbol{B}_\delta$ 表示。$\boldsymbol{B}_\delta$ 以同步转速 n_1 旋转,在定子每相绕组中感应电动势 $\dot{E}_\delta$。此外,电流 $\dot{I}$ 流过定子绕组时,还要在每相绕组中产生电阻压降和漏电抗压降。

漏电抗对应的磁通由以下三部分组成。

(1) **槽漏磁通**(slot-leakage flux),定子绕组通电后在槽内会产生磁通,对应的磁感应线在槽部闭合,它不进入转子与转子绕组交链,如图 8-14(a)所示。

(2) **端部漏磁通**(end-turn flux),定子绕组端部周围是空气,而且距离转子较远,因此其通电后产生的磁通也不进入转子与转子绕组交链,如图 8-14(b)所示。

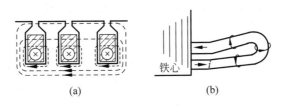

图 8-14 定子绕组的漏磁通

(3) **差漏磁通**(air-gap space-harmonic flux),定子绕组通过电流后除了产生基波磁动势外,还要产生谐波磁动势。ν 次谐波磁动势的极对数为 νp,相对于定子的转速为 $\dfrac{n_1}{\nu}$,因此各谐波磁动势相对于转子的转速不同,不像基波磁动势那样与转子磁动势具有相对静止的关系,所以不能与基波磁动势一起考虑。但是谐波磁动势在气隙中产生的谐波气隙磁通在定子绕组中感应的电动势频率为 $f_\nu = \dfrac{\nu p}{60} \dfrac{n_1}{\nu} = f_1$。为了计算方便,把它们归到漏磁通里。谐波漏磁通又叫差漏磁通,表明它与槽漏磁通、端部漏磁通在性质上是有区别的。

图 8-15(a)给出了同步发电机电枢绕组各物理量的参考方向,参考方向遵循发电机惯例。三相电枢绕组采用星形联结,$\dot{E}_\delta$ 是一相绕组中感应的气隙电动势,$\dot{I}$ 为相电流,即发电机一相的负载电流,$\dot{U}$ 为一相端电压。漏磁电动势如变压器中一样,可以表示为电流在漏电抗上产生的负电压降。如果电枢绕组每相电阻为 R,每相漏电抗为 X_σ,则根据基尔霍夫定律,定子一相电压方程式为

$$\dot{U} = \dot{E}_\delta - \dot{I}(R+jX_\sigma) = \dot{E}_\delta - \dot{I}Z_\sigma \tag{8-1}$$

其中,$Z_\sigma = R + jX_\sigma$,为每相电枢绕组的漏阻抗。

式(8-1)可以用时间相量图表示,如图 8-15(b)所示。该图是选择相电压为正最大值的瞬间画的,并设负载为电感性,即 $\dot{I}$ 滞后 $\dot{U}$ 一个功率因数角 φ。

2. 考虑磁路饱和,隐极发电机的磁动势电动势相矢量图

隐极同步发电机带负载运行时,内部的电磁关系如图 8-16 所示,其中既有空间分布的磁动势,又有随时间变化的时间量。采用磁动势电动势相矢量图可以很好地表示发电机内部各物理量之间的电磁关系,包括时间相量、空间矢量以及二者之间的关系。

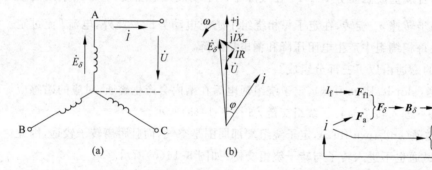

图 8-15 发电机参考方向和相量图　　图 8-16 隐极同步发电机负载时的电磁关系

电磁关系中关键的部分在于磁动势产生气隙磁通密度,在绕组中感应电动势,即磁动势、气隙磁通密度和电动势三者之间的定量关系。仍可采用空载特性来描述负载时磁动势与它产生的感应电动势间的定量关系,因为空载特性本质上反映了电机的磁化特性,表征了磁动势在电机主磁路中产生磁通密度、在定子绕组中感应电动势的能力。隐极电机气隙均匀,空载时的励磁磁动势和负载时的合成磁动势所作用的主磁路的性质是相同的,所以负载时空载特性仍可以使用。

需要强调和注意的是:空载特性的横坐标是阶梯波分布的励磁磁动势的幅值 F_f,其基波分量幅值 $F_{f1} = k_f F_f$。已知一个在空间正弦分布的基波磁动势幅值,要利用空载特性求该磁动势产生的基波感应电动势大小时,需要将基波磁动势换算为等效的阶梯波分布磁动势。合成基波磁动势幅值为 F_δ,必须将 F_δ 除以 k_f,得到阶梯波分布的磁动势的幅值 $F = \dfrac{F_\delta}{k_f}$,再查空载特性得到感应电动势 E_δ。令 $k_a = \dfrac{1}{k_f}$,k_a 称为电枢反应磁动势折合因数。已知正弦波磁动势幅值 F_δ 时,阶梯波磁动势的幅值 $F = k_a F_\delta$;反之,已知阶梯波磁动势幅值 F 时,正弦分布磁动势幅值为 $F_\delta = F/k_a = k_f F$。

8.3 隐极同步发电机的时空相矢量图和相量图

根据隐极同步发电机的电磁关系,在给定已知条件的情况下,可以画出磁动势电动势相矢量图,分析计算发电机的状态。下面举例说明。

已知发电机负载运行时的 U、I、$\cos\varphi$ 和电机参数 R、X_σ,且已知极对数 p 和每相有效匝数 $N_1 k_{dp1}$,求此时所需的励磁磁动势幅值。

(1) 求出一相气隙电动势 E_δ

由已知条件,根据电压方程式 $\dot{E}_\delta = \dot{U} + \dot{I}(R + jX_\sigma)$,可求得 E_δ,画出磁动势电动势相矢量图,如图 8-17(a)所示。

(2) 利用空载特性求出与气隙电动势对应的合成基波磁动势 F_δ

利用空载特性,可以得到产生 E_δ 所需的转子阶梯波磁动势幅值 F,如图 8-17(b)所示。对于一台具体的同步发电机,励磁磁动势波形因数 k_f 是已知的,由此可得正弦分布的合成基波磁动势幅值 $F_\delta = k_f F$。在时空相矢量图上,合成基波磁动势空间矢量 $\mathbf{F}_\delta$ 超前时间相量 $\dot{E}_\delta$ 90°电角度,据此可在图 8-17(a)中画出矢量 $\mathbf{F}_\delta$。

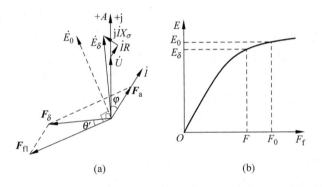

图 8-17 隐极同步发电机的磁动势电动势相矢量图与空载特性

(3) 求出电枢磁动势 F_a

求得定子三相绕组产生的电枢磁动势幅值 $F_a = 1.35 \dfrac{N_1 I}{p} k_{dp1}$;在时空相矢量图上,矢量 $\mathbf{F}_a$ 与电流相量 $\dot{I}$ 重合。据此可在图 8-17(a)上画出矢量 $\mathbf{F}_a$。

(4) 求出基波励磁磁动势空间矢量 $\mathbf{F}_{f1}$

根据基波励磁磁动势 $\mathbf{F}_{f1}$ 与电枢磁动势 $\mathbf{F}_a$ 相加,得到合成基波磁动势 $\mathbf{F}_\delta$ 的关系,可得 $\mathbf{F}_{f1} = \mathbf{F}_\delta - \mathbf{F}_a$。在图 8-17(a)中用平行四边形法则可画出矢量 $\mathbf{F}_{f1}$。

(5) 求出实际的阶梯波励磁磁动势幅值 F_f

基波励磁磁动势幅值 F_{f1} 乘以折合因数 k_a 即可得阶梯波励磁磁动势幅值 F_0。

(6) 求同步发电机空载电动势 E_0

由图 8-17(b),根据阶梯波励磁磁动势 F_0 从空载特性查得空载电动势 E_0;在时空相矢量图上,$\dot{E}_0$ 滞后 $\mathbf{F}_{f1}$ 90°电角度。据此可在图 8-17(a)上画出相量 $\dot{E}_0$。因为负载时绕组中只感应电动势 $\dot{E}_\delta$,不存在 $\dot{E}_0$,所以把相量 $\dot{E}_0$ 画成了虚线。

同样,$\dot{I}$ 与 $\dot{E}_0$ 之间的夹角 ψ 在负载运行时也是不存在的,但是 $\dot{I}$ 与 $\mathbf{F}_{f1}$ 之间的夹角

($90°+\psi$),在电机中是实际存在的,而且它决定了电枢反应的性质。

这里采用空载特性表示了磁动势产生气隙磁通密度、感应电动势的过程,所以不需要求出气隙磁通密度,在相矢量图上也没有画出基波气隙磁通密度矢量 B_δ,它是由合成磁动势 F_δ 产生的,且与 F_δ 同相位,在相矢量上图应与 F_δ 画在同一方向。

通过磁动势电动势相矢量图,不仅得到实际的励磁磁动势 F_f 的大小,而且还得到电机空载电动势 E_0 的大小,因此还可以进一步计算发电机的一个非常重要的指标——电压调整率。电压调整率是指在额定运行时卸去全部负载,并保持励磁电流不变,端电压升高的值与额定电压的比值,用百分比表示。电压调整率的计算式为

$$\Delta U = \frac{E_0 - U_N}{U_N} \times 100\% \tag{8-2}$$

其中,E_0 为额定运行时的励磁电流产生的空载电动势(线值);U_N 为额定电压。

掌握了隐极同步发电机的电磁关系后,就可以进一步分析发电机各个电磁量的变化规律。

在变压器分析中,将电流产生磁动势、磁动势产生磁通进而产生感应电动势的过程用简单的电抗参数表示,得到了等效电路,使分析得到极大简化。对于隐极同步发电机,也希望得到类似的等效电路和简化分析。因为在实际工作中,不是总要了解电机内部的电磁过程,而只要掌握外部电量的某些特征;另外,同步发电机往往与复杂的电力系统相联,发电机数量多,还有变压器、输电线和各种负载,如果以磁动势电动势相矢量图为分析计算的基础,并且用到非线性的空载特性,将给计算带来极大的困难。

3. 不考虑磁路饱和,隐极发电机的电动势相量图

(1) 磁路的线性化

要得到具有恒值参数的等效电路,必须对非线性的空载特性进行线性化处理,即忽略磁路的饱和效应。如图 8-18 所示,空载特性在磁动势较小时的一段基本为直线,这时主磁路磁通较小,铁磁材料不饱和,消耗的磁动势很小,可以忽略,即所有励磁磁动势几乎全部消耗在气隙中。这条直线反映了电机气隙磁路的磁化特性,是电机不饱和时的空载特性,称此段直线的延长线为**气隙线**(air-gap line),如图 8-18 中直线 Od 所示。

实际电机设计中,一般都把电机的额定空载电动势设计在空载特性的弯曲部分,如图 8-18 中的 a 点,其中线段 ac 与 bc 长度的比值,反映了电机主磁路饱和的程度,以 k_μ 表示,称为**饱和因数**(saturation factor),它的数值范围一般为 1.1~1.2。可见电机实际工作的空载特性离开气隙线并不远,因此采用气隙线代替实际的空载特性,忽略非线性特性,这样引起的误差常常是工程计算所允许的。

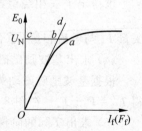

图 8-18 空载特性的线性化

(2) 磁路线性化后的电动势相量图

磁路线性化后,磁动势与磁通密度、感应电动势之间是线性关系,可以采用**叠加定理**(superposition theorem)。可以由励磁磁动势和电枢磁动势(折合为阶梯波)查空载特性气隙线,分别得到空载电动势和电枢反应电动势,由两个电动势合成得到气隙电动势,而不需要再像考虑饱和时那样先将磁动势合成再查空载特性来得到电动势。对于磁通密度也可以采用叠加定理。

8.3 隐极同步发电机的时空相矢量图和相量图

此时发电机内部的电磁关系如图 8-19 所示。由于此时磁动势与感应电动势之间是线性关系，即 $\dot E_0$、$\dot E_a$ 和 $\dot E_\delta$ 分别与 F_{f1}、F_a 和 F_δ 成正比，而且各磁动势矢量在时空相矢量图上分别超前它产生的电动势相量 90°电角度，所以不必再画出磁动势矢量及空间坐标轴+A，仅画出电动势相量图就足够了，如图 8-20 所示。由于只要描述各相量的相对位置，因此时间参考轴+j 也不必再画出。

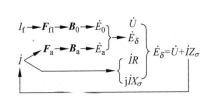
图 8-19　线性化后隐极同步发电机的电磁关系

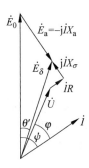
图 8-20　隐极发电机的电动势相量图

4. 隐极同步发电机的电枢反应电抗、同步电抗和等效电路

电枢反应电动势 $\dot E_a$ 是由电枢磁动势 F_a 产生的气隙磁通密度所产生的，由于采用了气隙线，所以 E_a 与 F_a 之间是线性关系。F_a 是由电枢电流 $\dot I$ 产生的，且 $F_a \propto I$，所以电动势 E_a 与电流 I 也是成正比的。此外，在电动势相量图上，$\dot E_a$ 总是滞后 $\dot I$ 90°电角度，因此可以和变压器中一样，引入电抗参数来表达 $\dot E_a$ 与 $\dot I$ 的关系，即

$$\dot E_a = -j\dot I X_a \tag{8-3}$$

电枢反应电动势 $\dot E_a$ 可以看作电流 $\dot I$ 在电抗 X_a 上的负压降，X_a 叫做每相绕组的**电枢反应电抗**(armature reaction reactance)。参数 X_a 反映了三相电流产生三相合成基波磁动势，合成基波磁动势产生气隙磁通，在一相绕组中感应电动势的物理过程。

由电压方程式

$$\dot E_0 + \dot E_a = \dot E_\delta = \dot U + \dot I(R + jX_\sigma)$$

将式(8-3)代入，可得

$$\dot E_0 = \dot U + \dot I(R + jX_\sigma + jX_a) = \dot U + \dot I(R + jX_s) = \dot U + \dot I Z_s \tag{8-4}$$

式中，$X_s = X_a + X_\sigma$，称为同步电机每相绕组的**同步电抗**(synchronous reactance)；$Z_s = R + jX_s$，称为同步电机每相绕组的**同步阻抗**(synchronous impedance)。

同步电抗 X_s 代表由电枢电流引起的总电抗，包括电枢漏电抗和电枢反应电抗。它反映了三相电流产生三相合成磁动势，合成磁动势产生磁通，包括气隙磁通和漏磁通在一起的全部磁通在一相绕组中感应电动势的物理过程。

引入参数 X_s 后，同步电机的电动势相量图变得更简单，如图 8-21(a)所示。根据式(8-4)，可得到隐极同步发电机的等效电路，如图 8-21(b)所示。这个等效电路很简单，它清楚地表明了同步发电机在对称稳态运行时，电动势、电流及参数之间的关系。在分析

同步发电机的运行问题时,将更多地用到这个等效电路。

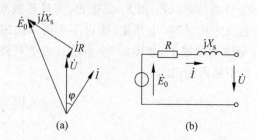

图 8-21 隐极同步发电机的简化电动势相量图与等效电路

需要特别强调:该等效电路是经过线性化得到的,不可避免地存在误差,并不是任何情况下都可以任意使用。在电动势、电压及磁动势处于空载特性开始弯曲部分时,引起的误差不大;但如果高于弯曲部分较多,则忽略饱和引起的误差将较大。例如,在求卸去电感性负载后的空载电压时就会遇到这样的问题。负载时,为了保持端电压额定,励磁磁动势比空载额定电压时的励磁磁动势要大。卸去负载后,由该磁动势分别查实际空载特性和线性化的空载特性,由于该磁动势高于空载特性弯曲部分较多,因此得到的空载电动势将相差很大。一般不能用线性化的等效电路计算电压调整率。

等效电路中的空载电动势 E_0 是从气隙线上得到的电动势,而不是实际空载特性上的电动势。如果给定了励磁磁动势或者实际的空载电压,又需要用等效电路分析时,必须从气隙线上查出对应的电动势,再代入等效电路计算,这样得到的结果比较准确。

利用等效电路得到的空载电动势的相位始终是比较符合实际情况的,这是因为各个磁动势大小和相位与实际情况接近。

练习题

8-3-1 由基波励磁磁动势与基波电枢反应磁动势得到气隙合成磁动势时,这些磁动势的空间分布是怎样的?能否将阶梯波分布或者矩形波分布的励磁磁动势与基波电枢反应磁动势直接相加而得到合成磁动势?

8-3-2 由气隙电动势 E_δ 查空载特性得到的磁动势的空间分布是怎么样的?为了能与基波电枢反应磁动势进行矢量运算求得励磁磁动势,应该如何处理?

8-3-3 采用线性化后的电动势相量图分析,得到的电动势相量($\dot{E}_0$、$\dot{E}_\delta$、$\dot{E}_a$)的大小、相位以及磁动势矢量(F_{f1}、F_δ、F_a)的幅值、位置的误差大小如何?为什么?

8-3-4 电枢反应电抗和同步电抗的物理意义是什么?两者有什么不同?它们之间有什么关系?其大小都与什么有关?下面几种情况对同步电抗分别有何影响?
(1)电枢绕组匝数增加;(2)铁心饱和程度增加;(3)气隙增大;(4)励磁绕组匝数增加。

8.4 凸极同步发电机的双反应理论和相量图

1. 凸极同步发电机的双反应理论

从电磁关系角度看,凸极同步发电机与隐极同步发电机的最大的不同就是凸极电机

8.4 凸极同步发电机的双反应理论和相量图

的气隙不均匀,而隐极电机气隙均匀,正是这一点使得凸极电机的分析更为复杂。

在隐极同步发电机中,由于气隙均匀,不管负载的大小和性质(功率因数)变化导致合成基波磁动势 F_δ 的空间位置如何变化,它产生的气隙基波磁通密度总是与该磁动势波在空间上同相,由此而产生的气隙电动势 $\dot{E}_\delta$ 在时空相矢量图上总是滞后 F_δ 90°电角度,而且可以通过空载特性描述磁动势与电动势之间的数量关系。

在凸极同步发电机中,由于气隙不均匀,一个在空间正弦分布的磁动势波产生的气隙磁通密度波不再是正弦波,而要发生畸变。由于气隙磁通密度大小不仅与磁动势有关,还与磁路磁阻有关,磁动势幅值最大的地方,产生的气隙磁通密度值并不一定最大,因此即使将非正弦分布的磁通密度波进行分解,得到基波磁通密度波的相位也和磁动势波的不一定相同。磁通密度波畸变的情况和合成基波磁动势 F_δ 的空间位置有关,F_δ 位置不同,磁通密度波畸变情况也不同。所以基波气隙磁通密度 B_δ 的大小和相位不仅与 F_δ 的大小有关,还与 F_δ 的空间位置有关。而 F_δ 是由基波励磁磁动势 F_{f1} 和电枢磁动势 F_a 合成的,F_a 的大小和空间位置随着负载的大小和功率因数不同而变化,所以 F_δ 的大小及空间位置也会随着负载的不同而改变。这样就无法找到一个适用于任何负载的确定的关系式,从 F_δ 来求得 B_δ 的大小和相位,也就无法得到 B_δ 在电枢绕组中感应的气隙电动势 $\dot{E}_\delta$。所以,在凸极发电机中由 F_δ 求得 $\dot{E}_\delta$ 是非常困难的,不能像隐极发电机那样,由合成磁动势 F_δ 直接利用空载特性求出 $\dot{E}_\delta$。因此,用磁动势电动势相矢量图来分析凸极同步电机的电磁关系是不现实的。

但是如果合成基波磁动势 F_δ 的位置正好在直轴或者交轴上,如图 8-22(a)、(b)所示,虽然 F_δ 产生的气隙磁通密度波 b_δ 是非正弦分布的,但是由于磁路分别关于直、交轴对称,分解得到的基波气隙磁通密度波 $b_{\delta 1}$ 的相位与合成磁动势是相同的。这两种情况下,磁路线性时合成磁动势遇到的磁阻都是不变的,因此正弦分布磁动势产生基波气隙磁通密度,在绕组中感应基波电动势的作用规律是不变的。

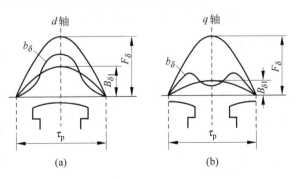

图 8-22 磁动势作用在直、交轴时的气隙磁通密度

正是利用这一特点,前人总结出了一种较好的分析方法,称为**双反应理论**(two-reaction theory),也叫布朗戴尔双反应法。它的理论基础是在磁路不饱和的条件下采用叠加定理,先把电枢磁动势 F_a 分解为两个磁动势:一个作用在直轴上,叫直轴电枢反应磁动势,用 F_{ad} 表示;一个作用在交轴上,叫交轴电枢反应磁动势,用 F_{aq} 表示,如图 8-23

所示。F_{ad} 和 F_{aq} 遇到的直、交轴气隙都不会变化,且磁路对称,因此二者分别产生与其相位相同的直、交轴基波气隙磁通密度 B_{ad}、B_{aq},分别在绕组中产生电枢反应电动势 $\dot{E}_{ad}$ 和 $\dot{E}_{aq}$。然后再将这两个电动势与基波励磁磁动势 F_{f1} 产生的空载电动势 $\dot{E}_0$ 叠加起来,得到气隙电动势 $\dot{E}_\delta$。这样就解决了合成磁动势 F_δ 在不同位置遇到不同气隙而难以确定 $\dot{E}_\delta$ 的困难。上述的电磁关系概括起来如图 8-24 所示。

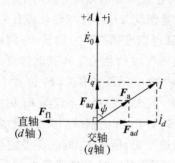

图 8-23 直、交轴电枢反应磁动势

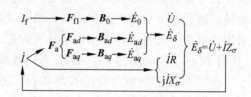

图 8-24 凸极同步发电机的电磁关系

2. 凸极同步发电机的电动势相量图

根据上述电磁关系,可以画出凸极同步发电机的电动势相量图,如图 8-25 所示。因为双反应理论的基础是叠加定理,所以已经是线性化的情况。

电枢磁动势 F_a 的两个分量 F_{ad} 和 F_{aq} 由电枢电流 $\dot{I}$ 产生,分别为

$$F_{ad} = F_a \sin\psi = 1.35 \frac{N_1 k_{dp1}}{p} I \sin\psi = 1.35 \frac{N_1 k_{dp1}}{p} I_d \tag{8-5}$$

$$F_{aq} = F_a \cos\psi = 1.35 \frac{N_1 k_{dp1}}{p} I \cos\psi = 1.35 \frac{N_1 k_{dp1}}{p} I_q \tag{8-6}$$

式中,$I_d = I\sin\psi$,$I_q = I\cos\psi$。据此可以认为:F_{ad} 和 F_{aq} 分别由电流 $\dot{I}$ 的两个分量 $\dot{I}_d$、$\dot{I}_q$ 产生,$\dot{I}_d$ 和 $\dot{I}_q$ 可以看成电流 $\dot{I}$ 的正交分解的结果,其中直轴分量 $\dot{I}_d$ 与 $\dot{E}_0$ 成 90°电角度,交轴分量 $\dot{I}_q$ 与 $\dot{E}_0$ 同相,如图 8-25 所示。

将电枢电流 $\dot{I}$ 分解成 $\dot{I}_d$、$\dot{I}_q$ 两个分量后,凸极同步发电机基于双反应理论的电磁关系可以进一步表示如图 8-26 所示。

根据这一电磁关系,也可以用电抗参数分别表示直轴电枢电流 $\dot{I}_d$、交轴电枢电流 $\dot{I}_q$ 与电枢反应电动势 $\dot{E}_{ad}$、$\dot{E}_{aq}$ 之间的关系,即

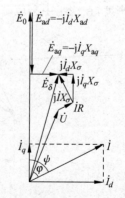

图 8-25 凸极同步发电机的电动势相量图

$$\dot{E}_{ad} = -j\dot{I}_d X_{ad}, \quad \dot{E}_{aq} = -j\dot{I}_q X_{aq} \tag{8-7}$$

式中,X_{ad} 称为每相电枢绕组的**直轴电枢反应电抗**(direct-axis armature reaction reactance);X_{aq} 称为每相电枢绕组的**交轴电枢反应电抗**(quadrature-axis armature reaction reactance)。

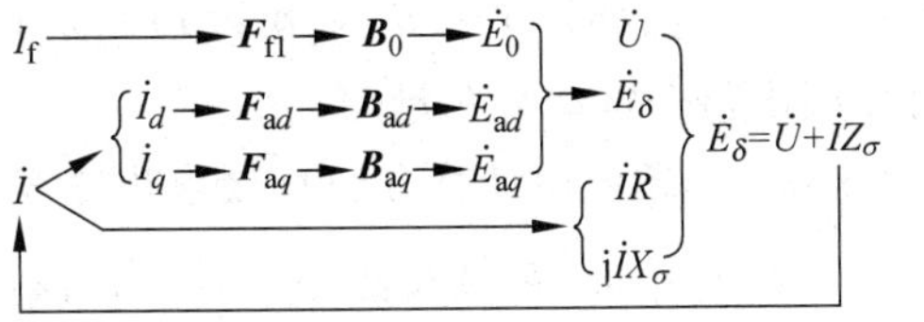

8.4 凸极同步发电机的双反应理论和相量图

$$I_f \longrightarrow F_{f1} \longrightarrow B_0 \longrightarrow \dot{E}_0 \quad \left.\begin{array}{l} \dot{U} \\ \dot{E}_\delta \\ \dot{I}R \\ j\dot{I}X_\sigma \end{array}\right\} \dot{E}_\delta = \dot{U} + \dot{I}Z_\sigma$$

$$\dot{I} \left\{\begin{array}{l} \dot{I}_d \longrightarrow F_{ad} \longrightarrow B_{ad} \longrightarrow \dot{E}_{ad} \\ \dot{I}_q \longrightarrow F_{aq} \longrightarrow B_{aq} \longrightarrow \dot{E}_{aq} \end{array}\right.$$

图 8-26 电枢电流分解后凸极同步发电机的电磁关系

X_{ad} 和 X_{aq} 分别表征三相直、交轴电枢电流 $\dot{I}_d$、$\dot{I}_q$ 产生的基波气隙磁通（电枢反应磁通）在一相电枢绕组中感应的基波电动势与一相电枢电流直、交轴分量的比值，是等效电抗。

用参数表示的凸极发电机电动势相量图仍如图 8-25 所示，相应的电压方程式为

$$\dot{E}_\delta = \dot{E}_0 + \dot{E}_{ad} + \dot{E}_{aq} = \dot{E}_0 - j\dot{I}_d X_{ad} - j\dot{I}_q X_{aq}$$
$$= \dot{U} + \dot{I}(R + jX_\sigma) = \dot{U} + \dot{I}R + j\dot{I}_d X_\sigma + j\dot{I}_q X_\sigma$$
$$\dot{E}_0 = \dot{U} + \dot{I}R + j\dot{I}_d(X_{ad} + X_\sigma) + j\dot{I}_q(X_{aq} + X_\sigma)$$
$$= \dot{U} + \dot{I}R + j\dot{I}_d X_d + j\dot{I}_q X_q \tag{8-8}$$

式中，X_d 称为每相电枢绕组的**直轴同步电抗**（direct-axis synchronous reactance）；X_q 称为每相电枢绕组的**交轴同步电抗**（quadrature-axis synchronous reactance）。

X_d 和 X_q 分别表征三相直、交轴电枢电流（$\dot{I}_d$、$\dot{I}_q$）产生的总磁通（包括基波气隙磁通与漏磁通）在一相电枢绕组中感应的基波电动势与一相电枢电流直、交轴分量的比值，也是等效电抗。对于普通凸极同步发电机，直轴磁路的气隙小，交轴磁路的气隙大，因此 $X_{ad} > X_{aq}$，$X_d > X_q$。

引入同步电抗后，凸极同步发电机的电动势相量图可简化为如图 8-27 所示。

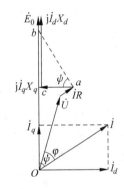

图 8-27 凸极同步发电机采用同步电抗的电动势相量图

以上分析的凸极同步发电机电动势相量图，是在假设 ψ 角已知的情况下画出的。如果 ψ 角不知道，就无法把 $\dot{I}$ 分解为 $\dot{I}_d$、$\dot{I}_q$，双反应理论就无法使用。若知道凸极发电机的参数，又知道外部情况（如端电压 U、电枢电流 I 和功率因数 $\cos\varphi$），就能够画出电动势相量图。

在图 8-27 中，通过点 a 作垂直于相量 $\dot{I}$ 的直线 ab，交相量 $\dot{E}_0$ 于点 b，线段 ab 与相量 $j\dot{I}_q X_q$ 之间的夹角就是 ψ 角，于是

$$ab = \frac{ac}{\cos\psi} = \frac{I_q X_q}{\cos\psi} = \frac{I\cos\psi X_q}{\cos\psi} = IX_q$$

即线段 ab 的长度等于 IX_q，据此就可用作图法求出 ψ 角。

在作图之前要知道端电压 U、电枢电流 I 和功率因数 $\cos\varphi$ 的大小，还要知道参数 R、X_d 和 X_q 的数值。在图 8-27 中，先画出 $\dot{U}$、$\dot{I}$ 及 $\dot{I}R$ 等相量，确定点 a；通过点 a 作垂直于

$\dot{I}$ 的线段 ab，让 ab 的长度等于 IX_q，即确定了点 b；连接点 O 与 b，则线段 Ob 与 $\dot{I}$ 的夹角就是 ψ 角。找到 ψ 角后，就可以画出整个电动势相量图。

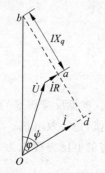

图 8-28 用几何关系求 ψ 角

还可用计算方法直接求出 ψ 角。如图 8-28 所示，延长 ba 与相量 $\dot{I}$ 的延长线交于 d 点，可得

$$\tan\psi = \frac{bd}{Od} = \frac{IX_q + U\sin\varphi}{IR + U\cos\varphi} \quad 或 \quad \psi = \arctan\frac{IX_q + U\sin\varphi}{IR + U\cos\varphi}$$

凸极同步发电机利用了双反应理论后，能不能也像隐极同步发电机那样找到一个等效电路呢？如果有这个等效电路，在电力系统中，凸极发电机就可以用一些等效的电阻、电感元件代替，这对于分析包含凸极发电机在内的复杂电力系统是很重要的。

如果把图 8-27 中的线段 Ob 看成一个电动势，称为 $\dot{E}_q$，则

$$\dot{E}_q = \dot{U} + \dot{I}R + j\dot{I}X_q = \dot{U} + \dot{I}R + j\dot{I}_d X_q + j\dot{I}_q X_q \tag{8-9}$$

如图 8-29 所示，与 $\dot{E}_0 = \dot{U} + \dot{I}R + j\dot{I}_d X_d + j\dot{I}_q X_q$ 相比，$\dot{E}_q$ 和 $\dot{E}_0$ 二者同相位，但是 E_q 比 E_0 要小一些，即

$$\dot{E}_0 - \dot{E}_q = j\dot{I}_d(X_d - X_q) \quad 或 \quad E_0 - E_q = I_d(X_d - X_q)$$

实际上并不存在 $\dot{E}_q$ 这个电动势，但由于 $\dot{E}_q$ 与 $\dot{E}_0$ 同相，在数值上又接近于 $\dot{E}_0$，因此可近似地以 $\dot{E}_q$ 代替 $\dot{E}_0$，得到凸极同步发电机的等效电路，如图 8-30 所示。这个等效电路当然是近似的，如果不是分析复杂电力系统，而是分析单机运行问题时，应尽量采用基于双反应理论的电动势相量图。

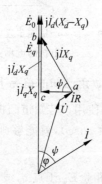

图 8-29 凸极发电机的相量图

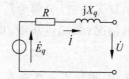

图 8-30 凸极同步发电机的近似等效电路

例 8-2 一台水轮发电机，$P_N = 72.5\text{MW}$，额定电压 $U_N = 10.5\text{kV}$，星形联结，额定功率因数 $\cos\varphi_N = 0.8$（滞后），$X_d = 1$，$X_q = 0.65$，忽略电枢绕组电阻。求额定运行时的空载电动势 E_0 和内功率因数角 ψ。

解：可以采用电压方程式或电动势相量图求解。因已知参数的标幺值，故采用标幺值计算。

8.4 凸极同步发电机的双反应理论和相量图

额定运行时,$U=1$,$I=1$。

方法一 利用电压方程式求解

以相电压为参考相量,设$\dot{U}=1\angle 0°$,因$\varphi=\arccos 0.8=36.87°$,所以

$$\dot{I} = 1\angle -\varphi = 1\angle -36.87°$$

$$\dot{E}_q = \dot{U}+\dot{I}\underline{R}+\mathrm{j}\dot{I}\underline{X}_q = \dot{U}+\mathrm{j}\dot{I}\underline{X}_q$$
$$= 1+\mathrm{j}0.65\angle -36.87° = 1.484\angle 20.51°$$

即$\dot{E}_0$与$\dot{U}$的夹角$\theta=20.51°$。因此

$$\psi = \theta+\varphi = 20.51°+36.87° = 57.38°, \quad \underline{I}_d = \underline{I}\sin\psi = 1\times\sin 57.38° = 0.8423$$

$$\underline{E}_0 = \underline{E}_q + \underline{I}_d(\underline{X}_d - \underline{X}_q) = 1.484 + 0.8423\times(1-0.65) = 1.779$$

线电压的基值为$U_N=10500\mathrm{V}$,相电压的基值为

$$U_{N\phi} = U_N/\sqrt{3} = 10500/\sqrt{3} = 6062\mathrm{V}$$

因此,空载相电动势为

$$E_0 = \underline{E}_0 U_{N\phi} = 1.779\times 6062 = 10784\mathrm{V}$$

空载线电动势为

$$E_{0L} = \underline{E}_0 U_N = 1.779\times 10500 = 18680\mathrm{V}$$

方法二 利用电动势相量图求解

$$\varphi = \arccos 0.8 = 36.87°, \quad \sin\varphi = 0.6$$

则

$$\psi = \arctan\frac{I\underline{X}_q + U\sin\varphi}{I\underline{R} + U\cos\varphi}$$
$$= \arctan\frac{1\times 0.65 + 1\times 0.6}{1\times 0 + 1\times 0.8} = 57.38°$$

则有

$$\underline{I}_d = \underline{I}\sin\psi = 1\times\sin 57.38° = 0.8423$$

所以

$$\underline{E}_0 = \underline{U}\cos(\psi-\varphi) + \underline{I}_d\underline{X}_d$$
$$= 1\times\cos(57.38°-36.87°) + 0.8423\times 1 = 1.779$$

实际值的求法同解法一。

练习题

8-4-1 利用时空相矢量图对凸极同步电机进行分析,会出现什么问题?是什么原因造成的?

8-4-2 双反应理论利用了凸极电机的什么特点?它能够考虑磁路的饱和吗?

8-4-3 直轴和交轴电枢反应电抗、直轴和交轴同步电抗的物理意义各是什么?它们之间的数值关系如何?

8.5 同步发电机的电压调整率和负载时励磁磁动势的求法

同步发电机带负载后,电枢反应及电流在漏阻抗上的压降都会导致发电机端电压变化,因此同步发电机的电压调整率以及不同负载对励磁磁动势的要求是发电机中非常重要的两个问题。可以应用相矢量图来进行分析。

对于隐极同步发电机,采用磁动势电动势相矢量图可以求出电压调整率,前面已经讨论过。在实际作图时,经常用保梯电抗 X_p(其意义将在第 9 章中说明)代替漏电抗 X_σ,把相矢量图和空载特性画在一张图上,如图 8-31 所示。将额定相电压相量 $\dot{U}$ 画在空载特性纵坐标的位置,画出相量 $\dot{I}$,求得相量 $\dot{E}_\delta$。在空载特性上找到点 b,作垂直于横坐标轴的线段 ab 并使 $ab=E_\delta$,则 $Oa=k_a F_\delta$。作线段 $ac = k_a F_a$,其倾斜角度为 φ',则 $Oc=F_f$。以 Oc 为半径作弧交横坐标轴于点 d,负载下的励磁磁动势 $F_f=Od$。由 Od 在空载特性线上查得 $de=E_0$。电压调整率为

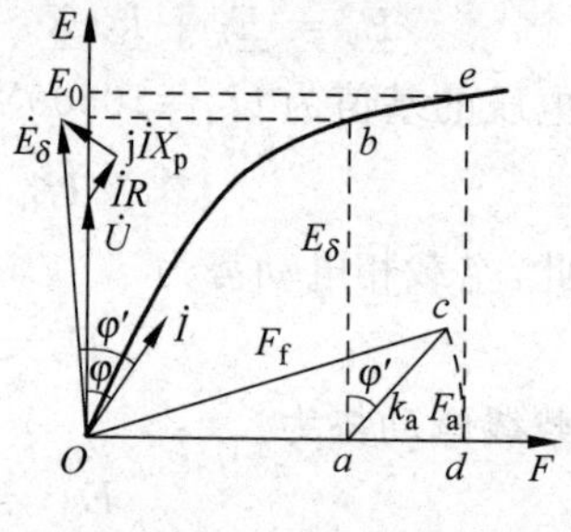

$$\Delta U = \frac{E_0 - U_N}{U_N} \times 100\%$$

图 8-31 保梯图

图 8-31 也叫保梯图。因为这种图比较简单,一般不仅用于隐极同步发电机,而且也用于凸极发电机。这时,同样用 X_p 代替 X_σ,用 $k_{ad}F_a$ 代替隐极时的 $k_a F_a$(k_{ad} 为直轴电枢反应磁动势折合因数),即可作图得到 F_f 及 E_0,实际经验证明其误差不大。

求凸极同步发电机的电压调整率时,可以用一种考虑直轴磁路饱和、更为准确的方法。对于交轴,由于气隙很大,认为磁路不饱和,可用交轴电枢反应磁动势 $k_{aq}F_{aq}$ 在气隙线上求出感应电动势 E_{aq}(k_{aq} 为交轴电枢反应磁动势折合因数)。对于直轴,需要考虑磁路饱和,因此把作用在直轴上的励磁磁动势 F_f 和直轴电枢反应磁动势 $k_{ad}F_{ad}$ 叠加起来,求得总磁动势,在空载特性上求得感应电动势 $E_{\delta d}$。然后将 $\dot{E}_{aq}$ 和 $\dot{E}_{\delta d}$ 合成,得到气隙电动势 $\dot{E}_\delta$,其电磁关系如图 8-32 所示。

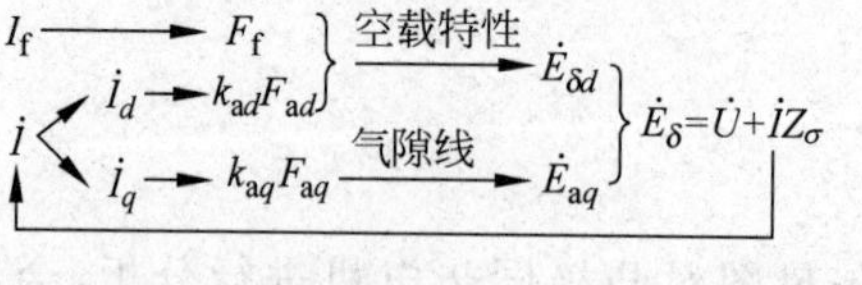

图 8-32 考虑直轴磁路饱和时凸极发电机的电磁关系

根据图 8-32 所示的电磁关系,可以得到如图 8-33 所示的相量图。这种考虑直轴磁路饱和作用的凸极发电机相量图叫做**布朗戴尔相量图**(Blondel phasor diagram)。已知 U、I、$\cos\varphi$、R、X_σ,可得 $\dot{E}_\delta$。如果已知 X_{aq},可令 $ab=IX_{aq}$,得到点 b,从而确定了 ψ 角。由点 a 作直线垂直 Ob 交于点 c,则 $ac=E_{aq}$。根据 $\dot{E}_\delta=\dot{E}_{aq}+\dot{E}_{\delta d}$,可知 $Oc=E_{\delta d}$。由 $E_{\delta d}$ 从空

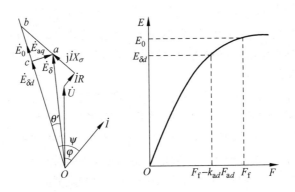

图 8-33　用布朗戴尔相量图求空载电动势

载特性上得到矩形波分布的直轴合成磁动势 $F_f - k_{ad}F_{ad}$，由 I 计算得出 $k_{ad}F_{ad}$ 后，即能得到 F_f 的大小。由 F_f 在空载特性曲线上求得 E_0。

布朗戴尔相量图由于考虑了直轴磁路的饱和，求得的 E_0、F_f 及 θ' 角都是比较准确的。

练习题

能否利用电动势相量图来求电压调整率？为什么？

小　　结

本章详细讨论了三相同步发电机对称稳态运行时内部的电磁关系，是同步发电机运行和性能分析的基础。

发电机空载运行时，转子励磁绕组通入直流励磁电流，产生磁场。因为转子转动，磁场相对定子绕组运动，在定子绕组中感应三相对称电动势。可利用时空相矢量图定性描述基波励磁磁动势、基波磁通密度和基波感应电动势之间的关系，利用空载特性定量描述励磁磁动势或励磁电流与感应电动势之间的关系。

发电机负载运行时，电枢电流产生电枢反应磁动势。电枢反应磁动势与励磁磁动势一起作用在磁路上，形成合成的气隙磁动势。气隙磁动势在电机中产生气隙磁场，在定子绕组中感应气隙电动势。

基波电枢反应磁动势对基波励磁磁动势的作用称为电枢反应。电枢反应的性质取决于负载的性质和电机内部的参数，与空载电动势与电枢电流之间的夹角 ψ 有关。因负载性质不同，可能出现交轴电枢反应、去磁或者增磁的直轴电枢反应。

将空间矢量图与时间相量图的参考轴重合画在同一图中，得到时空相矢量图。通过它可以方便地找到空间矢量或者时间相量的位置。时空相矢量图是交流电机分析的重要手段之一。

由于凸极同步电机与隐极同步电机的气隙不同，内部电磁关系也有所不同。

对于隐极同步发电机，在考虑饱和的情况下，需要将电枢反应磁动势与励磁磁动势叠加得到合成气隙磁动势。利用空载特性得到气隙电动势，气隙电动势作用在电路中与端电压、漏阻抗压降平衡,可以采用时空相矢量图描述整个电磁关系。在不考虑饱和的情况下,认为各个磁动势分别产生磁场,产生感应电动势。将电流产生磁动势,磁动势产生磁场而感应电动势的过程用电抗参数等效,得到电压方程式和等效电路,可以用电动势相量图表示此时的电磁关系。

对于凸极同步发电机,由于气隙不均匀,在磁路为线性时,可以采用双反应理论将电枢反应磁动势分解为直轴和交轴电枢反应磁动势,两者分别产生磁场而感应电动势。采用直轴和交轴电枢反应电抗以及电压方程式、电动势相量图描述电磁关系。在计及饱和的情况下,同样需要首先将直轴电枢反应磁动势与励磁磁动势叠加得到合成磁动势。

额定励磁电流和电压调整率是发电机设计和运行的重要数据,可利用时空相矢量图和空载特性求得这两个数据。

思 考 题

8-1 交流电机中把时间相量图和空间矢量图重合在一起有何方便之处?时空相矢量图中各时间相量与空间矢量分别代表什么意义?两者有何本质不同?

8-2 在画交流电机的时空相矢量图时,有哪些惯例和规律必须遵循?

8-3 为什么同步发电机的空载特性曲线与发电机的磁化特性曲线有相似的形状?

8-4 同步电抗与什么磁通对应?由哪两部分组成?每相同步电抗与每相绕组自身的电抗有什么不同?为什么说同步电抗是与三相有关的电抗而数值又是每相的值?

8-5 同步电机在对称负载时电枢绕组产生的基波磁场是否链及励磁绕组?在励磁绕组中感应电动势吗?为什么?

8-6 同步电机电枢绕组产生的谐波磁动势与励磁绕组产生的谐波磁动势,二者的极距、转向、转速有什么异同?它们在电枢绕组中感应电动势的频率、相序有什么异同?

8-7 同步发电机对称负载运行时,电枢绕组的基波磁动势和谐波磁动势与转子之间有无相对运动?一般所说的电枢反应磁动势是指什么磁动势?谐波磁动势在哪里考虑?为什么励磁绕组的谐波磁动势可以在定子绕组中产生谐波电动势,而电枢绕组的谐波磁动势在定子绕组中产生基波电动势?

8-8 凸极电机求出总的合成磁动势 F_δ 有无实用意义?应用双反应理论有什么条件?

8-9 在时空相矢量图中,F_{f1}、F_a、F_δ、$\dot{E}_0$、$\dot{E}_a$、$\dot{E}_q$ 各代表什么物理量?电抗 X_σ、X_a、X_{ad}、X_{aq}、X_d、X_q、X_s 各对应哪些磁通?因数 k_f、k_a、k_{ad}、k_{aq} 各在什么情况下使用,数值约多大?

8-10 在隐极同步发电机时空相矢量图中,把 +A 轴与 +j 轴重合,则基波励磁磁动势 F_{f1} 与 A,B,C 相电动势 $\dot{E}_{0A}$、$\dot{E}_{0B}$、$\dot{E}_{0C}$ 的相位差是多大?电枢反应磁动势 F_a 与三相电流 $\dot{I}_A$、$\dot{I}_B$、$\dot{I}_C$ 的相位差又分别是多少?在画时空相矢量图时,如果把 +B 轴与 +j 轴重合,则 $\dot{E}_{0A}$ 与 F_{f1} 的相位关系将是怎样的?

8-11 在隐极同步发电机时空相矢量图中,空间矢量 F_{f1}、F_a、F_δ 分别与哪个时间相量相对应？在磁路为线性时，若 $F_{fl}=-2F_a$，则 $\dot{E}_0$、$\dot{E}_a$ 与 $\dot{E}_\delta$ 有何数量关系？

8-12 对隐极同步发电机，利用时空相矢量图求得的励磁磁动势 F_f 与电压调整率 ΔU 是否正确？如果利用电动势相量图来求，那么得到的 F_f 和 ΔU 是否有偏差？

习 题

8-1 已知 $t=0$ 时，同步电机转子位置如题图 8-1 所示。

(1) 画出 F_{fl} 和 B_0 的空间矢量图；

(2) 画出 A 相空载电动势 $\dot{E}_0$ 的时间相量图；

(3) 将时间相量图和空间矢量图重合，画出 $\dot{E}_0$ 和 F_{fl}。

8-2 已知 $t=0$ 时，同步电机转子 S 极中心线超前 A 相轴线 75°。试直接用时空相矢量图画出 A 相空载电动势 $\dot{E}_0$ 及 F_{fl}。

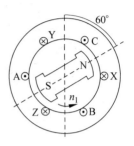

题图 8-1

8-3 已知同步电机三相绕组对称，$p=1$，如题图 8-2 所示。转子逆时针方向转动，A 相空载电动势表达式为 $e_{0A}=\sqrt{2}E_1\sin(\omega t-90°)$。写出 B、C 相空载电动势 e_{0B}、e_{0C} 的表达式，并在时间相量图中画出 $\dot{E}_{0A}$、$\dot{E}_{0B}$、$\dot{E}_{0C}$。在题图 8-2 中画出 $t=0$ 时转子的位置，并画出 F_{fl} 的空间矢量图。

8-4 一台同步电机绕组分布及绕组中电动势、电流的参考方向如题图 8-3(a)所示。试求：

(1) 当题图 8-3(b)中 $\alpha=120°$ 时，画出 A 相绕组空载电动势 $\dot{E}_0$ 的时间相量图；

(2) 若定子绕组电流滞后空载电动势 $\dot{E}_0$ 60°电角度，画出定子绕组产生的合成基波磁动势 F_a 的位置，说明电枢反应磁动势的作用；

(3) 如果 $F_{fl}=3F_a$，画出磁动势 F_δ 的位置。

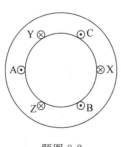

题图 8-2

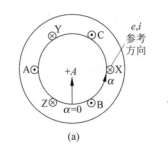

题图 8-3

8-5 一台 4 极同步发电机，电枢绕组的 e、i 参考方向如题图 8-4 所示，转子逆时针转动，转速为 1500r/min，已知电枢相电流滞后于空载电动势 30°电角度，转子瞬时位置如图示。

(1) 在空间矢量图上画出 F_{fl}，标出其转向及电角速度 ω 的大小；

(2) 作出电枢绕组三相空载电动势和电流的时间相量图，标出时间角频率 ω 的大小；

(3) 在空间矢量图上画出电枢反应磁动势 F_a，标出转向和电角速度 ω 的大小，并说明 F_{ad} 的性质。

8-6 有一台同步电机，定子绕组里电动势和电流的参考方向分别标在题图 8-5(a)、(b)中。假设定子电流 $\dot{I}$ 超前电动势 $\dot{E}_0$ 90°。根据图(a)和图(b)所示的转子位置，分别找出电枢反应磁动势 F_a 的位置，并说明它是去磁还是增磁性质的。

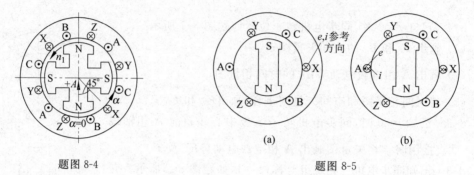

题图 8-4   题图 8-5

8-7 画出隐极同步发电机带电感负载和电容负载两种情况下的时空相矢量图，忽略电枢绕组电阻，在图上表示出时间相量 $\dot{U}$、$\dot{I}$、$j\dot{I}X_\sigma$、$\dot{E}_\delta$ 及空间矢量 F_{f1}、F_a、F_δ。比较两种情况下励磁磁动势 F_{f1} 和合成磁动势 F_δ 的大小，说明电枢反应磁动势 F_a 各起什么作用。

8-8 一台三相 p 对极、频率为 f 的隐极同步电机，定子内径为 D，等效气隙长度为 δ，铁心有效长度为 l，绕组每相串联匝数为 N_1，基波绕组因数为 k_{dp1}，忽略定、转子铁心磁阻，试推导电枢反应电抗 X_a 的公式，说明 X_a 与哪些量有关。

8-9 已知一台隐极同步发电机的端电压 $\underline{U}=1$，$\underline{I}=1$，同步电抗 $\underline{X}_s=1$，功率因数 $\cos\varphi=1$（忽略定子电阻）。用画时空相矢量图的办法，找出在题图 8-6 所示瞬间该发电机转子的位置。

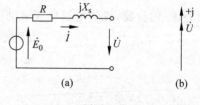

题图 8-6

8-10 一台三相星形联结的隐极同步发电机，每相漏电抗为 2Ω，每相电阻为 0.1Ω。当负载为 500kV·A、$\cos\varphi=0.8$（滞后）时，机端电压为 2300V。求基波气隙磁场在一相电枢绕组中产生的电动势。

8-11 一台三相星形联结的隐极同步发电机，空载时使端电压为 220V 所需的励磁电流为 3A。当发电机接上每相 5Ω 的星形联结电阻负载时，要使端电压仍为 220V，所需的励磁电流为 3.8A。不计电枢电阻，求该发电机的同步电抗（不饱和值）。

8-12 一台三相星形联结的隐极同步发电机，额定电流 $I_N=60A$，同步电抗 $X_s=1Ω$，电枢电阻忽略不计。调节励磁电流使空载端电压为 480V，保持此励磁电流不变，当发电机输出功率因数为 0.8（超前）的额定电流时，发电机的端电压为多大？此时电枢反应磁动势起何作用？

8-13 一台隐极同步发电机带三相对称负载，$\cos\varphi=1$，此时端电压 $U=U_N$，电枢电

流 $I=I_N$,若知该电机的 $X_\sigma=0.15$,$X_a=0.85$,忽略定子电阻,用时间相量图求空载电动势 E_0、ψ 及 θ'。

8-14 如题图 8-3(a)所示的隐极同步电机,端电压 $U=1$,电流 $I=1$,同步电抗 $X_s=1$,功率因数 $\cos\varphi=0.866$($\dot{I}$ 超前 $\dot{U}$)。利用时空相矢量图,找出当转子转到如题图 8-3(b) 所示位置($\alpha=120°$)时电枢反应磁动势 F_a 的位置。

8-15 一台三相水轮发电机数据如下:额定容量 $S_N=8750$kV·A,额定电压 $U_N=11$kV(星形联结),同步电抗 $X_d=17\Omega$,$X_q=9\Omega$,忽略电阻,电机带 $\cos\varphi=0.8$(滞后)的额定负载。

(1) 求各同步电抗的标幺值;

(2) 用电动势相量图求该发电机额定负载运行时的空载电动势 E_0。

8-16 已知一台凸极同步发电机,$U=1$,$I=1$,$X_d=1$,$X_q=0.6$,$R=0$,$\cos\varphi=\dfrac{\sqrt{3}}{2}$($\dot{I}$ 超前 $\dot{U}$)。当 $t=0$ 时,A 相电流达到正的最大值。画出此时的电动势相量图,求出 A 相空载电动势 E_0,并标出 d 轴和 q 轴的位置。

8-17 已知一台 4 极隐极同步发电机,端电压 $U=1$,电流 $I=1$,同步电抗 $X_s=1.2$,功率因数 $\cos\varphi=\dfrac{\sqrt{3}}{2}$($\dot{I}$ 滞后 $\dot{U}$),忽略定子电阻,基波励磁磁动势幅值为 F_{f1},电枢反应磁动势的幅值 $F_a=\dfrac{1}{2}F_{f1}$。试用时空相矢量图求出合成磁动势 F_δ 与 F_{f1} 之间的夹角 θ' 和空载电动势 E_0。

8-18 一台旋转电枢的三相同步电机,电动势、电流的参考方向如题图 8-7 所示。

(1) 在转子转到图示的瞬间,画出励磁磁动势在电枢绕组中产生的电动势 $\dot{E}_{0A}$、$\dot{E}_{0B}$ 和 $\dot{E}_{0C}$ 的时间相量图;

(2) 已知电枢电流 $\dot{I}_A$、$\dot{I}_B$、$\dot{I}_C$ 分别滞后电动势 $\dot{E}_{0A}$、$\dot{E}_{0B}$、$\dot{E}_{0C}$ 60°电角度,画出电枢反应磁动势 F_a;

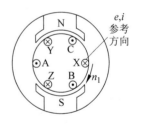

题图 8-7

(3) 求磁动势 F_a 相对于定子的转速。

8-19 一台三相汽轮发电机,Y 联结,额定数据如下:功率 $P_N=25000$kW,电压 $U_N=6300$V,功率因数 $\cos\varphi_N=0.8$(滞后),电枢绕组漏电抗 $X_\sigma=0.0917\Omega$,忽略电枢绕组电阻,空载特性如下表:

E_0/V	0	2182	3637	4219	4547	4801	4983
I_f/A	0	82	164	246	328	410	492

在额定负载下,电枢反应磁动势折合值 $k_a F_a$ 用转子励磁电流表示为 250.9A。试作出时空相矢量图并求额定负载下的励磁电流及空载电动势的大小。

8-20 一台三相隐极同步发电机,定子绕组 Y 联结,额定电压 $U_N=6300$V,额定功率

$P_N=400\text{kW}$,额定功率因数 $\cos\varphi_N=0.8$(滞后),定子绕组每相漏电抗 $X_\sigma=8.1\Omega$,电枢反应电抗 $X_a=71.3\Omega$,忽略定子电阻,空载特性数据如下:

E_0/V	0	1930	3640	4480	4730
F_f/A	0	3250	6770	12200	16600

用电动势相量图求额定负载下空载电动势 E_0 及 ψ 角的大小,并用空载特性气隙线求励磁磁动势 F_f。

8-21 一台水轮发电机有下列数据:额定容量 $S_N=15000\text{kV}\cdot\text{A}$,额定电压 $U_N=13800\text{V}$(Y联结),额定功率因数 $\cos\varphi_N=0.8$(滞后),额定转速 $n_N=100\text{r/min}$,直轴同步电抗(不饱和值)$X_d=11.37\Omega$,交轴同步电抗 $X_q=7.87\Omega$,漏电抗 $X_\sigma=3.05\Omega$,电枢反应磁动势 F_a 用转子励磁电流表示为135A,空载特性如下:

E_0/V	2000	3600	6300	7800	8900	9550	10000
I_f/A	45	80	150	200	250	300	350

(1) 用布朗戴尔相量图求额定负载下的 ψ 角;
(2) 求额定负载下的 I_f 及 ΔU。

第 9 章 同步发电机的运行特性

第 8 章讨论了同步发电机的电磁关系和分析方法,是分析同步发电机各种运行状态的基础。实际运行中,为了对发电机运行状态进行控制和调节,还需要在此基础上了解和掌握发电机在单机运行条件下外部物理量之间的关系,即运行特性。

同步发电机在转速 n_1 保持恒定、负载功率因数 $\cos\varphi$ 不变的条件下,有三个主要变量,即定子端电压 U,负载电流 I,励磁电流 I_f。三个量之中保持一个量为常数,其他两个量之间的函数关系就是同步发电机的运行特性。通常有如下五种基本特性:

(1) 空载特性。当 $I=0$ 即发电机空载时,空载电动势(即端电压)E_0 与 I_f 之间的关系 $E_0=f(I_f)$。

(2) 短路特性。当 $U=0$ 即发电机短路时,短路电流 I_k 与 I_f 之间的关系 $I_k=f(I_f)$。

(3) 负载特性。当 I 和 $\cos\varphi$ 为常数时,U 与 I_f 之间的关系 $U=f(I_f)$。

(4) 电压调整特性。当 I_f 和 $\cos\varphi$ 为常数时,U 与 I 之间的关系 $U=f(I)$。

(5) 调整特性。当 U 和 $\cos\varphi$ 为常数时,I_f 与 I 之间的关系 $I_f=f(I)$。

9.1 同步发电机的空载特性、短路特性和同步电抗的测定

1. 同步发电机的空载特性测定

同步发电机的空载特性是指保持发电机转速为同步转速 n_1,定子绕组开路,改变励磁电流 I_f 大小,空载电动势 E_0 的大小随 I_f 变化的特性,即 $E_0=f(I_f)$。

空载特性可通过空载试验测得。空载试验时,使 I_f 由零增大到最大值,一般做到空载电压为 1.2~1.3 倍额定电压,再由最大值降到零,增和减 I_f 时都应单方向调节。由于铁磁材料有磁滞效应,上升曲线和下降曲线不重合,略有不同;由于剩磁的影响,上升和下降曲线都不过原点,如图 9-1 所示,一般取下降曲线作为空载特性。下降曲线与横坐标没有交点,需要将其直线部分延长与横轴交于 b 点,并将曲线右移使 b 点与原点重合。

空载试验是同步发电机的基本试验之一。通过空载试验,不仅可以检查励磁系统的工作情况,电枢绕组联结是否正确,还可以了解电机磁路饱和程度。因为正常设计的电机,磁路饱和程度控制在一定的范围内。如果设计得太饱和将使励磁绕组用铜太多,运行时调节电压也很困难;如果饱和程度太低,则铁心硅钢片利用率太低,浪费材料,运行时负载变化引起的电压变化较大。

2. 同步发电机的短路特性

短路特性(short-circuit characteristic)可由短路试验测定。短路试验是同步电机的基本试验之一。试验时,将电枢三相绕组出线端短接,将电机拖动到同步转速 n_1 并保持不变,改变励磁电流 I_f,测量电枢绕组中的短路电流 I_k。画出 I_k 与 I_f 的关系曲线,即短路特性 $I_k = f(I_f)$,如图 9-2 所示。

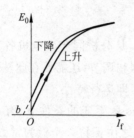
图 9-1 同步发电机的空载特性

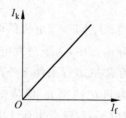
图 9-2 同步发电机的短路特性

以隐极发电机为例分析。短路时端电压 $U=0$,气隙电动势为 $\dot{E}_\delta = \dot{I}_k(R+jX_\sigma)$。电流 I_k 在漏阻抗上的压降较小,E_δ 较小,气隙磁通密度 B_δ 也较小,合成磁动势 F_δ 也较小,电机磁路处于不饱和状态。图 9-3(a)所示为隐极发电机处于短路时的时空相矢量图,忽略更小的电阻压降时,隐极发电机的相矢量图如图 9-3(b)所示。电枢反应磁动势 F_a 和励磁磁动势 F_{f1} 方向相反,起直轴去磁作用,这时合成磁动势 $F_\delta = F_{f1} - F_a$。当短路电流 I_k 增加时,电枢反应磁动势 F_a 成正比增加,气隙电动势 $E_\delta \approx I_k X_\sigma$ 也成正比增加;由于磁路不饱和,合成磁动势 F_δ 成正比增加,造成励磁磁动势 F_{f1} 也成正比增加,励磁电流 I_f 当然也是成正比增加,所以 I_k 与 I_f 成正比,短路特性是一条直线。

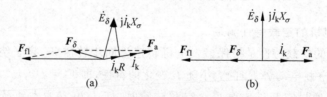
图 9-3 同步发电机短路时的相矢量图

3. 同步电抗的测定

利用空载特性气隙线和短路特性可以求出同步电抗的不饱和值。

对于隐极发电机,三相绕组短路时的电压方程式为 $\dot{E}_0 = \dot{I}_k(R+jX_s)$。忽略电阻 R 时,$\dot{E}_0 = j\dot{I}_k X_s$,相应的电动势相量图如图 9-4(a)所示,同步电抗 X_s 为

$$X_s = \frac{E_0}{I_k}$$

如果漏电抗 X_σ 已知,还可求出电枢反应电抗 X_a,即 $X_a = X_s - X_\sigma$。

图 9-4(b)表示短路特性和空载特性气隙线。从短路特性可以找到产生一定的短路

电流 I_k 所需要的励磁电流 I_{f1}，同一个 I_{f1} 产生的不饱和空载电动势 E_0 可从气隙线上找到。由于电动势相量图是磁路线性化后得到的，所以必须用气隙线。将找到的 E_0 除以 I_k，就可得到 X_s。

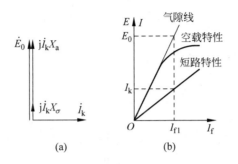

图 9-4 用短路特性和空载特性求取同步电抗

对于凸极发电机，短路时忽略电阻压降，可得 $\dot I_k$ 滞后 $\dot E_0$ 90°电角度（即 $\psi=90°$），电枢反应性质是直轴去磁，$\dot I_d = \dot I_k$，$\dot I_q = 0$，所以电动势方程式为

$$\dot E_0 = \dot E_\delta - \dot E_{ad} - \dot E_{aq} = \mathrm{j}\dot I_k X_\sigma + \mathrm{j}\dot I_k X_{ad} + \mathrm{j}\dot I_q X_{aq} = \mathrm{j}\dot I_k X_d$$

可得直轴同步电抗的不饱和值为

$$X_d = \frac{E_0}{I_k}$$

从空载特性气隙线及短路特性求出相应的 E_0 及 I_k，可得凸极电机直轴同步电抗 X_d。

练习题

9-1-1 同步发电机设计时，将额定电压的运行点确定在比较饱和的区段或者是线性区段，对电机的性能和材料耗费有什么影响？

9-1-2 短路特性为什么是一条直线？如果将励磁电流不加限制地增大，该特性是否仍保持为直线？

9-1-3 为什么用空载特性和短路特性不能准确测定同步电抗的饱和值？为什么从空载特性和短路特性不能测定交轴同步电抗？

9.2 同步发电机的零功率因数负载特性和保梯电抗的测定

同步发电机的**负载特性**(load characteristic)是在额定转速下，I 及 $\cos\varphi$ 为常数时，端电压 U 与励磁电流 I_f 之间的关系。**零功率因数负载特性**(zero power-factor characteristic)就是 $\cos\varphi=0$ 时的负载特性。测这条特性曲线的目的，是为了求电枢绕组的漏电抗。

实际试验时,可以采用电抗器、空载的变压器或者并联到电网过励运行(有功功率为零)等方式得到纯电感负载,此时发电机消耗的电能不大。发电机带零功率因数负载时,负载电流$\dot I$滞后于电压$\dot U$ 90°电角度,忽略电枢绕组电阻,电压方程式为

$$\dot E_\delta = \dot U + \mathrm{j}\dot I X_\sigma$$

作出相量图如图 9-5(a)所示。由于相量$\dot E_\delta$、$\dot U$和$\mathrm{j}\dot I X_\sigma$都在同一个方向上,因此上式可以写成代数方程式,即$E_\delta = U + I X_\sigma$。

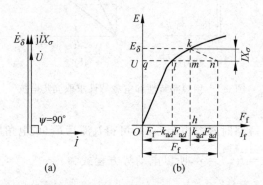

图 9-5 凸极发电机带零功率因数负载时的电动势相量图

取零功率因数负载特性上的一点来进行分析。如图 9-5(b)中的n点,此时端电压为U,对应于线段hm,电枢电流为I,励磁磁动势为F_f,对应于线段qn。由于有漏电抗压降(对应于线段km),实际绕组的感应电动势为气隙电动势E_δ,对应于线段hk。产生气隙电动势E_δ所需的励磁磁动势可由空载特性查出,对应于线段Oh。而空载端电压为U时的励磁磁动势对应于线段ql。可见,为了补偿漏电抗压降,励磁磁动势需要增加线段lm对应的磁动势。但是实际的励磁磁动势F_f对应于线段qn,比qm还要大。

从图 9-5(a)可以看出,此时$\psi=90°$,电枢反应磁动势中只有直轴电枢反应磁动势分量F_{ad},而没有交轴电枢反应磁动势分量F_{aq}。电机的直轴上总磁动势为$F_\mathrm{f}-k_{ad}F_{ad}$,它在气隙里产生磁通密度,感应气隙电动势$E_\delta$。所以线段$mn$对应的磁动势正是补偿电枢反应去磁磁动势$F_{ad}$所需要增加的励磁磁动势。可见,$km=IX_\sigma$,$mn=k_{ad}F_{ad}$。

把k、m和n三点联成三角形,由于测量零功率因数负载特性时始终保持负载电流I为常数,所以△kmn的两个边km和mn的长度是常数。不论端电压U如何变化,在零功率因数负载特性和空载特性之间始终存在大小不变的直角△kmn,如图 9-6 所示。但是在不同的端电压下,补偿漏电抗压降所需的励磁磁动势对应的线段l_1m、l_2m和l_3m的长度却不同,$l_1m>l_2m>l_3m$,这是因为电机主磁路有饱和现象,虽然漏电抗压降都相同,但是随着端电压增加,磁路饱和程度增加,需要补偿的磁动势就大。

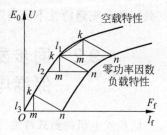

图 9-6 空载特性与零功率因数负载特性

如果知道△kmn中的边km的长度,就可以求出X_σ,即

9.2 同步发电机的零功率因数负载特性和保梯电抗的测定

$$X_\sigma = \frac{km \text{ 代表的相电动势}}{\text{电枢相电流 } I}$$

在零功率因数负载特性上,不同电压下的 k 点并不知道,只是知道电压不同时都存在相同的 $\triangle kmn$。由图 9-6 可知,在 $U=0$ 时,$\triangle l_3 kn$ 的 $l_3 k$ 边正好与电机的气隙线重合,即 k 点必然在气隙线上。利用这一点,就可以找出 km 的长度。

在零功率因数负载特性上选一点 n,一般取额定电压时或者比较饱和的点,如图 9-7 所示,过点 n 作横坐标的平行线 ln,使 $l_3 n$ 的长度等于 On' 的长度;然后,过点 l_3 作气隙线的平行线,交空载特性曲线于点 k;从点 k 作 $l_3 n$ 的垂线,交 $l_3 n$ 于点 m;根据线段 km 长度对应的电压,可算出漏电抗 X_σ。

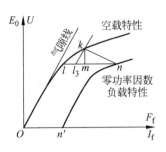

图 9-7 求漏电抗

根据零功率因数负载试验求得的漏电抗 X_σ,一般比计算法或者其他方法得到的 X_σ 大一些,而且是带有规律性的。其原因解释如下:

在图 9-7 的零功率因数负载特性上,点 n 对应的气隙电动势与空载特性上点 k 的空载电动势一样,说明产生点 n 的气隙电动势所需的合成磁动势与点 k 所需的空载磁动势也是相同的。从主磁路看,点 n 与点 k 有同样的磁动势和磁通密度,主磁路饱和程度是一样的。但是两者实际的励磁磁动势却不相同,由于零功率因数负载时直轴电枢反应磁动势的去磁作用,点 n 的实际励磁磁动势比点 k 的要大得多。

点 n 的合成磁动势与空载时点 k 的励磁磁动势相同,只表示经过气隙的主磁通一样。励磁绕组和定子绕组一样,通电后会产生只交链励磁绕组自身而不与定子绕组交链的漏磁通。零功率因数负载时的励磁磁动势要大很多,产生的漏磁通也大得多。如图 9-8 所示,图(a)和图(b)分别表示空载时点 k 和零功率因数负载时点 n 的情况,其主磁路中合成磁动势产生的主磁通都是 4 个单位。点 k 的励磁磁动势小,励磁绕组的极间漏磁通小,只有 1 个单位;点 n 的励磁磁动势大,极间漏磁通大,为 2 个单位。因此,磁极铁心的磁通也不一样,空载时是 5 个单位,而零功率因数负载时是 6 个单位。可见,点 n 和点 k 的磁极饱和程度不一样,点 n 的更饱和一些。磁路饱和使磁路磁阻增大,零功率因数负载时磁路饱和程度高,要得到同样的气隙磁通,在试验时必须加比点 n 处更大的励磁,所以实际量测到的零功率因数负载特性,不是图 9-9 中的虚线(理论曲线),而是图中的实线。

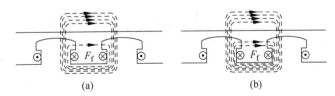

图 9-8 转子极间漏磁情况

由于时空相矢量图并没有考虑转子绕组的漏磁情况,所以时空相矢量图无法完全反映实际测到的零功率因数负载特性。根据试验测得的零功率因数负载特性求漏电抗,所

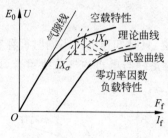

图 9-9 X_p 与 X_σ 的区别

得的数值比 X_σ 要大些,这可以从图 9-9 看出来。为了区别于 X_σ,把由实际测得的电抗称为**保梯电抗**(Potier reactance),用 X_p 表示。

保梯电抗 X_p 虽然不是漏电抗,但是在利用磁动势电动势相矢量图计算同步发电机的负载运行时,由于一般负载都是电感性的居多,磁极铁心都有额外饱和现象发生,与零功率因数负载试验时类似,因此在这种情况下用保梯电抗 X_p 代替漏电抗 X_σ,反而会得到更准确的结果。

例 9-1 一台三相星形联结的汽轮发电机,额定容量 $S_N=30000\text{kV}\cdot\text{A}$,额定电压 $U_N=10.5\text{kV}$,额定功率因数 $\cos\varphi_N=0.8$(滞后),额定频率 $f_N=50\text{Hz}$。空载特性如下:

E_0/V(线电动势)	4000	8000	11000	13000	14000	15000	16000
I_f/A	45	90	132	170	210	280	440

短路特性为 $I_k=6I_f$。在电流为额定值的零功率因数负载特性上,电压为额定值时对应的每相气隙电动势为 6986V。设 $X_p=X_\sigma$,忽略电枢绕组电阻。求:

(1) 保梯电抗;

(2) 额定励磁电流;

(3) 电压调整率。

解:额定电流为

$$I_N=\frac{S_N}{\sqrt{3}U_N}=\frac{30\times 10^6}{\sqrt{3}\times 10.5\times 10^3}=1650\text{A}$$

(1) 由已知条件可知,零功率因数负载特性上额定电流时漏电抗对应的电动势为

$$I_N X_p=E_\delta-\frac{U_N}{\sqrt{3}}=6986-\frac{10.5\times 10^3}{\sqrt{3}}=924\text{V}$$

所以

$$X_\sigma=X_p=\frac{924}{1650}=0.56\Omega$$

(2) 由发电机短路时的时空相矢量图可知,短路时,电枢反应磁动势为直轴去磁性质,励磁磁动势与电枢反应磁动势合成得到气隙磁动势,由气隙磁动势感应气隙电动势,与漏电抗上的压降平衡,此时磁路不饱和。由短路电流为额定值时的漏电抗压降,查空载特性,可得对应的等效励磁电流为

$$I_{f\delta k}=\frac{45}{4000}\times\sqrt{3}\times 924=18\text{A}$$

由短路特性可知,短路电流为额定值时的实际励磁电流为

$$I_{fk}=\frac{I_k}{6}=\frac{I_N}{6}=\frac{1650}{6}=275\text{A}$$

因此,可得与额定电枢电流产生的电枢反应磁动势相对应的等效励磁电流为

$$I_{fa} = I_{fk} - I_{f\delta k} = 275 - 18 = 257\text{A}$$

即额定电枢电流产生的电枢反应磁动势与 257A 的励磁电流产生的励磁磁动势等效。

额定运行时,以相电压为参考相量,设 $\dot{U} = \dfrac{10.5 \times 10^3}{\sqrt{3}} \angle 0° =$ 6062∠0° V,而 $\varphi_N = \arccos 0.8 = 36.87°$,则 $\dot{I} = 1650\angle -36.87°$ A,相量图如图 9-10 所示。

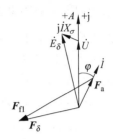

图 9-10 例 9-1 的相矢量图

由电压方程式得

$$\begin{aligned}\dot{E}_\delta &= \dot{U} + \dot{I}R + j\dot{I}X_p = \dot{U} + j\dot{I}X_p \\ &= 6062 + j0.56 \times 1650\angle -36.87° \\ &= 6657.56\angle 6.37° \text{V}\end{aligned}$$

查空载特性,得到气隙合成磁动势对应的励磁电流为

$$I_{f\delta} = \dfrac{170-132}{13000-11000} \times (6657.56 \times \sqrt{3} - 11000) + 132 = 142.1\text{A}$$

与额定电流时的电枢反应磁动势等效的励磁电流为

$$I_{fa} = 257\text{A}$$

由时空相矢量图可知,电枢反应磁动势与气隙磁动势之间的夹角为 $6.37° + 36.87° + 90° = 133.24°$。利用几何关系,得到实际励磁电流为

$$\begin{aligned}I_f &= \sqrt{I_{fa}^2 + I_{f\delta}^2 - 2I_{fa}I_{f\delta}\cos 133.24°} \\ &= \sqrt{257^2 + 142.1^2 - 2 \times 257 \times 142.1\cos 133.24°} = 369.2\text{A}\end{aligned}$$

(3) 由额定运行时的实际励磁电流查空载特性,得到空载电动势(线值)为

$$E_0 = \dfrac{16000-15000}{440-280} \times (369.2 - 280) + 15000 = 15557.5\text{V}$$

则

$$\Delta U = \dfrac{E_0 - U_N}{U_N} \times 100\% = \dfrac{15557.5 - 10500}{10500} \times 100\% = 48.2\%$$

练习题

9-2-1 为什么零功率因数负载特性与空载特性有相同的形状?

9-2-2 以纯电感为负载,做零功率因数负载试验,若维持 $U=U_N$、$I=I_N$、$n=n_N$ 时的励磁电流 I_f 及转速 n 不变,在去掉负载以后,空载电动势是等于 U_N、大于 U_N、还是小于 U_N?

9-2-3 空载特性能否准确反应负载时气隙磁动势与气隙电动势之间的关系?为什么?

9.3 同步发电机的电压调整特性和调整特性

1. 同步发电机的电压调整特性

同步发电机的电压调整特性,即外特性,是指保持发电机转速为同步转速不变,励磁

电流 I_f 和负载功率因数均为常数的条件下,改变负载电流 I 时,端电压 U 的变化曲线。电压调整特性反映了负载性质不同时,端电压随负载变化而变化的情况。

可利用电动势相量图对发电机端电压随负载变化的情况进行定性分析。

发电机带纯电阻负载时,负载相电流 $\dot{I}$ 与相电压 $\dot{U}$ 同相,电动势相量图如图 9-11(a) 所示。由于电机自身是电感性的,内功率因数角 ψ 仍为滞后,电枢反应起去磁作用,使负载时的气隙电动势 E_δ 和端电压 U 比空载电动势 E_0 减小。

发电机带电感性负载时,为明显起见,以纯电感负载为例画电动势相量图,如图 9-11(b) 所示,$\dot{I}$ 滞后 $\dot{U}$ 90°,此时端电压 U 下降得更多。因为此时电枢反应磁动势 F_a 与基波励磁磁动势 F_{f1} 的方向几乎相反,几乎完全起去磁作用。在 F_{f1} 保持不变的情况下,合成磁动势 F_δ 就大大减小,使气隙电动势 E_δ 和端电压 U 大幅下降。

发电机带电容性负载时,以纯电容负载为例画电动势相量图,如图 9-11(c) 所示,$\dot{I}$ 超前 $\dot{U}$ 90°,此时端电压 U 会比空载电动势 E_0 高。因为此时电枢反应磁动势 F_a 与基波励磁磁动势 F_{f1} 的方向几乎相同,几乎完全起增磁作用,在 F_{f1} 保持不变的情况下,合成磁动势 F_δ 就大大增加,使气隙电动势 E_δ 和端电压 U 大幅上升。

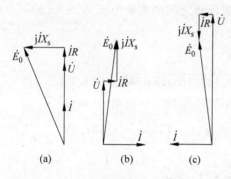

图 9-11　不同性质负载时的电动势相量图

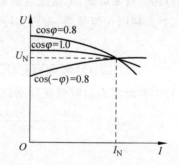

图 9-12　同步发电机的电压调整特性

图 9-12 给出了同步发电机在不同功率因数负载下的电压调整特性。带纯电阻负载时,端电压随负载增大降落得较少;带 $\cos\varphi=0.8$ 的电感性负载时,端电压随负载增大降落得较多;而在带 $\cos\varphi=0.8$ 的电容性负载时,端电压会随负载增大而升高。

从电压调整特性可以求出发电机的电压调整率,它是表示同步发电机运行性能的重要数据之一。电压调整率大,当负载变化时,电网电压的波动就大。过去常靠值班人员手工操作,通过改变发电机励磁电流来解决这一问题。现代同步发电机大多数装有快速自动励磁调节装置,使负载变化时电网电压维持不变,因此对发电机的电压调整率要求已经放宽,但最好小于 50%。

2. 同步发电机的调整特性

同步发电机的调整特性是指发电机的转速保持同步转速不变,负载的功率因数不变,当负载电流变化时,为维持端电压不变,励磁电流的变化曲线,如图 9-13 所示。从图中

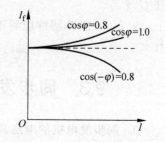

图 9-13　同步发电机的调整特性

可以看到,带纯电阻负载或电感性负载时,随负载电流增加励磁电流必须增加,才能维持端电压不变。带电容性负载时,随负载电流增加励磁电流可能减小。从调整特性可以知道,发电机运行在一定的功率因数下,要维持端电压不变,负载电流可以增大到多少而不使励磁电流超过制造厂的规定,这对运行人员是很有用的。

练习题

一台同步发电机在下面两种情况下,哪一种电压变化更大:

(1) 在额定运行情况下保持励磁电流不变而卸去全部负载,此时端电压上升的数值;

(2) 在空载额定电压时保持励磁电流不变而加上额定电流的负载,此时端电压下降的数值。

小 结

同步发电机的运行特性是发电机在原动机保持同步转速不变,发电机单机运行的条件下,将发电机外部三个物理量(即定子端电压、负载电流和励磁电流)中的一个固定时、其余两者之间的相互关系。运行特性一方面用来测量发电机的某些参数,另一方面也表征了发电机的一些重要性能。

同步发电机的空载特性和短路特性的测量是发电机出厂试验的基本内容,不仅可用来检验发电机设计是否合理、绕组是否对称以及励磁系统是否正常等,而且可用来测量发电机的同步电抗或者直轴同步电抗。零功率因数负载特性则可用来测量发电机的保梯电抗。

同步发电机的电压调整特性说明负载变化而不调节励磁电流时端电压的变化情况,调整特性则说明负载变化时,为保持端电压恒定,励磁电流的调整规律。它们表征了同步发电机的重要性能指标,是发电机实际运行的依据。

思 考 题

9-1 表征同步发电机单机对称稳态运行的性能有哪些特性曲线?其变化规律如何?

9-2 测定同步发电机空载特性和短路特性时,将电机的转速由额定转速 n_N 降低到 $\frac{1}{2}n_N$,对实验结果各有什么影响?对利用空载特性气隙线和短路特性计算得到的 X_d 有什么影响?

9-3 一台同步发电机因制造的误差使气隙偏大,试问其 X_d 及电压调整率将如何变化?

9-4 一般同步发电机正常额定负载时的励磁电流和在三相稳态短路中当短路电流为额定值时的励磁电流都已达到空载特性的饱和段,为何在前者中 X_d 取饱和值,而在后者中取不饱和值?

9-5 同步发电机在对称稳态短路时的短路电流为什么不是很大,而在变压器中情况却不一样?

9-6 同步发电机定子外施的三相对称电压大小不变,在下述的两种情况下,哪一种情况下定子电流比较大：

(1) 取出转子；

(2) 转子以同步转速旋转，但不加励磁电流。

9-7 有两台隐极同步电机，气隙分别为 δ_1 和 δ_2，且 $\delta_1 = 2\delta_2$，其他诸如绕组、磁路结构等都完全一样。现对两台电机分别进行短路试验，在同样大小的励磁电流下，哪台电机的短路电流比较大？

9-8 比较一台凸极同步发电机下列参数的大小：X_d、X_q、X_{ad}、X_{aq}、X_σ、X_p。凸极同步发电机稳态短路电流的大小主要取决于其中哪个参数？

习 题

9-1 一台隐极同步发电机的同步电抗 $X_s = 1.8$，额定功率因数 $\cos\varphi_N = 0.87$（滞后）。当励磁电流 $I_f = 1$ 时，其空载电动势 $E_0 = 1$。不计电枢绕组电阻与漏电抗，忽略铁心磁阻。

(1) 求额定运行时空载电动势相量与电压相量之间的夹角 θ；

(2) 将电机气隙加大一倍，求同步电抗标幺值为多大。产生空载额定电压和三相稳态短路额定电流所需的励磁电流标幺值各为多大？

9-2 一台星形联结的同步发电机，额定容量 $S_N = 50\text{kV} \cdot \text{A}$，额定电压 $U_N = 440\text{V}$，额定频率 $f_N = 50\text{Hz}$。该发电机以同步转速旋转时，测得当定子绕组开路端电压为 440V（线电压）时，励磁电流为 7A；做短路试验，当定子电流为额定值时，励磁电流为 5.5A。设磁路线性。求每相同步电抗的实际值和标幺值。

9-3 一台凸极同步发电机，定子绕组星形联结，额定容量 $S_N = 62500\text{kV} \cdot \text{A}$，额定频率 $f_N = 50\text{Hz}$，额定功率因数 $\cos\varphi_N = 0.8$（滞后），直轴同步电抗 $X_d = 0.8$，交轴同步电抗 $X_q = 0.6$，不计电枢绕组电阻 R。试求发电机额定电压调整率 ΔU。

9-4 一台水轮发电机数据如下：额定容量 $S_N = 8750\text{kV} \cdot \text{A}$，额定电压 $U_N = 11\text{kV}$（星形联结），额定功率因数 $\cos\varphi_N = 0.8$（滞后）。空载特性数据如下表（E_0 为线电动势）：

E_0/V	0	5000	10000	11000	13000	14000	15000
I_f/A	0	90	186	211	284	346	456

额定电流时零功率因数负载试验数据如下表（U 为线电压）：

U/V	9370	9800	10310	10900	11400	11960
I_f/A	345	358	381	410	445	486

三相短路特性数据如下表：

I_k/A	0	115	230	345	460	575
I_f/A	0	34.7	74.0	113.0	152.0	191.0

求保梯电抗 X_p 和直轴同步电抗 X_d 的不饱和值。

9-5 一台汽轮发电机额定数据如下：额定功率 $P_N=25000\text{kW}$，额定电压 $U_N=6300\text{V}$（Y联结），额定功率因数 $\cos\varphi_N=0.8$（滞后）。以标幺值表示的特性数据如下：

空载特性（励磁电流基值 $I_{fb}=164\text{A}$）

E_0	0	0.60	1.00	1.16	1.25	1.32	1.37
I_f	0	0.50	1.00	1.50	2.00	2.50	3.00

短路特性

I_k	0	0.32	0.63	1.00	1.63
I_f	0	0.52	1.03	1.63	2.66

零功率因数负载特性（负载电流 $I=I_N$）

U	0.60	0.80	1.00	1.10
I_f	2.14	2.40	2.88	3.35

求保梯电抗 X_p 和直轴同步电抗 X_d 的不饱和值，并求其实际值。

9-6 一台汽轮发电机，额定功率 $P_N=12000\text{kW}$，额定电压 $U_N=6300\text{V}$（星形联结），额定功率因数 $\cos\varphi_N=0.8$（滞后）。空载试验和短路试验数据如下（E_0 为线电动势）：

E_0/V	0	4500	5500	6000	6300	6500	7000	7500	8000
I_f/A	0	60	80	92	102	111	130	190	286

I_k/A	0	I_N
I_f/A	0	158

不计电枢绕组电阻，求：

(1) 同步电抗 X_s 的不饱和值；

(2) 额定励磁电流 I_{fN} 和额定电压调整率 ΔU。

9-7 一台三相汽轮发电机，额定容量 $S_N=25000\text{kV}\cdot\text{A}$，额定电压 $U_N=10.5\text{kV}$（星形联结），额定功率因数 $\cos\varphi_N=0.8$（滞后），额定频率 $f_N=50\text{Hz}$。忽略电枢绕组电阻，已知保梯电抗标幺值 $X_p=0.18$，转子励磁绕组每极有 75 匝，励磁磁动势波形因数 $k_f=1.06$，每极电枢反应磁动势为 $F_a=11.5I$。空载试验和短路试验数据如下（E_0 为线电动势）：

E_0/kV	6.2	10.5	12.3	13.46	14.1
I_f/A	77.5	155	232	310	388

I_k/A	860	1720
I_f/A	140	280

(1) 求同步电抗 X_s(不饱和值);

(2) 保持 I_f 不变,发电机从额定运行到空载运行时,端电压将升高到多少?计算电压调整率。

9-8 一台三相凸极同步发电机,已知额定功率因数 $\cos\varphi_N = 0.8$(滞后),$X_q = 0.6$,$X_\sigma = 0.2$,忽略定子绕组电阻。空载试验和短路试验测得的数据如下:

E_0	0.275	0.55	0.93	0.97	1.0	1.10	1.15	1.20	1.26
I_f	0.25	0.5	0.9	0.95	1.0	1.2	1.32	1.50	2.0

I_k	0	1
I_f	0	0.9

求:

(1) 直轴同步电抗 X_d(不饱和值);

(2) 若直轴电枢反应磁动势用转子励磁电流表示为 $I_{fad} = 0.8$,求额定励磁电流 I_{fN};

(3) 电压调整率 ΔU。

第10章 同步发电机的并联运行

前面介绍的是同步发电机的运行原理和单台发电机运行时的特性。单台发电机独立向负载供电的运行方式用得比较少,只在特殊情况、特殊场合中应用,如应急供电发电机、小的独立电力系统、车载电源、难于与大电网相联的边远地区等。发电机独立运行供电有一些缺点:

(1) 供电质量不高。单机供电,系统容量不大,当原动机转速波动、负载变化,都会引起发电机的频率和电压变化,不可避免地影响供电质量。

(2) 供电可靠性低。供电发电机一旦故障或者检修就无法供电。如果有备用发电机,也需要有切换时间而无法连续供电。备用发电机的容量与原发电机相当,正常时造成容量浪费,很不经济。

(3) 经济性不高。负载是不断变化的,当负载较小时,发电机轻载运行效率低。

(4) 容量受限制。一台发电机的容量总是有限的,负载不断增加,单台发电机将无法满足要求。

在广大的工业地区,每个发电厂的几台或者几十台发电机并联起来发电,距离很远的许多发电厂再通过升压变压器和高压输电线彼此并联起来,形成一个庞大的电力系统。并联运行具有很多优点:

(1) 供电质量提高。由于系统容量很大,单个负载运行状态的变化,如一台电动机的起动、加载、停机,对于系统来说几乎没有什么影响,电网的电压和频率能保持在要求的恒定范围内。

(2) 供电可靠性提高。一台发电机故障或者需要检修,可以由其他发电机继续向负载供电,不致造成停电事故。同时发电机的备用容量也减少。

(3) 经济性提高。可以根据负载的大小决定运行的发电机数量,使每台供电的发电机都运行在满负荷的工况,提高运行效率。

(4) 发电厂布局更合理。根据地区资源的情况,合理布置发电厂。在产煤区,多布置一些火力发电厂;在水力资源丰富的地方,多布置一些水力发电厂。

(5) 资源的利用和电能的使用都更合理。水力发电厂与火力发电厂之间可以更好地配合,在旺水期,由水电厂发出大量廉价电力,火电厂少发电;在枯水期,由火电厂多供电,而水电厂少发电或只供无功功率。电力系统规模越大,负载就越均匀;地区用电不均匀时,可以跨地区传输电能。

本章主要讨论发电机并联运行时的问题:如何将发电机并联运行,并联合闸的条件和方法;各并联发电机之间的负载分配问题;并联发电机有功功率和无功功率的调节;

各发电机是否能可靠并联运行,稳定性问题。

分析并联运行问题的基础仍然是发电机本身的电磁作用规律,只是并联运行时的运行条件与单机独立运行时完全不同。独立运行时,负载全部由发电机负担,频率由原动机转速决定,发电机端电压由励磁电流、频率和负载的大小决定,可以改变励磁电流进行调节。但是并联运行时,与一台发电机相并联的是其他发电机,也是供电电源。一台发电机的容量对于整个电力系统的容量而言是很小的,电网可以看成是无限大电网,其电压和频率可以看成是不变的,不会受到并联发电机的任何影响。

10.1 同步发电机并联合闸的条件和方法

同步发电机并联合闸时,要求合闸过程中不应产生大的电流冲击。如果发电机端电压与电网电压的瞬时值完全相同,则并网合闸过程将没有任何电流冲击。因此对于三相交流电压而言,理想并联合闸条件是:

(1) 发电机的频率与电网的频率相同;
(2) 发电机的电压幅值与电网电压的幅值相同,且电压波形也相同;
(3) 发电机的电压相序与电网电压的相序相同;
(4) 发电机的电压相位与电网电压的相位相同。

四个条件中任何一个不满足,并网合闸时都会出现电流冲击。因此在并网过程中,需要对四个并网条件一一进行检验,调节直到满足。下面讨论如何判断这些条件是否满足,以及在条件不满足时应该如何处理。最基本的两个判断方法是暗灯法和灯光旋转法。

1. 暗灯法

将电网看做一台发电机 s,另一台发电机 g 与电网并联,如图 10-1(a)所示,图中画出了电压的参考方向,电网和发电机的电压相量图如图 10-1(b)所示。并网就是在条件满足时同时合上三相开关。只要并联开关两侧存在电压差 $\Delta \dot{U}_A$、$\Delta \dot{U}_B$、$\Delta \dot{U}_C$,则并网合闸就有电流冲击。为了判断电压差的大小,在开关两端接上灯泡,称为**相灯**(synchronizing lamp),如图 10-1(a)所示。只有各相灯都完全熄灭时,才表示电压差 $\Delta \dot{U}_A = \Delta \dot{U}_B = \Delta \dot{U}_C = 0$,即满足四个并网条件,才可以进行并联合闸,因此该方法称为暗灯法。

任何一个条件不满足,三个相灯将不会一直完全熄灭,需要分别进行调节使条件满足。

(1) 频率不等

当相序和电压相同,频率不等时,电网电压的角频率 ω_s 与发电机电压的角频率 ω_g 不等,表现在相量图上为电网电压相量和发电机电压相量的旋转角速度不等,因此它们之间的相位差 β 就不断地在 0°到 360°之间变化。电压差 $\Delta \dot{U}_A$、$\Delta \dot{U}_B$、$\Delta \dot{U}_C$ 也从 0 到 $2U_s$ 不断变化。三个相灯将呈现同时暗、同时亮交替变化的现象。

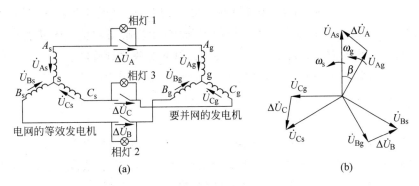

图 10-1 同步发电机与大电网并联的暗灯法接线和相量图

只要调节原动机的转速,就可以使相灯亮暗变化的频率减小,一直到变化极其缓慢。相灯暗后,要隔较长时间再亮起来,就达到了频率差不多相等的要求。实际合闸时,也只要求频率差不多相等就可以,否则如果频率完全相等,则相位差将固定不变,相位就无法调节。

(2) 电压不等

当相序相同,频率差不多的时候,如果电压不等,即使发电机电压与电网电压之间的相位差为 0°,电压差也不为零,相灯就没有完全熄灭的时候,总是在最亮和最暗之间变化。此时,可以调节发电机的励磁电流,使两者电压相等,使相灯出现完全熄灭的情况。

实际上,如果用白炽灯作相灯,白炽灯在低电压下就会完全熄灭,难以判断两者电压是否完全相等。所以,一般要用电压表先把发电机端电压调到与电网电压相等。

(3) 相序不等

如果发电机相序定错了,例如将发电机的 C 相接到电网的 B 相,发电机的 B 相接到电网的 C 相,此时相灯实际联成了如图 10-2(a)的情况,跨过相灯的电压变成如图 10-2(b)所示相量图中的 $\dot{U}_1$、$\dot{U}_2$、$\dot{U}_3$。它们大小不相等,相灯亮度也不同。当 $\beta=0$ 时,只有相灯 1 熄灭,另外两个相灯都亮,且亮度相同;$\beta=120°$ 时,只有相灯 3 熄灭,另外两个相灯亮;$\beta=240°$ 时,相灯 2 熄灭,另外两个亮着。当发电机频率低于电网频率,即 $\omega_g<\omega_s$ 时,β

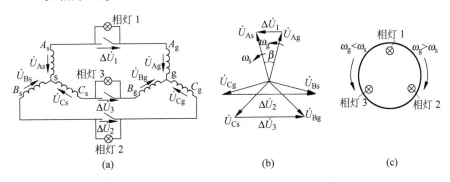

图 10-2 相序不同时的并联线路

由 0°到 120°再到 240°,再回到 0°,相灯则从 1 灯灭到 3 灯灭,再到 2 灯灭,最后回到 1 灯灭。如果相灯在配电板上的布置如图 10-2(c)所示,相灯暗亮就呈旋转状态。当 $\omega_g < \omega_s$ 时,灯光旋转方向为逆时针;反之,当 $\omega_g > \omega_s$ 时,灯光为顺时针旋转。

因此,若遇到相灯不同时亮暗,并出现旋转现象,说明相序接错了。这时只要将发电机接到并联开关的任何两根线互相对调一下即可。

(4) 相位不等

当相序和电压相等时,如果频率也相同,而相位不等,则始终存在电压差,相灯不会熄灭,也不会变化,不能合闸。只要稍微调节原动机转速,相位差就会发生变化,相灯就会出现缓慢的亮暗变化,直到 $\beta=0$ 时,三个相灯完全熄灭,即可合闸。

2. 灯光旋转法

暗灯法中,如果相序接错了,相灯的灯光就会旋转起来。若把并联合闸的相灯故意接在不同相的电压之间,使它们在正确的相序下出现旋转灯光。这种并联合闸的方法,称为灯光旋转法。

图 10-3 所示为灯光旋转法的相灯布置。它实际与图 10-2 相灯的接法完全一样,所以分析结果也完全一样。当发电机频率与电网频率不等时,灯光就会出现旋转现象。如果灯光出现同时亮或同时暗的情况,说明相序接错了。实际操作中,可以调节发电机的转速大小,使灯光旋转极其缓慢,说明 ω_g 已接近 ω_s。等到相灯 1 熄灭,相灯 2 和相灯 3 都亮着且亮度一样时,说明 $\beta=0$,即可合闸。为了合闸瞬间更准确,可在并联开关两端接上电压表,当电压指示为零时合闸。

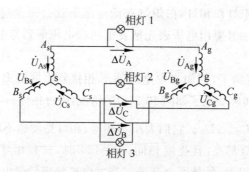

图 10-3 灯光旋转法的接线

灯光旋转法比暗灯法要准确些,因为合闸时是相灯 1 熄灭,相灯 2、3 亮度相同;暗灯法仅靠三个相灯同时熄灭来判断,而白炽灯在低于 1/3 的额定电压时,灯就不亮,不好判断。另外,根据灯光旋转的方向,还可以知道发电机频率是高于还是低于电网频率,便于调节原动机转速。

上述两种方法均属准确同步法,优点是合闸时没有冲击电流,缺点是操作较复杂。当电网出现故障情况时,需要把发电机迅速投入并联运行,这时往往采用**自同步**(self-synchronizing)法。它的操作步骤是:事先检验好发电机的相序,将发电机转速升高到接近同步速时,不加励磁(励磁绕组经限流电阻短路),合上并联开关,再立即加励磁,靠定、转子间的电磁力自动牵入同步。这种方法的优点是操作简单、迅速,不需增加复杂的并联装置,缺点是合闸时有电流冲击。

练习题

10-1-1 同步发电机并联运行与单机独立运行相比有什么优势?并联运行与独立运行对于发电机而言有什么不同?

10-1-2 发电机并网合闸需要满足哪些条件?如何判断这些条件是否满足?这些条件不满足需要采取什么措施?不满足条件合闸会产生什么影响?

10.2　同步发电机并联运行分析

运用 10.1 节介绍的并网方法,可以将发电机与电网并联运行。本节将分析如何使发电机输出有功功率和无功功率,对并联运行中的功率和转矩关系进行详细分析。

同步发电机与外部的联接接口有三个,即定子三相绕组的端口、转子励磁绕组的端口以及转子转轴的机械端口。并联运行时,定子三相绕组的端口与电网相联,无法进行调节;剩下可以调节的,一是励磁绕组的励磁电压(励磁电流),二是转子转轴上的机械转矩(原动机向发电机输入的拖动转矩)。

1. 调节励磁电流

同步发电机在满足理想并网条件下并联到电网,发电机端电压即空载电动势 $\dot{E}_0$ 与电网电压 $\dot{U}$ 相同,合闸后电枢绕组电流 $\dot{I}=0$,发电机为空载运行。此时原动机向发电机输出的转矩与转子转动方向一致,是驱动性质;因风阻、摩擦以及铁耗产生的转矩方向与转子转动方向相反,是制动性质;原动机的驱动转矩与制动转矩相平衡,发电机转子维持同步转速旋转。

按照发电机各转矩的实际方向规定转矩的参考方向,如图 10-4 所示,则转矩平衡方程式为

$$T_1 = T_0$$

式中,T_1 为原动机提供的驱动转矩,T_0 为因风阻、摩擦和铁耗等产生的**空载转矩**(no-load torque)。

图 10-4　发电机转矩的参考方向

转矩平衡方程式两侧都乘以机械角速度 Ω,得到功率平衡方程式为

$$P_1 = T_1\Omega = T_0\Omega = p_0 = p_m + p_{Fe}$$

式中,P_1 为原动机供给发电机的功率,即发电机输入的**机械功率**(mechanical power);p_0 为发电机的空载损耗;p_m 为发电机的**机械损耗**(mechanical loss);p_{Fe} 为发电机的铁耗。

下面分析调节励磁电流时发电机运行状况的变化情况。为了分析简单,以隐极发电机为例,并忽略电枢绕组电阻。由电动势相量图,可得

$$\dot{I} = \frac{\dot{E}_0 - \dot{U}}{jX_s}$$

在满足理想并网条件下合闸后,$\dot{E}_0=\dot{U}$,因此$\dot{I}=0$,如图 10-5(a)所示。

在并联合闸后,如果增大励磁电流 I_f,则励磁磁动势 F_{f1} 增大,$\dot{E}_0$ 相位不变,幅值增大,如图 10-5(b)所示。由于电网电压 $\dot{U}$ 不变,因此发电机输出滞后的无功电流,产生去磁的电枢反应。

在并联合闸后,如果减小励磁电流 I_f,则 F_{f1} 减小,$\dot{E}_0$ 相位不变,幅值减小,而 $\dot{U}$ 不变,因此发电机输出超前的无功电流,产生增磁的电枢反应,如图 10-5(c)所示。

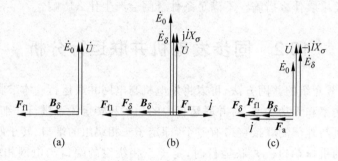

图 10-5 空载并网合闸后的时空相矢量图

可见,调节同步发电机的励磁电流只能使电枢绕组中产生滞后或者超前的纯无功电流,不能使发电机输出或输入有功功率。这是符合能量守恒定律的,因为改变励磁电流,并没有增加发电机输入功率 P_1,发电机就不可能输出有功功率,因此上述功率平衡关系不变。

如果发电机在并联合闸前的频率与电网相等,端电压与电网不相等,那么在并联合闸时,除了合闸冲击电流外,合闸后电机会有一个无功电流,向电网发出无功功率。

2. 调节原动机转矩

调节原动机的拖动转矩可以通过调节汽轮机的汽门、水轮机的水门、内燃机的油门等实现。

仍以隐极同步发电机为例,为使分析具有普遍意义,设在增大拖动转矩前,发电机已发出无功功率。增大发电机的拖动转矩 T_1 时,原有的转矩平衡关系 $T_1=T_0$ 被破坏,这时 $T_1>T_0$,发电机转子要加速。

电网电压 $\dot{U}$ 的频率、相位和大小不会变化,气隙电动势 $\dot{E}_\delta$ 与电压 $\dot{U}$ 之间只差一个漏阻抗压降,可近似认为 $\dot{E}_\delta$ 与 $\dot{U}$ 相同,不发生变化。而 $\dot{E}_\delta$ 是由基波气隙磁通密度 B_δ 在绕组中感应产生,所以 B_δ 的转速也不能变,保持为恒定的同步转速 n_1。

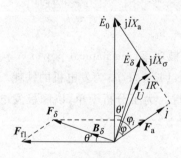

图 10-6 负载运行的时空相矢量图

但是转子却不受限制,代表转子位置的空间矢量 F_{f1} 也不受限制。在空载时,空间矢量 F_{f1} 与 B_δ 相位相同,转速相同。当拖动转矩 T_1 增加,转子加速后,F_{f1} 超前 B_δ 角度 θ',如图 10-6 所示。θ' 角的出现很重要,因为发电机的工况会随之发生相应的变化。

10.2 同步发电机并联运行分析

(1) 同步电机的电磁转矩 T

先分析发电机带负载后,转子表面受力的情况。空间矢量图如图 10-7(a)所示,在图示瞬间,电机中气隙磁通密度分布波的幅值位置正好超前 $+A$ 轴 90°电角度,这个波以同步转速 n_1 在电机气隙中旋转。为分析方便,把空间坐标选在转子表面上,坐标原点选在气隙磁通密度为零的地方,如图 10-7(b)所示,横坐标沿着电机转子表面的圆周方向,以空间电角度 α 度量,纵坐标表示磁动势及磁通密度的大小。仍然规定出定子内表面进入转子的方向为磁动势、磁通密度的参考方向。由于气隙磁通密度和磁动势连同坐标一起随转子旋转,它们之间没有相对运动。气隙磁通密度沿转子表面空间为正弦分布,如图 10-7(c)所示,可写成 $b_\delta = B_\delta \sin\alpha$。由于矢量 $\boldsymbol{F}_{f1}$ 超前 $\boldsymbol{B}_\delta$ 一个 θ' 角,因此可把励磁磁动势沿转子表面空间分布的波形也画在图 10-7(c)上。

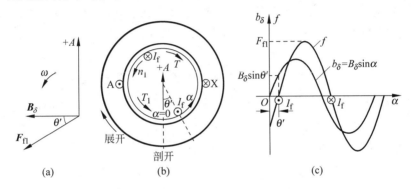

图 10-7 负载情况下气隙磁通密度和励磁磁动势的分布

不同类型电机中,转子励磁电流分布是不一样的。为了使分析具有普遍性,用每对极只有一匝的等效励磁绕组来代替实际的励磁绕组,如图 10-7 所示。等效励磁绕组中的励磁电流为 I_f,它必须产生与实际情况相同的基波磁动势 F_{f1},即 $\frac{4}{\pi}\frac{1}{2}I_f = F_{f1}$ 或 $I_f = \frac{\pi}{2}F_{f1}$。由于基波励磁磁动势超前于气隙磁通密度 θ' 角,使等效励磁电流 I_f 所在处的磁通密度 b_δ 不是零,而是 $B_\delta \sin\theta'$。根据电磁力公式,可求出电流为 I_f 的一根导体的受力大小为

$$f = b_\delta l I_f = B_\delta l I_f \sin\theta'$$

式中,l 为转子轴向有效长度。

如果转子极对数为 p,则整个转子上有 $2p$ 个等效励磁电流 I_f。设转子半径为 r,则作用在转子上的总电磁转矩 T 为

$$T = f \cdot r \cdot 2p = \frac{\pi p^2 \Phi_\delta k_f F_f}{2}\sin\theta' = C\sin\theta'$$

式中,$C = \frac{\pi p^2 \Phi_\delta k_f F_f}{2}$。

当励磁电流不变时,即 I_f 为常数,稳态运行时气隙磁通密度 B_δ 基本不变,其他如 l、r、$2p$ 均不变,所以电磁转矩 T 可表示为一个常数 C 与 $\sin\theta'$ 的乘积。

根据左手定则可以判断,电磁转矩 T 的方向是使 θ' 角减小的方向,与转子旋转方向相反,是一个制动性的转矩。

原动机拖动转矩增大,导致θ'角的出现,随之而来的是制动性的电磁转矩T的产生。T与$\sin\theta'$成正比,最大电磁转矩T_{max}产生在$\theta'=90°$时,只要原动机的拖动转矩T_1不超过T_{max},发电机就不会因转矩不平衡而造成与电网失去同步。

同步发电机的电磁转矩能自动与拖动转矩相平衡,这是发电机能够并联运行的关键。并联在电网上的某一台发电机的拖动转矩增加,它的转子就往前移,于是θ'角增加,产生的电磁转矩也相应增加,强迫这台发电机仍然与其他并联的发电机同步运行。

(2) 转矩平衡和功率平衡

仍按照发电机运行时转矩的实际方向规定各转矩的参考方向,如图10-4所示。同步发电机产生电磁转矩T后,其转矩平衡方程式变为

$$T_1 = T + T_0$$

即原动机的拖动转矩T_1与发电机的电磁转矩T及空载转矩T_0相平衡。在转矩平衡方程式两边的每项都乘以机械角速度Ω,得到功率平衡方程式如下:

$$P_1 = T_1\Omega = T\Omega + T_0\Omega = P_{em} + p_0$$

式中,$P_{em}=T\Omega$,是制动性的电磁转矩T吸收的机械功率,称为电磁功率。

通过电磁感应作用,合成磁场在定子绕组中产生气隙电动势$\dot{E}_\delta$;绕组流过电流时,向负载输出电功率。定子绕组获得的电磁功率$P_{em}=mE_\delta I\cos\varphi_i$,其中$\varphi_i$为$\dot{E}_\delta$与$\dot{I}$之间的夹角,$m$为相数。从图10-6可知,$E_\delta\cos\varphi_i=U\cos\varphi+IR$,所以

$$P_{em} = mE_\delta I\cos\varphi_i = mUI\cos\varphi + mI^2R = P_2 + p_{Cu}$$

即电磁功率P_{em}减去定子绕组的铜耗$p_{Cu}=mI^2R$即为输出的电功率$P_2=mUI\cos\varphi$。

另外,由$U\cos\varphi+IR=E_0\cos\psi$,电磁功率$P_{em}$也可以表示为

$$P_{em} = mE_0 I\cos\psi$$

可见,电磁功率P_{em}既可表示为制动性的电磁转矩吸收的机械功率$T\Omega$,也可表示为定子绕组中的电功率$mE_0 I\cos\psi$,说明电机经过电磁感应作用把机械功率转化为电功率了。

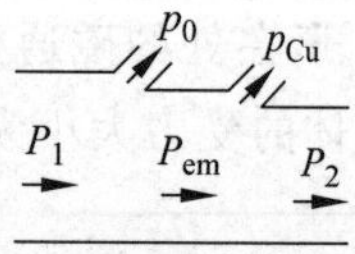

从原动机输入功率P_1中减去空载损耗p_0成为电磁功率P_{em},电磁功率P_{em}减去定子绕组的铜耗p_{Cu}得到输出功率P_2。图10-8所示为同步发电机的功率流程图。

图 10-8 同步发电机的功率流程图

以上分析表明:调节原动机的拖动转矩可以改变并联运行的同步发电机向电网发出的有功功率。

练习题

10-2-1 同步发电机单机运行给负载供电时,功率因数由什么决定?发电机与电网并联运行时,功率因数由什么决定?

10-2-2 发电机与电网并联稳态运行时,发电机转子的转速由什么决定?加大汽轮机的汽门,是否能改变汽轮发电机的转速?加大汽轮机的汽门后,发电机的运行状况会发生什么变化?

10-2-3 同步发电机与电网并联后,有哪些量可以调节,调节后发电机运行状况会

如何变化?

10-2-4 同步发电机并联合闸时,实际中通常使发电机频率略高于电网频率,为什么?

10.3 有功功率调节和静态稳定

前面已经得到了电磁功率的电量和机械量的表达式,但是表达式与发电机内部物理量有关,使用起来不很方便。下面推导电磁功率的一种使用方便的表达式——**功角特性**(load angle characteristic, power-angle characteristic),并利用它分析运行稳定性问题。

1. 同步发电机的功角特性

以凸极同步发电机为对象进行分析,隐极同步电机可以作为凸极同步电机在 $X_d = X_q = X_s$ 时的特例。

凸极发电机的相量图如图 10-9 所示,其中忽略了比同步电抗小得多的电枢电阻 R,因此电磁功率 P_{em} 等于输出功率 P_2,即

$$P_{em} = P_2 = mUI\cos\varphi$$

令 $\dot{E}_0$ 与 $\dot{U}$ 之间的夹角为 θ,则 $\varphi = \psi - \theta$,代入上式得

$$\begin{aligned}P_{em} = P_2 &= mUI\cos(\psi - \theta) \\ &= mUI\cos\psi\cos\theta + mUI\sin\psi\sin\theta \\ &= mUI_q\cos\theta + mUI_d\sin\theta\end{aligned}$$

由图 10-9 可得

$$I_d = \frac{E_0 - U\cos\theta}{X_d}, \quad I_q = \frac{U\sin\theta}{X_q}$$

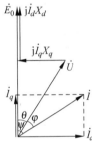

图 10-9 凸极发电机相量图

所以

$$P_{em} = m\frac{E_0 U}{X_d}\sin\theta + mU^2\frac{X_d - X_q}{2X_d X_q}\sin2\theta$$

这就是凸极发电机的功角特性公式。式中,θ 为同步发电机的**功角**(load angle, power angle)。在隐极发电机中,将 $X_d = X_q = X_s$ 代入上式,上式的第二项为零,得到隐极发电机的功角特性表达式为

$$P_{em} = m\frac{E_0 U}{X_s}\sin\theta$$

功角 θ 是空载电动势 $\dot{E}_0$ 与相电压 $\dot{U}$ 之间的夹角,是一个时间电角度,但由于电动势与磁动势关系密切,因此也可以将 θ 看成是空间电角度。励磁磁动势 F_{f1} 产生 $\dot{E}_0$,合成磁动势 F_δ 产生气隙电动势 $\dot{E}_\delta$,电压 $\dot{U}$ 也可看成是由一个等效合成磁动势 F'_δ 产生的,F'_δ 在时空相矢量图上超前 $\dot{U}$ 90°电角度。由于 $\dot{U}$ 的大小不变,F'_δ 的大小和位置也固定不变。这样,功角 θ 就可以看成是产生 $\dot{E}_0$ 的励磁磁动势 F_{f1} 和产生相电压 $\dot{U}$ 的等效合成磁动势 F'_δ 之间的夹角,即转子磁极中心线与等效合成磁极中心线之间的夹角,是一个空间角度。

前面对于隐极发电机,从转子受到电磁力的角度出发,也得到了电磁转矩和电磁功率。对于凸极发电机,也可以同样用这种方法得到电磁功率的表达式,但是推导较麻烦。

这里是从功率关系角度出发推导的,更为简单。

凸极发电机功角特性公式的第一项与隐极发电机的相同,都与空载电动势 E_0 成正比,它是励磁电流在气隙磁场中受到电磁力而引起的,通常称第一项为励磁电磁功率。凸极发电机功角特性公式的第二项,在隐极发电机中是没有的,它与励磁电流无关,但必须有电压 U 以及直、交轴磁阻的差异,即 $X_d \neq X_q$。有端电压时,定子绕组有电流,产生合成磁动势;由于直、交轴磁阻的差异,合成磁动势产生的气隙磁场与合成磁动势相位不同。如果将定子合成磁动势看成是一个整距等效线圈产生的,那么等效线圈的两个线圈边所在位置的磁场不为零,所以定子等效线圈边将受到电磁力作用。由于作用力与反作用力的关系,转子也将受到力的作用,产生电磁转矩。这部分电磁转矩也可以看成是由于定子电流产生的磁动势的等效磁极吸引转子凸极铁磁体产生的电磁力所引起,称这一项为凸极电磁功率。凸极电磁功率在直、交轴磁阻不同的凸极发电机中存在;隐极发电机由于直、交轴磁阻相同,不存在凸极电磁功率。

在一般凸极同步发电机里,电磁功率公式中的第二项的最大值比第一项的最大值要小,因为,假定 $E_0 = U$,则第二项与第一项最大值之比为 $\dfrac{X_d - X_q}{2X_q}$,它一般比 1 小。实际上,在发电机并联运行中,经常发出滞后的负载电流,此时 $E_0 > U$,第二项比第一项更小。

大型凸极发电机主要依靠励磁来产生电磁功率。但也有一种小型的凸极同步电机,转子不装励磁绕组,专门利用凸极电磁转矩运行。这种同步电机称为**磁阻同步电机**(reluctance synchronous machine),它在运行时,需要从电网吸收滞后的无功功率。

由功角特性表达式可见,当发电机并联在无限大电网上运行,电压 U 和频率 f 都是常数,参数 X_d、X_q 或者 X_s 为常数;空载电动势 E_0 可以根据励磁电流 I_f 查空载特性气隙线得到,I_f 不变时,E_0 不变,因此,同步发电机的电磁功率 P_{em} 只决定于功角 θ。凸极、隐极同步发电机的功角特性分别如图 10-10(a)、(b)所示,图中分别画出了保持不同的励磁电流不变时的两条功角特性,其中 $I_{f1} > I_{f2}$。

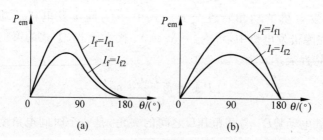

图 10-10 凸极发电机和隐极发电机的功角特性

凸极发电机电磁功率 P_{em} 为两项功率之和。第一项励磁电磁功率与功角 θ 成正弦函数关系,第二项凸极电磁功率与 2θ 成正弦函数关系。因此,最大电磁功率发生在 $\theta < 90°$ 的地方。隐极发电机电磁功率 P_{em} 与功角 θ 的正弦成正比,当 $\theta = 90°$ 时,出现最大电磁功率为

$$P_{em\,max} = m \frac{E_0 U}{X_s}$$

10.3 有功功率调节和静态稳定

功角特性使用简单,但非常重要,它是有关同步发电机调节有功功率输出的重要特性,通过它还可以讨论同步发电机并联运行的稳定问题。

例 10-1 两台相同的三相隐极同步发电机并联向负载供电,已知第一台发电机的每相空载电动势 $E_0=430\text{V}$,功角 $\theta=30°$,相电流 $I=100\text{A}$,功率因数 $\cos\varphi=0.8$(滞后);第二台发电机的每相空载电动势 $E_0=480\text{V}$,功角 $\theta=10°$。忽略电枢绕组电阻。求两台发电机各自输出的有功功率和无功功率。

解:对于第一台发电机,

$$\varphi = \arccos 0.8 = 36.87°, \quad \psi = \varphi + \theta = 36.87° + 30° = 66.87°$$

忽略电枢绕组电阻时,输出的有功功率为

$$P_2 = P_{\text{em}} = mUI\cos\varphi = mE_0 I\cos\psi = 3 \times 430 \times 100 \times \cos 66.87° = 50674\text{W}$$

所以,

$$U = \frac{P_2}{mI\cos\varphi} = \frac{50674}{3 \times 100 \times 0.8} = 211\text{V}$$

无功功率为

$$Q_2 = mUI\sin\varphi = 3 \times 211 \times 100 \times \sin 36.87° = 37980\text{var}$$

由功角特性 $P_{\text{em}} = m\dfrac{E_0 U}{X_s}\sin\theta$,可得同步电抗为

$$X_s = m\frac{E_0 U}{P_{\text{em}}}\sin\theta = \frac{3 \times 430 \times 211 \times \sin 30°}{50674} = 2.69\Omega$$

对于第二台发电机,由于两台发电机并联,端电压 U 相同;由于电机相同,因此 X_s 也相同。输出的有功功率为

$$P_2 = P_{\text{em}} = m\frac{E_0 U}{X_s}\sin\theta = \frac{3 \times 480 \times 211 \times \sin 10°}{2.69} = 19614\text{W}$$

根据发电机的相量图,由余弦定理可得

$$IX_s = \sqrt{E_0^2 + U^2 - 2E_0 U\cos\theta}$$
$$= \sqrt{480^2 + 211^2 - 2 \times 480 \times 211 \times 0.9848} = 274.66\text{V}$$

则

$$I = \frac{IX_s}{X_s} = \frac{274.66}{2.69} = 102.1\text{A},$$

$$\cos\varphi = \frac{P_2}{mUI} = \frac{19614}{3 \times 211 \times 102.1} = 0.303$$

无功功率为

$$Q_2 = mUI\sin\varphi = 3 \times 211 \times 102.1 \times \sqrt{1 - 0.303^2} = 61591\text{var}$$

2. 同步发电机与电网并联运行时的稳定性

稳定性是电力系统运行的首要条件,系统不稳定就无法正常供电,其他性能都将无从谈起。稳定性还是发电机和电网能够发出和输送电能多少的一个重要限制因素。发电机输出的电能超过一定的限度,就会与电网失去同步,无法并联运行。同步发电机的稳定问题是指包括有若干个发电厂或发电机的电力系统,在正常负载调配和不正常事故中,这些电机或电厂是否还能保持同步运行的问题。同步电机的稳定问题,分为**静态稳定**(steady-state stability)和**动态稳定**(dynamic stability)两种。

所谓静态稳定,是指发电机在某一稳定运行工况下(即发电机和电网并联运行时,电压 U 和频率 f 都为恒定值,励磁电流 I_f 不变,E_0 为常数,其输入功率和输出功率都不变的运行工况),如果在电网和原动机方面,偶然发生一些微小的干扰,在这个微小的干扰去掉后,发电机能否恢复到原来的稳定运行工况的问题。如果能够恢复,即认为该发电机的运行是稳定的。反之,若干扰去掉后,系统不能回复到原来的稳定运行工况,则认为是不稳定的。

所谓动态稳定问题,是指发电机在突然加负载、切除负载等正常操作时,或者在发生突然短路、电压突变、发电机失去励磁电流等非正常运行中,以及遭受到大的或是有一定数值的参数变化或负载变化时,电机能否还能保持同步运行的问题。

(1) 静态稳定

通过功角特性,可以研究和判断发电机并联到电网上的运行稳定性。稳定问题决定于转子转速与电网频率之间关系,因此以转矩为对象更为直接。把功角特性公式两端同除以机械角速度 Ω,就可以得到电磁转矩 T 的公式如下:

隐极发电机

$$T = \frac{P_{em}}{\Omega} = \frac{m}{\Omega} \frac{E_0 U}{X_s} \sin\theta$$

凸极发电机

$$T = \frac{P_{em}}{\Omega} = \frac{m}{\Omega} \left[\frac{E_0 U}{X_d} \sin\theta + U^2 \frac{X_d - X_q}{2 X_d X_q} \sin 2\theta \right]$$

隐极发电机和凸极发电机的转矩功角特性曲线分别如图 10-11(a)、(b)所示。

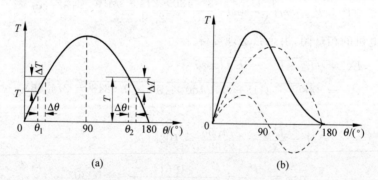

图 10-11 同步发电机的转矩功角特性

如图 10-11(a)所示,假设发电机并联运行在功角 θ_1 下,制动性的电磁转矩 T 与原动机拖动转矩 T_1 平衡,即 $T_1 = T$(忽略空载转矩 T_0)。设 T_1 不变,假如一个微小的干扰使 θ 角增大一个 $\Delta\theta$,此时,T 也增加了一个 ΔT。干扰去掉后,由于制动转矩 $T + \Delta T$ 比拖动转矩 T_1 大,转子减速,使 θ 角减小,电机自动回到原来的工作点 θ_1,发电机运行是稳定的。假设发电机并联运行在功角 θ_2 下,当微小的干扰使功角增大一个 $\Delta\theta$,电磁转矩不是增加,而是减小了一个 ΔT。即使干扰消失,但由于 $T_1 > T - \Delta T$,转矩不平衡,转子转速增大,从而使功角 θ 进一步增大,最后发电机与电网失去同步,不能稳定运行,因此发电机在功角 θ_2 处不能稳定运行。

10.3 有功功率调节和静态稳定

用微分形式表示时,当功角 θ 增加了一个微小的 $d\theta$,如果电磁转矩也增加了一个 dT,若满足 $\dfrac{dT}{d\theta}>0$,则同步发电机运行是稳定的;否则,若满足 $\dfrac{dT}{d\theta}<0$,则同步发电机运行是不稳定的。

因此,电磁转矩 T 对功角 θ 的微分 $\dfrac{dT}{d\theta}$ 可以用来衡量发电机保持稳定运行的能力,称为**整步转矩**(synchronizing torque)系数。

对隐极发电机

$$\frac{dT}{d\theta} = \frac{m}{\Omega}\frac{E_0 U}{X_s}\cos\theta$$

对凸极发电机

$$\frac{dT}{d\theta} = \frac{m}{\Omega}\left[\frac{E_0 U}{X_d}\cos\theta + U^2\frac{X_d - X_q}{X_d X_q}\cos 2\theta\right]$$

隐极发电机的整步转矩系数随 θ 角的变化曲线如图 10-12 所示。当 $\theta<90°$ 时,$\dfrac{dT}{d\theta}>0$,电机运行都是稳定的,但是不同 θ 角下的稳定能力是不同的:θ 接近 $0°$ 时,稳定度高,$\theta=0°$ 时,$\dfrac{dT}{d\theta}$ 值最大,说明 θ 角稍有变化,就会出现一个较大的制动转矩来制止它的变化;但在 θ 接近 $90°$ 时,稳定能力就很低,$\theta=90°$ 时,$\dfrac{dT}{d\theta}=0$,处于临界状态;$\theta>90°$ 时,$\dfrac{dT}{d\theta}<0$,电机运行不稳定。

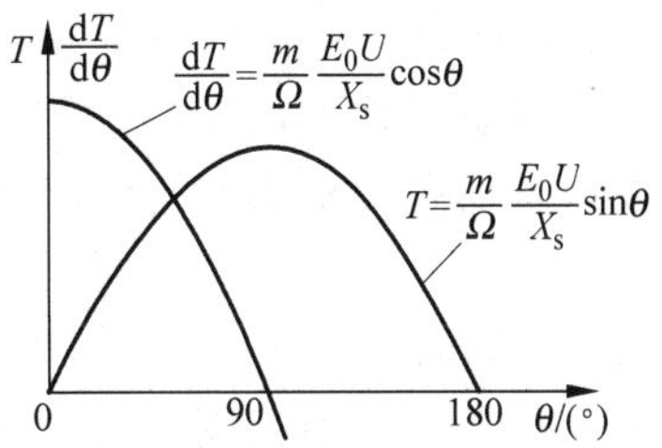

可见,$\dfrac{dT}{d\theta}$ 的正负标志了同步发电机是否能稳定运行,而 $\dfrac{dT}{d\theta}$ 的大小标志了它的稳定能力。

图 10-12 隐极发电机的整步转矩系数随 θ 的变化曲线

为了使发电机具备一定的稳定能力,提高供电可靠性,需要使最大电磁转矩超出额定电磁转矩一定的比例,用**过载能力**(overload capacity)衡量,即最大转矩 T_{max}(或最大电磁功率 $P_{em\,max}$)与额定电磁转矩 T_N(或额定电磁功率 P_{emN})之比,用 k_m 表示,即

$$k_m = \frac{P_{em\,max}}{P_{emN}} = \frac{T_{max}}{T_N} = \frac{1}{\sin\theta_N}$$

式中,θ_N 为发电机额定运行时的功角。一般 $k_m=1.5\sim 2$。对于隐极发电机,额定运行点一般设计在 $\theta_N=30°\sim 40°$ 的范围内;对于凸极发电机,$\dfrac{dT}{d\theta}=0$ 时功角小于 $90°$,额定运行点一般设计在 $\theta_N=20°\sim 30°$ 的范围内。

过载能力只是为了提高发电机运行的稳定性而设置的,只能短时使用,不能使发电机长期运行在超过额定运行的范围内。发电机是按照额定运行条件设计的,超出额定运行范围,发电机的输出功率过大,时间长了,必然对电机造成损害。

(2) 动态稳定简介

同步发电机的动态稳定问题是电机遭受大干扰后能否还保持同步运行的问题。

以电网电压降低引起发电机失去同步为例说明。当电网电压突然下降,转矩功角特性由图10-13中的曲线1变为曲线2,由于转子的机械惯性,转子转速不会突变,功角θ不会突变,因此电磁转矩减小,小于原动机的拖动转矩,转子加速。功角θ由原来平衡点θ_a

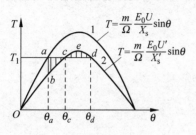

图10-13 电网电压突然降低时的动态稳定

向新的平衡点θ_c变化。当$\theta=\theta_c$时,电磁转矩与拖动转矩平衡,转子不再加速,但是在惯性和转子加速过程中积蓄的动能的作用下,功角θ不会立即停止增加,而会继续增大,此时电磁转矩大于拖动转矩,转子开始减速。直到消耗的动能等于积蓄的动能时,即面积cde与面积abc相等时,θ才能停止增加。但是如果电压降得太低,使曲线2过低,以致当ac线与曲线2相交于点d时,面积cde仍小于面积abc,θ将仍然继续增加。当$\theta > \theta_d$后,拖动转矩大于电磁转矩T,θ继续增加,同步发电机将失去同步,也即失去了动态稳定。

以上只是动态稳定的初步概念。实际上,当同步发电机遭受大干扰时,电网和发电机都处于瞬态过程中,这时稳态分析得到的转矩功角特性就不能使用了,取代上述曲线的是一条动态转矩功角曲线,其中发电机的电动势、电抗都是瞬变值,这里不再详细介绍。

以上谈到的情况是在励磁没有调节的条件下发生的。如果发电机端电压降低,转子开始发生振荡,这时使励磁电流立刻自动增加,励磁电动势E_0就会相应增加,使转矩功角特性曲线也上移,就可以提高发电机的动态稳定度。现代的快速励磁调节器做得比以前先进了,它对提高发电机的动态稳定度起着很重要的作用。

练习题

10-3-1 与无限大电网并联运行的同步发电机,如何调节其输出的有功功率?调节后,功角如何变化?

10-3-2 同步发电机的最大电磁转矩与什么电抗有关?

10-3-3 一台与无限大电网并联运行的同步发电机,当原动机输出转矩保持不变时,发电机输出的有功功率是否不变?要减小发电机的功角,应如何调节?

10-3-4 一台与无限大电网并联运行的隐极同步发电机稳定运行在$\theta=30°$,若因故励磁电流变为零,这台发电机是否还能稳定运行?

10.4 无功功率调节和V形曲线

对于并网运行的发电机,除了要进行有功功率调节外,还需要进行无功功率调节,使整个电网的无功功率达到平衡。

10.4 无功功率调节和 V 形曲线

可以将电网看成是一台同步发电机,用图 10-14 所示等效电路表示,电网等效发电机 s 和并网发电机 g 的电动势分别为 $\dot{E}_s$ 和 $\dot{E}_g$,内阻抗分别为 Z_s 和 Z_g。如果认为电网是无限大电网,则电网等效发电机的内阻抗 Z_s 为零。为了简单起见,忽略内阻抗中的电阻,并假定 $Z_s = Z_g = jX$。空载情况下,如果 $\dot{E}_s = \dot{E}_g$,即电动势的相位和有效值都相等,则 $\dot{I}_s = \dot{I}_g = 0$,因此端电压 $\dot{U} = \dot{E}_s = \dot{E}_g$。如果保持发电机 s 的电动势不变,调节发电机 g 的励磁电流,使得 $E_g < E_s$,必然在两台发电机之间出现循环电流。此循环电流是滞后的无功电流,对发电机 s 而言是流出发电机,产生去磁的电枢反应;而对于发电机 g 而言是流入发电机,产生增磁的电枢反应。此时的端电压 $\dot{U} = \dfrac{\dot{E}_s + \dot{E}_g}{2}$,是两台发电机电动势的平均值,由此可见此时端电压降低了。如果再带上无功负载,如在端口接上电抗器,则端电压将进一步降低。因此为了将端电压恢复到原来的值,必须合理调节其中一台或者两台发电机的励磁电流,提高 E_g、E_s 或者两者。

从无功功率平衡角度看,在一定的端电压下,需要向负载提供一定的无功功率。如果两台并联发电机能够提供足够的无功功率,则端电压不变。如果不能满足无功功率的需求,则端电压下降,负载所需的无功功率减少,而并联的发电机提供的无功功率增大,从而使无功功率在降低的端电压下维持平衡。

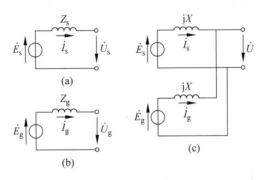

图 10-14 发电机和电网并联的等效电路

实际电网的电压要求保持在额定电压,因为电网电压的变化会对负载产生不良影响。例如电压升高会引起异步电机励磁电流增大、照明灯泡寿命减少等,而电压降低会引起异步电机负载电流增大,产生过热现象、照明灯泡亮度不足等。为了维持电网电压,必须适当地调节电网等效发电机 s 和并网发电机 g 的励磁电流,即适当调节电网中所有并联发电机的励磁电流,使各并联发电机合理地分担无功功率。

实际电网中有很多发电机并联运行,所以电网容量相对于单台发电机而言是非常大的,电网电压的变化很小。但是不论何时,都必须保持无功功率平衡,否则电网电压将会发生变化。电网的总调度室根据实际的无功需求指挥各个发电厂发多少无功功率。发电厂的值班人员用调节发电机励磁电流的办法使发电机发出指定大小的无功功率。

下面具体分析一台并联运行的同步发电机的无功功率调节问题。分析中认为电网是无限大电网,电网电压和频率是不变的。

以隐极发电机为例，采用电动势相量图进行分析。保持发电机的有功功率不变，则 $P_2 = mUI\cos\varphi =$ 常数，在忽略定子绕组电阻时，电磁功率 $P_{em} = m\dfrac{E_0 U}{X_s}\sin\theta =$ 常数。由于 m、U、X_s 都不变，因此，

$$I\cos\varphi = 常数, \quad E_0\sin\theta = 常数$$

如图 10-15 所示，$I\cos\varphi$ 是电枢电流相量 $\dot{I}$ 在电压相量 $\dot{U}$ 上的投影，$I\cos\varphi =$ 常数，表示 $\dot{I}$ 的端点在垂直于 $\dot{U}$ 的直线上，其轨迹是 BB 线；$E_0\sin\theta =$ 常数，表示电动势相量 $\dot{E}_0$ 的端点在平行于 $\dot{U}$ 的直线上，其轨迹是 AA 线。下面分别对三种励磁状态进行讨论。

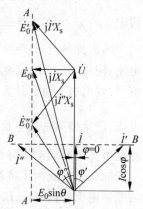

图 10-15 保持有功功率不变调节励磁电流时的电动势相量图

(1) **正常励磁**(normal excitation)状态

使发电机功率因数 $\cos\varphi = 1$ 的励磁电流称为正常励磁电流，此时空载电动势为 $\dot{E}_0$，电枢电流 $\dot{I}$ 与电压 $\dot{U}$ 同相，发电机的无功功率为零。

(2) **过励磁**(overexcitation)状态

励磁电流大于正常励磁电流值时称为过励磁，简称过励。此时励磁电流较大，空载电动势 $\dot{E}'_0$ 较大，使电枢电流 $\dot{I}'$ 滞后于 $\dot{U}$，以产生去磁的电枢反应。此时，发电机向电网发出滞后性质的无功功率。

(3) **欠励磁**(underexcitation)状态

励磁电流小于正常励磁电流值时称为欠励磁，简称欠励。此时励磁电流较小，空载电动势 $\dot{E}''_0$ 较小，使电枢电流 $\dot{I}''$ 超前电压 $\dot{U}$，以产生增磁的电枢反应。此时，发电机从电网吸收滞后性质的无功功率。

把不同有功负载下的电枢电流和励磁电流的关系画成曲线，如图 10-16 所示，这些曲线叫做发电机的 **V 形曲线特性**(V-curve characteristic)。通过测定同步发电机的参数，由画电动势相量图的办法，可以间接地画出发电机的 V 形曲线特性。更可靠的方法是通过实际的负载试验量测出 V 形曲线特性。

分析这些曲线可以看到：

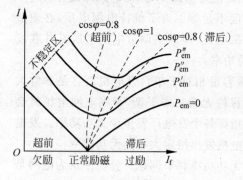

图 10-16 V 形曲线特性

(1) 有功功率越大，V 形曲线越高。在图 10-16 中，$P'''_{em} > P''_{em} > P'_{em} > P_{em}$。

(2) 每条 V 形曲线有一个最低点，表示在该输出有功功率下，功率因数 $\cos\varphi = 1$ 的情况。把这些点联起来的线，称为 $\cos\varphi = 1$ 线。它微微向右倾斜，说明发电机输出为纯有功功率时，随着输出功率增大，必须相应地增加一些励磁电流。

(3) $\cos\varphi = 1$ 线的左边属于欠励、超前功率因数区域；右边属于过励、滞后功率因数区域。

还可以把 $\cos\varphi$ 为其他数值的点联起来,形成不同的等功率因数线,如图中 $\cos\varphi=0.8$ 超前(或滞后)线。

(4) 在最左边,由于励磁电流过小,发电机的功角 θ 达到 $90°$,进入不稳定区。

V形曲线特性对发电机运行管理人员有很大帮助。值班人员通过V形曲线特性可以知道发电机的运行工况,便于对发电机进行控制:根据负载大小,给定励磁电流,可以知道电枢电流和功率因数的大小;可以知道励磁电流不变时,负载变化对电枢电流和功率因数的影响;可以知道当负载变化后,为了维持功率因数不变,应该怎样调节发电机的励磁电流。

在电力系统中,除了少数电热设备外,绝大多数负载都是电感性的,如异步电机吸收的无功功率约占电力系统总无功功率的 70%,变压器的约占 20%。因此,电力系统除了要供给负载有功功率外,还要供给负载大量的无功功率。除了由发电机供给无功功率外,为了避免大量无功功率的远距离传输,还可以采取其他办法提供,例如装设电力电容器、同步补偿机、静止式无功补偿器等。

练习题

10-4-1 与电网并联运行的同步发电机,过励运行时发出什么性质的无功功率?欠励运行时发出什么性质的无功功率?

10-4-2 一台并联于无限大电网运行的同步发电机,其电流滞后于电压。若逐渐减小其励磁电流,试问电枢电流如何变化?

10-4-3 如果给出了有功功率和电枢电流,能否由V形曲线知道此时的励磁电流大小?为什么?

10-4-4 在得到发电机的V形曲线特性和等功率因数线后,可以直接根据V形曲线确定发电机某一工况下的哪些量?能否直接得到无功功率和功角?

小　　结

同步发电机投入并联运行必须满足四个并联条件,每一个条件都需要进行检查,不满足条件时需要采取措施,发电机在满足并联合闸条件时才能投入并联运行。

一台同步发电机与无限大电网并联运行时,电网的电压和频率都可以认为是常数,发电机的可调节量只有发电机的励磁电流和原动机的输入转矩。调节发电机的励磁,只能改变发电机输出的无功功率;调节原动机的输入转矩,可改变发电机的输入功率,从而使输出的有功功率发生变化。发电机并网运行的分析基础仍然是发电机独立运行时的内部电磁关系,仍可采用电动势相量图进行分析,只是发电机运行的约束条件与独立运行时不同。

采用功角特性和V形曲线特性,分别表示发电机有功功率调节和无功功率调节时的外部状况。调节原动机的输入功率时,发电机的功角随着发生改变,无功功率也将发生变化。为了保证发电机可靠稳定运行,功角需保持在一定范围内。如果输入功率过大,引起功角增加太多,有可能使发电机不能稳定运行。调节发电机的励磁电流时,发电机的空载电动势和功角都将发生改变,此时无功功率改变,但有功功率不会发生变化。发电机励磁处于过励状态时,发电机发出滞后的无功功率;处于欠励状态时,发电机发出超前的无功功率。励磁电流不能减小过多,否则也将使发电机失去稳定。

思 考 题

10-1 什么是无限大电网?它对并联于其上的同步发电机有什么约束?

10-2 运行在无限大电网上的水轮发电机,在失去励磁后能否继续作为同步发电机带轻的有功负载$\left(如\frac{1}{8}P_N\right)$长期运行?

10-3 并联在无限大电网运行的同步发电机,当保持励磁电流I_f不变时,若调节发电机有功功率,其无功功率如何变化?此时$\dot{E}_0$与$\dot{I}$变化的规律是什么?

10-4 并联于无限大电网的隐极同步发电机,调节有功功率但保持无功功率不变,此时功角θ及励磁电流I_f如何变化,此时电枢电流$\dot{I}$和空载电动势$\dot{E}_0$各按什么轨迹变化(忽略电枢电阻)?

10-5 并联于无限大电网运行的隐极同步发电机,原来发出一定的有功功率和电感性无功功率,若保持有功输出不变,仅调节励磁电流I_f使之减小,问$\dot{E}_0$和$\dot{I}$各按什么轨迹变化?功角θ如何变化?要保持稳定运行,I_f能否无限减小(忽略电枢电阻)?

10-6 一台与电网并联运行的同步发电机,仅输出有功功率,无功功率为零,这时发电机电枢反应的性质是什么?

10-7 为什么并网发电机的无功功率与励磁电流关系密切,无功功率的调节依赖于励磁电流的调节?单机运行的同步发电机情况也是这样吗,有什么异同?

10-8 为什么在凸极电机中定子电流和定子磁场能相互作用产生转矩,但是在隐极电机中却不能产生?

10-9 同步发电机并联合闸时,如果

(1) 发电机电压U_g大于或小于电网电压U_s;

(2) 发电机频率f_g大于或小于电网频率f_s。

其他条件均符合,那么合闸后分别会发生下列哪种情况?

A. 发电机发出滞后无功电流 B. 发电机吸收滞后无功电流

C. 发电机输出有功电流 D. 发电机输入有功电流

10-10 比较下列情况下同步电机的稳定性:

(1) 在过励工况与欠励工况下运行;

(2) 在轻载工况与满载工况运行;

(3) 直接接至电网与通过外部电抗器接至电网。

习 题

10-1 一台三相隐极同步电机以同步转速旋转,转子不加励磁,把定子绕组接到三相对称的电源U上,绕组中流过电流为I,忽略电枢绕组电阻。试画出此电机的电动势相量图。说明此时电机是否输出有功功率？发出什么性质的无功功率？

10-2 一台 11kV、50Hz、4 极、星形联结的隐极同步发电机,同步电抗 $X_s=12\Omega$,不计电枢绕组电阻,该发电机并联于额定电压的电网运行,输出有功功率 3MW,功率因数为 0.8(滞后)。

(1) 求每相空载电动势 E_0 和功角 θ;

(2) 如果励磁电流保持不变,求发电机不失去同步时所能产生的最大电磁转矩。

10-3 一台汽轮发电机并联于无限大电网,额定运行时功角 $\theta=20°$。现因故障,电网电压降为 $60\%U_N$,假定电网频率仍不变。

(1) 发电机能否继续稳定运行,这时功角 θ 为多大?

(2) 为使功角 θ 不超过 25°,应加大励磁使 E_0 上升为原来的多少倍?

10-4 一台三相汽轮发电机,电枢绕组星形联结,额定容量 $S_N=15000$kV·A,额定电压 $U_N=6300$V,忽略电枢绕组电阻,当发电机运行在 $\underline{U}=1、\underline{I}=1、\underline{X_s}=1$、负载功率因数角 $\varphi=30°$(滞后)时,求电机的相电流 I、功角 θ、空载相电动势 E_0、电磁功率 P_{em}。

10-5 一台汽轮发电机数据如下:额定容量 $S_N=31250$kV·A,额定电压 $U_N=10500$V(星形联结),额定功率因数 $\cos\varphi_N=0.8$(滞后),定子每相同步电抗 $X_s=7\Omega$(不饱和值),此发电机并联于无限大电网运行,忽略电枢绕组电阻。

(1) 求发电机额定负载时的功角 θ_N、电磁功率 P_{em} 及过载能力 k_m;

(2) 若将有功输出减小一半,励磁电流不变,求 θ、P_{em} 和功率因数角 φ,并说明发出无功功率怎样变化;

(3) 在额定运行工况基础上,如果仅将励磁电流加大 10%,求 θ、P_{em} 和功率因数角 φ,其有功功率及无功功率怎样变化?

10-6 一台 6000kV·A、2400V、50Hz、星形联结的三相 8 极凸极同步发电机,并联额定运行时的功率因数为 0.9(滞后),电机参数为 $X_d=1\Omega$,$X_q=0.667\Omega$,不计磁路饱和及电枢绕组电阻。

(1) 求额定运行时的每相空载电动势 E_0、基波励磁磁动势与电枢反应磁动势的夹角;

(2) 分别通过电机参数与功角、电压与电流,求额定运行时的电磁转矩,并对结果作比较。

10-7 一台与无限大电网并联的三相 6 极同步发电机,定子绕组星形联结,额定容量 $S_N=100$kV·A,额定电压 $U_N=2300$V,频率为 60Hz。定子绕组每相同步电抗 $X_s=64.4\Omega$,忽略电枢绕组电阻,已知电枢电流为零时,励磁电流为 23A,此时发电机的输入功率为 3.75kW。设磁路线性。求:

(1) 当发电机发出额定电流,功率因数 $\cos\varphi=0.9$(滞后)时所需励磁电流,以及发电机的输入功率;

(2) 当发电机线电流为 15A,且励磁电流为 20A 时,发电机的电磁转矩 T。

10-8 一台水轮发电机数据如下:额定功率 $P_N=50000$kW,额定电压 $U_N=13800$V(星形联结),额定功率因数 $\cos\varphi_N=0.8$(滞后),$\underline{X_d}=1$,$\underline{X_q}=0.6$,假设空载特性为直线,忽略电枢绕组电阻,不计空载损耗。发电机并联于无限大电网运行。

(1) 求输出功率为 10000kW,$\cos\varphi=1$ 时发电机的励磁电流 I_f 及功角 θ;

(2) 保持此输入有功功率不变,逐渐减小励磁电流直到零,此时发电机能否稳定运行? θ、定子电流 I 和 $\cos\varphi$ 各为多少?

10-9 两台相同的隐极同步发电机并联运行。定子均为星形联结,同步电抗均为 $\underline{X}_s=1$,忽略定子电阻 R。两台发电机共同对一个功率因数为 $\cos\varphi=0.8$(滞后)的负载供电,运行时要求系统维持额定电压 $\underline{U}=1$,额定频率 $f=50\text{Hz}$,维持负载电流 $\underline{I}=1$(负载与电机的额定电流相同),并要求其中一台电机担负负载所需的有功功率,第二台担负其无功功率。设磁路线性。求:

(1) 每台电机的功角 θ 及空载电动势 $\underline{E}_0$;

(2) 两台电机励磁电流之比。

10-10 一台隐极同步发电机并联于无限大电网运行,已知 $\underline{U}=1$,$\underline{I}=1$,$\underline{X}_s=1$,$\cos\varphi=\frac{\sqrt{3}}{2}$(滞后),忽略定子绕组电阻。现调节原动机使有功输出增加一倍,同时调节励磁电流使其增加 20%。

(1) 画出调节后的电动势相量图;

(2) 说明发出的无功功率是增加了还是减小了?

10-11 一台三相汽轮发电机的空载试验和短路试验都在半同步转速下进行。已知空载试验的数据 $\underline{I}_f=1.0$,$\underline{E}_0=0.5$;短路试验数据 $\underline{I}_f=1.0$,$\underline{I}_k=1.0$。忽略定子电阻,设磁路线性。当发电机与无限大电网并联运行时,求:

(1) 同步电抗的标幺值 $\underline{X}_s$;

(2) 同步转速下 $\underline{I}=1$、$\cos\varphi=\frac{\sqrt{3}}{2}$(滞后)时的 θ 角。

10-12 有两台额定功率各为 10000kW、$p=1$ 的汽轮发电机并联运行,已知它们原动机的调速特性分别如题图 10-1 中曲线 1、2 所示。忽略两台发电机的空载损耗和电枢绕组电阻。

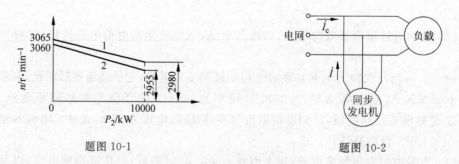

题图 10-1   题图 10-2

(1) 当总负载为 15000kW 时,每台电机各担负多少功率?电网的频率是多少?

(2) 如果调整第 1 台发电机的调速器,使它的调速特性可以上下移动(但斜率不变),直至两台电机都输出 7500kW,这时电网的频率是多少?

10-13 一台三相对称负载与电网以及一台同步发电机并联,如题图 10-2 所示,已知电网线电压为 220V,线路电流 $I_c=50\text{A}$,功率因数 $\cos\varphi_c=0.8$(滞后);发电机输出电流

$I=40\text{A}$,功率因数为 0.6(滞后)。

(1) 求负载的功率因数;

(2) 调节同步发电机的励磁电流,使发电机的功率因数等于负载的功率因数,此时发电机输出的电流 I 为多少? 此时从电网吸收的电流 I_c 为多少?

10-14　凸极同步发电机与电网并联,如将发电机励磁电流减为零,发电机还有没有电磁功率? 画出此时的电动势相量图,推导其功角特性。

10-15　试证明隐极同步发电机的电磁功率也可写成 $P_{\text{em}}=m\dfrac{E_0 E_\delta}{X_\text{a}}\sin\theta'$,式中 θ' 为 $\dot{E}_0$ 与 $\dot{E}_\delta$ 之间的夹角。

10-16　试推导凸极同步电机无功功率的功角特性。

10-17　由两台同轴的同步发电机组成变频机组,定子绕组分别接到 50Hz 与 60Hz 的两个无限大电网上,这两台电机定、转子相对位置如题图 10-3 所示,其中一台电机定子可以移动。

(1) 此机组可能运行的转速是多少? 两台电机的极数各为多少?

(2) 要从 50Hz 电网向 60Hz 电网输出有功功率,应如何调节? 仅调节两台发电机的励磁电流可以吗?

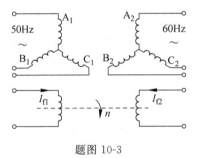

题图 10-3

第11章 同步电动机

以往同步电动机主要应用在一些功率比较大而且不要求调速的场合,如空气压缩机、鼓风机、电动发电机组等。大功率同步电动机比同容量的异步电机功率因数更高,能够通过调节励磁电流改善电网的功率因数,这是异步电动机做不到的。另外,对于大功率低转速的电动机,同步电动机的体积比异步电动机要小些。

同步电动机与电力电子技术相结合构成同步电动机调速系统,使同步电动机的应用场合更为广泛,如舰船电力推进系统、大型轧钢系统等。

11.1 同步电动机的运行分析

1. 同步电机运行的可逆原理

同步发电机在理想条件下并联到电网后,定子电流为零,不输出电功率,由原动机提供的拖动转矩 T_1 与空载转矩 T_0 平衡。如果增大 T_1,转子励磁磁动势 F_{f1} 将超前气隙磁通密度 B_δ θ' 角,导致电磁转矩 T 和电磁功率 P_{em} 的出现,发电机输出电功率,此时拖动转矩 T_1 与电磁转矩 T 及空载转矩 T_0 平衡。

同步发电机并联到电网后,如果将原动机去掉,则 $T_1=0<T_0$,原有的转矩平衡被破坏,转子在空载转矩 T_0 的作用下减速,标志转子位置的励磁磁动势 F_{f1} 将滞后气隙磁通密度 B_δ θ' 角。与发电机时的分析类似,可知此时电磁转矩 T 的方向变为与转子旋转方向相同,具有拖动性质,最终电磁转矩 T 与空载转矩 T_0 平衡,转子不再减速。如果进一步在转子上加机械负载,则转子在负载转矩与空载转矩的作用下减速,使 F_{f1} 滞后 B_δ 的 θ' 角更大,拖动的电磁转矩 T 也增大,电磁转矩 T 与负载转矩和空载转矩平衡时转子不再减速。此时空载电动势 $\dot{E}_0$ 滞后于电压 $\dot{U}$,功角 θ 变为负值。

图 11-1 所示为电机并网后去掉原动机、带上机械负载时的时空相矢量图,是采用发电机惯例画出的。在图 11-1(a)中,$\varphi<180°$,电枢发出的无功功率 $Q_1=mUI\sin\varphi>0$,即电机向电网发出电感性无功功率,为过励磁状态。在图 11-1(b)中,$\varphi=180°$,电枢发出的无功功率 $Q_1=mUI\sin\varphi=0$,为正常励磁状态。在图 11-1(c)中,$\varphi>180°$,电枢发出的无功功率 $Q_1=mUI\sin\varphi<0$,即电机从电网吸收电感性无功功率,为欠励磁状态。

三种运行工况下,φ 角都大于 $90°$,电枢输出的有功功率 $P_1=mUI\cos\varphi$ 均为负值,因为采用的仍是发电机惯例的参考方向,$P_1<0$ 说明从电网输入电功率给电机。另一方面,由功角特性可知,当功角 θ 为负值时,电磁功率 P_{em} 也是负值,说明是从电网吸收电功率

11.1 同步电动机的运行分析

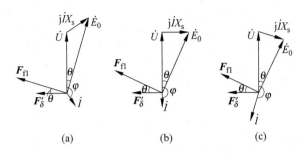

图 11-1 采用发电机惯例的同步电动机时空相矢量图

转变为机械功率。电磁转矩为负值,说明是拖动性质的。电磁转矩拖动机械负载,通过转轴向负载输出机械功率,所以此时同步电机运行在电动机状态。

可见,同步电机并联到电网上,如果用原动机拖动,可以作为发电机运行;如果让它拖动机械负载,它也可以作为电动机运行。这就是同步电机的可逆原理,即一台同步电机在一定条件下可以作为发电机运行,在另一种条件下也可以作为电动机运行。

从上面分析可以看出,决定同步电机是作为发电机还是电动机运行的关键,在于电磁功率 P_{em} 的正负,也就是空载电动势 $\dot{E}_0$ 与电压 $\dot{U}$ 之间的夹角(即功角)θ 的正负。如果 $\dot{E}_0$ 超前 $\dot{U}$,$\theta>0$,则运行于发电机状态;如果 $\dot{U}$ 超前 $\dot{E}_0$,$\theta<0$,则运行于电动机状态。

2. 同步电动机的电压方程式、相矢量图

用发电机惯例的参考方向分析电动机时,$\varphi>90°$,$\theta<0$,很不方便。为此采用电动机惯例,将发电机惯例中电枢电流 $\dot{I}$ 的参考方向反过来,如图 11-2 所示,同时认为电压 $\dot{U}$ 超前电动势 $\dot{E}_0$ 时,θ 为正,则隐极同步电动机的电压方程式为

图 11-2 电动机惯例

$$\dot{U} = \dot{E}_0 + \dot{E}_a + \dot{E}_\sigma + \dot{I}R = \dot{E}_0 + \dot{I}(R+jX_s) = \dot{E}_0 + \dot{I}Z_s \quad (11-1)$$

凸极同步电动机的电压方程式为

$$\dot{U} = \dot{E}_0 + \dot{I}R + j\dot{I}_d X_d + j\dot{I}_q X_q \quad (11-2)$$

与图 11-1 三种情况相对应的时空相矢量图如图 11-3 所示,除了电流相量 $\dot{I}$ 及相量 $j\dot{I}X_s$ 方向变为相反外,其他所有相量、矢量都不变。需要注意的是,采用发电机惯例时,正值的电流在其绕组轴线位置产生正值的磁动势;而采用电动机惯例时,正值的电流在其绕组轴线位置产生的是负值的磁动势。在相矢量图上表现为磁动势矢量 F_a 不再与产生它的电流相量 $\dot{I}$ 重合,而是方向相反。

改变电流参考方向后,三种运行状态下电枢的有功功率 $P_1 = mUI\cos\varphi$ 均为正值,表示电机从电源输入有功功率。对于图 11-3(a)的过励磁状态,无功功率 $Q_1 = mUI\sin\varphi<0$,表示电动机向电网发出滞后性无功功率;对于图 11-3(b)的正常励磁状态,无功功率 $Q_1 = mUI\sin\varphi = 0$;对于图 11-3(c)的欠励磁状态,无功功率 $Q_1 = mUI\sin\varphi>0$,表示电动机从电网吸收滞后性无功功率。

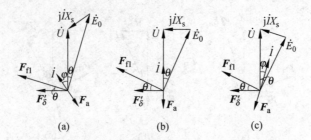

图 11-3 采用电动机惯例的同步电动机时空相矢量图

3. 同步电动机的功率和转矩平衡关系

同样为了方便，按电动机运行状态时转矩的实际方向规定转矩的参考方向，具体如图 11-4 所示，对应的转矩平衡方程式为

$$T = T_2 + T_0 \tag{11-3}$$

式中，T_2 为机械**负载转矩**(load torque)，其大小等于电动机输出的转矩；T_0 为空载转矩。

电磁转矩 T 的方向与发电机时的相反，与转子转动方向相同，是拖动转矩，克服机械负载转矩和空载转矩拖动转子旋转。

从图 11-2 规定的参考方向可见，同步电动机从电源输入的电功率 $P_1 = mUI\cos\varphi$ 减去定子绕组的铜耗 $p_{Cu} = mI^2R$，为电磁功率 P_{em}，即

$$P_1 = P_{em} + p_{Cu}$$

将式(11-3)两边各项均乘以机械角速度 Ω，可得

$$P_{em} - p_0 = P_2$$

即电磁功率 P_{em} 减去同步电机的空载损耗 $p_0 = T_0\Omega$，就是电机轴上输出的机械功率 $P_2 = T_2\Omega$。

同步电动机的功率流程图如图 11-5 所示。

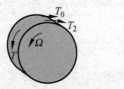

图 11-4 电动机的转矩参考方向　　图 11-5 同步电动机的功率流程图

4. 同步电动机的有功功率和无功功率的调节

(1) 有功功率调节——功角特性

对于隐极同步电动机，功角特性公式为

$$P_{em} = m\frac{E_0 U}{X_s}\sin\theta \tag{11-4}$$

对于凸极同步电动机，功角特性公式为

$$P_{em} = m\frac{E_0 U}{X_d}\sin\theta + mU^2\frac{X_d - X_q}{2X_d X_q}\sin 2\theta \tag{11-5}$$

11.1 同步电动机的运行分析

由于功角 θ 的参考方向改变,电磁功率 P_{em} 仍是正值,其功角特性与发电机时类似。也可以得到电磁转矩 T 与功角 θ 的关系。负载转矩不同或者负载功率不同时,电动机运行在不同的功角下。

(2) 无功功率调节——V 形曲线特性

与发电机时一样,V 形曲线特性对同步电动机的值班人员了解和调节电动机是非常重要的。利用电动势相量图就可以得到同步电动机的 V 形曲线特性。

以隐极同步电动机为例。保持电动机的负载不变,即负载转矩不变,忽略空载损耗,则电磁转矩 T 不变,于是

$$T = \frac{m}{\Omega} \frac{E_0 U}{X_s} \sin\theta = 常数$$

即

$$E_0 \sin\theta = 常数$$

电磁转矩 T 不变,电磁功率 P_{em} 也不变,当忽略电枢绕组电阻时,输入电功率 $P_1 = mUI\cos\varphi$ 也不变,即

$$I\cos\varphi = 常数$$

由此可以画出电动机的电动势相量图,如图 11-6 所示。得到电流 $\dot{I}$ 与空载电动势 $\dot{E}_0$ 之间的关系后,由电动势 E_0 查空载特性气隙线求出励磁电流 I_f,即可画出电枢电流 I 与励磁电流 I_f 之间的关系曲线,即 V 形曲线,如图 11-7 所示。

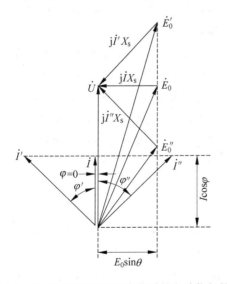

图 11-6 负载转矩不变励磁变化时的电动势相量图

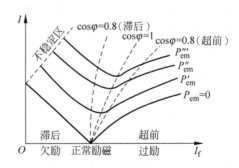

图 11-7 同步电动机的 V 形曲线特性

在 $\cos\varphi = 1$ 的点,电枢电流 I 最小;$\cos\varphi < 1$ 时,I 都增大。励磁电流 I_f 小于正常励磁电流时,功率因数为滞后性的;I_f 大于正常励磁电流时,功率因数为超前性的。

改变负载的大小,可以得到一族曲线。图 11-7 中,$P'''_{em} > P''_{em} > P'_{em} > P_{em}$。

把各条 V 形曲线上的功率因数相同的点连接起来,得到等功率因数线。曲线族上各

运行点的功率因数就可以由曲线查出。

同步电动机比较突出的优点是可以通过改变励磁电流来调节无功功率,能在超前的功率因数下运行,改善电网功率因数。由V形曲线特性可以看出,要让电动机运行在超前功率因数下,必须增大励磁电流,使电动机励磁处于过励状态。因此要求设计电动机时,必须保证足够的励磁容量。

练习题

11-1-1 如何判断一台同步电机处于发电机状态还是电动机状态?

11-1-2 改变电枢电流的参考方向,即以电动机惯例规定电压和电流的参考方向,对电枢反应磁动势有什么影响?有功功率和无功功率的正负各表示什么意义?

11-1-3 在同步电动机稳定运行范围内,仅增大同步电动机带的机械负载,其他条件不变,稳定后同步电动机的转速如何变化?同步电动机的功角 θ 和电磁转矩 T 会发生什么变化?

11-1-4 同步电动机欠励运行时,从电网吸收什么性质的无功功率?过励时,从电网吸收什么性质的无功功率?

11.2 同步电动机的起动

前面都是对同步电动机并联到电网且已同步运行的工况进行分析的,实际电动机都有转子从静止加速到额定转速运行的过程,称为**起动**(starting)。

同步电动机转子励磁绕组中通入直流电流后,转子将形成固定极性的磁极。在转子静止时将定子绕组接入电网,定子产生的旋转磁场以同步转速相对于静止的转子运动。定子旋转磁场的某一极性磁极,例如N极,一会邻近且超前于转子的S极,产生吸引力,牵引转子加速;一会邻近且超前于转子的N极,产生排斥力,使转子减速。在定子磁场转速与转子转速相差较大时,在转子机械惯性作用下,无法产生驱动转子旋转的平均电磁转矩,转子无法与定子磁场保持同步旋转,从而无法直接起动。

通常,同步电动机的起动方法有以下几种。

(1) 辅助动力起动

可以采用小型的辅助动力设备,如直流电动机、异步电动机或其他动力机,将同步电动机拖到同步转速或者接近同步转速,再通过整步或者自同步法将同步电动机并联到电网上运行。这种方法需要的设备多,操作复杂。由于辅助动力设备一般容量较小,约为电动机的5%~15%,所以适合于同步电动机的空载起动。

(2) **变频起动**(variable-frequency starting)

采用变频电源向电动机供电,电源频率从很低的值逐渐升高到同步电动机的额定频率。频率的逐渐变化使得电机的转子始终与定子旋转磁场保持相对静止,产生平均电磁转矩拖动转子旋转。加速到电机的同步转速后,再将电机并入电网运行。该方法需要专门的变频电源,会增加设备投资。

(3) **异步起动**(asynchronous starting)

现代同步电动机一般都做成凸极式的,大多在转子上装设阻尼绕组,可利用异步电动机的起动方法来起动同步电动机。

起动时,励磁绕组回路里串联一个10倍于励磁绕组电阻的电阻后再闭合,将定子投入电网,按异步电动机起动。待转速升至接近同步转速时,再投入励磁,使电动机牵入同步。

起动时励磁绕组不能开路,因为起动时,转子与定子磁场的相对运动速度会很高,励磁绕组会感应很高的电压,有可能破坏绝缘。

练习题

11-2-1 励磁绕组通入直流电流的同步电动机能否直接起动?为什么?

11-2-2 同步电动机有哪些起动方法?各有什么优缺点?

小 结

一台同步电机在一种条件下可以作为发电机运行,而在另一种条件下则可以作为电动机运行,这就是同步电机的可逆原理。两种运行状态的区别在于功率传递方向不同,同步发电机向电网输送有功功率,而同步电动机从电网吸取有功功率。两种运行状态取决于同步电机的电磁功率或者功角的正负。采用发电机惯例时,当 $\theta>0$ 时,电磁功率大于零,向电网输出有功功率,为发电机运行状态;当 $\theta<0$ 时,电磁功率小于零,从电网吸收有功功率,为电动机运行状态。

同步发电机分析时采用的电压方程式、时空相矢量图、电动势相量图、等效电路、功率平衡方程式、功角特性、V形曲线特性等都可以用来对电动机进行分析,只是一些量的符号发生改变。为了方便,可以重新按照电动机的运行状态定义电流、转矩、功角的参考方向。

与同步发电机一样,可以通过改变励磁电流来调节同步电动机的无功功率,从而改善电网的功率因数,但同步电动机的起动需要特殊考虑。

思 考 题

11-1 为什么当 $\cos\varphi$ 滞后时,电枢反应在发电机状态为去磁作用,而在电动机状态为增磁作用?

11-2 同步电动机带额定负载时功率因数为1,若保持励磁电流不变,而负载降为零时,功率因数是否会改变?

11-3 为什么磁阻同步电动机必须做成凸极式的才行?它建立磁场所需的励磁电流由谁提供?它是否还具有改善电网功率因数的优点?能否单独作发电机供给电阻或电感负载?为什么?

11-4 如果已知同步电动机的空载特性及短路特性,且在由无限大电网供电情况下可能去掉全部负载,试说明如何测定其零功率因数负载特性,以求保梯电抗,并用必要的相量图说明之。

11-5 一台同步电动机,按电动机惯例,定子电流滞后电压。今不断增加其励磁电流,则此电动机的功率因数将怎样变化?

11-6 并联于电网上运行的同步电机,从发电机状态变为电动机状态时,其功角 θ、电磁转矩 T、电枢电流 I 及功率因数 $\cos\varphi$ 各会发生怎样的变化?

习 题

11-1 分别按电动机惯例与发电机惯例画出同步电机在下列运行工况下的电动势相量图:
(1) 发出有功功率,发出电感性无功功率;
(2) 发出有功功率,发出电容性无功功率;
(3) 吸收有功功率,发出电感性无功功率;
(4) 吸收有功功率,发出电容性无功功率。

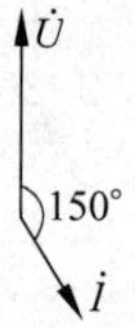

题图 11-1

11-2 已知一台同步电机的电压、电流相量图,如题图 11-1 所示。
(1) 若该相量图是按发电机惯例画出的,试判断该电机是运行在发电机状态还是电动机状态,其励磁状态是过励还是欠励;
(2) 如该相量图是按电动机惯例画出的,重新回答(1)中的问题。

11-3 一台同步电动机供给一个负载,在额定频率及额定电压下其功角为 30°。现因电网发生故障,它的端电压及频率都下降了 10%。
(1) 若此负载为功率不变型,求功角 θ;
(2) 若此负载为转矩不变型,求功角 θ。

11-4 一台三相同步电动机的数据如下:额定功率 $P_N=2000\mathrm{kW}$,额定电压 $U_N=3000\mathrm{V}$(星形联结),额定功率因数 $\cos\varphi_N=0.9$(超前),额定效率 $\eta_N=80\%$,同步电抗 $X_s=1.5\Omega$,忽略定子电阻。当电动机的电流为额定值,$\cos\varphi=1$ 时,励磁电流为 5A。如功率改变,电流变为 $0.9I_N$,$\cos\varphi=0.8$(超前),求此时的励磁电流(设空载特性为一直线)。

11-5 一台三相同步电动机,$U_N=440\mathrm{V}$(星形联结),$I_N=26.3\mathrm{A}$。
(1) 设 $X_d=X_q=6.06\Omega$,忽略电枢绕组电阻 R,当电磁功率为恒定的 15kW 时,求对应于相电动势 $E_0=220$、250、300、400V 时的功角 θ;
(2) 设 $X_d=6.06\Omega$,$X_q=3.43\Omega$,求(1)中 θ 对应的电磁功率 P_{em};
(3) 分别用(1)、(2)两种条件,求 $E_0=194\mathrm{V}$ 及 $E_0=400\mathrm{V}$ 时静稳定极限对应的功角及最大电磁功率。

11-6 一台 6kV、星形联结的三相隐极同步电动机,同步电抗 $X_s=16\Omega$。保持产生空载端电压为 5kV 时的励磁电流不变,忽略空载损耗和电枢绕组电阻,试画出电动机的负载从 0 增大到 800kW 时电枢电流相量 I 的轨迹,并求其间功率因数的最大值。

11-7 某工厂使用多台异步电动机,总的输出功率为 3000kW,平均效率为 80%,功率因数为0.75(滞后),该工厂电源电压为6000V。由于生产需要增加一台同步电动机,当这台同步电动机的功率因数为0.8超前时,已将全厂的功率因数调整到1,求此电动机承担的视在功率和有功功率。

11-8 一个1000kW,$\cos\varphi=0.5$(滞后)的电感性负载,原由一台同步发电机单独供电,现为改善功率因数,在负载端并联了一台不带机械负载的同步电动机。

(1) 求发电机单独供给此负载时所需的容量;

(2) 如利用同步电动机来完全补偿无功功率,则同步电动机的容量与发电机的容量各为多少?

(3) 如只把发电机的$\cos\varphi$由0.5(滞后)提高到0.8(滞后),则此时同步电动机与发电机的容量又各为多少?

(4) 如果提高发电机的$\cos\varphi$到0.9(滞后)与1,同步电动机与发电机的容量又分别为多少? 并与(3)比较其总容量。

11-9 一台同步电动机在额定电压下运行,从电网吸收功率因数为0.8超前的额定电流,其同步电抗的标幺值$X_d=0.8$,$X_q=0.5$。

(1) 求空载电动势标幺值E_0和功角θ;

(2) 这台电动机的励磁状态是过励还是欠励?

(3) 若此时电机失去励磁,电机能否继续稳定运行?

11-10 已知一台同步电动机的额定电压$U_N=380V$(星形联结),额定电流$I_N=20A$,额定功率因数$\cos\varphi_N=0.8$(超前),同步电抗$X_s=10\Omega$,忽略定子电阻。该电机在额定工况下运行。

(1) 画出电动势相量图,求空载电动势E_0与功角θ;

(2) 求电磁功率P_{em}。

11-11 一台三相隐极同步电动机,额定电压$U_N=380V$(星形联结)。当功角$\theta=30°$时,电磁功率$P_{em}=16kW$,同步电抗$X_s=5\Omega$,忽略定子电阻。

(1) 画出电动势相量图;

(2) 求此时的空载电动势E_0;

(3) 保持(2)中励磁电流不变,求最大电磁功率;

(4) 求电机吸收的无功功率。

11-12 一台三相凸极同步电机,转子不励磁,以同步转速旋转,定子绕组接在对称的电源上。每相电压$U=1$,电流$I=1$,$X_d=1.23$,$X_q=0.707$,忽略定子电阻,功率因数角$\varphi=75°$(超前)。当A相电压为正的最大值时,求解下列问题:

(1) 用双反应理论画出此时的电动势相量图(按发电机惯例);

(2) 在时空相矢量图上标出转子位置、电枢反应磁动势F_a的位置;

(3) 说明电机运行在发电机状态还是电动机状态。

11-13 已知一台三相同步电动机额定功率$P_N=2000kW$,额定电压$U_N=3000V$(星形联结),额定功率因数$\cos\varphi_N=0.85$(超前),额定效率$\eta_N=95\%$,极对数$p=3$,定子每相电阻$R=0.1\Omega$。求:

(1) 额定运行时定子输入的电功率P_{1N};

(2) 额定电流 I_N；

(3) 额定电磁功率 P_{emN}；

(4) 额定电磁转矩 T_N。

11-14 一台隐极同步电机并联在无限大电网上，原运行在发电机状态，$U=1$，$I=0.8$，$X_s=1.25$，$\cos\varphi=0.866$（滞后）。现保持励磁电流不变，将原动机的输入功率逐步减小为零，然后逐步增加轴上所带的机械负载，使电机成为电动机运行，最后使轴上输出的机械功率大小和原发电机状态时的输入功率相同。忽略电枢绕组电阻和电机的空载损耗。

(1) 用相应的参考方向惯例，画出原来发电机运行及最后电动机运行两种情况下的电动势相量图，并求出它们的功角；

(2) 分析有功功率变化过程中，电机的功率因数、电枢电流大小如何变化。

第 12 章 同步电机的不对称运行

前面讨论的都是同步电机三相对称稳态运行时的情况。但实际中,发电机并不总是运行于三相对称工况,在一些情况下会**不对称运行**(asymmetric operation),比如电力系统有时会有较大的单相负载(电气铁道的牵引电机、冶金用单相电炉等),输电线可能发生一相短路或者不对称短路等。

同步发电机不对称运行时,端电压和电流都可能出现三相不对称现象。发电机端电压不对称必然对其负载造成不良影响,比如使作为负载的电动机不对称运行,引起谐波电流,产生谐波转矩,引起振动和噪声等。发电机不对称运行时自身也将产生振动,谐波电流可能引起转子过热。因此需要对同步发电机不对称运行情况进行分析,对发电机不对称运行的程度加以限制。

同步发电机不对称运行时,三相端电压和电流都不对称,无法再由三相对称条件只取其中一相进行分析。但是仍希望利用前面对称运行时的分析方法,因此将不对称的量分解为多个对称的分量,对各对称分量采用对称运行时的分析方法进行分析,最后将各对称分量合成,得到发电机不对称运行时的结果。

12.1 不对称运行的方程式和等效电路

1. 对称分量法

发电机不对称运行时,定子三相绕组仍然是对称的,转子励磁绕组通电产生磁场,在定子绕组中感应对称的三相电动势。但是此时外部电路联结或者负载不对称,使得三相绕组中流过的电流不再是对称三相电流。三相不对称电流流过三相对称绕组产生的磁动势不再像三相对称电流时那样形成圆形磁动势,而是可能产生椭圆形磁动势或者脉振磁动势,该磁动势可能也不再是相对于励磁磁动势静止,无法再与励磁磁动势合成得到一个圆形的合成磁动势。

对于定子绕组产生的磁动势,始终可以将各相绕组通入交流电流产生的脉振磁动势进行分解,得到正、反转磁动势。各相绕组产生的正、反转磁动势求和得到三相绕组总的正、反转磁动势,二者都是圆形旋转磁动势。可以将总的正、反转磁动势分别看成是由不同的三相对称电流流过三相对称绕组产生的,正转磁动势由**正序**(positive sequence)的三相对称电流产生,反转磁动势由**负序**(negative sequence)的三相对称电流产生。因此从磁动势等效的角度看,可以将三相不对称定子电流进行分解,得到正序和负序对称三相电流。由于正序和负序三相电流分别对称，所以实际上只需要对正序和负序的各一相进行分析，即用两个独立变量表示。而三相不对称电流的变量为三个，为了保证分解和合成或者说变换的可逆性，还需要增加一个独立变量，称为**零序**(zero sequence)分量，三相电流零序分量的大小和相位都相同。

三相不对称电流$\dot{I}_A$、$\dot{I}_B$、$\dot{I}_C$可以由三组三相对称分量组成，即正序分量$\dot{I}_A^+$、$\dot{I}_B^+$、$\dot{I}_C^+$，负序分量$\dot{I}_A^-$、$\dot{I}_B^-$、$\dot{I}_C^-$及零序分量$\dot{I}_A^0$、$\dot{I}_B^0$、$\dot{I}_C^0$，即

$$\dot{I}_A = \dot{I}_A^+ + \dot{I}_A^- + \dot{I}_A^0$$

$$\dot{I}_B = \dot{I}_B^+ + \dot{I}_B^- + \dot{I}_B^0 = a^2\dot{I}_A^+ + a\dot{I}_A^- + \dot{I}_A^0$$

$$\dot{I}_C = \dot{I}_C^+ + \dot{I}_C^- + \dot{I}_C^0 = a\dot{I}_A^+ + a^2\dot{I}_A^- + \dot{I}_A^0$$

式中，a为算子，$a = e^{j\frac{2}{3}\pi} = -\frac{1}{2} + j\frac{\sqrt{3}}{2}$。相量乘以$a$表示将相量逆时针旋转120°，幅值不变。

相反地，由三相不对称量$\dot{I}_A$、$\dot{I}_B$、$\dot{I}_C$，可以得到三组对称量，即

$$\dot{I}_A^+ = \frac{1}{3}(\dot{I}_A + a\dot{I}_B + a^2\dot{I}_C)$$

$$\dot{I}_A^- = \frac{1}{3}(\dot{I}_A + a^2\dot{I}_B + a\dot{I}_C)$$

$$\dot{I}_A^0 = \frac{1}{3}(\dot{I}_A + \dot{I}_B + \dot{I}_C)$$

对于电压和感应电动势也可以进行相同的分解和合成。通过这样的变换，将三相不对称量，变换为三组不同相序的三相对称量。仍然可以采用对称稳态时的分析方法，对不同相序取其中一相进行分析，最后将不同相序的结果合成得到实际的结果。这种分析方法称为**对称分量法**(symmetrical component method)。对称分量法是电机和电力系统的重要分析方法之一，它应用叠加定理来求解不对称问题，因此对称分量法只能研究线性系统，无法考虑磁路的饱和现象。

2. 各相序的基本方程式和等效电路

对于各相序仍可以利用电压方程式和等效电路表示电量之间的关系，仍然以发电机惯例规定参考方向。

(1) **正序分量**(positive sequence component)

正序运行情况就是前面讨论的对称稳态运行情况。此时转子励磁绕组通电产生的磁场随转子一起旋转，在定子三相绕组中感应正序的空载三相对称电动势。正序电动势就是空载电动势。取A相来分析，$\dot{E}_A^+ = \dot{E}_A$。A相的正序电压方程式为

$$\dot{U}_A^+ = \dot{E}_A^+ - \dot{I}_A^+ Z_1 = \dot{E}_A^+ - \dot{I}_A^+(R_1 + jX_1) \tag{12-1}$$

式中，R_1为定子绕组每相正序电阻；X_1为定子绕组每相的正序电抗；Z_1为定子绕组每

相的正序阻抗。相应的正序等效电路如图 12-1(a)所示。

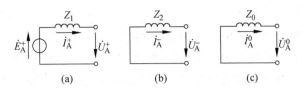

图 12-1 同步发电机的各相序等效电路

(2) **负序分量**(negative sequence component)

同步发电机中没有反转的励磁磁场,定子绕组中没有负序空载电动势,故 $\dot{E}_A^- = 0$。负序电流流过定子绕组会产生反转的磁动势,磁动势在磁路中产生磁场,在定子绕组中感应负序电动势。可以用负序电抗 X_2 表示负序电动势与负序电流之间的关系,A 相的负序电压方程式为

$$\dot{U}_A^- = -\dot{I}_A^- Z_2 = -\dot{I}_A^- (R_2 + jX_2) \tag{12-2}$$

式中,Z_2 为定子绕组每相负序阻抗;R_2 为定子绕组每相负序电阻。相应的负序等效电路如图 12-1(b)所示。

(3) **零序分量**(zero-sequence component)

同步发电机中不存在零序励磁磁场,定子绕组没有零序空载电动势,故 $\dot{E}_A^0 = 0$。三相绕组空间上互差 120°电角度,三相绕组零序电流同相,因此不产生气隙主磁通,而只产生漏磁通,用零序电抗 X_0 表示漏磁电动势与零序电流之间的关系。A 相的零序电压方程式为

$$\dot{U}_A^0 = -\dot{I}_A^0 Z_0 = -\dot{I}_A^0 (R_0 + jX_0) \tag{12-3}$$

式中,Z_0 为定子绕组每相负序阻抗;R_0 为定子绕组每相零序电阻。相应的零序等效电路如图 12-1(c)所示。

3. 各相序的阻抗

各相序阻抗都包括电阻和电抗两部分。各相序电阻不一定是绕组自身的电阻,而是由各相序电流在电机中产生的损耗等效而来的电阻。正序电流与正常三相对称稳态运行时的相同,因此正序电阻就是绕组每相的电阻。正序电阻比主磁路对应的电抗小得多,所以经常忽略电阻的影响,只在考虑损耗时才用电阻。负序和零序电流引起的损耗与正序电流引起的损耗不同,但是数量级差别不大,因此也常忽略相应的电阻。

各相序的电流流过三相定子绕组产生磁动势,磁动势产生的磁场在定子绕组中产生感应电动势,感应电动势与电流之间的比值就是各相序的电抗,包括与主磁路对应的电抗和与漏磁路对应的漏电抗。各相序电流产生的磁动势性质不同,所以相应的电抗也不一样。

(1) **正序电抗**(positive sequence reactance)

正常稳态对称运行时的同步电抗,对应的就是三相正序对称电流流过三相对称定子

绕组产生的磁场在定子绕组中感应电动势的过程,所以正序电抗 X_1 就是同步电抗。对隐极同步电机,即 $X_1 = X_s = X_a + X_\sigma$。

(2) **负序电抗**(negative sequence reactance)

三相负序电流流过对称三相定子绕组,产生旋转磁动势,磁动势在磁路中产生磁场,包括与转子绕组交链的气隙磁通以及仅与定子绕组交链而不与转子绕组交链的漏磁通,这些磁通在定子绕组中感应的电动势除以负序电流得到负序电抗。

负序电流产生漏磁通的情况与正序电流的相同,所以负序漏电抗 $X_{\sigma 2}$ 与正序漏电抗 X_σ 相同。但是与气隙磁通相对应的负序电抗与正序电抗完全不同。正序电流的旋转磁动势与转子相对静止,不会在转子绕组中产生感应电动势。负序电流产生的磁动势的转速虽然也是同步转速,但是旋转方向与正序电流产生的旋转磁动势相反,与转子之间的相对运动速度是同步转速的两倍,因此,在转子励磁绕组和阻尼绕组中都要产生感应电动势。由于励磁绕组和阻尼绕组都是闭合回路,所以在励磁绕组和阻尼绕组中都会因感应电动势而产生电流,这些电流都会产生磁动势,对定子负序电流产生的磁动势产生作用。这一过程与二次绕组短路的变压器相似,因此可以利用变压器的等效电路来分析。与通过发电机主磁路的气隙磁通相对应的电枢反应电抗相当于变压器中的励磁电抗 X_m,转子绕组相当于变压器的二次绕组。转子上有无阻尼绕组,情况有所不同。

转子只有励磁绕组,没有阻尼绕组时,励磁绕组只布置在直轴上,交轴上没有。对于凸极发电机,与主磁路相关的直、交轴电枢反应电抗是不同的,因此直轴、交轴的等效电路分别是图 12-2(a)、(b)所示等效电路中 X_{Kd}、X_{Kq} 支路断开时的情况,即直轴、交轴负序电抗分别为

$$X_{2d} = X_\sigma + \cfrac{1}{\cfrac{1}{X_{ad}} + \cfrac{1}{X_f}}, \quad X_{2q} = X_\sigma + X_{aq}$$

式中,X_f 为折合到定子绕组的励磁绕组漏电抗。

实际上,定子负序电流产生的反转磁动势一会与转子直轴对齐,一会与转子交轴对齐,因此可近似认为负序电抗是直轴和交轴情况的平均值,即

$$X_2 = \frac{X_{2d} + X_{2q}}{2}$$

对于隐极发电机,上面式中的 $X_{ad} = X_{aq} = X_a$。

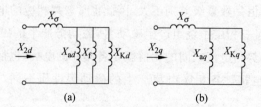

图 12-2 直轴和交轴负序电抗的等效电路

转子上既有励磁绕组，又有阻尼绕组时，情况与三绕组变压器一样，直轴、交轴负序电抗的等效电路分别如图 12-2(a)、(b)所示，即

$$X_{2d} = X_\sigma + \frac{1}{\frac{1}{X_{ad}} + \frac{1}{X_f} + \frac{1}{X_{Kd}}}, \quad X_{2q} = X_\sigma + \frac{1}{\frac{1}{X_{aq}} + \frac{1}{X_{Kq}}}$$

式中，X_{Kd}、X_{Kq} 分别为折合到定子绕组的直轴、交轴阻尼绕组漏电抗。

同样近似认为负序电抗是直轴和交轴情况的平均值。

可见，负序电抗不仅与主磁路的电抗有关，而且与转子绕组的漏电抗有关。由于漏电抗比主磁路对应的电抗小得多，所以负序电抗主要决定于漏电抗。一般同步发电机中，汽轮发电机的负序电抗标幺值 $\underline{X}_2 \approx 0.15$；无阻尼绕组的水轮发电机，$\underline{X}_2 \approx 0.40$；有阻尼绕组的水轮发电机，$\underline{X}_2 \approx 0.25$。

(3) **零序电抗**(zero sequence reactance)

三相零序电流同相，三相绕组空间上互差 120°电角度，所以零序电流不会产生与转子交链的主磁通，而仅产生漏磁通，因此零序电抗 X_0 属于漏电抗性质。但是此时的漏磁通情况与正序电流产生的漏磁通也不同，因为各个槽内导体中电流的相位关系不同。零序漏电抗与绕组节距也有关系，一般零序电抗比正序漏电抗小，即 $X_0 < X_\sigma$，其标幺值约在 0.05～0.14 之间。

练习题

12-1-1 为什么要采用对称分量法？它能给发电机不对称运行分析带来什么好处？

12-1-2 对称分量法的理论基础是什么？应用时有什么限制条件？

12-1-3 正序、负序、零序电抗的大小关系如何？为什么会产生这样的差别？

12-1-4 有无阻尼绕组对正序、负序、零序电抗会产生什么影响？为什么？

12-1-5 励磁绕组开路会对正序、负序、零序电抗产生什么影响？为什么？

12-1-6 在一台同步电机中，转子绕组对正序旋转磁场起什么作用？对负序旋转磁场起什么作用？为什么正序电抗就是同步电抗？为什么负序电抗要比正序电抗小得多？

12.2 不对称稳态短路的分析

运用对称分量法，可以求解同步发电机和电力系统等的不对称稳态运行状态，其分析步骤如下：

(1) 根据运行条件，找出实际的三相电动势、端口电压和电流的约束条件；

(2) 将三相的电动势、电压、电流约束转换为各相序的电动势、电压和电流的约束；

(3) 将各相序电动势、电压和电流的约束代入各相序的电压方程式中；

(4) 以 A 相的各相序量为变量，求解各相序的电压方程式；

(5) 将各相序的电压、电流变换为实际的三相电压、电流。

下面具体分析电力系统中两种最常见的不对称短路情况，即一线对中点短路和两线之间短路。

1. 一线对中点短路

假设 A 相对中点短路，B 和 C 相开路，如图 12-3 所示。由图可见，此时定子绕组端口约束条件为

$$\dot{I}_B = \dot{I}_C = 0, \quad \dot{U}_A = 0$$

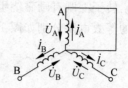

图 12-3 一线对中点短路

由端口电流约束条件 $\dot{I}_B = \dot{I}_C = 0$，可得各相序电流约束条件为

$$\dot{I}_A^+ = \frac{1}{3}(\dot{I}_A + a\dot{I}_B + a^2\dot{I}_C) = \frac{1}{3}\dot{I}_A$$

$$\dot{I}_A^- = \frac{1}{3}(\dot{I}_A + a^2\dot{I}_B + a\dot{I}_C) = \frac{1}{3}\dot{I}_A$$

$$\dot{I}_A^0 = \frac{1}{3}(\dot{I}_A + \dot{I}_B + \dot{I}_C) = \frac{1}{3}\dot{I}_A$$

即

$$\dot{I}_A^+ = \dot{I}_A^- = \dot{I}_A^0 = \frac{1}{3}\dot{I}_A$$

励磁绕组通电，只产生正序感应电动势，因此 $\dot{E}_A^+ = \dot{E}_A, \dot{E}_A^- = 0, \dot{E}_A^0 = 0$。代入各相序的电压方程式，即式(12-1)、式(12-2)和式(12-3)，可得

$$\dot{U}_A^+ = \dot{E}_A^+ - \dot{I}_A^+ Z_1 = \dot{E}_A - \dot{I}_A^+ Z_1$$

$$\dot{U}_A^- = -\dot{I}_A^- Z_2 = -\dot{I}_A^+ Z_2$$

$$\dot{U}_A^0 = -\dot{I}_A^0 Z_0 = -\dot{I}_A^+ Z_0$$

由端口电压约束条件 $\dot{U}_A = 0$，可知各相序电压约束条件为

$$\dot{U}_A = \dot{U}_A^+ + \dot{U}_A^- + \dot{U}_A^0 = 0$$

即

$$\dot{U}_A^+ + \dot{U}_A^- + \dot{U}_A^0 = \dot{E}_A - \dot{I}_A^+ Z_1 - \dot{I}_A^+ Z_2 - \dot{I}_A^+ Z_0 = 0$$

再将各相序电流约束条件代入，可得到各相序电流为

$$\dot{I}_A^+ = \dot{I}_A^- = \dot{I}_A^0 = \frac{\dot{E}_A}{Z_1 + Z_2 + Z_0}$$

则各相序电压为

$$\dot{U}_A^+ = \dot{E}_A - \dot{I}_A^+ Z_1 = \dot{E}_A - \frac{\dot{E}_A}{Z_1 + Z_2 + Z_0}Z_1 = \frac{\dot{E}_A(Z_2 + Z_0)}{Z_1 + Z_2 + Z_0}$$

$$\dot{U}_A^- = -\dot{I}_A^- Z_2 = -\frac{\dot{E}_A Z_2}{Z_1 + Z_2 + Z_0}$$

$$\dot{U}_A^0 = -\dot{I}_A^0 Z_0 = -\frac{\dot{E}_A Z_0}{Z_1 + Z_2 + Z_0}$$

也可以根据各相序电流和电压的关系，把各相序等效电路直接联结起来，如图 12-4 所示，求解电路得到的结果也相同。

12.2 不对称稳态短路的分析

由各相序电流和电压,可求得端口电流和电压为

$$\dot{I}_A = 3\dot{I}_A^+ = \frac{3\dot{E}_A}{Z_1+Z_2+Z_0}$$

$$\dot{U}_A = \dot{U}_A^+ + \dot{U}_A^- + \dot{U}_A^0 = 0$$

$$\dot{U}_B = a^2\dot{U}_A^+ + a\dot{U}_A^- + \dot{U}_A^0$$

$$= [(a^2-a)Z_2 + (a^2-1)Z_0]\frac{\dot{E}_A}{Z_1+Z_2+Z_0}$$

$$\dot{U}_C = a\dot{U}_A^+ + a^2\dot{U}_A^- + \dot{U}_A^0$$

$$= [(a-a^2)Z_2 + (a-1)Z_0]\frac{\dot{E}_A}{Z_1+Z_2+Z_0}$$

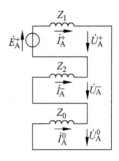

图 12-4 一线对中点短路的等效电路

可见,一线对中点稳态短路时,三个相电压都不对称,线电压也不对称。

2. 两线之间短路

假设 B 相和 C 相之间发生短路,A 相开路,如图 12-5 所示。由图可见,定子绕组端口约束条件为

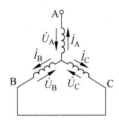

图 12-5 两线之间短路图

$$\dot{I}_A = 0, \quad \dot{I}_B = -\dot{I}_C = \dot{I}, \quad \dot{U}_B = \dot{U}_C$$

由端口电流约束条件,可得各相序电流约束条件为

$$\dot{I}_A^+ = \frac{1}{3}(\dot{I}_A + a\dot{I}_B + a^2\dot{I}_C) = \frac{1}{3}(a-a^2)\dot{I} = \frac{j\sqrt{3}}{3}\dot{I}$$

$$\dot{I}_A^- = \frac{1}{3}(\dot{I}_A + a^2\dot{I}_B + a\dot{I}_C) = \frac{1}{3}(a^2-a)\dot{I} = -\frac{j\sqrt{3}}{3}\dot{I}$$

$$\dot{I}_A^0 = \frac{1}{3}(\dot{I}_A + \dot{I}_B + \dot{I}_C) = 0$$

式中, $a-a^2 = (\cos 120° + j\sin 120°) - (\cos 240° + j\sin 240°) = j\sqrt{3}$。此时,零序电流 $\dot{I}_A^0 = 0$,正序电流 $\dot{I}_A^+$ 和负序电流 $\dot{I}_A^-$ 大小相等,方向相反。

由端口电压约束条件,可知各相序电压约束条件为

$$\dot{U}_A^+ = \frac{1}{3}(\dot{U}_A + a\dot{U}_B + a^2\dot{U}_C) = \frac{1}{3}(\dot{U}_A + a\dot{U}_B + a^2\dot{U}_B)$$

$$\dot{U}_A^- = \frac{1}{3}(\dot{U}_A + a^2\dot{U}_B + a\dot{U}_C) = \frac{1}{3}(\dot{U}_A + a^2\dot{U}_B + a\dot{U}_B)$$

$$\dot{U}_A^0 = \frac{1}{3}(\dot{U}_A + \dot{U}_B + \dot{U}_C) = \frac{1}{3}(\dot{U}_A + 2\dot{U}_B)$$

可见, $\dot{U}_A^+ = \dot{U}_A^-$。

励磁绕组通电,只产生正序感应电动势,因此 $\dot{E}_A^+ = \dot{E}_A, \dot{E}_A^- = 0, \dot{E}_A^0 = 0$,代入各相序的电压方程式,得

$$\dot{U}_A^+ = \dot{E}_A^+ - \dot{I}_A^+ Z_1 = \dot{E}_A - \dot{I}_A^+ Z_1$$

$$\dot{U}_A^- = -\dot{I}_A^- Z_2$$

$$\dot{U}_A^0 = -\dot{I}_A^0 Z_0$$

将各相序的电流、电压约束条件代入上式,可得各相序电流、电压为

$$\dot{I}_A^+ = -\dot{I}_A^- = \frac{\dot{E}_A}{Z_1 + Z_2}, \quad \dot{I}_A^0 = 0; \quad \dot{U}_A^+ = \dot{U}_A^- = \frac{\dot{E}_A Z_2}{Z_1 + Z_2}, \quad \dot{U}_A^0 = 0$$

也可以根据各相序电流和电压的关系,把正、负序等效电路直接联结起来,如图 12-6 所示,求解电路得到的结果也相同。

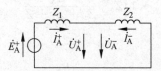

图 12-6 两线之间短路的等效电路

将各相序电压和电流合成,就可以得到各端口电压和电流如下:

$$\dot{I}_A = \dot{I}_A^+ + \dot{I}_A^- + \dot{I}_A^0 = 0$$

$$\dot{I}_B = -\dot{I}_C = a^2 \dot{I}_A^+ + a\dot{I}_A^- + \dot{I}_A^0 = (a^2 - a)\dot{I}_A^+ = -j\frac{\sqrt{3}\,\dot{E}_A}{Z_1 + Z_2}$$

$$\dot{U}_A = \dot{U}_A^+ + \dot{U}_A^- + \dot{U}_A^0 = 2\dot{I}_A^+ Z_2 = \frac{2\dot{E}_A Z_2}{Z_1 + Z_2}$$

$$\dot{U}_B = \dot{U}_C = a^2 \dot{U}_A^+ + a\dot{U}_A^- + \dot{U}_A^0 = (a^2 + a)\dot{U}_A^+ = -\dot{I}_A^+ Z_2 = -\frac{\dot{E}_A Z_2}{Z_1 + Z_2}$$

同样,两线之间稳态短路时,三个相电压都不对称,线电压也不对称。

练习题

用对称分量法对发电机不对称运行进行分析的步骤如何?试以发电机出线端两线对中点短路为例进行详细说明。

小 结

发电机的不对称运行不仅会造成转子过热以及电机振动,而且会影响负载的正常工作。同步发电机的不对称稳态运行可以采用对称分量法进行分析。将不对称量分解为正序、负序和零序三组对称量,由于各相序量对称,仍可像对称运行时一样对一相进行分析。具体分析时,先根据发电机运行的端口电压、电流以及电动势的实际约束条件,找出各相序量的约束条件;再将约束条件代入各相序的电压方程式,解得电压、电流的各相序分量;最后应用叠加定理,合成得到各相实际的电压和电流。

各相序电流产生的磁场作用的磁路不同,因此等效得到的阻抗也各不相同。各相序电阻是各相序量产生损耗的等效电阻,一般较小,可忽略不计。正序电抗就是发电机正常对称运行时的同步电抗。负序电流产生的磁场与正序不同,相对转子运动,在转子绕组中

感应电动势,产生电流。转子绕组感应产生的电流对负序磁场具有削弱作用,因此定子绕组感应产生的负序电动势减小,从而使得负序电抗比正序电抗小。零序电流三相相位相同,不产生与转子绕组相链的气隙磁通,因此零序电抗具有漏电抗的性质,而且比正序的漏电抗要小。

思 考 题

12-1 当转子以额定转速旋转时,定子通入负序电流后,定子绕组与转子绕组之间的电磁联系与通入正序电流时有何本质区别?

12-2 负序电抗 X_2 的物理意义是什么?它与有无阻尼绕组有什么关系?

12-3 有两台同步发电机,定子的材料、尺寸、结构都一样,但转子所用材料不同,一个转子的磁极用钢板叠成,另一个为由整体钢件构成的实心磁极。问哪台电机的负序电抗要小些?

12-4 一台同步电机定子加恒定的三相对称交流低电压,在气隙里产生正转的旋转磁场。已知转子上有阻尼绕组,忽略定子绕组电阻。试比较下述 3 个电流的大小。

(1) 转子以同步转速正转,励磁绕组短路,测得的定子电流为 I_1;

(2) 转子以同步转速反转,励磁绕组短路,测得的定子电流为 I_2;

(3) 转子以同步转速反转,励磁绕组开路,测得的定子电流为 I_3。

12-5 若一台同步电机定子采用分布、短距、双层绕组,它的零序电抗为 X_0,定子漏电抗为 X_σ,试比较 X_0 与 X_σ 的大小。

12-6 负序电流对发电机有哪些不利的影响?

12-7 为何单相同步发电机通常都在转子上装有较强的阻尼绕组?

习 题

12-1 一台同步发电机采用星形联结,三相电流不对称,$I_A = I_N$,$I_B = I_C = 0.8 I_N$,试用对称分量法求出负序电流。

12-2 一台两相电机,两相绕组在空间上相差 90°电角度,匝数相等。已知两相电流分别为 $\dot{I}_A$ 及 $\dot{I}_B$($I_A \neq I_B$,二者之间的相位差也不等于 90°)。试用对称分量法求出 A 相的正序电流与负序电流的大小。

12-3 一台三相同步发电机采用星形联结,B、C 两相开路,在 A 相与中点间接入一个单相负载,阻抗大小为 Z_L。试用对称分量法求出通过单相负载的电流 $\dot{I}$ 的计算公式。设同步发电机的空载电动势 $\dot{E}_A$ 与正序阻抗 Z_1、负序阻抗 Z_2、零序阻抗 Z_0 均已知。

12-4 用对称分量法分别求出同步发电机下列三种情况的等效电路:

(1) 两相短路;

(2) 两相对中点短路;

(3) 一相对中点短路。设短路均发生在发电机的出线端。

12-5 一台同步发电机的参数为 $X_1=1.55, X_2=0.215, X_0=0.054$。设空载电压为额定电压,求发生下述短路故障时的稳态短路电流(忽略定子绕组电阻):

(1) 三相短路;

(2) 二线之间短路;

(3) 一线对中点短路。

第4篇 异步电机

第13章 异步电机的用途、分类、基本结构和额定值

13.1 异步电机的用途、分类和基本结构

1. 异步电机的用途

在第5章中已经提到，交流电机主要有同步电机和异步电机两种。同步电机接在频率为 f_1 的电网上运行时，其转速为同步转速 n_1，且 $n_1=60f_1/p$（p 为电机的极对数）；而异步电机运行时，转速 n 与所接电网频率 f_1 间不存在这样的恒定比例关系①。

异步电机主要用作电动机，其功率范围从几瓦到上万千瓦，是国民经济各行业和人们日常生活中应用最广泛的电动机，为多种机械设备和家用电器提供动力。例如机床、中小型轧钢设备、风机、水泵、轻工机械、冶金和矿山机械等，大都采用三相**异步电动机**(asynchronous motor)拖动；电风扇、洗衣机、电冰箱、空调器等家用电器中则广泛使用单相异步电动机。异步电机也可作为发电机，用于风力发电场和小型水电站等。

异步电动机之所以被广泛应用，是由于它结构简单、制造容易、成本和价格低、坚固耐用、运行可靠、运行效率较高并有适用于多种机械负载的工作特性。其缺点是需要从电网吸收滞后的无功功率，功率因数总小于1；但由于可以采用其他方法对电网功率因数进行补偿，因此这并不妨碍异步电动机的广泛使用（在单机容量较大、恒速运行的场合，通常采用功率因数可调节的同步电动机）。另一个缺点是目前还难以经济地在较宽广的范围里平滑调速，但是通过将异步电动机与电力电子装置相结合，可以构成性能优良的调速系统，其成本在逐渐降低，应用也日益广泛。

---

① 按 GB/T 2900.25—1994，异步电机是一种交流电机，其负载时的转速与所接电网频率之比不是恒定值。**感应电机**(induction machine)是一种仅有一套绕组联接电源的异步电机。在不致引起误解和混淆的情况下，一般可称**感应电动机**(induction motor)为异步电动机。IEC标准中指出："感应电机"一词，在许多国家中实际上是作为"异步电机"的同义词使用，而其他一些国家则只使用"异步电机"一词来表示这两种概念。本书所述的异步电机，绝大多数情况下是感应电机，但按照我国长期以来的称谓习惯，仍沿用了"异步电机"这一术语。

2. 异步电机的分类、基本结构

异步电机的种类很多。最常用的分类方法，一是按照定子绕组相数来分，主要有三相和单相两种；二是按照结构来分，有**笼型**（cage, squirrel cage）异步电机和**绕线转子**（wound-rotor）异步电机两种。

工程实际中使用的异步电机主要是三相异步电动机，下面简要介绍其基本结构。

异步电机的主要部件是静止的定子和旋转的转子，定子和转子之间是气隙。此外还有端盖、轴承、风扇等部件。一台典型的三相笼型异步电动机的结构如图 13-1 所示。

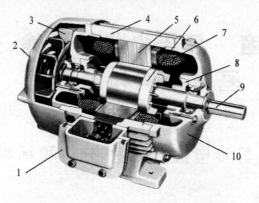

图 13-1　三相笼型异步电动机的典型结构

1—接线盒；2—风罩；3—风扇；4—机座；5—定子铁心；6—转子；
7—定子绕组；8—轴承；9—轴；10—端盖

（1）定子

异步电机的定子由定子铁心、定子绕组和机座构成。机座主要用于固定和支撑定子铁心，端盖也固定在机座上，端盖上有轴承座，用于安置支撑转轴的轴承。

定子铁心是电机磁路的一部分。为了减小交变磁场在铁心中引起的铁耗，定子铁心用导磁性能好、铁耗小、厚度通常为 0.5mm 的硅钢片叠压而成。为了嵌放定子绕组，每个硅钢片上都冲制出一些沿圆周均匀分布、尺寸相同的槽。

定子绕组是定子的电路部分，由若干线圈按照一定规律嵌放在定子铁心槽中并联结起来构成。定子绕组在交变的磁场中感应电动势、流过电流，从电网吸收（电动机）或向电网发出（发电机）电功率。功率较大的三相异步电机采用双层短距绕组，小功率（10kW 以下）异步电机一般采用单层绕组。高压大功率三相异步电机的定子绕组常采用星形联结，只有三根引出线；中、小功率低压三相异步电动机在运行时，定子绕组通常采用三角形联结，但是一般把三相绕组的 6 个端子都引出，接到固定在机座上的接线盒中，这样便于使用者根据实际需要将三相绕组接成星形或三角形联结。

（2）转子

异步电机的转子由转子铁心、转子绕组和转轴组成。转轴用于固定和支撑转子铁心，并输出（电动机）或输入（发电机）机械功率。

转子铁心也是电机磁路的一部分，通常也用厚度为 0.5mm 的硅钢片叠压而成。硅钢片上也冲制出若干沿圆周均匀分布、尺寸相同的槽，用于布置转子绕组。

转子绕组是转子的电路部分,在交变的磁场中感应电动势、流过电流并产生电磁转矩。转子绕组分为**笼型绕组**(cage winding)和绕线型绕组两种。上面所述的对异步电机按结构的分类,就是按转子绕组型式的分类。

笼型绕组是自行短路的对称绕组。在转子铁心的每个槽中放置一根导体,称为**导条**(bar),每根导条的轴向长度都比铁心略长。在铁心两端各用一个**端环**(end ring)把所有导条伸出铁心的部分都联结起来,形成一个自己短路的绕组。如果把铁心去掉,则剩下的绕组的形状像一个松鼠笼子,笼型绕组因此得名。笼型绕组可以用铜导条和铜端环焊接而成,如图 13-2(a)所示;也可采用铸铝工艺,将笼型绕组连同风扇叶片一起浇铸而成,如图 13-2(b)所示。

绕线型绕组是由绝缘导线联结而成的三相对称绕组,其构成与定子绕组相似,极对数也相同。通常,小功率电机用三角形联结,中、大功率电机用星形联结。三相绕组的三个端子分别与固定在转轴上的三个相互绝缘的集电环相联结,再通过固定在定子上的一套电刷引出去,如图 13-3 所示。这样就可以通过集电环和电刷在转子回路中串接附加电阻,以改善电动机的起动性能或调节转速(也可以串入附加电动势来调节转速)。这是绕线转子异步电动机的特点。

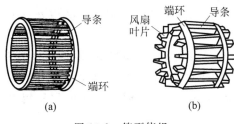

图 13-2　笼型绕组

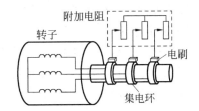

图 13-3　绕线转子异步电机转子绕组联结方式示意图

(3) 气隙

气隙大小对异步电机运行性能有重要影响。异步电机的气隙磁场是由励磁电流产生的。为了减小励磁电流、提高功率因数,气隙应尽可能小,但气隙过小不仅使装配困难,而且电机运转时定、转子可能发生摩擦。气隙减小,气隙磁场的高次谐波幅值和附加损耗会增大,因此异步电机的最小气隙长度通常由制造工艺、运行可靠性、运行性能等多种因素来决定。异步电机的气隙比同容量的同步电机的要小得多。中小型异步电动机的气隙长度一般为 0.2mm～2mm;功率越大、转速越高,气隙长度越大。

练习题

13-1-1　异步电机与同步电机的基本差别是什么?

13-1-2　异步电动机的转子有哪两种类型?各有何特点?

13.2　三相异步电动机的额定值

三相异步电动机的主要额定值如下。

(1) 额定功率 P_N(单位:kW)

额定功率是电动机在铭牌规定的运行条件下,即在额定工况时转轴输出的机械功率。

(2) 额定电压 U_N(单位:V,kV)

额定电压是电动机在额定运行条件下,定子绕组出线端上应施加的线电压的有效值。

(3) 额定电流 I_N(单位:A)

额定电流是电动机定子绕组加额定电压、转轴输出额定功率时定子绕组的线电流。

(4) 额定频率 f_N(单位:Hz)

我国规定标准工频为 50Hz。

(5) 额定转速 n_N(单位:r/min)

额定转速是电动机定子绕组加额定电压、转轴输出额定功率时的转速。

(6) 额定功率因数 $\cos\varphi_N$

额定功率因数是电动机在额定运行条件下定子侧的功率因数。

(7) 额定效率 η_N

额定效率是电动机在额定运行条件下,转轴输出的机械功率(即额定功率)与定子侧输入的电功率(即额定输入功率)的比值。

除了上述各额定值外,三相异步电动机铭牌上还标有相数、绕组联结方式、绝缘等级、额定温升等。对三相绕线转子异步电动机,还应标明转子绕组的联结方式以及转子的额定电压、额定电流。

例 13-1 一台三相 4 极笼型异步电动机,定子绕组为三角形联结,额定电压 $U_N = 380\text{V}$,额定频率 $f_N = 50\text{Hz}$。额定运行时,输入功率为 11.42kW,输出功率为 10kW,定子电流为 20.1A,转速为 1456r/min。求该电动机的额定效率、额定功率因数和额定输出转矩。

解:由题意可知,该电动机的额定功率 $P_N = 10\text{kW}$,额定输入功率 $P_{1N} = 11.42\text{kW}$,额定电流 $I_N = 20.1\text{A}$,额定转速 $n_N = 1456\text{r/min}$。额定效率

$$\eta_N = \frac{P_N}{P_{1N}} \times 100\% = \frac{10}{11.42} \times 100\% = 87.57\%$$

额定功率因数

$$\cos\varphi_N = \frac{P_{1N}}{\sqrt{3}U_N I_N} = \frac{11.42 \times 10^3}{\sqrt{3} \times 380 \times 20.1} = 0.8632$$

额定输出转矩

$$T_{2N} = \frac{60 P_N}{2\pi n_N} = \frac{60 \times 10 \times 10^3}{2\pi \times 1456} = 65.59\text{N} \cdot \text{m}$$

或

$$T_{2N} = 9550 \frac{P_N}{n_N} = 9550 \times \frac{10}{1456} = 65.59\text{N} \cdot \text{m}$$

练习题

13-2-1 三相异步电动机的额定功率 P_N 与额定电压 U_N、额定电流 I_N 等有什么关系?

13-2-2 怎样从异步电动机的额定值求出其额定运行时的输出转矩?

小 结

异步电机是一种转速与电源频率没有固定比例关系的交流电机,其转速不等于同步转速。这是异步电机与同步电机的基本差别。异步电机主要用作电动机,拖动多种机械负载,应用范围非常广泛。

异步电机是基于电磁感应作用而运行的。其主要部件是作为磁路的定、转子铁心和作为电路的定、转子绕组。铁心由薄硅钢片叠压而成,铁心槽中布置交流绕组。异步电机运行时,转子绕组自行短路或通过串入的附加电阻而短路。

实际中使用的异步电机主要是三相异步电动机。按照转子绕组的型式,三相异步电机可分为笼型和绕线转子两种。应熟悉这两种电机转子的结构特点。

应掌握三相异步电动机额定值的定义以及额定功率、额定电压与额定电流间的关系。

思 考 题

13-1 异步电动机有哪些主要部件?它们各起什么作用?

13-2 异步电动机的气隙比同容量的同步电动机的大还是小?为什么?

13-3 为什么异步电机的定子铁心和转子铁心都要用硅钢片制成?

习 题

13-1 我国生产的一台型号为 Y630-4 的 Y 系列中型高压三相异步电动机,额定功率 $P_N=2800\text{kW}$,额定电压 $U_N=6\text{kV}$(星形联结),额定效率 $\eta_N=96.8\%$,额定功率因数 $\cos\varphi_N=0.9$,额定转速 $n_N=1491\text{r/min}$,求该电动机的额定电流 I_N 和额定输出转矩 T_{2N}。

13-2 我国生产的一台型号为 Y132M1-6 的 Y 系列中小型三相笼型异步电动机,额定电压 $U_N=380\text{V}$(三角形联结),额定效率 $\eta_N=84\%$,额定功率因数 $\cos\varphi_N=0.77$,额定转速 $n_N=960\text{r/min}$,额定输入功率 $P_{1N}=4.762\text{kW}$,求该电动机额定运行时的输出功率和定子相电流。

第 14 章 三相异步电机的运行原理

为了说明三相异步电机的运行原理,本章将着重分析三相异步电机的基本电磁关系,并得到其基本方程式、相量图和等效电路。这些是分析和计算异步电机运行特性的基础。

分析异步电机的方法,与分析同步电机的基本相同,先在分析基本电磁关系的基础上,列出定、转子回路的电压方程式;再采用作时空相矢量图的方法,找出定、转子各电磁量的相互关系;最后将异步电机的基本电磁关系用一个等效电路来表示,以便计算电机的运行性能。

正常运行的异步电机,转子是旋转的。但为了便于理解,本章先分析转子不转时的情况,然后分析转子旋转时的情况。为方便起见,以三相绕线转子异步电机为例进行分析。

14.1 三相异步电机转子不转时的电磁关系

在分析电磁关系之前,应先规定有关物理量的参考方向。

图 14-1 所示为一台极对数 $p=1$ 的三相绕线转子异步电机,定、转子绕组都是星形联结。图中画出了定、转子三相绕组(等效的集中整距绕组)的位置,标明了有关物理量的参考方向。其中,$\dot{U}_1$、$\dot{E}_1$、$\dot{I}_1$ 分别为定子绕组的相电压、相电动势和相电流;$\dot{U}_2$、$\dot{E}_2$、$\dot{I}_2$ 分别为转子绕组的相电压、相电动势和相电流(下标 1、2 分别表示定子、转子)。规定磁动势、磁通密度和磁通的参考方向都是出定子、进入转子的方向。定、转子空间坐标系的横轴

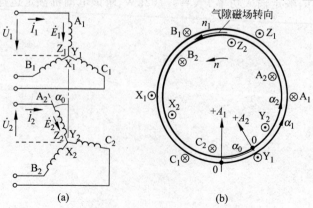

图 14-1 三相绕线转子异步电机的参考方向规定

14.1 三相异步电机转子不转时的电磁关系

α_1、α_2 分别位于定子铁心内圆和转子铁心外圆,并以逆时针方向为其参考方向;其纵轴 $+A_1$、$+A_2$ 分别为定、转子 A 相绕组的轴线,并设 $+A_2$ 轴超前 $+A_1$ 轴的空间电角度为 α_0。

当三相异步电机定子绕组接至交流电源时,转子不转可分为转子绕组开路和转子堵转两种情况。下面分别讨论。

14.1.1 转子绕组开路时的电磁关系

1. 磁动势、磁通和感应电动势

分析三相绕线转子异步电机定子绕组接到三相对称电源上,转子三相绕组开路时的情况,如图 14-1 所示。此时,定子三相绕组中有电流 $\dot{I}_{0A}$、$\dot{I}_{0B}$、$\dot{I}_{0C}$ 流过。由于三相对称,因此可只考虑 A 相的情况。为了简便,省去表示 A 相电流中的下标 A,将 $\dot{I}_{0A}$ 用 $\dot{I}_0$ 表示。

(1) 励磁磁动势

定子三相对称绕组流过三相对称电流时,产生合成基波旋转磁动势(以下简称为磁动势)。将该磁动势用空间矢量(以下简称矢量)$\boldsymbol{F}_0$ 表示,其幅值为

$$F_0 = \frac{m_1}{2} \frac{4}{\pi} \frac{\sqrt{2}}{2} \frac{N_1 k_{dp1}}{p} I_0$$

式中,N_1 和 k_{dp1} 分别为定子绕组的每相串联匝数和基波绕组因数;p 为极对数;m_1 为定子绕组相数,对三相异步电机,$m_1 = 3$。

当定子三相绕组位置如图 14-1 所示,定子三相电流相序为正序($A_1 - B_1 - C_1$)时,磁动势 $\boldsymbol{F}_0$ 相对定子绕组以同步转速 n_1(r/min)沿逆时针方向旋转,相应的同步电角速度为 $\omega_1 = 2\pi f_1 = 2\pi \dfrac{p n_1}{60}$(rad/s)。在时空相矢量图中,作出磁动势矢量 $\boldsymbol{F}_0$ 和产生它的定子电流时间相量 $\dot{I}_0$(A 相),如图 14-2 所示。$+j_1$ 和 $+j_2$ 分别为定、转子相量的时间参考轴,二者重合。由于把 $+A_1$ 轴和 $+j_1$ 轴重合在一起,因此矢量 $\boldsymbol{F}_0$ 和产生它的相量 $\dot{I}_0$ 相重合。

转子绕组开路时,转子绕组中没有电流,不产生磁动势。此时,作用于电机磁路上、从而产生气隙磁场的磁动势只有定子磁动势 $\boldsymbol{F}_0$,因此称 $\boldsymbol{F}_0$ 为励磁磁动势,相应的定子相电流 $\dot{I}_0$ 称为励磁电流。

(2) 主磁通与定子漏磁通

若不计齿槽效应,异步电机的气隙可认为是均匀的,因此励磁磁动势 $\boldsymbol{F}_0$ 产生一个沿气隙圆周正弦分布、以同步电角速度 ω_1 旋转的气隙磁场,用基波气隙磁通密度矢量 $\boldsymbol{B}_\delta$ 来表示。与 $\boldsymbol{B}_\delta$ 相对应的基波磁通,经过气隙,和定、转子绕组同时交链,称为主磁通。每极范围内的主磁通,即每极磁通量为

$$\Phi_m = \frac{2}{\pi} B_\delta \tau_p l_e$$

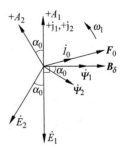

图 14-2 转子绕组开路时的时空相矢量图

式中,$\frac{2}{\pi}B_\delta$ 为气隙平均磁通密度;τ_p 为极距;l_e 为电机铁心的轴向有效长度。

定子磁动势 F_0 除了产生主磁通外,还产生不与转子绕组交链而只与定子绕组交链的磁通,称为定子漏磁通,用 $\Phi_{\sigma 1}$ 表示。漏磁通主要有槽漏磁通、端部漏磁通和由谐波磁动势产生的谐波磁通。图14-3为主磁通和漏磁通(不包括谐波磁通)分布情况的示意图(图中还画出了转子绕组有电流时产生的只与转子绕组交链的转子漏磁通)。

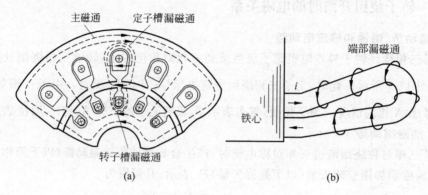

图 14-3 异步电机的主磁通与漏磁通

由于定、转子绕组都是静止的,因此基波气隙磁通密度 B_δ 产生的与定、转子各相绕组交链的磁通及相应的磁链都随时间以频率 f_1 按正弦规律变化。当 B_δ 分别位于定、转子 A 相绕组轴线 $+A_1$、$+A_2$ 时,定、转子 A 相绕组磁链分别达到其正最大值 $\Psi_{1m}=N_1 k_{dp1}\Phi_m$ 和 $\Psi_{2m}=N_2 k_{dp2}\Phi_m$($N_2$ 和 k_{dp2} 分别为转子绕组的每相串联匝数和基波绕组因数)。若用时间相量 $\dot{\Psi}_1$、$\dot{\Psi}_2$ 分别表示定、转子一相绕组的磁链,则在图14-2中,$\dot{\Psi}_1$ 与 B_δ 重合在一起,$\dot{\Psi}_2$ 滞后 $\dot{\Psi}_1$ 的时间电角度等于 $+A_2$ 轴超前 $+A_1$ 轴的空间电角度 α_0(或者说,$\dot{\Psi}_2$ 滞后 $+j_2$ 轴的时间电角度等于 B_δ 滞后 $+A_2$ 轴的空间电角度)。

这里划分主磁通和漏磁通的方法与分析变压器时的方法一样。但是要注意,变压器中的主磁通本身是随时间交变的,Φ_m 是它的幅值。在异步电机中,与各相绕组交链的主磁通随时间交变,是由于产生它的气隙磁通密度 B_δ 沿气隙圆周正弦分布,并以同步电角速度 ω_1 旋转而引起的,Φ_m 表示通过一个极距范围的气隙基波磁通量。

(3) 感应电动势

以频率 f_1 交变的定、转子绕组磁链 $\dot{\Psi}_1$、$\dot{\Psi}_2$,分别在定、转子相绕组中产生以频率 f_1 交变的感应电动势 $\dot{E}_1$、$\dot{E}_2$。按照图14-1中规定的参考方向,在相量图中,$\dot{E}_1$、$\dot{E}_2$ 应分别滞后 $\dot{\Psi}_1$、$\dot{\Psi}_2$ 90°时间电角度,如图14-2所示。

定、转子一相感应电动势有效值与主磁通的数量关系为

$$E_1 = 4.44 f_1 N_1 k_{dp1}\Phi_m \tag{14-1}$$

$$E_2 = 4.44 f_1 N_2 k_{dp2}\Phi_m \tag{14-2}$$

定、转子一相感应电动势有效值的比值,称为电压变比,用 k_e 表示,即

$$k_e = \frac{E_1}{E_2} = \frac{N_1 k_{dp1}}{N_2 k_{dp2}} \tag{14-3}$$

也就是说，由于 $\dot{E}_1$、$\dot{E}_2$ 是由同一主磁通产生的，因此二者有效值之比等于定、转子绕组有效匝数之比；因 $+A_2$ 轴在空间超前 $+A_1$ 轴 α_0 电角度（如图 14-1 所示），所以 $\dot{E}_2$ 在时间上滞后 $\dot{E}_1$ 的电角度也为 α_0（如图 14-2 所示），即

$$\dot{E}_2 = \frac{1}{k_e} \dot{E}_1 e^{-j\alpha_0}$$

当转子位置改变，即 α_0 变化时，电动势 $\dot{E}_2$ 大小不变，仅相位随 α_0 变化。这种情况下运行的异步电机实际上是一台移相器。

磁动势 F_0 产生的定子漏磁通也以频率 f_1 交变，它在定子绕组中产生的感应电动势称为定子漏磁电动势，可用时间相量 $\dot{E}_{\sigma 1}$ 表示。

2. 电压方程式

根据图 14-1 规定的参考方向，可以写出定子一相回路的电压方程式为

$$\dot{U}_1 = -\dot{E}_1 - \dot{E}_{\sigma 1} + \dot{I}_0 R_1$$

式中，R_1 为定子一相绕组电阻。

由于定子漏磁通所走的磁路中大部分是空气，通常是不饱和的，因此 $E_{\sigma 1}$ 与定子电流 I_0 成正比。采用在分析变压器和同步电机时使用过的方法，把定子漏磁链在定子一相绕组中感应的漏磁电动势 $\dot{E}_{\sigma 1}$ 表示成定子相电流 $\dot{I}_0$ 在定子绕组漏电抗 $X_{\sigma 1}$ 上产生电压降的形式。按图 14-1 中规定的电动势、电流参考方向，有

$$\dot{E}_{\sigma 1} = -j \dot{I}_0 X_{\sigma 1} \tag{14-4}$$

于是，定子一相电压方程式可写成

$$\dot{U}_1 = -\dot{E}_1 + \dot{I}_0 R_1 + j \dot{I}_0 X_{\sigma 1} = -\dot{E}_1 + \dot{I}_0 Z_1 \tag{14-5}$$

式中，$Z_1 = R_1 + jX_{\sigma 1}$，为定子一相绕组的漏阻抗。定子每相漏电抗 $X_{\sigma 1}$ 主要包括定子槽漏电抗、端部漏电抗和差漏电抗，分别与定子槽部漏磁通、端部漏磁通及由谐波磁动势产生的谐波磁通相对应。

转子一相回路的电压方程式则为

$$\dot{U}_2 = \dot{E}_2 \tag{14-6}$$

三相异步电机转子绕组开路时，定子和转子都是静止的，电机内部的电磁关系与三相变压器空载运行时的相似，如图 14-4 所示。此时异步电机电压方程式的形式与三相变压器空载时的完全一样。

3. 等效电路

为了得到用参数表达的定子一相绕组的等

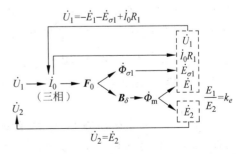

图 14-4 三相异步电机转子绕组开路时的电磁关系示意图

效电路,需要将电动势 $\dot{E}_1$ 与励磁电流 $\dot{I}_0$ 间的电磁作用关系用电路方程来描述。

励磁电流 $\dot{I}_0$ 产生的气隙磁通密度 $\boldsymbol{B}_\delta$ 相对定、转子旋转,并在定、转子铁心中产生铁耗。与变压器中一样,铁耗需要由电源供给。因此可将励磁电流 $\dot{I}_0$ 分为一个提供铁耗的有功分量 $\dot{I}_{0a}$ 和一个产生气隙磁通密度 $\boldsymbol{B}_\delta$ 的无功分量 $\dot{I}_{0r}$,即 $\dot{I}_0 = \dot{I}_{0a} + \dot{I}_{0r}$,通常 I_{0r} 比 I_{0a} 大得多。相应地,在空间矢量图中,$\boldsymbol{B}_\delta$ 滞后 $\boldsymbol{F}_0$ 一个小的电角度,如图 14-2 所示。这样,就可以仿照推导变压器空载运行等效电路时的做法,引入非线性的励磁阻抗 $Z_m = R_m + jX_m$,其中 R_m 称为励磁电阻,是等效铁耗的参数;X_m 称为励磁电抗,是反映励磁电流产生主磁通的参数。于是,可以将 $(-\dot{E}_1)$ 表示为励磁电流 $\dot{I}_0$ 在励磁阻抗 Z_m 上的电压降,即

$$-\dot{E}_1 = \dot{I}_0(R_m + jX_m) = \dot{I}_0 Z_m \quad (14\text{-}7)$$

则定子一相电压方程式为

$$\dot{U}_1 = \dot{I}_0 Z_m + \dot{I}_0 Z_1 = \dot{I}_0(Z_m + Z_1) \quad (14\text{-}8)$$

根据上式可得转子绕组开路时三相异步电机的等效电路,如图 14-5 所示,它与变压器空载时的等效电路在形式上完全相同。

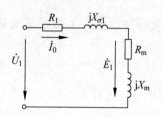

图 14-5 转子绕组开路时三相异步电机的等效电路

14.1.2 转子堵转时的电磁关系

图 14-1 中的三相异步电机转子三相绕组短路(即转子绕组 A_2、B_2、C_2 端短接),且转子堵住不转,定子接交流电源,这种情况称为转子堵转,简称堵转。此时,转子回路中有感应电流,因此定子电流就不再是 $\dot{I}_0$,用 $\dot{I}_1$ 表示。

1. 定、转子磁动势关系

定子三相对称电流 $\dot{I}_1$ 产生的定子磁动势用矢量 $\boldsymbol{F}_1$ 表示。$\boldsymbol{F}_1$ 仍与气隙磁通密度 $\boldsymbol{B}_\delta$ 一起以同步转速 n_1 相对定子逆时针旋转,其幅值为 $F_1 = \dfrac{m_1}{2}\dfrac{4}{\pi}\dfrac{\sqrt{2}}{2}\dfrac{N_1 k_{dp1}}{p} I_1$。

气隙磁通密度 $\boldsymbol{B}_\delta$ 分别在定、转子绕组中产生感应电动势 $\dot{E}_1$、$\dot{E}_2$。由于转子三相绕组短路,因此在 $\dot{E}_2$ 的作用下流过三相对称电流,用时间相量 $\dot{I}_2$ 表示。转子三相绕组流过三相对称电流,便产生相对转子旋转的合成基波旋转磁动势,用空间矢量 $\boldsymbol{F}_2$ 表示。由图 14-1 可知,转子三相电动势 $\dot{E}_2$ 和电流 $\dot{I}_2$ 的相序为正序,因此 $\boldsymbol{F}_2$ 沿逆时针方向旋转。由于转子静止,因此转子回路的频率 f_2 与定子的相同,即 $f_2 = f_1$,于是 $\boldsymbol{F}_2$ 相对转子的转速 $n_2 = 60f_2/p = 60f_1/p = n_1$。

显然,定、转子磁动势 $\boldsymbol{F}_1$ 与 $\boldsymbol{F}_2$ 的转速和转向都相同,在空间是相对静止的,二者共同作用于电机磁路上。根据安培环路定律可知,产生气隙磁通密度 $\boldsymbol{B}_\delta$ 的磁动势,是作用在磁路上的所有磁动势之和,此时就是合成磁动势 $\boldsymbol{F}_1 + \boldsymbol{F}_2 = \boldsymbol{F}_m$,其性质和转子绕组开路时的励磁磁动势 $\boldsymbol{F}_0$ 相同,故也称之为励磁磁动势。虽然 $\boldsymbol{F}_m$ 和 $\boldsymbol{F}_0$ 的幅值不相同,但通常

14.1 三相异步电机转子不转时的电磁关系

也把它用 F_0 表示,即

$$F_1 + F_2 = F_0 \tag{14-9}$$

将上式改写成磁动势平衡方程式

$$F_1 = (-F_2) + F_0$$

即定子磁动势 F_1 可看成由两个分量组成:一个是 F_0 分量,另一个为 $(-F_2)$ 分量。F_0 用于产生气隙磁通密度 B_δ;$(-F_2)$ 分量则与 F_2 的幅值相等、方向相反,其作用是抵消转子磁动势 F_2 对气隙磁通密度 B_δ 的影响。异步电机定、转子之间虽然没有电路上的直接联系,但是通过这种磁动势间的联系,转子电流对定子电流产生影响。

2. 电压方程式

仿照式(14-5),可写出定子一相电压方程式为

$$\dot{U}_1 = -\dot{E}_1 + \dot{I}_1 R_1 + j\dot{I}_1 X_{\sigma1} = -\dot{E}_1 + \dot{I}_1 Z_1 \tag{14-10}$$

转子绕组中有电流 $\dot{I}_2$ 时,产生只和转子绕组交链的转子漏磁通(见图14-3)。相应的参数为转子漏电抗 $X_{\sigma2}$,它与定子漏电抗 $X_{\sigma1}$ 一样,也由槽漏电抗、端部漏电抗和差漏电抗组成。由于转子绕组短路,$\dot{U}_2=0$,因此转子一相电压方程式为

$$\dot{U}_2 = \dot{E}_2 - \dot{I}_2 R_2 - j\dot{I}_2 X_{\sigma2} = \dot{E}_2 - \dot{I}_2 (R_2 + jX_{\sigma2}) = \dot{E}_2 - \dot{I}_2 Z_2 = 0$$

即

$$\dot{E}_2 = \dot{I}_2 Z_2 = \dot{I}_2 (R_2 + jX_{\sigma2}) \tag{14-11}$$

式中,$Z_2 = R_2 + jX_{\sigma2}$,为转子一相绕组的漏阻抗。由上式可求得转子相电流 $\dot{I}_2$ 为

$$\dot{I}_2 = \frac{\dot{E}_2}{Z_2} = \frac{\dot{E}_2}{R_2 + jX_{\sigma2}} = \frac{\dot{E}_2}{\sqrt{R_2^2 + X_{\sigma2}^2}} e^{-j\varphi_2}$$

式中,$\varphi_2 = \arctan\dfrac{X_{\sigma2}}{R_2}$,为转子绕组回路的功率因数角,也是 $\dot{I}_2$ 滞后 $\dot{E}_2$ 的时间电角度。

3. 转子位置角折合

把上述电磁关系归纳起来,如图14-6所示。相应的时空相矢量图如图14-7(a)所示,图中,由于 $+A_1$ 轴和 $+j_1$ 轴重合,因此 F_0、F_1 分别和产生它们的 $\dot{I}_0$、$\dot{I}_1$ 重合;而 $+A_2$

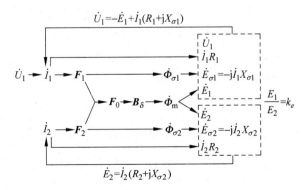

图14-6 三相异步电机堵转时的电磁关系示意图

轴和 $+j_2$ 轴不重合,因此 F_2 和产生它的 $\dot{I}_2$ 不重合,但 F_2 滞后 $+A_2$ 轴的空间电角度等于 $\dot{I}_2$ 滞后 $+j_2$ 轴的时间电角度。

从图 14-7(a)可以看出,F_2 与 B_δ 之间的夹角为 $(90°+\varphi_2)$ 空间电角度,与 α_0 无关。这就是说,在从定子侧考察转子磁动势 F_2 的作用时,α_0 的大小是无关紧要的。为简单起见,可认为 $\alpha_0=0$,即把 $+A_2$ 轴视为与 $+A_1$ 轴重合,这就是转子位置角折合。折合后,让 $+A_1$、$+A_2$、$+j_1$、$+j_2$ 四轴重合,可作出堵转时的时空相矢量图,如图 14-7(b)所示。这时,$\dot{E}_2$ 和 $\dot{E}_1$ 同相,$\dot{I}_2$ 与 F_2 重合。

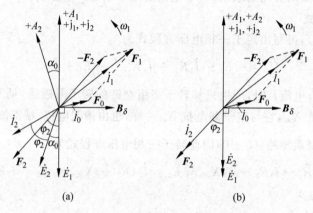

图 14-7 堵转时定、转子的时空相矢量图
(a)实际情况(未折合时);(b)转子位置角折合后

需要指出的是,在分析异步电机作移相器运行时,不能采用转子位置角折合。

4. 转子绕组折合

为了得到等效电路,需要采用变压器分析中使用过的折合方法,将转子绕组折合到定子侧。

(1)折合的依据和原则

从定子侧看,转子是通过其磁动势 F_2 来实现与定子侧的相互作用的,因此折合的条件是保持转子磁动势 F_2 的大小和空间相位不变,这样就可以保证定、转子间的电磁作用关系不变,从而不改变定子侧的量。这时,转子绕组的电动势、电流以及有效匝数等的数值,都是无关紧要的。可以用一套与定子绕组完全相同的等效转子绕组(相数为 m_1、每相串联匝数为 N_1、绕组因数为 k_{dp1})来替代实际转子绕组(相数为 m_2、每相串联匝数为 N_2、绕组因数为 k_{dp2}),这种办法称为转子绕组折合。

转子绕组折合后,转子相电流由 $\dot{I}_2$ 变为 $\dot{I}_2'$。由图 14-7(b)所示的时空相矢量图可以看出,由于折合前后转子磁动势 F_2 不变,因此 $\dot{I}_2'$ 和 $\dot{I}_2$ 应是同相的,其大小应满足

$$F_2=\frac{m_2}{2}\frac{4}{\pi}\frac{\sqrt{2}}{2}\frac{N_2 k_{dp2}}{p}I_2=\frac{m_1}{2}\frac{4}{\pi}\frac{\sqrt{2}}{2}\frac{N_1 k_{dp1}}{p}I_2' \qquad (14-12)$$

在时空相矢量图中,磁动势 F_1、F_2、F_0 分别与电流 $\dot{I}_1$、$\dot{I}_2'$、$\dot{I}_0$ 重合,且各磁动势的幅值

14.1 三相异步电机转子不转时的电磁关系

和对应的电流有效值之间均有相同的比例因数 $\dfrac{m_1}{2} \dfrac{4}{\pi} \dfrac{\sqrt{2}}{2} \dfrac{N_1 k_{dp1}}{p}$，因此，式(14-9)所示的磁动势关系可以等效地变换为电流关系，即

$$\dot{I}_1 + \dot{I}'_2 = \dot{I}_0 \tag{14-13}$$

从上式看，采用转子绕组折合后，定、转子间好像有了电路上的直接联系，这是一种仅存在于等效电路中的联系。

(2) 折合关系

转子绕组折合后，定、转子绕组的有效匝数相等，由式(14-3)可得折合后的转子电动势为

$$\dot{E}'_2 = k_e \dot{E}_2 = \dot{E}_1 \tag{14-14}$$

由式(14-12)可得折合后的转子相电流 $\dot{I}'_2$ 与原来电流 $\dot{I}_2$ 的关系为

$$\dot{I}'_2 = \dfrac{m_2 N_2 k_{dp2}}{m_1 N_1 k_{dp1}} \dot{I}_2 = \dfrac{1}{k_i} \dot{I}_2 \tag{14-15}$$

式中，

$$k_i = \dfrac{I_2}{I'_2} = \dfrac{m_1 N_1 k_{dp1}}{m_2 N_2 k_{dp2}} = \dfrac{m_1}{m_2} k_e \tag{14-16}$$

称为电流变比。

转子绕组漏阻抗 Z_2 的折合值，用 $Z'_2 = R'_2 + jX'_{\sigma 2}$ 表示。转子绕组折合后，转子电压方程式由式(14-11)变为

$$\dot{E}'_2 = \dot{I}'_2 Z'_2 = \dot{I}'_2 (R'_2 + jX'_{\sigma 2}) \tag{14-17}$$

因此可得 Z'_2 与 Z_2 的关系为

$$Z'_2 = R'_2 + jX'_{\sigma 2} = \dfrac{\dot{E}'_2}{\dot{I}'_2} = \dfrac{k_e \dot{E}_2}{\dfrac{\dot{I}_2}{k_i}} = k_e k_i Z_2 = k_e k_i (R_2 + jX_{\sigma 2})$$

即

$$Z'_2 = k_e k_i Z_2, \quad R'_2 = k_e k_i R_2, \quad X'_{\sigma 2} = k_e k_i X_{\sigma 2} \tag{14-18}$$

阻抗角

$$\varphi'_2 = \arctan \dfrac{X'_{\sigma 2}}{R'_2} = \arctan \dfrac{k_e k_i X_{\sigma 2}}{k_e k_i R_2} = \arctan \dfrac{X_{\sigma 2}}{R_2} = \varphi_2$$

可见，转子绕组折合后，转子漏阻抗的阻抗角 φ_2 即转子功率因数角没有改变。此外，有功功率和无功功率的关系也不变。

5. 基本方程式、等效电路和相量图

在转子绕组折合后，三相异步电机堵转时的基本方程式为

$$\left. \begin{aligned} \dot{U}_1 &= -\dot{E}_1 + \dot{I}_1 (R_1 + jX_{\sigma 1}) \\ \dot{E}_1 &= -\dot{I}_0 (R_m + jX_m) \\ \dot{E}_1 &= \dot{E}'_2 \\ \dot{E}'_2 &= \dot{I}'_2 (R'_2 + jX'_{\sigma 2}) \\ \dot{I}_1 + \dot{I}'_2 &= \dot{I}_0 \end{aligned} \right\} \tag{14-19}$$

根据基本方程式可画出三相异步电机堵转时的等效电路,如图 14-8 所示。由于堵转时的情况与三相变压器二次绕组短路时的类似,因此二者的等效电路在形式上完全相同。相应的相量图如图 14-9 所示(图中的空间矢量可以不画)。

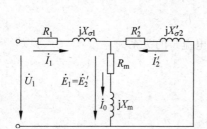

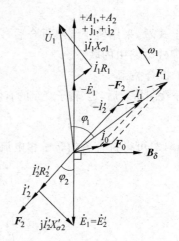

图 14-8 三相异步电机堵转时的等效电路   图 14-9 堵转时的相量图(转子绕组折合后)

例 14-1 一台三相绕线转子异步电动机,转子绕组为星形联结,$Z_1 = Z_2'$,定子施加额定电压。当转子绕组开路时,集电环上电压为 260V,转子每相漏阻抗为 $(0.06+j0.2)\Omega$。

(1) 求堵转时转子相电流的大小;

(2) 在转子每相回路中串接 0.2Ω 的电阻,求堵转时转子相电流的大小。

解:本题已知转子参数,要求计算的量为转子侧电流,可以采用等效电路。由于异步电机漏阻抗 $|Z_1|$、$|Z_2|$ 都比励磁阻抗 $|Z_m|$ 小得多,因此在计算堵转下的定、转子电流时,可忽略励磁阻抗 Z_m。另外,本题待求量为转子侧的量,虽然定子额定电压未知,但知道定子加额定电压时转子绕组的开路电动势,为此,计算中采用把定子绕组向转子侧折合的等效电路,如图 14-10 所示。

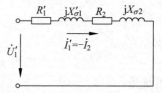

图 14-10 例 14-1 的等效电路

(1) 求定子施加额定电压、堵转时的转子相电流 I_2。

当定子施加额定电压、转子三相绕组开路时,$\dot{U}_2 = \dot{E}_2$,集电环上电压就是转子三相绕组的线电动势,因此转子相电动势为 $E_2 = 260/\sqrt{3} = 150.1\text{V}$。根据转子绕组开路时的等效电路可知 $U_1 \approx E_1 = k_e E_2$,因此定子相电压的折合值近似为 $U_1' \approx E_1' = E_1/k_e = E_2 = 150.1\text{V}$,于是有

$$I_2 = \frac{U_1'}{|Z_1' + Z_2|} = \frac{U_1'}{2|Z_2|} = \frac{U_1'}{2\sqrt{R_2^2 + X_{\sigma2}^2}} = \frac{150.1}{2\sqrt{0.06^2 + 0.2^2}} = 359.4\text{A}$$

(2) 求定子施加额定电压、转子每相串接电阻 $R_s = 0.2\Omega$ 堵转时的转子相电流 I_{2R}

$$I_{2R} = \frac{U_1'}{|Z_1' + Z_2 + R_s|} = \frac{U_1'}{|2Z_2 + R_s|} = \frac{U_1'}{\sqrt{(2R_2 + R_s)^2 + (2X_{\sigma2})^2}}$$

$$= \frac{150.1}{\sqrt{(2 \times 0.06 + 0.2)^2 + (2 \times 0.2)^2}} = 293\text{A}$$

可见,在转子回路串接电阻,可以减小堵转时的电流。

练习题

14-1-1 在三相异步电机的时空相矢量图上,为什么励磁电流 $\dot{I}_0$ 和励磁磁动势 $\boldsymbol{F}_0$ 在同一位置上?如何确定电动势 $\dot{E}_1$、$\dot{E}_2$ 的位置?

14-1-2 试比较三相异步电机定子施加电压、转子绕组开路时的电磁关系与三相变压器空载运行时的电磁关系有何异同,二者的等效电路有何异同?

14-1-3 三相异步电机定子施加电压、转子堵转时,转子电流的相序如何确定?其频率是多少?转子电流产生的磁动势的性质是怎样的?其转向、转速如何?

14-1-4 三相异步电动机定子接三相电源,转子绕组开路和转子堵转时,定子电流为什么不一样大?

14-1-5 三相异步电机转子堵转时,为什么要把转子侧的量折合到定子侧?折合的原则是什么?转子电动势 E_2、电流 I_2 和参数 R_2、$X_{\sigma 2}$ 的折合关系是怎样的?

14-1-6 一台三相、4极、50Hz 的绕线转子异步电机,电压变比 $k_e=10$,转子每相电阻 $R_2=0.02\Omega$,转子不转时每相漏电抗 $X_{\sigma 2}=0.08\Omega$。当转子堵转、定子相电动势 $E_1=200\text{V}$ 时,求转子每相电动势 E_2、相电流 I_2 以及转子功率因数 $\cos\varphi_2$。

14-1-7 三相异步电动机定子接三相电源、转子堵转时,是否产生电磁转矩?如果产生电磁转矩,如何确定其方向?

14.2 三相异步电机转子旋转时的电磁关系

三相异步电机的转子绕组通常是短路的(串入附加电动势和作为移相器运行等情况除外)。笼型绕组本身就是短路的,绕线型绕组则通过集电环、电刷、附加电阻(如果有)短路。下面分析三相异步电机定子绕组接至三相对称电源、转子绕组短路(直接短路或经过附加电阻短路)且转子旋转时的电磁关系。

1. 转差率

三相异步电机定子绕组接到频率为 f_1 的三相电源时,气隙磁场(以气隙磁通密度 $\boldsymbol{B}_\delta$ 表示)的转速为同步转速 $n_1=\dfrac{60f_1}{p}$。只要该旋转磁场与转子间有相对运动,在短路的转子绕组中就会产生感应电动势和电流,该电流与气隙磁场相互作用,产生电磁转矩。换言之,转子绕组短路的异步电机,要实现机电能量转换,转子转速 n 的大小或方向必须与同步转速 n_1 不同,否则转子绕组中就不能感应电动势和电流。这就是"异步"二字的来由。

为了描述转子转速 n 和同步转速 n_1 之间的差别,引入了**转差率**(slip)的概念。其定义为同步转速 n_1 和转子转速 n 之差与同步转速 n_1 的比值,用 s 表示,即

$$s=\frac{n_1-n}{n_1} \tag{14-20}$$

在用上式计算时,若令 $n_1>0$,则当 n 与 n_1 方向相同时,$n>0$;否则,$n<0$。

对于转子绕组短路的异步电机,在不同的运行状态下,转差率 s 的值是不同的。

(1) 电动机状态

图 14-11 所示为异步电机的示意图。把气隙磁通密度 $\boldsymbol{B}_\delta$ 形象地用 N、S 极表示(N 极表示磁感应线从定子发出进入转子,S 极则相反),其转向为逆时针方向,转速为 $n_1>0$。

在图 14-11(a)所示瞬间,设转子静止,则转子绕组的导体切割 $\boldsymbol{B}_\delta$ 而产生感应电动势,其方向可用右手定则来判断,如图中 $\otimes$ 和 $\odot$ 所示。由于转子绕组短路,因此导体中有电流产生。只考虑电流中与电动势同相的分量(有功分量),它与 $\boldsymbol{B}_\delta$ 相互作用,在转子上产生电磁转矩 T。用左手定则,可知电磁转矩 T 的方向与 $\boldsymbol{B}_\delta$ 的转向相同。如果电磁转矩能够克服转轴上的阻力转矩,转子就能沿与 $\boldsymbol{B}_\delta$ 相同的方向旋转起来,并加速到某一转速 n 下稳态运行。显然,n 不可能达到 n_1,否则转子绕组就无法产生感应电动势,电流和电磁转矩都等于零。此时,$n_1>n>0$,因此,按式(14-20)求出的转差率值为 $0<s<1$;电磁转矩 T 与转速 n 同向,是拖动性转矩,转轴输出机械功率,定子必然从电源吸收电功率。此时,异步电机运行于电动机状态。

(2) 发电机状态

用原动机拖动异步电机转子沿 n_1 的转向旋转,且使 $n>n_1$,如图 14-11(b)所示,此时 $s<0$。由于 $n>n_1$,气隙磁通密度 $\boldsymbol{B}_\delta$ 相对转子导体运动的方向与电动机时的相反,因此转子导体感应电动势和电流的方向都与图 14-11(a)的相反;电磁转矩 T 与转速 n 方向相反,是制动性转矩。要维持转子继续以转速 n 旋转,原动机就必须给电机输入机械功率,定子则向电网输出电功率。此时,异步电机运行于发电机状态。

(3) 电制动状态

当转子在外部机械拖动下,向气隙磁通密度 $\boldsymbol{B}_\delta$ 旋转的相反方向转动时,如图 14-11(c)所示,由于 $n_1>0,n<0$,则 $s>1$。此时,$\boldsymbol{B}_\delta$ 相对转子导体运动的方向与电动机时的相同,因而转子导体中感应电动势、电流以及电磁转矩 T 的方向都与图 14-11(a)的相同。但由于转子转向与电动机时的相反,因此电磁转矩 T 是制动性转矩。这种运行状态称为**电制动**(electric braking)状态。此时,电机不但吸收外部拖动机械输入的机械功率,而且从电网吸收电功率(因为电动势和电流的情况与电动机时相同),这两部分功率在电机内部都变成损耗。

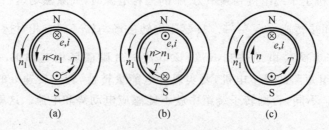

图 14-11 异步电机的三种运行状态
(a) 电动机;(b) 发电机;(c) 电制动

上述异步电机三种运行状态和转差率间的对应关系可以归纳如图 14-12 所示。

14.2 三相异步电机转子旋转时的电磁关系

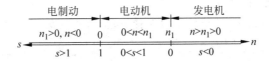

图 14-12 异步电机的三种运行状态与转差率的对应关系

2. 转子回路电压方程

当三相异步电机以转速 n 即转差率 s 稳态运行时，气隙磁通密度 $\boldsymbol{B}_\delta$ 相对转子的转速不再是转子堵转时的同步转速 n_1，而是 $n_2 = n_1 - n$，因此，转子绕组的电动势、电流和漏电抗的频率都不再是转子堵转时的 f_1，而是与 n_2 对应的 f_2，

$$f_2 = \frac{pn_2}{60} = \frac{p(n_1-n)}{60} = \frac{pn_1}{60}\frac{n_1-n}{n_1} = sf_1 \tag{14-21}$$

这表明，转子频率 f_2 等于定子频率 f_1 与转差率 s 之积。因此转子频率 f_2 也称转差频率。

当异步电机作为电动机正常运行时，转子转向与 $\boldsymbol{B}_\delta$ 转向相同，且 n 很接近 n_1，即 s 很小。一般的三相异步电动机 $s=0.01\sim0.05$，甚至更小。可见三相异步电动机正常运行时转子频率 f_2 通常是很低的（当 $f_1 = 50\text{Hz}$ 时，通常 $f_2 \leqslant 2.5\text{Hz}$）。

仿照转子堵转时的转子电压方程式，即式（14-11），可列出转子以转差率 s 旋转时转子一相回路的电压方程式为

$$\dot{E}_{2s} = \dot{I}_{2s}(R_2 + \mathrm{j}X_{\sigma 2s}) \tag{14-22}$$

其中，$\dot{I}_{2s}$、$\dot{E}_{2s}$ 分别是转子相电流、相电动势相量，且

$$E_{2s} = 4.44 f_2 N_2 k_{\mathrm{dp}2} \Phi_{\mathrm{m}} = 4.44 sf_1 N_2 k_{\mathrm{dp}2} \Phi_{\mathrm{m}} = sE_2 \tag{14-23}$$

$X_{\sigma 2s}$ 为转子旋转时一相绕组的漏电抗，

$$X_{\sigma 2s} = \omega_2 L_{\sigma 2} = 2\pi f_2 L_{\sigma 2} = 2\pi sf_1 L_{\sigma 2} = sX_{\sigma 2} \tag{14-24}$$

式中，E_2 为主磁通为 Φ_{m}，且转子频率为 f_1 即转子静止时的转子相电动势；$X_{\sigma 2}$ 为转子绕组漏电感为 $L_{\sigma 2}$，转子频率为 f_1 时的转子漏电抗。式（14-23）及式（14-24）表明：转子旋转时，转子相电动势有效值 E_{2s} 和转子漏电抗 $X_{\sigma 2s}$ 都是变化的，它们都与转差率 s 成正比。正常运行的三相异步电动机，$X_{\sigma 2s} \ll X_{\sigma 2}$。

例 14-2 一台三相异步电动机，定子绕组接到频率 $f_1 = 50\text{Hz}$ 的三相对称电源上，运行在额定转速 $n_{\mathrm{N}} = 960\text{r/min}$。求：

(1) 该电动机的极对数 p；

(2) 额定运行时，转差率 s_{N} 和转子电动势的频率 f_2。

解：(1) 三相异步电动机的额定转速 n_{N} 一般很接近同步转速 n_1，即额定转差率 s_{N} 很小。据此，由 $f_1 = 50\text{Hz}$ 和 $n_{\mathrm{N}} = 960\text{r/min}$，可判断出同步转速 $n_1 = 1000\text{r/min}$，于是

$$p = \frac{60f_1}{n_1} = \frac{60 \times 50}{1000} = 3$$

(2) $s_{\mathrm{N}} = \dfrac{n_1 - n_{\mathrm{N}}}{n_1} = \dfrac{1000-960}{1000} = 0.04$

$$f_2 = s_{\mathrm{N}} f_1 = 0.04 \times 50 = 2\text{Hz}$$

3. 定、转子磁动势关系

下面以电动机状态为例,分析转子以转速 n 旋转时定、转子磁动势间的关系。

(1) 定子磁动势 F_1

定子三相对称电流 $\dot{I}_1$ 产生的定子磁动势 F_1 仍与气隙磁通密度 B_δ 一起,相对定子以同步转速 n_1 沿逆时针方向旋转。

(2) 转子磁动势 F_2

转子三相对称电流 $\dot{I}_{2s}$ 产生转子基波合成旋转磁动势 F_2。由于电动机状态时,转子转向与 B_δ 转向相同,且 $n<n_1$,因此 B_δ 相对转子的转速 $n_2=n_1-n>0$,即 B_δ 相对转子沿逆时针方向旋转,它在转子绕组中感应电动势 $\dot{E}_{2s}$ 和电流 $\dot{I}_{2s}$ 的相序为正序。所以转子电流 $\dot{I}_{2s}$ 产生的转子磁动势 F_2 由 $+A_2$ 轴转向 $+B_2$ 轴,再转向 $+C_2$ 轴,即相对转子沿逆时针方向旋转。由于 $\dot{I}_{2s}$ 的频率为 f_2,因此 F_2 相对转子的转速为 $n_2=60f_2/p$。

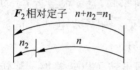

图 14-13 转子磁动势 F_2 的转速

(3) 定、转子磁动势相对静止

现在来考察转子磁动势 F_2 相对定子的转向和转速。如图 14-13 所示,F_2 相对于转子以转速 n_2 沿逆时针方向旋转,而转子本身又相对于定子以转速 n 沿逆时针方向旋转。在定子上看,转子磁动势 F_2 也沿逆时针方向旋转,其转速为 n_2+n。由于

$$n_2 = \frac{60f_2}{p} = \frac{60sf_1}{p} = sn_1 = n_1 - n$$

因此,转子磁动势 F_2 相对于定子的转速为

$$n_2 + n = (n_1 - n) + n = n_1$$

即转子磁动势 F_2 也以同步转速 n_1 相对定子沿逆时针方向旋转。

以上分析的是电动机状态。实际上,异步电机无论运行于何种状态,无论转速是多少,转子磁动势 F_2 相对定子的转速总是同步转速 n_1,定、转子磁动势 F_1、F_2 在空间始终保持相对静止。只有这样,才能在任何转速下都产生平均电磁转矩,实现机电能量转换。

(4) 励磁磁动势

以同步转速 n_1 一同旋转的定、转子磁动势 F_1 与 F_2,共同作用在三相异步电机磁路上,产生气隙磁通密度 B_δ。这两个磁动势之和,即合成磁动势 F_1+F_2,是产生主磁通的励磁磁动势,仍用 F_0 来表示,有

$$F_1 + F_2 = F_0$$

可见,当三相异步电机以转速 n 旋转时,与转子堵转时相比,定、转子磁动势的作用关系并未改变,但各磁动势的幅值及其相位会有所不同。

(5) 转子侧的相量图和矢量图

以三相异步电动机为例。当转速为 n 时,在空间矢量图上,F_2 和 B_δ 均以转速 n_2 相对转子 $+A_2$ 轴沿逆时针方向旋转,如图 14-14(a) 所示。在时间相量图上,转子侧的每个相量都以角频率 $\omega_2=2\pi f_2$ 相对 $+j_2$ 轴沿逆时针方向旋转,如图 14-14(b) 所示。

在图 14-14(a)中,B_δ 滞后 $+A_2$ 轴 $(90°+\alpha)$ 空间电角度;相应地,在图 14-14(b)中,转子

14.2 三相异步电机转子旋转时的电磁关系

磁链 $\dot{\Psi}_{2s}$ 应滞后 $+j_2$ 轴同样的时间电角度。转子电动势 $\dot{E}_{2s}$ 滞后 $\dot{\Psi}_{2s}$ $90°$。根据式(14-22)，转子电流 $\dot{I}_{2s}$ 滞后 $\dot{E}_{2s}$ 的时间电角度为 $\varphi_2 = \arctan\dfrac{X_{\sigma 2s}}{R_2}$。在图 4-14(b)中，$\dot{I}_{2s}$ 再转过 $(180° + \alpha + \varphi_2)$ 时间电角度便达到正最大值，此时 F_2 应位于 $+A_2$ 轴上。由此可确定转子磁动势 F_2 在图 4-14(a)中的位置。显然，F_2 仍滞后 B_δ $(90° + \varphi_2)$ 空间电角度。

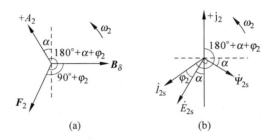

图 14-14 三相异步电动机转子旋转时转子侧的相量、矢量关系

上述三相异步电机的电磁关系可归纳起来，如图 14-15 所示。

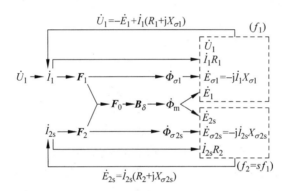

图 14-15 三相异步电机转子旋转时的电磁关系示意图

4. 等效电路、相量图

(1) 转子绕组的频率折合

为了得到等效电路，首先应设法将转子频率变换为与定子频率相同。

上面的分析表明，转子磁动势 F_2 相对定子的转速总为 n_1，与转子转速 n 或频率 f_2 的大小无关。另外，转子是通过其磁动势 F_2 与定子相联系的，只要保持转子磁动势 F_2 的幅值和相位不变，转子频率 f_2 的大小是没有关系的。据此，可对转子电路进行频率变换，使其频率变为 f_1。

由频率为 f_2 的转子回路电压方程式，即式(14-22)，可得

$$\dot{I}_{2s} = \dfrac{\dot{E}_{2s}}{R_2 + jX_{\sigma 2s}} \tag{14-25}$$

相应的电路如图 14-16(a)所示。由于 $E_{2s} = sE_2$，$X_{\sigma 2s} = sX_{\sigma 2}$，因此将上式改写为

$$\dot{I}_2 = \frac{s\dot{E}_2}{R_2 + jsX_{\sigma 2}} = \frac{\dot{E}_2}{\frac{R_2}{s} + jX_{\sigma 2}} \tag{14-26}$$

式中，$\dot{E}_2$、$\dot{I}_2$、$X_{\sigma 2}$ 分别为转子频率为 f_1 时转子一相绕组的电动势、电流和漏电抗，相应的电路如图 14-16(b)所示。

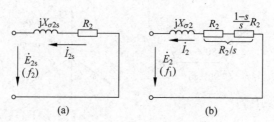

图 14-16 转子绕组的频率折合
(a) 频率折合前；(b) 频率折合后

经过上述的变换，转子频率由 f_2 变为 $\frac{f_2}{s} = f_1$。在变换前后，转子电流 $\dot{I}_{2s}$ 和 $\dot{I}_2$ 的频率不同，但是它们的有效值相等，即

$$I_2 = I_{2s} \tag{14-27}$$

转子功率因数角 φ_2 也没有改变，即

$$\varphi_2 = \arctan \frac{X_{\sigma 2s}}{R_2} = \arctan \frac{sX_{\sigma 2}}{R_2} = \arctan \frac{X_{\sigma 2}}{\frac{R_2}{s}} \tag{14-28}$$

因此，$\dot{I}_2$ 和 $\dot{I}_{2s}$ 产生的转子磁动势 F_2 的幅值和相位是相同的。也就是说，转子电路虽然经过了变换，但从定子侧看，转子磁动势 F_2 并未发生变化。这种保持转子磁动势 F_2 的幅值和相位不变，使转子频率由实际的 f_2 变为 f_1 的方法，就是转子绕组的频率折合。

转子频率为 f_1，意味着转子是静止的，因此频率折合可视为一种运动折合，即把实际上以转差率 s 旋转的转子用一个静止的转子来等效代替。转子所具有的机械功率应在频率折合后静止的转子电路中得到反映。由图 14-16(b)可见，频率折合后，转子回路电阻变为 $\frac{R_2}{s}$，除了转子绕组本身的电阻 R_2 外，还多出了一个与转速有关的电阻 $\frac{1-s}{s}R_2$。该电阻就是反映转子机械功率的等效电阻，即转子各相电路中该等效电阻所消耗的总电功率，应等于转子以转差率 s 旋转时所具有的机械功率。

频率折合后，转子相电动势由实际值 $\dot{E}_{2s}$ 变为转子静止时的 $\dot{E}_2$，转子漏电抗由实际值 $X_{\sigma 2s}$ 变为转子静止时的漏电抗 $X_{\sigma 2}$；转子相电流 $\dot{I}_2$ 可通过电动势 $\dot{E}_2$ 和转子等效电阻 $\frac{R_2}{s}$、转子漏电抗 $X_{\sigma 2}$ 求得，如式(14-26)所示，其中，$X_{\sigma 2} = \frac{X_{\sigma 2s}}{s}$，$E_2 = \frac{E_{2s}}{s}$。需要注意：$\dot{E}_2$ 是转子静止时的相电动势，而不是转子堵转时的相电动势。$\dot{E}_{2s}$ 和 $\dot{E}_2$ 都是由 Φ_m（电机以转差率 s

运行时的主磁通)产生的感应电动势,差别只是二者的频率不同。

(2) 基本方程式

频率折合后,定、转子的频率都是 f_1。为了得到等效电路,可采用转子堵转时的处理方法,即进行转子绕组折合。绕组折合后,转子回路的电压方程式变为

$$\dot{E}'_2 = \dot{I}'_2\left(\frac{R'_2}{s} + jX'_{\sigma 2}\right) \tag{14-29}$$

转子磁动势 $\boldsymbol{F}_2$ 的幅值仍可写成式(14-12)的形式。这样,定、转子磁动势关系 $\boldsymbol{F}_1 + \boldsymbol{F}_2 = \boldsymbol{F}_0$ 仍可等效变换成电流关系 $\dot{I}_1 + \dot{I}'_2 = \dot{I}_0$。

用式(14-29)代替式(14-19)中的转子电压方程式,就可得到三相异步电机转子旋转时的基本方程式,即

$$\left.\begin{aligned}\dot{U}_1 &= -\dot{E}_1 + \dot{I}_1(R_1 + jX_{\sigma 1}) \\ \dot{E}_1 &= -\dot{I}_0(R_m + jX_m) \\ \dot{E}_1 &= \dot{E}'_2 \\ \dot{E}'_2 &= \dot{I}'_2\left(\frac{R'_2}{s} + jX'_{\sigma 2}\right) \\ \dot{I}_1 + \dot{I}'_2 &= \dot{I}_0\end{aligned}\right\} \tag{14-30}$$

(3) 等效电路、相量图

根据上面的基本方程式,可作出三相异步电机的 T 型等效电路,如图 14-17 所示。已知定子电压和各参数时,通过等效电路即可计算出电机的运行性能。与 T 型等效电路相对应的三相异步电动机的时空相矢量图如图 14-18 所示(为了简单,各坐标轴也可不标出);若不画出图中的各空间矢量,就成为时间相量图。

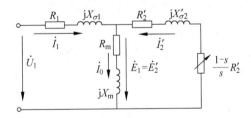

图 14-17 三相异步电机的 T 型等效电路

关于三相异步电动机的 T 型等效电路,作如下讨论:

三相异步电动机空载运行时,其转速即**空载转速**(no-load speed)非常接近同步转速 n_1,$s \approx 0$,$\frac{R'_2}{s}$ 趋于 ∞,可近似认为转子开路,$\dot{I}'_2 = 0$(但不是真正的开路)。这时,定子相电流几乎就是励磁电流 $\dot{I}_0$,其中主要是建立主磁通的无功电流,因此电动机的功率因数很低。通常励磁电流 I_0(或空载电流)值约为额定电流 I_N 的 $20\% \sim 50\%$。

三相异步电动机额定运行时,s 通常不超过 0.05。若 $s = 0.05$,则 $\frac{R'_2}{s} = 20R'_2 \gg X'_{\sigma 2}$,

T型等效电路的转子侧基本呈电阻性,转子功率因数 $\cos\varphi_2$ 很高,转子电流基本上为有功电流,此时定子功率因数 $\cos\varphi_1$ 也比较高。

主磁通 Φ_m 与 E_1 成正比,而 E_1 取决于定子电压 $\dot{U}_1$ 与定子漏阻抗压降 $\dot{I}_1 Z_1$ 相量差的大小。由于 Z_1 值不是很大,所以从空载到额定负载,$\dot{I}_1$ 在 Z_1 上产生的压降 $I_1|Z_1|$ 与 U_1 相比都是较小的,即 $U_1 \approx E_1$,这与变压器中的情况是类似的。也就是说,异步电动机从空载到额定负载运行时,若定子电压 U_1 不变,则 E_1 基本不变,即主磁通 Φ_m 基本不变,磁路饱和程度基本不变,因此励磁电流 I_0 基本为常数。但是当异步电动机转子堵转时,或者电动机刚开始起动时,转速 $n=0(s=1)$,此时定子电压 U_1 几乎全部降落在定、转子漏阻抗 Z_1、Z_2' 上。若 $Z_1 \approx Z_2'$,则 E_1 约降低至 $U_1/2$,因而主磁通 Φ_m 也将降低到空载或额定负载时的一半左右。

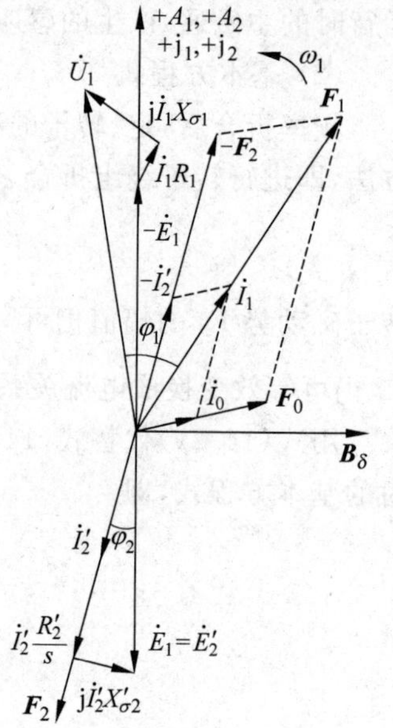

图 14-18 三相异步电动机时空相矢量图

(4) T型等效电路的简化

为了计算简便,实际应用中常对 T 型等效电路进行简化。把励磁阻抗 $(R_m + jX_m)$ 移到输入端,便可得到如图 14-19 所示的 Γ 型等效电路(具体推导过程从略)。其中,复数 $\dot{c}$ 是为了使该等效电路与 T 型等效电路相等效而引入的校正系数,$\dot{c} = 1 + \dfrac{Z_1}{Z_m}$。由于 $\dot{c}$ 是复数,计算起来仍不够方便。考虑到通常 $X_{\sigma 1} \gg R_1$,$X_m \gg R_m$,因此在工程计算中可认为 $\dot{c} \approx c = 1 + \dfrac{X_{\sigma 1}}{X_m}$,这样虽然准确度降低了一些,但可使计算大为简化,由此得到的等效电路称为近似等效电路。一般 $c = 1.03 \sim 1.08$。对于容量较大的三相异步电动机,c 很接近于1,令 $c=1$ 而得到的等效电路称为简化等效电路,用它计算中型以上的电动机仍有一定的准确度。

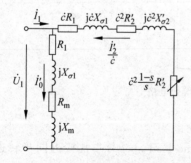

图 14-19 三相异步电机的 Γ 型等效电路

例 14-3 一台三相6极绕线转子异步电机,定、转子绕组均为 Y 联结,额定电压 $U_N = 380$V,额定频率 $f_N = 50$Hz,定、转子绕组的每相串联匝数和基波绕组因数分别为 $N_1 = 40$、$k_{dp1} = 0.926$ 和 $N_2 = 30$、$k_{dp2} = 0.957$。负载运行时,定子每相电动势 $E_1 = 210$V,定子相电流 $I_1 = 206$A,转速 $n = 980$r/min。忽略励磁电流,求:

(1) 每极磁通量 Φ_m;
(2) 转子相电流 I_{2s}、相电动势 E_{2s} 及其频率 f_2。

解:(1) $\Phi_m = \dfrac{E_1}{4.44 f_1 N_1 k_{dp1}} = \dfrac{210}{4.44 \times 50 \times 40 \times 0.926} = 0.02554$Wb

(2) 忽略 I_0 时，$I_1 = I_2'$，而 E_1、I_1 和匝数均已知，因此可通过转子绕组折合和频率折合的关系求得转子量的实际值。为此，应先求出电压变比 k_e、电流变比 k_i 及转差率 s。

$$m_1 = m_2 = 3, \quad k_e = k_i = \frac{N_1 k_{dp1}}{N_2 k_{dp2}} = \frac{40 \times 0.926}{30 \times 0.957} = 1.29$$

$$n_1 = \frac{60 f_1}{p} = \frac{60 \times 50}{3} = 1000 \text{r/min}, \quad s = \frac{n_1 - n}{n_1} = \frac{1000 - 980}{1000} = 0.02$$

则

$$I_{2s} = I_2 = k_i I_2' = k_i I_1 = 1.29 \times 206 = 265.7 \text{A}$$

$$E_{2s} = sE_2 = s \frac{E_2'}{k_e} = s \frac{E_1}{k_e} = 0.02 \times \frac{210}{1.29} = 3.256 \text{V}$$

$$f_2 = s f_1 = 0.02 \times 50 = 1 \text{Hz}$$

5. 笼型绕组的极对数、相数和参数折合

前面以三相绕线转子异步电机为例进行分析，得出的所有结论对笼型异步电机都适用。这里简要说明笼型转子绕组的极对数、相数和参数折合方法。

(1) 笼型绕组的极对数

电机定、转子绕组的极对数应相等，否则就不能产生平均电磁转矩，电机也就无法运行。绕线型绕组的极对数总是设计得与定子的相同。下面讨论笼型绕组的极对数。

笼型绕组的各导条在转子圆周上均匀分布，两端被端环短接，整个转子结构是对称的。图 14-20(a) 所示为笼型绕组沿圆周方向的展开图。一个在空间按正弦分布、极对数 $p=1$ 的气隙磁通密度波 b_δ 相对定子以同步转速 n_1 旋转，其上半个波表示磁场方向为从定子到转子。设转子转速为 n，且 $0 < n < n_1$，则 b_δ 相对转子以转速 $n_2 = n_1 - n$ 按图示方向旋转。在图示瞬间，转子各导条感应电动势的方向可用右手定则确定，其大小 e_{cs} 与它切割的气隙磁通密度 b_δ 成正比。假设转子表面有无穷多根导条，把它们在该瞬间的感应电动势值连成曲线 e_{2s}（进纸面方向的电动势画在 α_2 轴的上面，出纸面的画在下面），则它与 b_δ 的波形一致，如图 4-20(a) 所示。由于导条存在漏阻抗，阻抗角为 φ_2，所以，各导条电流 i_{cs} 分别滞后于其电动势 e_{cs} 一个 φ_2 时间电角度。把该瞬间各导条的电流值连成曲线 i_{2s}，如图 4-20(a) 所示，图中的 ⊙、⊗ 表示该瞬间各导条电流 i_{cs} 的方向。

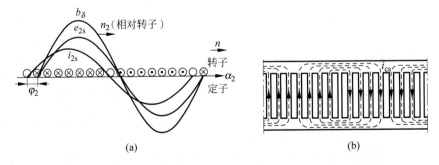

图 14-20 笼型绕组的极对数
(a) 气隙磁通密度和导条电流的空间分布波；(b) 导条电流分布情况示意图

显然,转子各导条电动势、电流值的分布波形 e_{2s}、i_{2s} 以及导条电流产生的转子磁动势波都与气隙磁通密度 b_δ 波形一起以同步转速 n_1 相对定子旋转。从图 4-20(a) 所示的各导条电流方向可以看出,此时转子电流产生的基波磁动势的极对数为 1,与定子极对数相等。同理,当气隙磁通密度波 b_δ 的极对数为 p 时,转子各导条电流值的分布波 i_{2s} 会随之变为 p 对极,转子基波磁动势的极对数相应地变为 p。由此可见,笼型绕组本身并没有固定的极对数,它的极对数自动和气隙磁通密度波 b_δ 的极对数保持一致,与转子导条数量无关。这是笼型绕组的一个突出特点。

转子导条数量实际上并不是无穷多,而是一个有限的值,各导条中的电流经过其两边的端环彼此构成通路。图 4-20(b) 是与图 4-20(a) 对应的导条电流分布情况,从中不难看出,各导条电流产生的磁场的极对数为 1,因此上面的结论依然成立。

(2) 笼型绕组的相数、匝数和绕组因数

笼型绕组的导条是均匀分布的,各导条在气隙磁场中的位置不同,因此其感应电动势和电流的相位也不同,相邻两根导条感应电动势的相位差等于二者相差的空间电角度。所以可将笼型绕组看做相数 m_2 等于转子导条数(即转子槽数)Q_2 的对称绕组,即

$$m_2 = Q_2 \tag{14-31}$$

由于每相仅有一根导条,相当于半匝,没有分布和短距问题,因此

$$N_2 = \frac{1}{2}, \quad k_{dp2} = 1 \tag{14-32}$$

如果转子导条数可被电机极对数整除,即 $Q_2/p=$整数,则可把各对极下位于相同空间位置的那些导条视为属于同一相的,即一相绕组由 p 根导条并联构成。此时,转子绕组相数 $m_2=Q_2/p$,N_2 和 k_{dp2} 仍如式(14-32)所示。

(3) 笼型绕组参数折合方法

笼型绕组的参数计算可分为两个步骤:先将端环各段的电阻和漏电抗折合到导条,求出转子每相漏阻抗 Z_2(具体推导过程从略);再按照前面所述的转子绕组折合方法,如式(14-18)所示,求得转子每相漏阻抗的折合值 Z_2'。

可以证明,当 $Q_2/p=$整数时,把转子相数 m_2 看做 Q_2 或者是 Q_2/p,折合到定子侧的转子漏阻抗 Z_2' 是一样的。

练习题

14-2-1 三相异步电动机定子绕组通电产生的旋转磁场的转速与电动机的极对数有何关系?为什么异步电动机运行时转子转速总低于同步转速?

14-2-2 什么是转差率?如何计算转差率?对于转子绕组短路的异步电机,如何根据转差率的数值来判断它的三种运行状态?三种运行状态下电功率和机械功率的流向分别是怎样的?

14-2-3 三相异步电机的极对数 p、定子频率 f_1、转子频率 f_2、转差率 s、同步转速 n_1、转速 n、转子磁动势 F_2 相对转子的转速 n_2 之间是互相关联的。试填满下表中的空格(转速的负号表示转子转向与气隙旋转磁场转向相反)。

p	f_1/Hz	f_2/Hz	s	n_1/r·min^{-1}	n/r·min^{-1}	n_2/r·min^{-1}
1	50		0.03			
2	50				1350	
3	50		1			
4			−0.2	750		
5				600	−500	
	60	3		1800		

14-2-4　试简单证明三相异步电机转子磁动势 F_2 相对定子的转速为同步转速 n_1。

14-2-5　说明异步电机频率折合的意义。折合后，转子侧的哪些量发生了变化，哪些量没有变化？分别对相电动势、相电流、等效阻抗、转子电流频率、转子基波磁动势予以说明。

14-2-6　说明三相异步电机转子绕组折合的意义。折合后，转子侧的哪些量发生了变化，哪些量没有变化？分别对相电动势、相电流、等效阻抗、功率因数角、转子基波磁动势予以说明。

14-2-7　三相异步电机定、转子绕组在电路上没有直接联系，但在基本方程式中却有关系式 $\dot{I}_1 + \dot{I}_2' = \dot{I}_0$，试说明它的含义。

14-2-8　三相异步电动机的 T 型等效电路与三相变压器的有何异同？三相异步电动机等效电路中的参数 R_1、$X_{\sigma1}$、R_m、X_m、R_2'、$X_{\sigma2}'$、$\dfrac{1-s}{s}R_2'$ 分别代表什么意义？

14-2-9　普通三相异步电动机空载电流标幺值和额定转差率的数值范围是什么？

14-2-10　异步电动机和变压器在外施额定电压时的空载电流标幺值哪个大？为什么？

14-2-11　一台三相异步电动机，定子施加频率为 50Hz 的额定电压。

（1）如果将定子每相有效匝数减少，则每极磁通量 Φ_m 将_____；

（2）如果将气隙长度加大，则电机空载电流将_____；

（3）如果定子电压大小不变，但频率变为 60Hz，则励磁电抗的变化趋势为_____，励磁电流的变化趋势为_____。

14-2-12　绕线转子异步电机转子绕组的相数、极对数总是设计得与定子绕组的相同。笼型异步电机转子绕组的相数、极对数又是如何确定的？与导条的数量有关吗？

小　　结

本章分析了三相异步电机稳态运行时的电磁关系，得到了描述其电磁关系的基本方程式、等效电路和相量图。它们是分析和计算三相异步电机运行特性和性能的重要基础。

在异步电机中，不论转子转速和转向如何，定、转子基波磁动势都以同步转速相对于定子同向旋转，即二者总是相对静止的。这是异步电机区别于同步电机的主要特点之一，也是异步电机在任何转速下都能产生平均电磁转矩，从而实现机电能量转换的必要条件。

异步电机的基波气隙磁场由定、转子绕组的基波磁动势共同产生，磁路上的磁动势平衡方程式和电路中的电动势平衡方程式是其两种基本电磁关系。转子电流通过它产生的转子基波磁动势对定子电流产生影响。为了将复杂的电磁作用关系简化为电路中的关系，以便于分析计算，引入了电路参数 Z_m 和 $X_{\sigma 1}$、$X_{\sigma 2}$。在此基础上，采用折合算法，把三相异步电机的电磁关系用定、转子间有直接电路联系的 T 型等效电路来表达。基本方程式、等效电路和时空相矢量图是分析异步电机电磁关系的三种方法，其物理本质是相同的，它们是定性或定量分析计算异步电机各种稳态运行问题的重要工具。

异步电机转子的折合算法主要包括频率折合和转子绕组折合，其原则是保持转子基波磁动势 F_2 不变，对定子侧等效。定、转子绕组是通过共同产生气隙磁通密度 B_δ 而联系在一起的，但转子旋转时 B_δ 在定、转子绕组中感应电动势的频率不同。采用频率折合，把旋转的转子用静止的转子等效替代，可使定、转子电动势和电流的频率相同，因而定、转子的各电磁量可以表示在同一个时空相矢量图中（其中还包括使定、转子绕组轴线重合的转子位置角折合）。在此基础上，采用与变压器的折合算法相类似的转子绕组折合，可将定、转子绕组的磁动势平衡关系简化表示成定、转子绕组的电流平衡关系，从而得到等效电路。

异步电机中的磁通仍可分为主磁通和漏磁通两部分。主磁通沿铁心磁路闭合，在定、转子绕组中都感应电动势，是传递电磁功率的媒介；漏磁通主要通过非铁磁材料闭合，在电路中起电压降的作用。与漏磁通相对应的漏电抗 $X_{\sigma 1}$、$X_{\sigma 2}$ 通常可视为常数；与主磁通相对应的励磁电抗 X_m 和反映铁耗的励磁电阻 R_m 这两个等效参数都随磁路饱和程度的变化而变化，但异步电机在额定电压下正常运行时，由于主磁通大小基本不变，因此可将它们近似看做常数。

应了解三相异步电动机额定转差率、空载电流标幺值的大致范围。

绕线转子异步电机转子绕组的极对数必须与定子绕组的相同，才能使定、转子基波磁动势保持相对静止。笼型异步电机转子绕组的极对数可以自动与定子绕组的保持一致，与导条数量无关；其相数可以认为等于转子导条数或每对极下的导条数，两种情况下折合到定子的转子绕组参数是相同的。

思 考 题

14-1 三相异步电动机的主磁通指什么磁通？它是由各相电流分别产生的各相磁通，还是由三相电流共同产生的？等效电路中的哪个电抗参数与之对应？该参数本身是一相的还是三相的值？它与同步电动机的哪个参数相对应？它与变压器的励磁电抗是完全相同的概念吗？

14-2 三相异步电动机的主磁通在定、转子绕组中感应电动势的大小、相序、相位与什么有关？主磁通在定子 A 相绕组和转子 a 相绕组中感应电动势的相位关系是固定不变的吗？这与变压器一相的一、二次绕组感应电动势间的关系有何不同？

14-3 一台已经制成的三相异步电动机，其主磁通的大小与哪些因素有关？当外施电压大小变化时，其励磁电抗和励磁电流大小将如何变化？为什么？

14-4 当主磁通大小确定之后，三相异步电动机的励磁电流大小与什么有关？有人说：根据任意两台同容量异步电动机励磁电流的大小，便可比较其主磁通的大小，此话对吗？为什么？

14-5 三相异步电机的定、转子漏磁通分别是由哪些电流产生的？其定子漏电抗与三相同步电机中的哪个参数相对应？与三相变压器的一次绕组漏电抗是完全相同的概念吗？为什么？

14-6 三相异步电动机每相转子电路中的感应电动势、漏电抗、感应电流与电动势间夹角的大小，与转差率分别有何关系？对三相绕线转子异步电动机，若通过集电环在转子绕组回路中串接电抗器，其电抗值会随转子转速而改变吗？为什么？

14-7 三相异步电动机的定、转子相电动势，定、转子相电流，励磁电流，定、转子磁链，气隙磁通密度，定、转子基波磁动势以及励磁磁动势等物理量中，哪些是时间相量，哪些是空间矢量？在画电机的时空相矢量图时，定、转子磁链以及定、转子电动势分别与气隙磁通密度有什么关系？定、转子电流及励磁电流与定、转子磁动势及励磁磁动势有何关系？为什么存在这样的关系？

14-8 异步电动机定、转子电路的频率不同，为什么可以把定、转子的时空相矢量图重合在一起？时空相矢量图中转子各量是表示它们的实际大小吗？

14-9 三相异步电机的转子磁动势是如何产生的？它相对转子的转向、转速与转子自身的转向、转速有何关系？相对于定子的转向、转速呢？由此说明频率折合是否可行？是否适用于异步电机的任何运行状态？

14-10 试比较异步电机与变压器在折合的目的、原则、内容和结果上的异同。

14-11 三相异步电动机在空载运行、额定负载运行和堵转运行三种情况下的等效电路有什么不同？当定子外施电压一定时，三种情况下的定、转子电流，定、转子电动势以及定、转子功率因数的大小有什么不同？

14-12 三相异步电动机定子施加额定电压，当负载变化时（从空载到额定负载），主磁通和定、转子漏磁通是否变化？等效电路中的参数 $X_{\sigma1}$、$X'_{\sigma2}$、R_m、X_m 是否变化？主磁通在正常运行和转子堵转时是否同样大？约相差多少？

14-13 异步电机运行时，为什么总要从电源吸收滞后性的无功电流，或者说定子功率因数 $\cos\varphi_1$ 总小于1？为什么异步电机的气隙很小？

14-14 绕线转子异步电机定子施加三相对称电压，将转子上两个集电环并联后，在这两个集电环与第三个集电环之间施加直流电压，问此电机能否运行？是作为同步电机运行，还是作为异步电机运行？

14-15 一台三相绕线转子异步电机。

(1) 转子三相绕组短路，定子通以频率为 f_1 的三相对称交流电，产生相对定子以同步转速 n_1 逆时针旋转的基波磁场，试确定转子的转向；

(2) 定子三相绕组短路，转子绕组通以频率为 f_2 的三相对称交流电，产生相对转子以同步转速 n_2 逆时针旋转的基波磁场，试确定转子的转向；

(3) 如果向定子绕组通入频率为 f_1 的三相对称交流电，产生的基波磁场相对定子以同步转速 n_1 逆时针旋转，同时向转子绕组通入频率为 f_2、相序相反的三相对称交流电，产生的基波旋转磁场相对转子的转速为 n_2，试确定转子的转向和转速 n。

习 题

14-1 一台三相异步电动机,转子绕组开路。在 $t=0$ 时,定、转子绕组轴线 $+A_1$、$+A_2$ 及气隙磁通密度矢量 $\boldsymbol{B}_\delta$ 在空间的位置如题图 14-1 所示。试分别对图示的(a)、(b)两种情况,在相量图上画出 $\dot{\Psi}_1$、$\dot{\Psi}_2$ 及 $\dot{E}_1$、$\dot{E}_2$ 的位置。

14-2 一台三相异步电动机,转子堵转,转子阻抗角 $\varphi_2=60°$。在题图 14-2(a)、(b)所示的两种情况下,分别在相量图上画出 $\dot{\Psi}_2$ 及 $\dot{E}_2$、$\dot{I}_2$ 的位置,在空间矢量图上画出转子磁动势矢量 $\boldsymbol{F}_2$ 的位置。

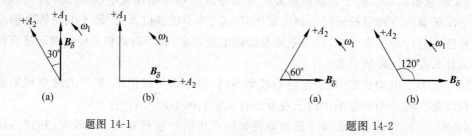

题图 14-1　　　　　　　　题图 14-2

14-3 一台三相绕线转子异步电机,转子堵转,定子绕组接在三相对称的电源上。已知定子漏阻抗为 $Z_1=R_1+\mathrm{j}X_{\sigma 1}$,转子漏阻抗 $Z_2=R_2+\mathrm{j}X_{\sigma 2}$,转子阻抗角 $\varphi_2=45°$。在转子位置分别如题图 14-3(a)、(b)所示的两种情况下:

(1) 画出 $\boldsymbol{B}_\delta$ 转至 $\alpha_1=-60°$ 位置时定、转子的时空相矢量图;

(2) 如果题图 14-3(a)、(b)中定、转子绕组轴线重合,时空相矢量图又是什么样的?

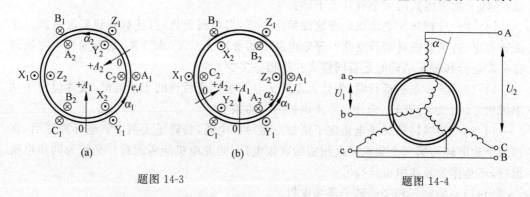

题图 14-3　　　　　　　　　　　题图 14-4

14-4 一台三相绕线转子异步电动机,定、转子绕组每相有效匝数分别为 $N_1 k_{\mathrm{dp1}}$ 和 $N_2 k_{\mathrm{dp2}}$。现将定、转子绕组按题图 14-4 所示的方式联结起来,转子卡住不转,转子绕组接在线电压为 U_1 的三相对称电源上,求在空载情况下:

(1) 转子绕组轴线滞后定子绕组轴线 α 电角度时,定子输出的线电压 U_2(忽略励磁电流在转子绕组中引起的漏阻抗压降);

(2) 要想使 U_2 为最大或最小,应如何安排转子的位置?

14-5 一台额定频率 $f_\mathrm{N}=50\mathrm{Hz}$ 的三相异步电机,极对数 $p=3$,转子转向及转速 n

有下列几种情况,试求各种情况下的转差率 s:

(1) 转子转向与气隙磁场转向相同,转速 n 分别为 1040r/min,1000r/min,950r/min 和 0;

(2) 转子转向与气隙磁场转向相反,转速 n 分别为 500r/min,200r/min。

14-6 一台三相异步电动机在额定运行时,转子电路的实际量为转差率 s、相电流 I_{2s}、相电动势 E_{2s}、电阻 R_2、漏电抗 $X_{\sigma 2s}$。已知定、转子电压变比为 k_e,电流变比为 k_i。

(1) 对转子绕组进行频率折合(折合到不转的转子),这时转子每相电动势、电流为多大? 转子每相电阻、电抗为多大? 转子每相回路的阻抗角为多大?

(2) 在频率折合的基础上,再将转子绕组折合到定子绕组的有效匝数、相数,这时转子每相电动势、电流为多大? 转子每相电阻、电抗为多大? 转子每相回路的阻抗角为多大?

14-7 一台三相绕线转子异步电机,定、转子绕组均为星形联结,额定电压 $U_N=380V$,额定电流 $I_N=35A$,定、转子每相串联匝数和基波绕组因数为 $N_1=320, k_{dp1}=0.945, N_2=170, k_{dp2}=0.93$。求:

(1) 这台电机的电压变比 k_e 和电流变比 k_i;

(2) 若转子绕组开路,定子施加额定电压,求转子相电动势 E_2;

(3) 若转子堵转,定子接电源,当使定子电流为额定值时,求转子相电流 I_2(忽略励磁电流)。

14-8 一台三相绕线转子异步电机,定、转子绕组均为星形联结,额定电压 $U_N=380V$,当定子施加额定电压、转子绕组开路时,集电环上电压为 254V。已知定、转子参数为 $R_1=0.044\Omega, X_{\sigma 1}=0.54\Omega, R_2=0.027\Omega, X_{\sigma 2}=0.24\Omega$,忽略励磁电流,求:

(1) 该电机的电压变比 k_e 和电流变比 k_i;

(2) 定子施加额定电压、转子堵转时的转子相电流。

14-9 一台三相 6 极绕线转子异步电机,额定转速 $n_N=980r/min$。当定子施加频率为 50Hz 的额定电压、转子绕组开路时,转子每相感应电动势为 110V。已知转子堵转时的参数为 $R_2=0.1\Omega, X_{\sigma 2}=0.5\Omega$,忽略定子漏阻抗的影响,求该电机额定运行时转子的相电动势 E_{2s}、相电流 I_{2s} 及其频率 f_2。

14-10 一台三相 4 极异步电动机的数据如下:额定电压 $U_N=380V$,额定转速 $n_N=1440r/min$,定子绕组为 D 联结,定、转子漏阻抗为 $Z_1=Z_2'=(0.4+j2)\Omega$,励磁阻抗为 $Z_m=(4.6+j48)\Omega$。

(1) 求额定转差率 s_N;

(2) 用 T 型等效电路求额定运行时的定子电流 I_{1N}、转子电流 I_2'、励磁电流 I_0 和功率因数 $\cos\varphi_N$。

14-11 上题中的三相异步电动机,试用简化等效电路计算定子额定电流 I_{1N} 和额定功率因数 $\cos\varphi_N$,并与上题的计算结果进行比较。

14-12 若异步电机转子电阻 R_2 不是常数,而是频率的函数,假设 $R_2=\sqrt{s}R_a$(R_a 为已知常数),求频率折合后的转子每相等效阻抗。

14-13 一台三相绕线转子异步电机,定子绕组接在三相对称电源上。今用一台原动机拖动此异步电机转子,使其转速 n 超过同步转速 n_1,且 n 与 n_1 转向相同。已知定子漏阻抗 $Z_1=R_1+jX_{\sigma 1}$,转子不转时漏阻抗 $Z_2=R_2+jX_{\sigma 2}$。

(1) 求气隙磁通密度 $\boldsymbol{B}_\delta$ 在定、转子绕组中感应电动势的频率和定、转子绕组感应电动势的相序;

(2) 画出转子的时空相矢量图;

(3) 把转子基波磁动势矢量 $\boldsymbol{F}_2$ 画在定子的空间矢量图上,作出定子的时空相矢量图;

(4) 作用在转子上的电磁转矩是拖动转矩还是制动转矩?

(5) 分析电磁功率的流动方向,并据此判断电机的运行状态。

14-14 一台三相笼型异步电动机的数据如下:$P_N=10\text{kW}, f_1=50\text{Hz}, 2p=4, U_N=220\text{V}/380\text{V}(\text{D}/\text{Y}$ 联结),定子绕组每相串联匝数 $N_1=114$,基波绕组因数 $k_{dp1}=0.902$,$R_1=0.488\Omega, X_{\sigma 1}=1.2\Omega, R_m=3.72\Omega, X_m=39.2\Omega$,转子槽数 $Q_2=42$,每根导条包括端环部分的电阻 $R_2=0.135\times 10^{-3}\Omega$,漏电抗 $X_{\sigma 2}=0.44\times 10^{-3}\Omega$。

(1) 画出该电动机的等效电路,并标明各参数的数值;

(2) 计算空载时的相电流(可认为 $s\approx 0$);

(3) 当定子施加额定电压,$n=1460\text{r/min}$ 时,定子相电流是多少?

第 15 章 三相异步电动机的功率、转矩和运行特性

在分析了三相异步电机运行原理的基础上,本章将主要通过 T 型等效电路分析三相异步电动机稳态运行时反映其机电能量转换关系的功率和转矩平衡方程式,并研究三相异步电动机的电磁转矩及其与电机参数的关系;然后分析三相异步电动机的运行特性;最后简要介绍三相异步电动机参数的测定方法。

15.1 三相异步电动机的功率与转矩关系

1. 三相异步电动机的功率平衡关系

利用三相异步电动机的 T 型等效电路,可以分析电动机稳态运行时的功率关系。

将三相异步电机的 T 型等效电路重画在图 15-1 中。三相异步电动机以转速 n 稳态运行时,从交流电源输入的有功功率,即输入功率 P_1 为

$$P_1 = m_1 U_1 I_1 \cos\varphi_1 \tag{15-1}$$

式中,U_1、I_1 分别为定子相电压、相电流;$\cos\varphi_1$ 为定子功率因数;$m_1=3$。

定子绕组电流在其电阻上产生的损耗,即定子铜耗 p_{Cu1} 为

$$p_{Cu1} = m_1 I_1^2 R_1 \tag{15-2}$$

气隙旋转磁通密度 $\boldsymbol{B}_\delta$ 相对于定、转子运动,在定、转子铁心中产生铁耗。正常运行的三相异步电动机,转子转速 n 很接近同步转速 n_1(转差率 s 很小),$\boldsymbol{B}_\delta$ 相对于转子的转速 n_2 很小,加上转子铁心也是由薄硅钢片叠压而成的,所以转子铁耗很小,可以忽略不计。这样,电动机的铁耗 p_{Fe} 中只有定子铁耗,即

$$p_{Fe} = m_1 I_0^2 R_m \tag{15-3}$$

输入功率 P_1 扣除定子铜耗 p_{Cu1} 和铁耗 p_{Fe} 后,剩下的大部分功率通过气隙旋转磁场的作用从定子经过气隙传递到转子。这部分功率是转子通过电磁感应作用而获得的,因此称为电磁功率 P_{em},即

$$P_{em} = P_1 - p_{Cu1} - p_{Fe} \tag{15-4}$$

由 T 型等效电路可知,电磁功率 P_{em} 等于转子回路等效电阻 $\dfrac{R_2'}{s}$ 上消耗的功率,即

$$P_{em} = m_1 I_2'^2 \frac{R_2'}{s} = m_1 E_2' I_2' \cos\varphi_2 = m_2 E_2 I_2 \cos\varphi_2 \tag{15-5}$$

其中,转子回路电阻 R_2(包括转子绕组本身的电阻和串接的附加电阻)上消耗的电功率称

为转子铜耗，用 p_{Cu2} 表示，

$$p_{Cu2} = m_1 I_2'^2 R_2' = m_2 I_2^2 R_2 = sP_{em} \tag{15-6}$$

电磁功率 P_{em} 减去转子铜耗 p_{Cu2}，就是等效电阻 $\frac{1-s}{s}R_2'$ 上消耗的功率 P_m，即

$$P_m = P_{em} - p_{Cu2} = m_1 I_2'^2 \frac{1-s}{s} R_2' = (1-s)P_{em} \tag{15-7}$$

在转子频率折合中已经提到，这部分功率称为机械功率，它是转子电流与气隙磁场相互作用产生电磁转矩 T，拖动转子以转速 n 旋转所需要的功率。

电动机运行时，转子克服轴承摩擦及风阻等阻力转矩所消耗的功率称为机械损耗，用 p_m 表示。此外，定、转子开槽和定、转子磁动势中含有谐波等因素也会引起损耗，称为**附加损耗**(supplementary loss)，用 p_{ad} 表示。附加损耗一般难以准确计算，在工程实际中通常根据经验估算。通常在大型异步电动机中，$p_{ad} \approx 0.5\% P_N$；在小型异步电动机中，$p_{ad} = (1\% \sim 3\%)P_N$。

转子获得的机械功率 P_m 减去机械损耗 p_m 和附加损耗 p_{ad}，是转轴上能够输出给机械负载的机械功率，即电动机的输出功率

$$P_2 = P_m - p_m - p_{ad} \tag{15-8}$$

上述功率平衡关系可以用功率流程图表示，如图 15-1 的下方所示。

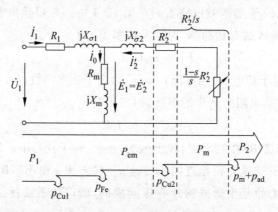

图 15-1 三相异步电动机的功率关系与功率流程图

由上述功率关系可知，三相异步电动机运行时，电磁功率 P_{em}、机械功率 P_m 和转子铜耗 p_{Cu2} 间的数量关系是

$$P_{em} : P_m : p_{Cu2} = 1 : (1-s) : s \tag{15-9}$$

这说明：当电磁功率 P_{em} 一定时，转差率 s 越大(转速 n 越低)，则转子铜耗 p_{Cu2} 越大，机械功率 P_m 越小，电动机效率越低。由于转子铜耗 $p_{Cu2} = sP_{em}$，因此也称为转差功率。

2. 转矩平衡关系

异步电动机以转速 n 稳态运行时，转子机械角速度为 $\Omega = \frac{2\pi n}{60}$。将式(15-8)两边同时

15.1 三相异步电动机的功率与转矩关系

除以机械角速度 Ω，就可以得到异步电动机的转矩平衡方程式，即

$$T = T_2 + T_0 \tag{15-10}$$

$$T = \frac{P_m}{\Omega}, \quad T_2 = \frac{P_2}{\Omega}, \quad T_0 = \frac{p_m + p_{ad}}{\Omega} \tag{15-11}$$

其中，T 为电动机的电磁转矩；T_2 为电动机的输出转矩；T_0 为与机械损耗 p_m 及附加损耗 p_{ad} 相对应的阻力转矩，称为空载转矩。

例 15-1 一台三相 50Hz 异步电动机，额定转速 $n_N = 950 \text{r/min}$，额定功率 $P_N = 100\text{kW}$，额定运行时机械损耗 $p_m = 1\text{kW}$，忽略附加损耗，求：

(1) 该电动机的额定转差率 s_N、电磁功率 P_{em} 和转子铜耗 p_{Cu2}；

(2) 该电动机额定运行时的电磁转矩、输出转矩和空载转矩。

解：(1) 由 $f_1 = 50\text{Hz}$ 和 $n_N = 950\text{r/min}$，可以判断出 $n_1 = 1000\text{r/min}$，因此

$$s_N = \frac{n_1 - n_N}{n_1} = \frac{1000 - 950}{1000} = 0.05$$

$$P_m = P_N + p_m = 100 + 1 = 101\text{kW}$$

$$P_{em} = \frac{P_m}{1 - s_N} = \frac{101}{1 - 0.05} = 106.3\text{kW}$$

$$p_{Cu2} = s_N P_{em} = 0.05 \times 106.3 = 5.315\text{kW}$$

(2) 额定电磁转矩 T_N、额定输出转矩 T_{2N} 和空载转矩 T_0 分别为

$$T_N = \frac{P_m}{\Omega_N} = \frac{P_m}{2\pi n_N/60} = \frac{60 \times 101 \times 10^3}{2\pi \times 950} = 1015\text{N} \cdot \text{m}$$

$$T_{2N} = \frac{P_N}{\Omega_N} = \frac{P_N}{2\pi n_N/60} = \frac{60 \times 100 \times 10^3}{2\pi \times 950} = 1005\text{N} \cdot \text{m}$$

$$T_0 = \frac{p_m + p_{ad}}{\Omega_N} = \frac{60 p_m}{2\pi n_N} = \frac{60 \times 1 \times 10^3}{2\pi \times 950} = 10.05\text{N} \cdot \text{m}$$

或者

$$T_0 = T_N - T_{2N} = 1015 - 1005 = 10\text{N} \cdot \text{m}$$

练习题

15-1-1 三相异步电动机运行时，内部有哪些损耗？当电动机从空载到额定负载运行时，这些损耗中的哪些基本不变？哪些是随负载变化的？

15-1-2 三相异步电动机铭牌上的额定功率指的是什么功率？额定运行时的电磁功率、机械功率和转子铜耗间有何数量关系？当定子接电源、转子堵转时，电动机是否还有电磁功率、机械功率或电磁转矩？

15-1-3 为什么三相异步电动机正常运行时的转差率一般都很小？

15-1-4 一台三相异步电机运行时，转差率为 0.03，输入功率为 60kW，定子总损耗 $p_{Fe} + p_{Cu1} = 1\text{kW}$。求该电机的电磁功率、机械功率和转子铜耗。

15.2 三相异步电动机的机械特性

机械特性(speed-torque characteristics)是电动机稳态运行中最重要的特性。三相异步电动机的机械特性是指在定子电压、频率和参数固定的条件下,电磁转矩 T 与转速 n 或转差率 s 之间的函数关系。用曲线表示时,常以转速 n 或转差率 s 为纵坐标,以电磁转矩 T 为横坐标,简称 T-s 曲线。

1. 电磁转矩的一般表达式

从 $P_m = T\Omega$ 可以推导出电磁转矩 T 与电磁功率 P_{em} 的关系为

$$T = \frac{P_m}{\Omega} = \frac{(1-s)P_{em}}{(1-s)\Omega_1} = \frac{P_{em}}{\Omega_1} \tag{15-12}$$

式中,$\Omega_1 = \frac{2\pi n_1}{60}$,为同步机械角速度。可见,电磁转矩 T 既等于机械功率 P_m 除以机械角速度 Ω,又等于电磁功率 P_{em} 除以同步机械角速度 Ω_1。

利用式(15-12)和式(15-5),可得电磁转矩 T 的另一种表达式为

$$\begin{aligned} T &= \frac{P_{em}}{\Omega_1} = \frac{m_2 E_2 I_2 \cos\varphi_2}{2\pi n_1/60} \\ &= \frac{m_2 (\sqrt{2}\pi f_1 N_2 k_{dp2} \Phi_m) I_2 \cos\varphi_2}{2\pi f_1/p} \\ &= C_T \Phi_m I_2 \cos\varphi_2 \end{aligned} \tag{15-13}$$

式中,$C_T = \frac{1}{\sqrt{2}} m_2 p N_2 k_{dp2}$,对已制成的异步电动机,$C_T$ 是一个常数;$I_2 \cos\varphi_2$ 为转子相电流 I_2 的有功分量。

上式表明,三相异步电动机电磁转矩 T 的大小与主磁通 Φ_m 和转子电流有功分量 $I_2 \cos\varphi_2$ 的乘积成正比。该式反映了电磁转矩 T 是由转子电流和气隙基波磁通相互作用产生的这一物理本质,因而常被用来对电磁转矩和机械特性进行定性分析。

2. 机械特性的参数表达式

用三相异步电动机的参数来表达其电磁转矩 T 与转差率 s 的关系。

由近似等效电路(见图 14-19),可求得转子电流为

$$\frac{I_2'}{c} = \frac{U_1}{\sqrt{\left(cR_1 + c^2 \frac{R_2'}{s}\right)^2 + (cX_{\sigma 1} + c^2 X_{\sigma 2}')^2}}$$

代入式(15-5),求得 P_{em},再代入式(15-12),并利用 $\Omega_1 = 2\pi f_1/p$,可得机械特性的参数表达式为

$$T = \frac{3pU_1^2 \frac{R_2'}{s}}{2\pi f_1 \left[\left(R_1 + c\frac{R_2'}{s}\right)^2 + (X_{\sigma 1} + cX_{\sigma 2}')^2\right]} \tag{15-14}$$

可以看出,电磁转矩 T 与转差率 s(或转速 n)之间并不是线性关系。当定子相电压 U_1 和频率 f_1 一定时,电机参数可以认为是常数,电磁转矩 T 仅和转差率 s 有关。三相异

步电动机在外施电压及其频率都为额定值,定、转子回路不串入任何电路元件的条件下,其机械特性称为固有机械特性。其中某一条件改变后,所得到的机械特性称为人为机械特性。

作出固有机械特性 $T=f(s)$ 曲线,如图 15-2 所示。图中同时画出了异步电机三种运行状态下的机械特性。

当 $0<s\leqslant 1(0\leqslant n<n_1)$ 时,电磁转矩 T 与转速 n 方向相同($n>0,T>0$),电磁功率 $P_{em}>0$,电机运行在电动机状态。

当 $s<0(n>n_1>0)$ 时,T 与 n 方向相反($n>0$,$T<0$),是制动性转矩,$P_{em}<0$,电机运行在发电机状态。

当 $s>1(n$ 与 n_1 反向)时,$T>0$ 但 $n<0$,T 仍是制动性转矩,$P_{em}>0$,电机运行在电制动状态。

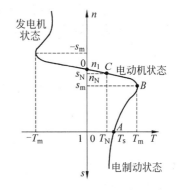

图 15-2 三相异步电机的机械特性

3. 三相异步电动机机械特性的特点

下面讨论图 15-2 中电动机状态的机械特性的特点。

(1) 额定电磁转矩 T_N

额定电磁转矩 T_N 是电动机额定运行时产生的电磁转矩,相应的转速、转差率分别为额定转速 n_N 和额定转差率 s_N,如图 15-2 中 C 点所示。电动机可以长期连续运行在额定工况。

由电动机铭牌上的额定数据 P_N(单位为 kW)、n_N,可近似求得额定电磁转矩 T_N,即

$$T_N = T_{2N} + T_0 \approx T_{2N} = 9550 \frac{P_N}{n_N}$$

其中,T_{2N} 为额定输出转矩。

(2) 堵转转矩 T_s

三相异步电动机在额定电压和额定频率下堵转时($n=0,s=1$)的电磁转矩 T_s 称为**堵转转矩**(locked-rotor torque)。将 $s=1$ 代入式(15-14)中,可得

$$T_s = \frac{3pU_1^2 R_2'}{2\pi f_1 \left[(R_1+cR_2')^2 + (X_{\sigma 1}+cX_{\sigma 2}')^2\right]} \tag{15-15}$$

堵转转矩 T_s 有如下特点:

① 在频率 f_1 和参数一定时,T_s 与 U_1^2 成正比。

② 在电压 U_1 和频率 f_1 一定时,定、转子漏电抗 $X_{\sigma 1}$、$X_{\sigma 2}'$(实际上是其对应的漏电感)越大,T_s 越小。

③ 堵转转矩 T_s 越大,异步电动机越容易起动。堵转转矩 T_s 与额定电磁转矩 T_N 的比值称为堵转转矩倍数,用 k_{st} 表示,即 $k_{st}=T_s/T_N$。电动机在额定电压和额定频率下堵转时的定子电流 I_s 称为**堵转电流**(locked-rotor current)。堵转电流 I_s 与额定电流 I_N 的比值称为堵转电流倍数,用 k_{si} 表示,即 $k_{si}=I_s/I_N$。k_{st} 和 k_{si} 是衡量异步电动机运行性能的

重要指标。我国生产的 Y 系列三相笼型异步电动机，k_{st} 为 1.2～2.4（中小型）和 0.5～0.8（大、中型），$k_{si}=5.5\sim 7.1$。

(3) 最大转矩 T_m

三相异步电动机在额定电压和额定频率下稳态运行时，所能产生的最大异步电磁转矩 T_m，称为**最大转矩**（breakdown torque）。由式（15-14）可求出最大转矩 T_m 和产生 T_m 的转差率 s_m 为

$$T_m = \pm \frac{3pU_1^2}{4\pi f_1 c \left[\pm R_1 + \sqrt{R_1^2 + (X_{\sigma 1} + cX_{\sigma 2}')^2}\right]} \quad (15\text{-}16)$$

$$s_m = \pm \frac{cR_2'}{\sqrt{R_1^2 + (X_{\sigma 1} + cX_{\sigma 2}')^2}} \quad (15\text{-}17)$$

s_m 称为临界转差率。以上二式中，"+"、"-"号分别适用于电动机、发电机状态。

当 $R_1^2 \ll (X_{\sigma 1} + X_{\sigma 2}')^2$，$c\approx 1$ 时，以上二式可近似写为

$$T_m = \pm \frac{3pU_1^2}{4\pi f_1 (X_{\sigma 1} + X_{\sigma 2}')} \quad (15\text{-}18)$$

$$s_m = \pm \frac{R_2'}{X_{\sigma 1} + X_{\sigma 2}'} \quad (15\text{-}19)$$

最大转矩 T_m 有如下特点：

① 在频率 f_1 和参数一定时，T_m 与 U_1^2 成正比。

② 在电压 U_1 和频率 f_1 一定时，T_m 与漏电抗 $(X_{\sigma 1}+X_{\sigma 2}')$（实际上是相应的漏电感）近似成反比。

③ 最大转矩 T_m 与额定电磁转矩 T_N 的比值称为过载能力，用 k_m 表示，即 $k_m = T_m/T_N$。过载能力 k_m 是异步电动机的重要性能指标之一。T_m 越大，电动机的短时过载能力越强。我国生产的 Y 系列三相异步电动机通常 $k_m = 1.8\sim 2.3$。

④ T_m 与转子电阻 R_2 无关，但临界转差率 s_m 却与 R_2' 成正比。对于三相绕线转子异步电动机，可将三相对称的附加电阻串入转子回路中，通过改变每相附加电阻 R_s 值，可以得到不同的人为机械特性。图 15-3 所示是每相附加电阻分别为 R_{s1}、R_{s2}（$R_{s1}<R_{s2}$）的两种情况，随着附加电阻的增大，机械特性随最大转矩点一起向下（s 增大方向）移动。

4. 附加转矩及其对机械特性的影响

上面讨论的电磁转矩是由气隙基波磁场和由它感应的转子电流相互作用而产生的。实际上，气隙中还存在一系列包括齿谐波在内的高次谐波磁场，因此会产生一系列谐波转矩，亦称附加转矩。附加转矩可分为异步附加转矩和同步附加转矩。异步附加转矩是指谐波磁场和由它感应的转子电流相互作

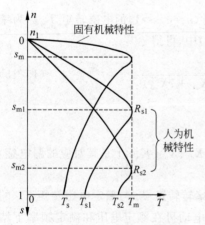

图 15-3 转子回路串接三相对称电阻时的人为机械特性

用而产生的转矩；同步附加转矩是指转子电流产生的谐波磁场和与它极对数相同且无直接感应关系的定子谐波磁场，在某一特定的转子转速下具有相同的转速时，相互作用而产生的转矩。

附加转矩叠加在基波磁场产生的异步电磁转矩 T 上，使电动机的 T-s 曲线发生畸变，主要是使较高转差率下（低速区）的 T-s 曲线出现凹陷（电磁转矩减小），致使电动机无法加速到正常稳态转速，而只能在低速下"爬行"，甚至会使电动机无法起动。

削弱或消除附加转矩的方法，主要是从减小谐波磁场大小或者削弱其作用入手。此外，还要适当选择定、转子槽数的配合，使定、转子磁场谐波次数没有相等的机会。

5. 稳定运行问题

当电动机拖动机械负载稳态运行时，电磁转矩 T 与负载转矩 T_L 满足转矩平衡方程式，即 $T=T_L+T_0$（T_L 大小等于 T_2）。若不计 T_0，则 $T=T_L$，即二者大小相等、方向相反。如图 15-4 所示的(a)、(b) 两种情况，1、2 分别为电动机和负载的机械特性，二者的交点 A 都能满足 $T=T_L$。如果由于某种原因，负载转矩增大到 T_L'，则电动机转速 n 要降低。在图(a)中，电动机电磁转矩 T 随转速 n 的降低而增大至 T'，由于满足 $T'=T_L'$，所以电动机能稳定运行于点 B。而在图(b)中，随着转速 n 的降低，电动机电磁转矩 T 反而减小，这将导致转速 n 进一步降低，电磁转矩 T 随之越来越小，最终因 $T<T_L$ 而停转。因此，在这种情况下电动机是不能稳定运行的。

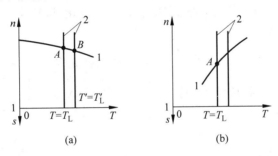

图 15-4 电动机稳定运行的条件

(a) 稳定运行；(b) 不能稳定运行

可见，对于异步电动机，可以通过比较电磁转矩 T 和负载转矩 T_L 随转差率 s 的变化情况来判断电动机能否稳定运行：$\dfrac{\mathrm{d}T}{\mathrm{d}s}>\dfrac{\mathrm{d}T_L}{\mathrm{d}s}$ 时，电动机能稳定运行；$\dfrac{\mathrm{d}T}{\mathrm{d}s}<\dfrac{\mathrm{d}T_L}{\mathrm{d}s}$ 时，电动机不能稳定运行。

需要说明的是：以上分析的稳定运行条件是在定子外施电压大小不变，且没有采用任何反馈控制方法的前提下得到的。

练习题

15-2-1 一台三相 p 对极异步电动机接在额定频率为 f_1 的电网上稳态运行时，电磁功率为 P_{em}，机械功率为 P_m，输出功率为 P_2，转速为 n，则此时其电磁转矩 $T=$ _____ 或 _____，输出转矩 $T_2=$ _____，空载转矩 $T_0=$ _____，转子铜耗 $p_{Cu2}=$ _____。

15-2-2 一台原设计在 50Hz 电源上运行的三相异步电动机,现改用在电压相同、频率为 60Hz 的电网上,问该电动机的堵转转矩、堵转电流和最大转矩如何变化?

15-2-3 一台三相异步电动机,如果(1)转子电阻加倍,(2)定子电阻加倍,(3)定、转子漏电抗加倍,分别对最大转矩和堵转时的电磁转矩有什么影响?

15-2-4 已知三相异步电动机的固有机械特性,应怎样画出降低定子电压后的人为机械特性?

15.3 三相异步电动机的工作特性

三相异步电动机的工作特性是指在额定电压和额定频率下,电动机的转速 n、电磁转矩 T、定子电流 I_1、定子功率因数 $\cos\varphi_1$ 及效率 η 与输出功率 P_2 的关系。

在已知 T 型等效电路中的参数和机械损耗、附加损耗时,可以通过计算方法求得工作特性。对已制造出来的电动机,可以通过负载试验测得工作特性。

(1) **转速调整特性**(speed regulation characteristic) $n = f(P_2)$

三相异步电动机空载运行($P_2 = 0$)时,转速 n 略低于同步转速 n_1。随着负载转矩增加,n 略有降低,使 E_{2s} 和 I_{2s} 增大,以产生更大的电磁转矩与负载转矩相平衡。因此,转速 n 随 P_2 的增加而略有降低,转速特性 $n = f(P_2)$ 如图 15-5 所示。一般用途的三相异步电动机,在 $0 < s \leq s_m$ 时的机械特性较硬,即电磁转矩 T 变化时,转速 n 变化很小。

(2) 电磁转矩特性 $T = f(P_2)$

稳态运行时,$T = T_2 + T_0$,$T_2 = \dfrac{P_2}{\Omega}$。从空载到额定负载,转速 n 变化很小,T_2 近似与 P_2 成正比,而 T_0 可以认为基本不变,因此电磁转矩特性 $T = f(P_2)$ 近似为一直线,如图 15-5 所示。

(3) 定子电流特性 $I_1 = f(P_2)$

电动机空载运行时,转子电流 I_2 近似为零,定子电流 I_1 等于励磁电流 I_0。随着负载增大,转速 n 降低,I_2 增大,定子电流 I_1 中与转子电流相平衡的负载分量随之增加,使 I_1 增大。定子电流特性 $I_1 = f(P_2)$ 如图 15-5 所示。

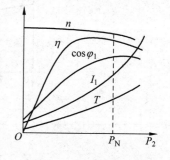

图 15-5 三相异步电动机的工作特性

(4) 功率因数特性 $\cos\varphi_1 = f(P_2)$

三相异步电动机运行时,必须从交流电网吸收滞后性无功功率来满足励磁和漏电抗的需要,因此定子功率因数 $\cos\varphi_1$ 永远小于 1。空载运行时,定子从电网吸收的主要是励磁需要的无功功率,因此 $\cos\varphi_1$ 很低,一般不超过 0.2。负载增大后,定子电流有功分量增大,因此 $\cos\varphi_1$ 提高,一般在额定负载附近达到最大值。若负载继续增加,则由于转差率 s 较大,转子回路阻抗角 $\varphi_2 = \arctan\dfrac{X_{\sigma 2s}}{R_2}$ 变得较大,转子功率因数 $\cos\varphi_2$ 下降得较快,使 $\cos\varphi_1$ 开始下降。功率因数特性 $\cos\varphi_1 = f(P_2)$ 如图 15-5 所示。

功率因数是三相异步电动机的主要性能指标之一。我国生产的 Y 系列三相异步电动机的额定功率因数 $\cos\varphi_N$ 一般为 $0.7\sim0.9$。

(5) 效率特性 $\eta=f(P_2)$

异步电动机的效率为

$$\eta = \frac{P_2}{P_1} = 1 - \frac{\sum p}{P_2 + \sum p}$$

其中，$\sum p$ 为电动机的总损耗，$\sum p = p_{Cu1} + p_{Cu2} + p_{Fe} + p_m + p_{ad}$。

电动机空载运行时，$P_2=0$，因此 $\eta=0$。随着负载增加，P_2 增大，η 也开始提高。在正常负载运行范围内，主磁通 Φ_m 和转速 n 变化都较小，铁耗 p_{Fe} 和机械损耗 p_m 基本不变，称为不变损耗。定、转子铜耗 p_{Cu1}、p_{Cu2} 分别与定、转子电流的平方成正比，即二者都随负载而变化，附加损耗 p_{ad} 也随负载而变化，它们称为可变损耗。当 P_2 由零开始增大后，起初在总损耗中不变损耗是主要的，总损耗增加的速度较慢，因此效率 η 提高得较快。当可变损耗等于不变损耗时，效率 η 达到最大值。若 P_2 继续增大，则由于可变损耗在总损耗中占主导地位，并随负载增加而快速增大，因此效率 η 反而降低。效率特性 $\eta-f(P_2)$ 如图 15-5 所示。常用的中小型异步电动机，在 $75\%\sim100\%$ 额定负载范围内，效率达到最大值。

效率是三相异步电动机的主要性能指标之一。我国生产的 Y 系列三相异步电动机额定效率 η_N 一般为 $73\%\sim95\%$（中小型）和 $91.4\%\sim96.9\%$（中、大型）。

三相异步电动机在额定负载附近的功率因数和效率都较高，因此在选用电动机时，应使电动机额定功率与负载相匹配，以使电动机经济、合理和安全地运行。

练习题

15-3-1　三相异步电动机工作特性中的转速调整特性 $n=f(P_2)$ 和电磁转矩特性 $T=f(P_2)$ 可以分别改用转差率特性 $s=f(P_2)$ 和输出转矩特性 $T_2=f(P_2)$ 来表示。$s=f(P_2)$ 和 $T_2=f(P_2)$ 曲线的变化规律分别是怎样的？

15-3-2　三相异步电动机稳态运行时，若转子功率因数 $\cos\varphi_2$ 高，定子功率因数 $\cos\varphi_1$ 是否一定高？为什么？反之，$\cos\varphi_2$ 低时，$\cos\varphi_1$ 也一定低吗？

15-3-3　什么是三相异步电动机的不变损耗和可变损耗？不变损耗是不会变化的吗？

15.4　三相异步电动机参数的测定

在利用等效电路计算三相异步电动机的运行特性和性能时，需要知道电动机的参数。对已制成的电动机，可以通过堵转试验（也称短路试验）和空载试验来测定其参数。

1. 堵转试验（locked-rotor test）

(1) 试验目的

用来确定三相异步电动机的漏阻抗（还可用来确定堵转转矩与堵转电流）。

(2) 试验方法

试验时，将转子卡住不转，绕线转子电动机的转子绕组应短路（笼型电动机转子绕组本身已经短路)。调节定子外施电压,一般可从 $0.4U_N$ 开始逐渐降低,到定子电流接近额定值为止。每次记录定子电压 U_k(线电压)、定子电流 I_k(线电流)和定子三相输入功率 P_k。由于堵转时的电流很大,因此试验应迅速进行,以免绕组过热。试验结束后应立即测量定子绕组和转子绕组(对绕线转子电动机)的电阻。

(3) 参数计算

堵转时的 T 型等效电路如图 14-8 所示。当定子电流 I_k 为额定值时,定子电压 U_k 较低,主磁通 Φ_m 较小,因此,相对于定、转子铜耗来说,铁耗可忽略。此外,对于大、中型异步电动机,$|Z_m|$ 比 $|Z_2'|$ 大得多,因此可近似认为 T 型等效电路中的励磁阻抗支路开路(否则,计算中应计及 Z_m)。这样,根据额定电流下的试验数据,即可求得短路阻抗 Z_k、短路电阻 R_k 和短路电抗 X_k 分别为

$$|Z_k| = \frac{U_{k\phi}}{I_{k\phi}}, \quad R_k = R_1 + R_2' = \frac{P_k}{3I_{k\phi}^2}, \quad X_k = X_{\sigma1} + X_{\sigma2}' = \sqrt{|Z_k|^2 - R_k^2}$$

式中,$U_{k\phi}$、$I_{k\phi}$ 分别为定子相电压和相电流。从 R_k 中减去 R_1,即得 R_2'。对大中型三相异步电动机,可近似认为 $X_{\sigma1} = X_{\sigma2}' = X_k/2$。

需要指出的是,当定、转子电流比额定值大很多时,漏磁通路径中的铁磁材料部分也会饱和,使漏电抗变小。因此,在堵转试验中,定子外施电压 U_k 应尽可能从不低于 $0.9U_N$ 开始,分别测算出 $I_k = I_N$、$I_k = (2 \sim 3)I_N$ 和 $U_k \approx U_N$ 时的漏电抗,以便分别用于计算工作特性、最大转矩和堵转性能,使计算结果更接近实际情况。

2. 空载试验

(1) 试验目的

确定三相异步电动机的励磁阻抗 Z_m、铁耗 p_{Fe} 和机械损耗 p_m。

(2) 试验方法

试验时,三相异步电动机为空载运行。首先电动机应在额定电压、额定频率下空载运行一段时间,使机械损耗达到稳定值。然后改变定子电压,从 $(1.1 \sim 1.3)U_N$ 开始,逐渐降低电压,直到转速发生明显变化为止。每次记录定子电压 U_0(线电压)、定子电流 I_0(线电流)和定子三相输入功率 P_0。试验结束后应立即测量绕组电阻。

(3) 参数计算

根据试验数据可作出空载特性曲线,如图 15-6 所示。空载运行时,在转速没有明显变化的情况下,转子电流很小,转子绕组铜耗可以忽略不计,因此,

$$P_0 = p_{Cu10} + p_{Fe} + p_m + p_{ad0}$$
$$= 3I_{0\phi}^2 R_1 + p_{Fe} + p_m + p_{ad0}$$

式中,$I_{0\phi}$ 为定子相电流;p_{Cu10} 为空载定子铜耗;p_{ad0} 为空载附加损耗。从 P_0 中减去 p_{Cu10},得

$$P_0' = P_0 - 3I_{0\phi}^2 R_1 = p_{Fe} + p_m + p_{ad0}$$

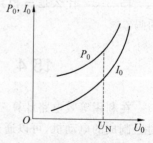

图 15-6 三相异步电动机的空载特性

在 P_0' 中,p_{Fe} 和 p_{ad0} 可认为与磁通密度的平方成正比,因此可看做近似与 U_0^2 成正比;而 p_m 与 U_0 无关,在转速基本不变时可认为是一个常数。这样,$P_0' = f(U_0^2)$ 就近似为一条直线,其延长线与纵坐标交点的值即是机械损耗 p_m,如图 15-7

所示。

空载附加损耗 p_{ad0} 很小,常可忽略,因此 $p_{Fe} \approx P'_0 - p_m$(也可通过其他试验测取 p_{ad0},从而得到 p_{Fe})。电动机在额定电压下空载运行时,转差率 $s \approx 0$,转子回路可近似认为是开路的,根据额定电压下的试验数据可求得

$$|Z_0| = \frac{U_{N\phi}}{I_{0\phi}}, \quad R_0 = \frac{P_0 - p_m}{3I_{0\phi}^2}, \quad X_0 = \sqrt{|Z_0|^2 - R_0^2},$$

$$X_m = X_0 - X_{\sigma 1}, \quad R_m = \frac{p_{Fe}}{3I_{0\phi}^2}$$

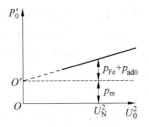

图 15-7 用 $P'_0 = f(U_0^2)$ 曲线求机械损耗

式中,$U_{N\phi}$、$I_{0\phi}$ 分别为 $U_0 = U_N$ 时的定子相电压和相电流;$X_{\sigma 1}$ 可通过堵转试验测得。

练习题

15-4-1　三相异步电动机在额定电压下堵转和空载运行时,分别主要有哪些损耗?哪些损耗通常可以忽略不计?

15-4-2　在进行三相异步电动机的空载试验时,把定子电压降低,若使转速发生明显变化,则与转速没有明显变化时相比,电动机哪些量的大小也发生了明显变化?

小　结

本章分析了三相异步电动机稳态运行时的功率平衡关系、转矩平衡方程式、功率与转矩间的关系以及功率、损耗与 T 型等效电路的对应关系。这些是三相异步电动机机电能量转换过程中的基本关系,需要深入理解和牢固掌握。

异步电机的电磁转矩是由转子感应电流与气隙磁场相互作用产生的,是电机进行机电能量转换的关键。异步电机的电磁转矩和运行状态都与转差率密切相关,转差率则随负载的变化而变化。本章分析了三相异步电动机电磁转矩的一般表达式,利用等效电路求出了电磁转矩与转差率及参数的关系,即机械特性（T-s 曲线）。在此基础上,分析了三相异步电动机机械特性的特点,特别是最大转矩、堵转转矩与定子电压、频率及电机参数的关系。这些都是本章的重要内容。

应理解三相异步电动机的工作特性,即转速（或转差率）、定子电流、电磁转矩（或输出转矩）、功率因数、效率与输出功率（负载大小）的关系,应了解三相异步电动机的主要性能指标。

应掌握通过堵转试验和空载试验测取三相异步电动机参数的基本方法。

思　考　题

15-1　三相异步电动机定子铁耗和转子铁耗的大小与什么有关? 只要定子电压不变,定子铁耗和转子铁耗的大小就基本不变吗?

15-2　如果某异步电机的转子电阻 R_2 不是常数,而是频率的函数,设 $R_2 = \sqrt{s}\,R$（R 为

已知常数),试找出该电机的电磁功率、机械功率和转子铜耗之间的关系。

15-3 一台三相绕线转子异步电机与一台同步电机同轴联接,两台电机的定子都接到 50Hz 的电源上,从异步电机的集电环上引出三相电作为电源输出。两台电机定子接到电源的相序未知,若(a)异步电机为 4 极,同步电机为 8 极;(b)异步电机为 8 极,同步电机为 4 极。

① 求异步电机转子输出三相电流的频率,其相序是否与定子的相序相同?

② 分析异步电机中电磁功率的传递方向。

15-4 三相异步电动机产生电磁转矩的原因是什么?从转子侧看,电磁转矩与电机内部的哪些量有关?当定子外施电压和转差率不变时,电机的电磁转矩是否也不会改变?是不是电机轴上的机械负载转矩越大,转差率就越大?

15-5 试利用公式 $T=C_T\Phi_m I_2\cos\varphi_2$,对三相异步电动机 T-s 曲线的大致形状做出定性的解释。

15-6 三相异步电动机的定、转子绕组间没有电路联结,为什么负载转矩改变,定子电流会变化?

15-7 三相异步电动机堵转时的定子电流、电磁转矩与外施电压大小有什么关系?为什么电磁转矩随外施电压的平方而变化?

15-8 三相异步电动机能否拖动超过其额定电磁转矩的机械负载?三相异步电动机能否在最大转矩下长期运行?为什么?

15-9 对于三相绕线转子异步电动机,在转子回路串接电阻可以改善转子功率因数 $\cos\varphi_2$($\cos\varphi_2$ 增大),从而使堵转时的电磁转矩增加。对于三相笼型异步电动机,如果把电阻串接在定子回路中以改善功率因数,堵转时的电磁转矩能否提高?为什么?

15-10 如题图 15-1 所示,三相异步电动机的机械特性与恒转矩负载的机械特性(转矩大小不随转速变化)交于 A、B 两点(T_L 等于额定电磁转矩 T_N),与风机负载的机械特性(转矩近似与转速的平方成正比)交于 C 点。不计空载转矩,试问:在 A、B、C 三点中,电动机能在哪些点稳定运行?能在哪些点长期稳定运行?

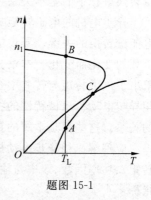

题图 15-1

15-11 三相异步电动机运行时,若负载转矩不变而电源电压下降 10%,对电动机的同步转速 n_1、转速 n、主磁通 Φ_m、转子电流 I_{2s}、转子功率因数 $\cos\varphi_2$、定子电流 I_1、堵转时的电磁转矩、最大转矩 T_m 等有何影响?如果电动机的负载转矩为额定值,长期在低电压下运行,会有什么后果?

15-12 三相异步电动机的性能指标主要有哪些?为什么电动机不宜在额定电压下长期欠载运行?

15-13 一台正常运行时为 D 联结的三相笼型异步电动机,拖动 20% 额定负载连续运行时,有人建议将该电动机改成 Y 联结(电源电压不变),这是否可行?会对电动机性能有何影响?

习 题

15-1 一台三相异步电动机额定运行时,输入功率为 3600W,转子铜耗为 100W,转差率为 0.03,机械损耗和附加损耗共为 100W。求该电动机此时的电磁功率、定子总损耗和输出功率。

15-2 一台三相 6 极异步电机,额定电压为 380V(Y 联结),额定频率为 50Hz,额定功率为 28kW,额定转速为 950r/min,额定功率因数为 0.88。额定运行时,定子铜耗和铁耗共为 2.2kW,机械损耗为 1.1kW,忽略附加损耗。求该电机额定运行时的转差率、转子电流频率、转子铜耗、效率及定子电流。

15-3 一台三相异步电动机的数据为:$P_N=17$kW,$U_N=380$V(D 联结),4 极,$f_1=50$Hz。额定运行时,定子铜耗 $p_{Cu1}=700$W,转子铜耗 $p_{Cu2}=500$W,铁耗 $p_{Fe}=450$W,机械损耗 $p_m=150$W,附加损耗 $p_{ad}=200$W。求该电动机额定运行时的转速 n_N、负载转矩(输出转矩)T_2、空载转矩 T_0 和电磁转矩 T。

15-4 一台三相 4 极绕线转子异步电机,定、转子绕组均为 Y 联结,额定频率 $f_N=50$Hz,额定功率 $P_N=14$kW,转子电阻 $R_2=0.01\Omega$。额定运行时,转差率 $s_N=0.05$,机械损耗 $p_m=0.7$kW。今在转子每相回路中串接附加电阻 $R_s=R_2(1-s_N)/s_N=0.19\Omega$,并把转子卡住不转,忽略附加损耗。求:

(1) 主磁通 Φ_m,定、转子磁动势 F_1、F_2 的大小及相对位置与额定运行时相比有无变化;

(2) 此时的电磁功率、转子铜耗、输出功率和电磁转矩。

15-5 一台三相 50Hz 异步电动机,额定值为:$P_N=60$kW,$n_N=1440$r/min,$U_N=380$V(Y 联结),$I_N=130$A。已知额定运行时,电动机的输出转矩为电磁转矩的 96%,铁耗 $p_{Fe}=2.3$kW,定、转子铜耗相等。求额定运行时的电磁功率、效率和功率因数。

15-6 一台三相 6 极笼型异步电动机,定子绕组为 Y 联结,额定电压 $U_N=380$V,额定转速 $n_N=957$r/min,电源频率 $f_1=50$Hz,定子电阻 $R_1=2.08\Omega$,定子漏电抗 $X_{\sigma1}=3.12\Omega$,转子电阻、漏电抗的折合值分别为 $R_2'=1.53\Omega$,$X_{\sigma2}'=4.25\Omega$。求:

(1) 额定电磁转矩、最大转矩、临界转差率和过载能力;

(2) 堵转转矩及堵转转矩倍数。

15-7 一台三相 4 极绕线转子异步电动机,$f_1=50$Hz,$P_N=150$kW,$U_N=380$V(Y 联结)。额定负载时,转子铜耗 $p_{Cu2}=2210$W,机械损耗 $p_m=2640$W,附加损耗 $p_{ad}=1000$W。已知该电动机的参数为:$R_1=R_2'=0.012\Omega$,$X_{\sigma1}=X_{\sigma2}'=0.06\Omega$,忽略励磁电流,求:

(1) 额定运行时的电磁功率、转差率、转速和电磁转矩;

(2) 产生最大转矩的临界转差率、堵转转矩和堵转电流;

(3) 定子每相串接电抗 $X=0.1\Omega$ 后,堵转时的电磁转矩和定子电流;

(4) 转子每相回路串接电阻 $R_s'=0.1\Omega$(折合到定子侧的值)后,堵转时的电磁转矩和定子电流;

(5) 要使堵转时的电磁转矩为最大,应在转子每相回路中串接多大的电阻(折合到定子侧的值)。

15-8 一台三相 4 极异步电动机,额定数据为:$P_N=10\text{kW}$,$U_N=380\text{V}$,$I_N=19.8\text{A}$。定子绕组为 Y 联结,$R_1=0.5\Omega$。空载试验数据为:$U_0=380\text{V}$,$P_0=425\text{W}$,$I_0=5.4\text{A}$,机械损耗 $p_m=80\text{W}$;堵转试验数据为:$U_k=120\text{V}$,$P_k=920\text{W}$,$I_k=18.1\text{A}$。忽略空载附加损耗,认为 $X_{\sigma 1}=X'_{\sigma 2}$,求该电动机的参数 R'_2、$X_{\sigma 1}$、$X'_{\sigma 2}$、R_m 和 X_m。

第16章 三相异步电动机的起动、调速和制动

电动机实际运行中经常会有起动、制动和调速方面的要求。本章简要介绍三相异步电动机常用的起动、调速和制动方法。

16.1 三相异步电动机的起动

将异步电动机定子绕组接入交流电网,如果电动机的电磁转矩能够克服其轴上的阻力转矩,电动机就将从静止加速到某一转速稳态运行,这个过程称为起动。

异步电动机定子施加额定电压起动,在开始瞬间,即 $s=1$ 时,其电磁转矩为堵转转矩 T_s,定子电流为堵转电流 I_s。通常希望 T_s 足够大,而 I_s 不要过大,因此异步电动机起动的主要性能指标是堵转转矩倍数 k_{st} 和堵转电流倍数 k_{si}。此外,还要求起动时能量消耗少,起动设备简便可靠,易于操作和维护等。

16.1.1 三相笼型异步电动机的起动

三相笼型异步电动机的起动方法有全压起动和降压起动两种。

1. 全压起动

把异步电动机定子绕组通过开关或接触器直接接到额定电压的交流电源上进行起动,称为**全压起动**(direct-on-line starting, across the line starting)。起动刚开始瞬间,$n=0$,$s=1$,根据 T 型等效电路可知,堵转电流 I_s 主要由定、转子漏阻抗(Z_1+Z_2')来限制。由于漏阻抗数值较小,因此笼型异步电动机的堵转电流倍数 k_{si} 较大(Y 系列三相笼型异步电动机,$k_{si}=5\sim7$)。堵转时,主磁通 Φ_m 约减至额定运行时的一半($Z_1 \approx Z_2'$ 时),同时转子回路功率因数 $\cos\varphi_2$ 很低。因此,尽管堵转电流 I_s 很大,但堵转转矩 $T_s=C_T\Phi_m I_2\cos\varphi_2$ 却并不很大(Y 系列三相笼型异步电动机,$k_{st}=0.5\sim2.4$)。

全压起动的优点是设备和操作简单,主要缺点是堵转电流较大,而堵转转矩并不大。

堵转电流较大会产生一些不利的影响:

(1) 频繁出现短时大电流,会使电动机内部发热较多,因此通常要限制电动机的每小时起动次数,以避免电动机内部的绝缘材料因过热而损坏。

(2) 当供电变压器的额定容量相对于电动机额定功率不是足够大时,较大的堵转电流可能使变压器输出电压下降幅度较大,例如 10% 甚至更多。这一方面使正在起动的异步电动机的电磁转矩 T 下降较多(因 $T \propto U_1^2$),重载时可能无法起动;另一方面,会影响

同一变压器供电的其他负载。因此,当供电变压器额定容量不足够大时,不允许异步电动机全压起动。通常额定功率在 7.5kW 以下的小功率笼型异步电动机可以全压起动。

堵转转矩 T_s 是否足够大,与电动机负载转矩 T_L 的大小和对起动时间的要求有关。通常在 $T_s \geqslant 1.1T_L$ 的条件下,电动机才能正常起动。因此电动机空载或轻载起动时,一般对 T_s 要求不高。但若是重载起动,或者要求快速起动,就要选择 T_s 较大的电动机。

2. 降压起动

在三相异步电动机起动时,为了减小起动电流,需降低定子电压,这就是降压起动。降压起动时,电磁转矩会随定子电压的降低而减小,因此降压起动适用于对起动转矩要求不高的场合,如空载或轻载起动。下面介绍三种常用的降压起动方法。

(1) **电抗器起动**(reactor starting)

在三相异步电动机起动时,将三相电抗器串接在定子回路中,起动后,切除电抗器,转为正常运行。这种起动方式称为电抗器起动。

三相异步电动机全压起动和电抗器起动时,一相等效电路($s=1$ 时)分别如图 16-1(a)、(b)所示,其中 X 为每相串入的电抗,R_k、X_k 分别为异步电机堵转时的等效电阻、等效电抗。串接电抗器后,实际加在定子一相绕组上的电压 U_{1X} 小于电源相电压 U_1。设 $U_{1X} = KU_1 (K<1)$,则堵转时的电磁转矩和电流为

$$T_{sX} = \left(\frac{U_{1X}}{U_1}\right)^2 T_s = K^2 T_s, \quad I_{sX} = \frac{U_{1X}}{U_1} I_s = K I_s$$

即采用电抗器起动,堵转时的定子电流(即电网线电流)减小到全压起动时的 K 倍($K<1$),电磁转矩减小为全压起动时的 K^2 倍。

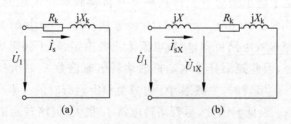

图 16-1 电抗器起动与全压起动时的等效电路($s=1$)
(a) 全压起动;(b) 电抗器起动

(2) **星—三角起动**(star-delta starting)

起动时,将定子三相绕组联结成星形接到额定电压的电源上;起动后,将其改成三角形联结作正常运行。这种起动方式称为星—三角起动(又称 Y—△ 起动)。显然,它只适用于正常运行时定子绕组采用三角形联结的电动机。

如图 16-2 所示,以三角形联结全压起动时,定子相电压为 U_N。改为星形联结时,

16.1 三相异步电动机的起动

相电压降为 $U_N/\sqrt{3}$，定子电流和电磁转矩随之减小。两种情况的比较如表 16-1 所示。可见，采用星—三角起动，堵转时的电网线电流和电磁转矩都降为全压起动时的 1/3。

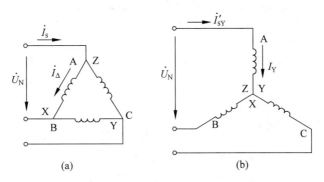

图 16-2 星—三角起动与全压起动
(a) 全压起动；(b) 星—三角起动

表 16-1 星—三角起动与全压起动的比较

	定子相电压	定子相电流	堵转时的电网线电流	堵转时的电磁转矩
全压起动 (三角形联结)	U_N	I_Δ	$I_s = \sqrt{3} I_\Delta$	T_s
星—三角起动 (星形联结)	$\dfrac{1}{\sqrt{3}} U_N$	$I_Y = \dfrac{1}{\sqrt{3}} I_\Delta$	$I_{sY} = I_Y = \dfrac{1}{\sqrt{3}} I_\Delta = \dfrac{1}{3} I_s$	$\dfrac{1}{3} T_s$

(3) 自耦变压器起动(auto-transformer starting)

起动时，把三相异步电动机定子绕组接在一台降压自耦变压器的二次侧，当转速升高到接近正常运行转速时，切除自耦变压器，把定子绕组直接接到额定电压的电源上继续起动。这种起动方式称为自耦变压器起动。

三相异步电动机采用自耦变压器起动时的一相等效电路 ($s=1$ 时)如图 16-3 所示。通过自耦变压器将电动机相电压降至全压起动时的 K 倍，即 $U_{1K} = KU_1 (K<1)$，因此电动机堵转时的相电流 I_1 (即自耦变压器二次相电流)减至全压起动时的 K 倍。由于电网线电流 I_{sK}，即自耦变压器一次电流为其二次电流的 K 倍，因此堵转时的电网线电流 I_{sK} 减为全压起动时的 K^2 倍。由于电磁转矩与定子电压的平方成正比，因此堵转时的电磁转矩也减至全压起动时的 K^2 倍。

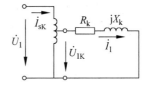

图 16-3 自耦变压器起动时的等效电路

实际中用于起动的自耦变压器都备有几组抽头(即一、二次绕组匝数比不同)供选用。自耦变压器起动与电抗器起动相比，当限定的起动电流相同时，起动转矩损失得较少；与星—三角起动相比，比较灵活，且当 K 值较大时，可以拖动较大的负载起动。但自耦变压器体积相对较大、价格高，也不能带重负载起动。

表 16-2 对三相笼型异步电动机的降压起动与全压起动进行了简单的比较。

表 16-2 三相笼型异步电动机常用起动方法的比较

起动方法	定子相电压相对值	堵转时的电流相对值（电网线电流）	堵转时的电磁转矩相对值	起动设备情况
全压起动	1	1	1	最简单
电抗器起动	$K(K<1)$	K	K^2	一般
星—三角起动	$\frac{1}{\sqrt{3}}$	$\frac{1}{3}$	$\frac{1}{3}$	简单,仅适用于 D 联结 $U_N=380V$ 的电动机
自耦变压器起动	$K(K<1)$	K^2	K^2	较复杂

例 16-1 一台三相笼型异步电动机的额定值为：$P_N=28\text{kW}, U_N=380\text{V}$（三角形联结），$I_N=58\text{A}, \cos\varphi_N=0.88, n_N=1455\text{r/min}$,堵转转矩倍数 $k_{st}=1.1$,堵转电流倍数 $k_{si}=6$,过载能力 $k_m=2.3$。起动时负载转矩为 73.5N·m,供电变压器要求起动电流不大于 150A。

(1) 该电动机能否用星—三角起动？

(2) 该电动机能否用电抗器起动？如果可以,计算所需的电抗值；

(3) 如果采用自耦变压器起动,自耦变压器抽头有 55%、64% 和 73% 三种,问哪种抽头能满足要求？

解：电动机的额定电磁转矩约为

$$T_N = 9550\frac{P_N}{n_N} = 9550\times\frac{28}{1455} = 183.8\text{N}\cdot\text{m}$$

正常起动要求堵转时的电磁转矩不小于

$$T_{sL} = 1.1T_L = 1.1\times 73.5 = 80.85\text{N}\cdot\text{m}$$

(1) 星—三角起动

堵转时的电流

$$I_{sY} = \frac{1}{3}I_s = \frac{1}{3}k_{si}I_N = \frac{1}{3}\times 6\times 58 = 116\text{A} < 150\text{A}$$

堵转时的电磁转矩

$$T_{sY} = \frac{1}{3}T_s = \frac{1}{3}k_{st}T_N = \frac{1}{3}\times 1.1\times 183.8 = 67.39\text{N}\cdot\text{m} < T_{sL}$$

因 $T_{sY} < T_{sL}$,所以不能用星—三角起动。

(2) 电抗器起动

在限定最大起动电流为 150A 的条件下,堵转时的电磁转矩最大为

$$T_{sX} = \left(\frac{150}{k_{si}I_N}\right)^2 k_{st}T_N = \left(\frac{150}{6\times 58}\right)^2\times 1.1\times 183.8 = 37.56\text{N}\cdot\text{m} < T_{sL}$$

因 $T_{sX} < T_{sL}$,所以不能用电抗器起动。

(3) 自耦变压器起动

抽头为 55% 时,堵转时的电流

$$I'_s = 0.55^2 I_s = 0.55^2\times 6\times 58 = 105.3\text{A} < 150\text{A}$$

16.1 三相异步电动机的起动

堵转时的电磁转矩

$$T'_s = 0.55^2 T_s = 0.55^2 k_{st} T_N = 0.55^2 \times 1.1 \times 183.8 = 61.16 \text{N} \cdot \text{m} < T_{sL}$$

不能用。

抽头为 64% 时，堵转时的电流

$$I''_s = 0.64^2 I_s = 0.64^2 \times 6 \times 58 = 142.5 \text{A} < 150 \text{A}$$

堵转时的电磁转矩

$$T''_s = 0.64^2 T_s = 0.64^2 k_{st} T_N = 0.64^2 \times 1.1 \times 183.8 = 82.81 \text{N} \cdot \text{m} > T_{sL}$$

可以用。

抽头为 73% 时，堵转时的电流

$$I'''_s = 0.73^2 I_s = 0.73^2 \times 6 \times 58 = 185.4 \text{A} > 150 \text{A}$$

不能用。

3. 具有高堵转转矩的三相笼型异步电动机

(1) 转子电阻值较大的异步电动机

适当增加转子绕组电阻，就可以达到既减小堵转电流，又增大堵转转矩的目的。此类异步电动机的转子绕组采用电阻率较大的金属材料制成，其堵转转矩大，但机械特性较软（即转速 n 随电磁转矩 T 变化而有较大的变化），额定转差率较大，效率较低。

(2) 深槽和双笼异步电动机

这两种笼型异步电动机的共同原理是：起动时，利用**趋肤效应**（skin effect）使转子电阻自动增大，来增大堵转转矩并减小堵转电流；电动机起动完毕，转子电阻可自动减小到正常稳态运行值，电动机仍具有很小的转差率和较高的效率。

深槽异步电动机转子槽形窄而深，其深度与宽度的比值约为 10～20（普通异步电动机中此值通常不超过 5）。当转子导条有电流时，转子一个槽的槽漏磁通分布如图 16-4(a)所示。越靠近槽口的导条部分，所链的漏磁通越少，其漏电抗越小，流过的电流越大。这种现象称为趋肤效应。槽越深，趋肤效应越明显。

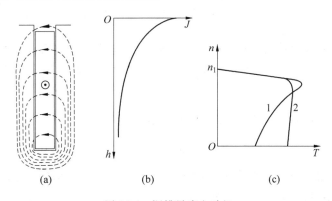

图 16-4 深槽异步电动机
(a) 转子槽形与槽漏磁通；(b) 导条电流密度分布；(c) 机械特性

当电动机刚开始起动时，转子频率 f_2 较高，转子漏电抗 X_{a2s} 较大。由于槽形很深，$X_{a2s} \gg R_2$。这样，导条中的电流分布情况取决于导条各部分的漏电抗大小。由于槽底部分导体的漏电抗比槽口部分导体的大很多,因此导条中的电流密度 J 沿槽深 h 方向的分布很不均匀,如图 16-4(b)所示。电流集中到导条的槽口部分,结果相当于导条截面积减小、电阻增大,电动机产生较大的堵转转矩。随着转速升高,f_2 逐渐降低,趋肤效应逐渐减弱,转子电阻逐渐减小。当电动机起动完毕、转入正常运行时,f_2 很低,导条电流分布接近均匀,转子电阻自动变成正常运行时的值,因此稳态运行的转差率仍然很小。深槽异步电动机的机械特性如图 16-4(c)中曲线 2 所示(曲线 1 为普通笼型电动机的机械特性)。

双笼异步电动机转子上装有内、外两套笼型绕组,分别称为内笼和外笼,其转子槽形和槽漏磁通分布如图 16-5(a)所示。由于趋肤效应,外笼的漏电抗较小,内笼的漏电抗较大。为了利用趋肤效应,外笼导条用电阻率较大的黄铜制成,且截面积小,因此电阻较大;而内笼导条用电阻率较小的紫铜制成,且截面积大,因此电阻较小。

电动机刚开始起动时,因外笼漏电抗小,故转子电流主要集中在电阻较大的外笼,因此可产生较大的堵转转矩。当电动机进入稳态运行时,电流分布主要取决于绕组电阻,因此转子电流主要流经电阻小的内笼。内、外笼产生的机械特性分别如图 16-5(b)中曲线 1、2 所示,二者的合成曲线 3 是电动机的机械特性。双笼异步电动机可以通过改变内、外笼绕组的参数灵活地得到不同的机械特性,以满足不同负载的要求。

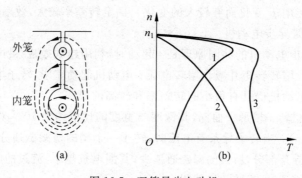

图 16-5 双笼异步电动机
(a) 转子槽形与槽漏磁通;(b) 机械特性

与普通笼型异步电动机相比,深槽和双笼异步电动机在正常稳态运行时的漏电抗都要大些,因此它们的功率因数和最大转矩都稍低。此外,它们的转子结构比较复杂,机械强度相对较低。

16.1.2 三相绕线转子异步电动机的起动

绕线转子异步电动机的转子回路中可以接入附加电阻或交流电动势。利用这一特点,起动时,在每相转子回路中串入适当的附加电阻,既可减小堵转电流,又可增加主磁通,提高转子功率因数,从而增大堵转转矩。

(1) **转子串接电阻起动**(rotor resistance starting)

在 15.2 节中已经讨论了三相绕线转子异步电动机转子串接电阻后其机械特性的变化情况(见图 15-3)。可在每相转子回路中串入适当的附加电阻(也称起动电阻)R_s,使堵转转矩增至最大转矩 T_m。由式(15-19),令 $s_m=1$,即可求出此时所需的每相附加电阻 R_s

的折合值为

$$R'_s = (X_{\sigma 1} + X'_{\sigma 2}) - R'_2$$

为了在起动中一直产生较大的电磁转矩,通常采用转子串接电阻分级起动。图 16-6 所示为将每相起动电阻分为 R_{s1}、R_{s2} 和 R_{s3} 三级的情况,KM_1、KM_2 和 KM_3 为各级接触器的常开触点。在起动中,根据转速的变化情况,依次令图(a)中的接触器触点 KM_3、KM_2、KM_1 闭合,逐步切除各级起动电阻,直至将转子三相绕组短路。这样可使机械特性随转速的升高而向上移动,产生较大的起动转矩,如图(b)所示。

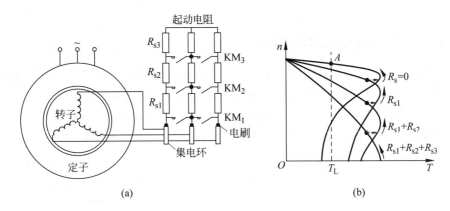

图 16-6 三相绕线转子异步电动机转子串接电阻起动

绕线转子异步电动机采用转子串接电阻分级起动方法,既可产生较大的起动转矩,又可减小起动电流,转子串接的分级电阻还可用来调节转速。因此在对起动性能要求高的场合,如起重机械、球磨机、矿井提升机等,经常采用绕线转子异步电动机。但是绕线转子异步电动机比笼型异步电动机结构复杂,成本高。

(2) 转子串接频敏变阻器起动

如图 16-7 所示,起动时,接触器常开触点 KM 断开,频敏变阻器串入转子回路;起动完成后,接触器触点 KM 闭合,切除频敏变阻器,电动机进入正常运行。

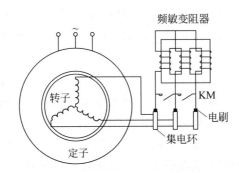

图 16-7 转子串接频敏变阻器起动示意图

频敏变阻器是一个三相铁心线圈,相当于一个没有二次绕组的三相心式变压器,因此频敏变阻器的等效电路在形式上与变压器空载时的等效电路相同。忽略漏阻抗时,其励

磁阻抗由励磁电阻 R_{mp} 和励磁电抗 X_{mp} 串联构成。但是频敏变阻器的铁心是由厚度为 30mm～50mm 的实心铁板或钢板叠成的，其励磁阻抗与变压器的有很大不同：在转子频率 $f_2=f_1$ 时，频敏变阻器的铁心磁路相当饱和，因此 X_{mp} 值较小；而铁心中的涡流损耗很大，因此等效的 R_{mp} 值较大。这样，电动机转子回路电阻较大，既限制了堵转时的电流，又提高了堵转时的电磁转矩。随着转速升高，$f_2=sf_1$ 逐渐降低，频敏变阻器的电抗 X_{mp} 随之减小，同时其铁耗减小，等效电阻 R_{mp} 也逐渐减小。转子串接的电阻随着转速的升高而自动减小，可使电动机在整个起动过程中都产生较大的电磁转矩，且有较小的起动电流。

16.1.3 三相异步电动机的软起动

近年来，工业生产中开始采用三相异步电动机软起动技术，以代替星—三角起动等传统降压起动方式。典型的软起动器（也称固态软起动器）采用如图 16-8(a)所示的主电路，即把三对反向并联的晶闸管串接在异步电动机定子三相电路中，通过改变晶闸管的导通角来调节定子电压，使其按照设定的规律变化，来实现各种软起动方式。

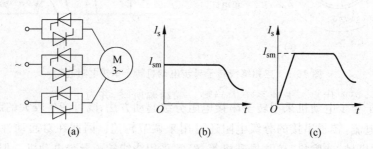

图 16-8 三相异步电动机的软起动
(a) 软起动器的主电路原理图；(b) 恒流软起动的电流特性；(c) 斜坡恒流软起动的电流特性

软起动器大都以起动电流为控制对象，常用的软起动方式主要有以下两种。

(1) 恒流软起动

在起动中使电动机起动电流保持恒定（即限定起动电流）。通常要求限流值 I_{sm} 在不少于 $(1.0～4.0)I_N$ 的范围内连续可调。该方式的起动电流特性如图 16-8(b)所示。它一般适用于负载转动惯量较大的场合。

(2) 斜坡恒流软起动

控制起动电流以一定的速率平稳增加到限流值 I_{sm} 后，保持起动电流恒定，直至起动结束。该方式的起动电流特性如图 16-8(c)所示。它一般适用于空载或轻载起动以及转矩随转速升高而增大的负载设备（如风机、水泵等）。

软起动器是一种采用数字控制的无触点降压起动控制装置，可以根据负载情况和生产要求灵活地设定电动机的软起动方式及其起动电流变化曲线，从而有效地控制起动电流和起动转矩，使电动机起动平稳，且对电网冲击小，起动功率损耗小。它比传统降压起动设备具有更好的起动控制性能，因此在无调速要求的电力传动系统中应用逐渐增多。软起动器还能实现电动机的软停车、软制动以及断相、过载、欠压等多种保护功能，可实现电动机轻载节能运行。其缺点是在工作中产生谐波,对电网和电动机产生不利的影响。

练习题

16-1-1 三相笼型异步电动机全压起动时,为什么堵转电流很大,而堵转转矩却不大?

16-1-2 采用电抗器起动、星—三角起动和自耦变压器起动这几种降压起动方法时,与全压起动时相比,堵转时的电磁转矩和电网线电流会有什么变化?

16.2 三相异步电动机的调速

在电气传动中,为了提高生产效率和产品的品质,或者为了节省电能,经常要求调节电动机的转速,即调速。

异步电动机因具有结构简单、价格便宜、运行可靠、维护方便等优点,在国民经济各行业得到了广泛的应用。但是异步电动机的调速性能不如直流电动机。如何改进异步电动机的调速方法,提高其调速性能,是人们长期探求的问题。二十多年来,随着电力电子技术和微电子技术的发展,随着微型计算机控制技术的进步和现代控制理论的应用,以变频调速为代表的交流调速(异步电动机和同步电动机调速)技术发展很快。交流调速系统在调速性能和运行可靠性等方面已经可以与直流调速系统相媲美,成本也在不断降低,已出现交流调速系统取代直流调速系统的趋势。受篇幅所限,并为了不与后续课程内容重复,这里仅简要介绍三相异步电动机主要调速方法的基本原理。

由异步电动机的转速公式

$$n = (1-s)n_1 = (1-s)\frac{60f_1}{p} \tag{16-1}$$

可知,可以从以下三个方面来调节异步电动机的转速:

① 改变转差率 s 调速;
② 改变极对数 p 调速,称为变极调速;
③ 改变电动机供电电源频率 f_1 调速,称为变频调速。

1. 改变转差率调速

改变转差率调速方法可有多种,下面仅介绍其中的两种,即调压调速和转子串接电阻调速。

(1) **调压调速**(variable voltage control)

在 15.2 节中,已经分析过异步电动机机械特性与定子相电压 U_1 的关系。当电源频率 f_1 一定时,改变 U_1,则电磁转矩 T 随 U_1^2 成正比变化,而 s_m 不变。据此可作出降低定子电压时的人为机械特性,如图 16-9 中曲线 2 和 3 所示(曲线 1 为固有机械特性)。当电动机拖动恒转矩负载 T_{L1}(转矩大小不随转速变化)时,降低定子电压,可使转差率由额定电压下的 s_1 增大到 s_2 直至 s_m(不计 T_0)。若继续降低 U_1,电动机将因最大转矩 $T_m < T_{L1}$ 而停转。可见,对于恒转矩负载,该方法的调速范围通常是很小的。对于风机类负载 T_{L2}(转矩大小近似与转速的平方成正比),在 $s > s_m$ 时,电动机仍能稳定运行,调速范围显著扩大，但应注意电动机有可能出现过电流。

(2) **转子串接电阻调速**(rotor resistance control)

绕线转子异步电动机在电压 U_1 和频率 f_1 不变，转子串接电阻调速时的机械特性如图 16-10 所示。下面分析它拖动恒转矩负载时的情况。

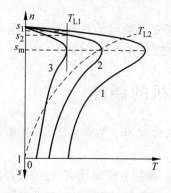

图 16-9 调压调速时的机械特性　　图 16-10 转子串接电阻调速时的机械特性

负载转矩 T_L 不变时，增大每相串接的附加电阻 R_s，可使转速 n 降低、转差率 s 增大。忽略空载转矩 T_0，则电磁转矩 T 和电磁功率 P_{em} 不变。设串入电阻前后的转差率分别为 s_N 和 s，则由机械特性公式 $T=f(s)$ 可得

$$\frac{R_2}{s_N} = \frac{R_2 + R_s}{s} \tag{16-2}$$

由此式可求出将转差率由 s_N 增大到 s 时每相需要串入的电阻值 R_s。

由上式可知，串入附加电阻 R_s 前后，T 型等效电路中的转子阻抗不变，转子回路的功率因数也不变，即

$$\varphi_2 = \arctan\frac{X'_{\sigma 2}}{(R'_2+R'_s)/s} = \arctan\frac{X'_{\sigma 2}}{R'_2/s_N} = \varphi_{2N}$$

因电磁功率 P_{em} 不变，根据式(15-5)和式(15-13)可得：主磁通 Φ_m 和定、转子电流 I_1、I_2 均不变，输入功率 P_1 也不变。由于转差率 s 增大，因此机械功率 P_m 和输出功率 P_2 减小，而消耗在转子回路电阻(R_2+R_s)上的功率，即转子铜耗 $p_{Cu2} = sP_{em}$ 增大，且转速 n 越低、s 越大，p_{Cu2} 越大，因此这种调速方法的效率较低。目前，它主要应用于起重机械中的中、小功率异步电动机。

为了提高运行效率，可以不串接电阻，改为通过电力电子电路，在转子每相回路中串入频率为 $f_2 = sf_1$ 的附加电动势，这就是双馈调速（或串级调速）。具体方法可参阅有关文献。

2. 变极调速

笼型异步电动机的转子极对数自动与定子的相等。利用这一特点，可在定子上布置两套具有不同极对数的绕组，从而获得两种转速。这种调速方法称为**变极调速**(pole changing control)。但是采用两套绕组材料消耗较多，电动机的体积大、成本高。近年来，随着单绕组变极调速理论的发展，在工程实际中一般采用单绕组变极调速方法，即通过改变一套绕组的联结方式来获得不同的极对数，从而实现调速。

下面仅介绍一种最简单的单绕组变极调速方法。如图 16-11 所示，电动机定子上有两个线圈 A_1X_1 和 A_2X_2。若按照图(b)那样联结，则电动机气隙磁场极对数 $p=2$，如图(a)所示；若按照图(d)或图(e)那样联结，则 $p=1$，如图(c)所示。可见，这种极对数的变化是由于将线圈 A_2X_2 中的电流改变方向而造成的，因此称为电流反向变极方法。

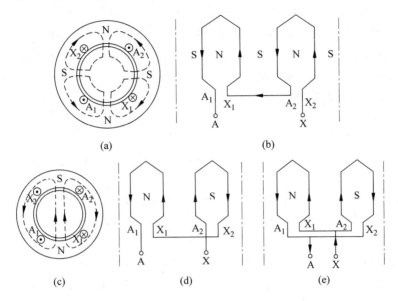

图 16-11 电流反向变极原理

用单绕组变极方法可得到 2 种、3 种甚至 4 种极对数。变极调速虽然只能有级地改变转速，不能平滑调节，且绕组引出线较多，但它仍是一种比较简单而经济的调速方法。单绕组变极调速异步电动机已广泛用于机床和拖动风机、水泵等负载。

3. 变频调速

当转差率 s 基本不变时，电动机转速 n 与电源频率 f_1 成正比，因此改变频率 f_1 就可以改变电动机转速。这种方法称为**变频调速**(frequency control)。

把异步电动机的额定频率称为基频，变频调速时，可以从基频向下调节，也可以从基频向上调节。

(1) 从基频向下调节

异步电动机正常运行时，定子相电压 U_1 和频率 f_1、主磁通 Φ_m 间有如下的近似关系：

$$U_1 \approx E_1 = 4.44 f_1 N_1 k_{dp1} \Phi_m$$

从基频向下调节时，若电压 U_1 不变，主磁通 Φ_m 就会增大，使磁路过于饱和而导致励磁电流激增、功率因数降低，因此在降低频率 f_1 的同时，必须降低电压 U_1。

根据机械负载的情况，在调速中可以采用不同的降低电压方式。例如，在拖动恒转矩负载时，应保持主磁通 Φ_m 不变，以保证最大转矩 T_m 基本不变，此时需按照保持 E_1/f_1 不变的规律来调节电压 U_1。在异步电动机拖动风机负载低速运行时，为了减小电动机铁耗，可使主磁通 Φ_m 低于其额定值，为此电压 U_1 应比保持 E_1/f_1 不变时更低一些。

(2) 从基频向上调节

由于电源电压不能高于电动机的额定电压,因此当频率从基频向上调节时,电动机端电压只能保持为额定值。这样,频率 f_1 越高,主磁通 Φ_m 越低,最大转矩 T_m 越小。因此从基频向上调节不适合于拖动恒转矩负载,而适合于拖动恒功率负载。

目前,变频调速通过使用变频器来实现。变频器是一种采用电力电子器件的固态频率变换装置,作为异步电动机的交流电源,其输出电压的大小和频率均连续可调,可使异步电动机转速在较宽的范围内平滑调节。变频调速是异步电动机各种调速方法中性能最好的,虽然目前变频器的价格还较高,但是其性能价格比在不断提高,因此变频调速已经在许多行业中得到日益广泛的应用。

练习题

16-2-1 笼型异步电动机和绕线转子异步电动机各有哪些调速方法?这些方法的依据各是什么?各有何特点?

16-2-2 一台三相绕线转子异步电动机,负载转矩和空载转矩不变,若在转子每相回路中串接一个附加电阻 R_s,其大小等于转子绕组电阻 R_2,则电动机的转差率将如何变化?

16-2-3 一台三相4极绕线转子异步电动机,频率 $f_1=50\text{Hz}$,额定转速 $n_N=1485 \text{ r/min}$。已知转子每相电阻 $R_2=0.02\Omega$,若电源电压和频率不变,电机的电磁转矩不变,那么需要在转子每相串接多大的电阻,才能使转速降至 1050r/min?

16.3 三相异步电动机的电制动

电气传动机组运行中,有时需要快速停车、减速,或者在转轴上有机械功率输入时限制电动机转速的过分升高(如起重机下放重物时)。此时需要在转轴上施加一个与转向相反的转矩,即进行制动。可由机械方式(如制动闸)施加制动转矩,称为机械制动。也可由电动机本身产生制动性的电磁转矩,使电动机降速,称为电制动,其优点是制动转矩大,制动强度比较易于控制。常用的电制动方法有反接制动、回馈制动和能耗制动三种。

1. 反接制动

异步电机运行时,如果使转子转向与气隙磁通密度 $\boldsymbol{B}_\delta$ 转向相反,即 $s>1$,则电磁转矩 T 和转速 n 方向相反,这种方法称为**反接制动**(plug braking)。

(1) 改变电源相序

三相异步电机运行于电动机状态时,将定子任意两根电源线互换,则 $\boldsymbol{B}_\delta$ 的转向立刻改变,但转子转向因机械惯性而不能突变,因此电机处于反接制动状态,使转速降低。当转速降为零时,为避免电机反向电动运行,需及时将电源断开。对于绕线转子异步电动机,可在改变电源相序的同时,在转子回路中串接较大的电阻,使反向电动运行的电磁转矩小于负载转矩,以实现准确停车。该制动方法的优点是制动迅速、设备简单;缺点是制动电流很大,需要采取限流措施,并且制动时的能耗大,振动和冲击力也较大。

(2) 负载转矩使电动机反转

典型的例子是用于起重机械中的绕线转子异步电动机。在转子回路中串入电阻，使电动机的堵转转矩小于重物产生的负载转矩 T_L，如图 16-12 所示。于是重物拖动电机转子反方向旋转，电机运行于反接制动状态 ($n_1>0, n<0$)。当电磁转矩 T 重新与负载转矩 T_L 相平衡时，电机稳定运行在 A 点，以较低的转速 $n'(n'<0)$ 下放重物。

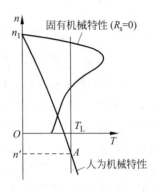

图 16-12　绕线转子异步电动机的反接制动

2. 回馈制动

异步电动机运行时，若使转速 n 超过同步转速 n_1，则电磁转矩 T 和转速 n 方向相反。此时，异步电机实际上运行于发电机状态，将电能回馈到电网，因此该方法称为**回馈制动**(regenerative braking)，也称为**再生制动**。实现回馈制动有以下两种方式。

(1) 降低同步转速 n_1，使 $n>n_1$

采用变极调速的异步电动机，在从少极对数切换到多极对数，即由高速变至低速时，同步转速由 n_1 降低至 n_1'，而转子转速 n 由于机械惯性不能立即变化，此时异步电机运行于回馈制动状态，将转子动能转换为电能送回电网。当转速降至 n_1' 时，回馈制动结束。在负载转矩的作用下，电机将继续减速，重新运行于电动机状态。

(2) 增大转子转速 n，使 $n>n_1$

异步电动机用于起重设备中，当需要使重物下降时，电动机转子向使重物下降的方向旋转，并利用重物的位能使电机加速到 $n>n_1$，运行在回馈制动状态，使重物平稳下放。

3. 能耗制动

能耗制动(dynamic braking)是指在异步电动机运行时，把定子从交流电源断开，同时在定子绕组中通入直流电流。此时，旋转的转子切割定子直流电流产生的静止的气隙磁场，在转子绕组中产生感应电动势和电流，产生制动性的电磁转矩。图 16-13 所示为一种典型的能耗制动原理线路图。能耗制动开始时，接触器 KM 断开，接触器 KMA 闭合，经变压器 TR 和二极管全桥整流器 VC，向异步电动机提供直流电流。能耗制动时，转子的动能转变成电能，消耗在转子回路电阻上。

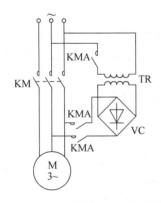

图 16-13　能耗制动原理线路图

能耗制动常用于使异步电动机迅速停车。可通过改变定子直流电流大小或绕线转子电动机转子回路串接的电阻来调节制动转矩的大小。

练习题

16-3-1　分别说明反接制动、回馈制动和能耗制动所需的条件。

16-3-2　试分析三相异步电动机反接制动时的功率平衡关系。

小 结

本章讨论了三相异步电动机运行中的起动、调速和制动方法。

对异步电动机起动的主要要求是堵转电流小而堵转转矩大。笼型异步电动机,在电网容量允许时,可以采用全压起动;否则,应采用降压起动,以减小起动电流。常用的降压起动方法有电抗器起动、星—三角起动、自耦变压器起动等。降压起动时,堵转转矩按电压的平方关系而减小,因此在对起动性能要求高的场合,常采用绕线转子异步电动机转子串接电阻或频敏变阻器起动,既可增加起动转矩,又能减小起动电流。此外,也可选用转子电阻较大、深槽或双笼的异步电动机。

电制动是一种使电机产生电能并使之消耗或反馈给电源,同时产生与转子旋转方向相反的电磁转矩的制动方式。应掌握异步电动机的反接制动、回馈制动和能耗制动的基本原理。

异步电动机的调速方法可以归纳为改变转差率和改变同步转速两大类。应理解和掌握所讨论的各种调速方法的基本原理,为后续相关课程的学习打下基础。

思 考 题

16-1 三相异步电动机的堵转电流与外施电压、电机所带负载是否有关?关系如何?是否堵转电流越大,堵转转矩也越大?负载转矩的大小会对电动机起动产生什么影响?

16-2 判断以下各种说法是否正确:

(1) 额定运行时定子绕组为 Y 联结的三相异步电动机,不能采用星—三角起动。

(2) 三相笼型异步电动机全压起动时,堵转电流很大,为了避免起动中因过大的电流而烧毁电动机,轻载时需要采用降压起动方法。

(3) 电动机拖动的负载越大,电流就越大,因此三相异步电动机只要是空载,就都可以全压起动。

(4) 三相绕线转子异步电动机,若在定子回路中串接电阻或电抗,则堵转时的电磁转矩和电流都会减小;若在转子回路中串接电阻或电抗,则都可以增大堵转时的电磁转矩和减小堵转时的电流。

16-3 试分析和比较三相绕线转子异步电动机在转子串接电阻和不串接电阻起动时的 Φ_m、I_2、$\cos\varphi_2$、I_1 有何不同。转子串接电阻起动时,为什么堵转电流不大但堵转转矩却很大?是否串接的电阻越大,堵转转矩也越大?

16-4 为什么深槽和双笼异步电动机能减小堵转电流同时增大堵转转矩,而且效率并不低?

16-5 两台同样的三相笼型异步电动机拖动一个负载,起动时将它们的定子绕组串联后接至电网,起动完毕再改为并联。试分析这种起动方式对电动机堵转时的定子电流和电磁转矩的影响。

16-6 变频调速中,当变频器输出频率从额定频率降低时,其输出电压应如何变化?为什么?

16-7 试分析三相绕线转子异步电动机转子串接电阻调速时,电动机内部发生的物理过程。如果在转子每相回路中不串入电阻,而是接入与转子相电动势的频率、相位都相同的外加对称电动势,则电动机的转速将如何变化?

16-8 一台三相笼型异步电动机,转子绕组是插铜条的,损坏后改为铸铝的。如果该电动机运行在额定电压下,仍旧拖动原来额定负载转矩大小的恒转矩负载运行,那么与原来各额定值相比,电动机的转速 n、定子电流 I_1、转子电流 I_2、定子功率因数 $\cos\varphi_1$、输入功率 P_1、输出功率 P_2 将怎样变化?

习 题

16-1 一台三相4极异步电动机,定子绕组为三角形联结,$P_N=28\text{kW}$,$U_N=380\text{V}$,$\eta_N=90\%$,$\cos\varphi_N=0.88$,堵转电流倍数 $k_{si}=5.6$。若采用星—三角起动,求堵转时的定子电流。

16-2 一台三相笼型异步电动机,采用自耦变压器起动。已知自耦变压器的变比为2,从高压侧看入的短路阻抗实际值等于异步电动机从定子侧看入的短路阻抗实际值。忽略励磁电流,并认为两个短路阻抗的阻抗角相等,求堵转时的电磁转矩、定子电流、电网线电流分别是全压起动下的多少倍?

16-3 一台三相笼型异步电动机的额定值为:$P_N=60\text{kW}$,$U_N=380\text{V}$(星形联结),$I_N=136\text{A}$,堵转转矩倍数 $k_{st}=1.1$,堵转电流倍数 $k_{si}=6.5$。供电变压器要求起动电流不超过 500A。

(1) 电动机空载,采用电抗器起动,求每相串接的电抗最小值;

(2) 电动机拖动 $T_L=0.3T_N$ 的恒转矩负载时,是否可以采用电抗器起动?若可以,计算每相串接的电抗值的范围是多少?

16-4 一台三相4极绕线转子异步电动机,$P_N=155\text{kW}$,$I_N=294\text{A}$,$U_N=380\text{V}$(星形联结),电压、电流变比 $k_e=k_i=2$,参数为 $R_1=R_2'=0.012\Omega$,$X_{\sigma 1}=X_{\sigma 2}'=0.06\Omega$,忽略励磁电流。现采用转子串接电阻起动,要求堵转时的电流不超过 $3I_N$,求转子每相中应串接的起动电阻和堵转时的电磁转矩。

16-5 上题的电动机,若采用自耦变压器起动,对堵转时的电流要求不变。

(1) 自耦变压器应在何处抽头?

(2) 求堵转时的电磁转矩。

16-6 一台三相绕线转子异步电动机,转子绕组为星形联结,转子每相电阻 $R_2=0.16\Omega$,已知额定运行时转子电流为 50A,转速为 1440r/min。现将转速降为 1300r/min,求转子每相应串接多大的电阻(假定电磁转矩不变)?降速运行时电动机的电磁功率是多少?

16-7 一台三相4极绕线转子异步电动机,转子绕组为星形联结,转子每相电阻$R_2=0.05\Omega$,通过绞车拖动一重物升降,如题图16-1所示。已知绞车半径$r=0.2$m,重物质量为$m=50$kg,忽略机械摩擦转矩。当重物上升时,电机转速为1440r/min。今要使电机以转速750r/min把重物下放,问转子每相需串接多大的附加电阻R_s?附加电阻需有多大的电流容量?

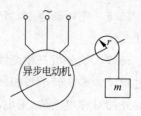

题图 16-1

证明:在重物下降时,转子铜耗p_{Cu2}等于来自定子的电磁功率P_{em}与重物所做的机械功率P_m之和。

16-8 上题中,如果考虑机械摩擦转矩的影响(设其为与转速大小无关、与转向相反的常数),则当重物上升时,电动机的转速为1434r/min。当重物下降时,在转子每相回路中仍串接同样大小的附加电阻R_s,求电动机的转速是多少?原来串接的附加电阻的电流容量够不够?

16-9 一台三相4极、星形联结的异步电动机,额定值为:$P_N=1.7$kW,$U_N=380$V,$I_N=3.9$A,$n_N=1445$r/min。今拖动一恒转矩负载$T_L=11.38$N·m连续运行,此时定子绕组平均温升已达到绝缘材料允许的温度上限。若电网电压下降为300V,在上述负载下电动机的转速为1400r/min,求此时电动机的铜耗为原来的多少倍?在此电网电压下该电动机能否长期运行下去(忽略励磁电流和机械损耗)?

第17章　三相异步电机的其他运行方式

三相异步电机除了主要用作电动机外,也被用作发电机。实际中还使用一些特种异步电机。本章仅简要介绍三相异步电机用作发电机和调压器时的情况。

17.1　三相异步发电机

三相**异步发电机**(asynchronous generator)可以与电网并联运行,也可以独立运行(即不与电网并联,单独带负载)。

1. 与电网并联运行的异步发电机

一台转子绕组短路的三相异步电机,若将其定子绕组接至额定电压、额定频率的交流电网,用原动机拖动电机转子,使其转速 n 高于同步转速 n_1,转差率 $s<0$,则该异步电机运行于发电机状态。

前面在推导三相异步电机的基本方程式和等效电路时,并没有限定转差率 s 的大小和正负,因此它们适用于异步电机的各种运行状态。对于异步发电机,只不过转差率 s 须用负值而已。

根据基本方程式,可作出三相异步发电机的相量图如图 17-1 所示。可以看出,由于 $s<0$,因此定子相电压 $\dot{U}_1$ 和相电流 $\dot{I}_1$ 之间夹角 φ_1 的变化范围为 $90°<\varphi_1<180°$,$\cos\varphi_1<0$,定子电功率 $P_1=3U_1I_1\cos\varphi_1<0$。定子侧采用的是电动机惯例,$P_1<0$,说明此时三相异步电机向电网发出电功率,运行于发电机状态。此时,异步电机的机械功率 $P_m = m_1 I_2'^2 \dfrac{1-s}{s} R_2' < 0$,电磁功率 $P_{em} = m_1 I_2'^2 \dfrac{R_2'}{s} < 0$,表明电机从原动机吸收机械功率,减去转子铜耗 p_{Cu2} 后,变为传递到定子侧的电磁功率 P_{em}。电磁功率 P_{em} 减去定子铜耗 p_{Cu1} 和铁耗 p_{Fe},即是三相异步发电机向电网发出的电功率 P_1。

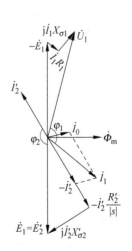

图 17-1　三相异步发电机的相量图

并网运行的三相异步发电机,其电压和频率取决于电网,与转速无关。由于其励磁和漏磁场所需的滞后性无功功率要由电网供给,因此它一般用于小容量的发电厂。

2. 独立运行的异步发电机

独立运行的三相异步发电机,必须设法解决励磁问题。通常在定子绕组出线端并联一组适当容量的三相电容器,如图 17-2 所示,用以提供励磁所需的无功功率。空载运行时,原动机拖动转子旋转,转子铁心剩磁在定子绕组中产生感应电动势,作用在并联的电容器上,在定子绕组中产生容性电流;该容性电流产生与剩磁方向相同的磁场,使气隙磁场得以加强,从而增大定子绕组电动势。该过程重复下去,最后由于磁路饱和的作用,定子绕组建立起确定的端电压,其值取决于电机空载特性 $U_0 = f(I_0)$ 与电容器伏安特性曲线 $U_C = f(I_C) = \dfrac{I_C}{\omega C}$ 的交点(I_0 和 I_C 分别为发电机的励磁电流和通过电容器的电流)。这一建立起气隙磁场和端电压的过程,称为**建压**(voltage build-up)。

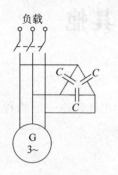

图 17-2 独立运行的三相异步发电机

异步发电机并联电容器独立负载运行时,电压和频率将随负载的变化而变化;为保持其不变,需要相应地调节原动机的拖动转矩和并联电容的大小。此外由于电容器的成本较高,体积较大,因此这种运行方式一般只用于一些功率较小的场合。

3. 双馈异步发电机及其应用

风能作为一种资源丰富的可再生能源,其大规模经济利用已经日益受到重视。近年来,世界上风力发电装机容量急剧增加。

风力发电机组的原动机是把风能转换为机械能的风力机,其输出功率与风速及风力机转速有关。风速是经常变化的,因此现代并网运行的兆瓦级以上的大型风力发电机组多采用变速运行方式,以使其在较宽的风速变化范围里都有较高的风能转换效率。由于转速要随风速变化,而电网的电压和频率固定,因此需采用变速恒频发电系统。

异步电机的转速与电网频率没有固定的比例关系,这使它特别适合于变速恒频风力发电系统。图 17-3 表示变速恒频双馈异步发电机的构成,它采用三相绕线转子异步电机,定子绕组接频率为 f_1 的电网,通过由电力电子电路构成的变流器给转子三相绕组通入对称电流,其频率 $f_2 = sf_1$ 随发电机转速变化而改变。由于定、转子绕组都接交流电源,因此称为**双馈**(double-fed)。采取适当的控制方法,可以使异步发电机在较宽的转速范围内运行(实际应用中,转差率范围通常不超过±0.35),并可实现有功功率和无功功率的解耦控制和功率因数调节。

变速恒频双馈异步发电机(也称交流励磁发电机)用于水力发电,目前已开始受到重视。若采用双馈异步发电机,通过调节其励磁电压(或电流)的频率、大小和相位,则不仅可发出恒频恒压的电能,实现有功、无功功率的灵活控制,而且在水电站水头变化或需调峰运行时,可使机组始终运行在水轮机的最优转速附近,从而提高发电机组的效率,减少水轮

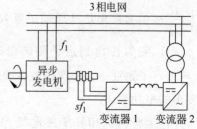

图 17-3 变速恒频双馈异步发电机

机的振动、气蚀和磨损。此外,在抽水蓄能电站中采用双馈异步电机,能扩大水泵(电动机)工况和发电工况的运行范围,提高这两种工况下的效率。

练习题

17-1-1 画出表示三相异步发电机各种功率和损耗的分配、传递情况的功率流程图。

17-1-2 并网运行的异步发电机能否发出滞后的无功功率?为什么?

17.2 感应调压器

感应调压器(induction voltage regulator)实质上是堵转运行的三相绕线转子异步电机,利用定、转子绕组电动势的相位差随定、转子相对位置变化的关系来调节输出电压。

图 17-4(a)所示为一台单式感应调压器,其定、转子绕组间的联结与自耦变压器类似,二者不仅有磁的联系,而且有电路上的直接联系。为了联线方便,通常把转子绕组作为一次绕组,二次电压为定、转子绕组感应电动势之和(忽略漏阻抗压降)。

由于转子电动势 $\dot{E}_1$ 和定子电动势 $\dot{E}_2$(以 A 相与 a 相为例)的相位差 α 随定、转子绕组的相对位置而变化,因此改变转子位置,就可改变 α,从而改变二次电压 $\dot{U}_2 \approx \dot{E}_1 + \dot{E}_2$ 的大小,如图 17-4(b)所示。在改变二次电压 $\dot{U}_2$ 大小的同时,$\dot{U}_2$ 的相位(即 $\dot{U}_2$ 与 $\dot{E}_1$ 的夹角 β)也发生变化。

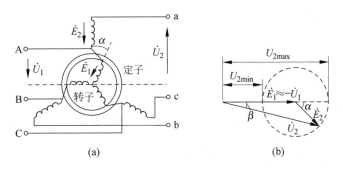

图 17-4 单式感应调压器
(a)绕组联结图;(b)相量图

单式感应调压器运行时,转子上会产生电磁转矩。为了不使转子旋转起来,通常采用蜗轮蜗杆传动机构来使转子堵转并改变转子位置。

如果要求二次电压的相位不发生变化,则可以把两台单式感应调压器同轴联接起来,构成一台双式感应调压器,如图 17-5(a)所示。两台单式感应调压器的三相转子绕组接至同一交流电源,但是它们的相序不同,因而不论转子向哪个方向转过一个电角度 α,在相量图中,两台感应调压器的定子电动势 $\dot{E}_{2\text{I}}$、$\dot{E}_{2\text{II}}$ 都会相对于转子电动势 $\dot{E}_1$ 向相反的方向转过同样的角度,如图 17-5(b)所示。由于两台单式感应调压器的定子绕组串联起来,再与其中一台单式感应调压器的转子绕组相联,因此二次输出电压$\dot{U}_2 \approx \dot{E}_1 + \dot{E}_{2\mathrm{I}} + \dot{E}_{2\mathrm{II}}$。这样,$\dot{U}_2$的相位就与转子转过的角度$\alpha$无关,而总与$\dot{E}_1$同相,如图17-5(b)所示。

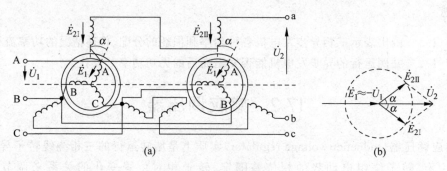

图 17-5 双式感应调压器
(a)绕组联结图;(b)相量图

在双式感应调压器中,由于两台单式感应调压器产生的电磁转矩大小相等、方向相反,作用于转轴上的总电磁转矩为零,因此不需要采取堵转措施。

感应调压器的功率传递关系与自耦变压器的相同,即额定容量等于绕组容量与传导容量之和。与可调压的自耦变压器相比,感应调压器虽然重量、空载电流和损耗都较大,但没有滑动触头,运行比较安全可靠,因此常被用于实验室和有特殊要求的场合。

练习题

感应调压器为什么能改变输出电压的大小?

小　　结

本章简要介绍了三相异步发电机和三相感应调压器的运行原理。

转子绕组短路的三相异步发电机,其基本方程式和等效电路与三相异步电动机的相同,只是在发电机状态时,转差率s为负值,因此转子电动势、转子电流与主磁通的相位关系与电动机时的不同,功率平衡关系与电动机时的相反。与电网并联运行的异步发电机需要电网提供无功功率来励磁;独立运行的异步发电机需要外接电容器来实现建压。

三相感应调压器的结构和三相绕线转子异步电动机相似,但接线和运行方式不同。通过改变定、转子绕组间感应电动势的相位差,可实现对输出电压大小的调节。

思　考　题

17-1　独立运行的三相异步发电机建压需要哪些条件?当负载增加时,为了维持发电机端电压和频率不变,应采取什么措施?

17-2　并联电容器独立运行的三相异步发电机,转速一定时的空载电压与什么有关?要提高或降低发电机的空载电压,应如何调节?

习 题

17-1 一台三相 4 极、星形联结的异步电机,并联在额定电压 $U_N=380$V、频率 $f_1=50$Hz 的电网上,其参数为 $R_1=0.488\Omega$,$X_{\sigma1}=1.2\Omega$,$R_m=3.72\Omega$,$X_m=39.5\Omega$,$R_2'=0.408\Omega$,$X_{\sigma2}'=1.333\Omega$。现由原动机拖动,以转速 1550r/min 作发电机运行。

(1) 计算转差率;

(2) 求电机的有功功率、无功功率及其性质;

(3) 求电机的电磁功率及能量转换方向;

(4) 计算电机转子吸收的机械功率;

(5) 设电机的机械损耗与附加损耗之和为 0.14kW,求原动机输入给电机的机械功率。

17-2 上题中的异步发电机并联电容器独立运行,要求电压 $U=380$V、频率 $f_1=50$Hz。

(1) 计算空载运行时应并联电容器组(三角形联结)的每相电容值;

(2) 当电机所带负载的有功功率与上题中的相同,但负载的功率因数为 0.85(滞后)时,求并联的每相电容值。

17-3 将一台三相移相器的定、转子对应相的绕组串联起来,用作三相可调电抗器,并使其定、转子绕组产生的基波磁动势 $\boldsymbol{F}_1$、$\boldsymbol{F}_2$ 同向旋转。设定子相轴$+A_1$ 在空间超前于转子相轴 $+A_2$ 的电角度为 β,定、转子每相有效匝数分别为 N_1k_{dp1}、N_2k_{dp2},且 $N_1k_{dp1}=\sqrt{3}N_2k_{dp2}$,当绕组中有电流 I 时,求合成基波磁动势的幅值为多少?

17-4 一台三相单式感应调压器,转子绕组接到线电压为 400V 的电网,已知定子每相有效匝数为 30,转子每相有效匝数为 126,求这台感应调压器的调压范围。

第 5 篇 直流电机

第 18 章 直流电机的基本工作原理和结构

18.1 直流电机的用途和基本工作原理

1. 直流电机的用途

直流电机(direct current machine, dc machine)是实现机械能与直流电能相互转换的电磁机械装置。把机械能转换成直流电能的电机是**直流发电机**(dc generator)；反之，则为**直流电动机**(dc motor)。

直流电机是最早得到实际应用的电机。直流发电机可作为电解、电镀、蓄电池充电、同步电机励磁、直流电焊等的直流电源。直流电动机具有优良的调速性能，调速范围宽，精度高，平滑性好，且调节方便，还具有较强的过载能力和优良的起动、制动性能，因此直流电动机特别适合于要求宽调速范围的**电气传动**(electric drive)和有特殊性能要求的自动控制系统中，例如轧钢机、电力机车、城市电车、起重设备、挖掘机械、纺织印染和造纸印刷机械、精密机床等。

直流电机与交流电机相比，其主要缺点是**换向**(commutation)问题。它限制了直流电机的最大容量，增加了运行维护工作量，也导致其制造成本较高。

随着电力电子器件及其控制技术的发展，采用电力电子器件构成的静止**整流**(rectification)装置，将交流电变换为直流电的技术已经很成熟了。因此目前直流发电机已基本上被这样的整流装置所取代。另外，随着交流电动机调速理论和技术的进步，交流电动机调速系统已具有良好的性能，在许多场合逐渐替代直流电动机调速系统，成为电气传动领域的发展方向。

总之，直流电机的应用范围正呈逐步缩小的趋势，但目前仍有不少场合使用直流电机。特别是在一些小功率或由蓄电池供电的场合，永磁体励磁的直流电机即**永磁直流电机**(permanent magnet dc machine)有很多应用，例如轿车中的起动机、风窗刮水器、电动车窗系统中的电动机等。在电机试验中，常采用直流电机，运行于发电机状态时可模拟机械负载的特性；运行于电动机状态时可拖动被测试的电机。此外，直流电动机的转速控制是自动控制系统中的典型例子；通过借鉴直流电动机的调速方法，可以实现性能优良的交流电动机调速系统。所以理解和掌握直流电机(包括发电机和电动机)的基本原理和运行特性仍是必要的,也有助于相关课程的学习。

2. 直流电机的基本工作原理

与交流电机一样,直流电机的工作原理也是建立在电磁感应定律和电磁力定律的基础上。为阐明直流电机与交流电机的区别,先讨论图 18-1 所示一台简单的 2 极电机的情况。图中,N、S 代表静止的磁极及其极性;导体 ab、cd 加上其端部联线构成一个整距线圈,装在可旋转的铁心上(图中未画出铁心),构成电枢。线圈两端分别和随其一起转动的两个集电环相联,两个集电环则分别与两个固定不动的电刷 A、B 接触。这样,通过集电环和电刷 A、B,可使旋转着的线圈与外部静止的电路相联结。

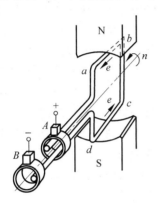

图 18-1 交流发电机的物理模型

当原动机拖动电枢以转速 n 在磁场中逆时针旋转时,导体 ab、cd 中产生的感应电动势方向可用右手定则来判断。在图 18-1 所示瞬间,导体 ab、cd 上电动势 e 的方向分别由 b 指向 a 和由 d 指向 c,电刷 A、B 分别呈高、低电位。当电枢转过 180° 时,导体 ab、cd 将互换位置,其电动势方向与图 18-1 中的相反,电刷 A、B 分别呈低、高电位。若电枢再转过 180°,则导体 ab、cd 又回到图 18-1 所示的位置,电刷 A、B 又分别呈高、低电位。可见,电枢每转过一周(360°电角度),线圈中和电刷 A、B 间的电动势方向都改变一次。显然,从电刷 A、B 两端得到的是交流电动势。该模型实际上是一台旋转电枢式的单相同步发电机,即磁极在定子上,电枢绕组和铁心在转子上。

为了获得直流电动势,需要改变电刷与集电环的接触方式。图 18-2 是对上述交流发电机略作改变后的情况。其中,两个沿轴向布置的集电环被改成两个在径向相对放置的圆弧形导电片,二者彼此绝缘,分别接到导体 ab、cd 上。相应地,静止的电刷 A、B 也被改为径向相对布置。当电枢逆时针转到图 18-2(a)所示位置时,线圈感应电动势的情况与

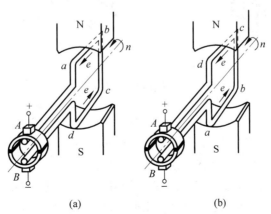

(a)　　　　　(b)

图 18-2 直流发电机的物理模型

上述交流发电机的相同,电刷 A、B 则分别位于两个导电片的中心,分别呈正、负极性。当电枢转过 $180°$,到图 18-2(b)所示位置时,线圈电动势改变方向,仍与上述交流发电机在同一位置时的情况相同。由于导电片随线圈一同旋转,在图 18-2(a)中与电刷 A、B 接触的导电片现在变为分别与电刷 B、A 接触,这样,电刷 A、B 仍然分别呈正、负极性。比较图 18-2(a)、(b)可见,每当导体电动势方向改变时,导体与电刷的联结关系也相应地改变。通过导电片,位于 N、S 极下的导体分别始终与电刷 A、B 接触。因此,虽然线圈电动势是交变的,但是电刷 A、B 的极性却不会改变,即电刷 A、B 两端输出的是直流电动势。这就是一台最简单的直流发电机。

与线圈相联、沿径向相对放置的圆弧形导电片与电刷配合起来,可以实现对线圈交流感应电动势的整流作用。把这样的导电片称为**换向片**(commutator segment),彼此绝缘的各换向片所构成的整体称为**换向器**(commutator)。

交流电机的运行状态是可逆的,直流电机也一样。图 18-3(a)所示为最简单的直流电动机示意图。它与图 18-2(a)不同的是:电枢不由原动机拖动,电刷 A、B 分别与直流电源的正、负极相联,线圈中有电流流过。当线圈处于如图 18-3(a)所示位置时,用左手定则可判断出:作用于导体 ab 上的电磁力方向为从右向左,导体 cd 上的为从左向右。电磁力乘以电枢半径,即是作用于电枢的电磁转矩 T。此时 T 是逆时针方向的,它使电枢逆时针方向旋转(若它能克服电枢上的阻力转矩)。当电枢转过 $180°$ 后,如图 18-3(b)所示,虽然导体 ab 与 cd 互换了位置,但换向器使它们中的电流反向,这样 N、S 极下导体的电流方向不变,因此产生的电磁转矩 T 方向不变,仍为逆时针方向。

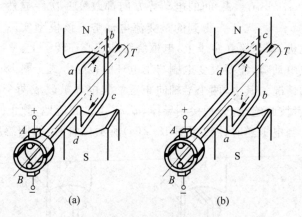

图 18-3 直流电动机的物理模型

可见,对于直流电动机,虽然电刷两端的电压和电流是直流的,但是换向器使旋转的电枢线圈中的电流是交变的,因而产生的电磁转矩是单方向的。换向器在直流电动机中起着将直流电变换为交流电的**逆变**(inversion)作用。

这种逆变作用也可以通过电力电子器件构成的逆变器来实现,这就是电子换向方法。图 18-4 中是一台由逆变器供电的永磁直流电动机(极对数 $p=1$)的示意图。为了通过静止的电力电子器件实现换向,在定子(也称电枢)上布置三个星形联结的线圈 AX、BY、CZ(或称三相绕组),转子上布置永磁体磁极。逆变器中有 6 个电力电子器件 $T_1 \sim T_6$(图中用三极管符号表示),它们工作于通态或断态,即或者导通,或者关断。在电动机上还装有转子位置传感器(图中未画出),它检测转子磁极与定子各绕组的空间相对位置,发出的信号用于控制 $T_1 \sim T_6$ 的通断状态。

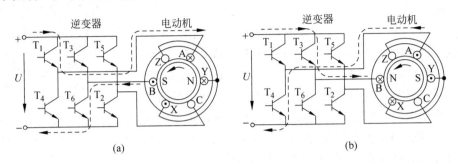

图 18-4 逆变器供电的直流电动机——无刷直流电动机

当转子处于图 18-4(a)所示位置时,根据转子位置传感器发出的信号,T_1 和 T_6 导通,其他器件关断,则电枢绕组 AX、BY 通电,电流路径如图中虚线所示,绕组中的电流方向如"×"(表示流入)和"·"(表示流出)所示。用左手定则,可知电枢电流与转子磁场相互作用,产生的电磁转矩使转子向逆时针方向旋转。当转子转过 60°后,让 T_1 和 T_2 导通、其他器件关断,则通电的绕组变为 AX、CZ,产生的电磁转矩仍使转子向逆时针方向旋转。根据转子位置的变化,用类似的方法控制逆变器中相应器件的导通和关断,让电枢各绕组按一定的次序轮流通电,就可使转子在电磁转矩的驱动下沿逆时针方向连续旋转。

当转子转到图 18-4(b)所示位置时,T_3 和 T_4 导通。与图 18-4(a)比较可见,在转子转过 180°后,电枢绕组 AX、BY 的电流方向也相应地改变。这表明逆变器可改变电枢绕组电流的方向,起到了与换向器同样的作用。这种采用电子换向的直流电动机,由于没有换向器和电刷,因此被称为**无刷直流电动机**(brushless dc motor)。

总之,直流电机运行中要求对电枢绕组电流进行换向,采用机械式换向的换向器和采用电子式换向的整流器或逆变器都可以实现此功能。由于直流电机诞生时使用的是机械换向方式,因此沿用至今的术语"直流电机"指的是有换向器的直流电机。采用电子式换向的直流电机则用其他的名称(如上述的"无刷直流电动机")。

需要说明的是,图 18-2 和图 18-3 仅是简单的物理模型,一个电枢线圈在正、负电刷间产生的电动势以及所产生的电磁转矩都有较大的脉动。实际的直流电机则要复杂得多。极对数通常多于 1;为了减小电动势和电磁转矩的脉动,电枢线圈的数量通常很多,它们沿电枢铁心圆周均匀分布,并按一定规律串联起来。通常,当每极下有 8 个线圈时,就可使正、负电刷间直流电动势的脉动值不超过其平均值的 1%。

练习题

18-1-1 图 18-2 中的直流发电机以某一转速逆时针旋转,若给它带上电阻负载,线圈 $abcd$ 中就有电流流过。此时导体 ab、cd 上产生的电磁力的方向是怎样的? 其方向会随着线圈的旋转而变化吗?

18-1-2 图 18-3 中的直流电动机逆时针旋转起来后,线圈边 ab、cd 切割气隙磁场而产生的感应电动势的方向是怎样的?线圈 $abcd$ 中感应电动势的方向会随着它的旋转而变化吗?

18-1-3 图 18-5 是一台直流发电机的示意图。电枢上布置 4 个单匝线圈 aa'、bb'、cc'、dd'(a 和 a' 是构成一个线圈的两根导体,其他同理),它们通过 4 个换向片联结起来。电枢以某一转速逆时针旋转,各导体中感应电动势的瞬时方向如图中所示。若磁极产生的气隙磁通密度沿圆周正弦分布,试比较一个线圈中感应电动势和电刷 A、B 间感应电动势随时间变化的波形,从中可得出什么结论?

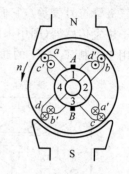

图 18-5 电枢有 4 个线圈的 2 极直流发电机

18.2 直流电机的主要结构

直流发电机和直流电动机的主要结构没有差别。直流电机包括定子、转子两部分,定子和转子间是气隙。图 18-6 所示为一台直流电机的结构图,图 18-7 所示为一台 4 极直流电机的横截面示意图。直流电机的实际结构比较复杂,下面将简要介绍其主要结构。

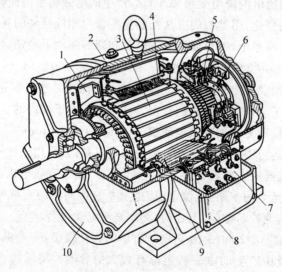

图 18-6 直流电机的结构

1—风扇;2—机座;3—电枢;4—主极;5—电刷装置;6—换向器;
7—接线板;8—出线盒;9—换向极;10—端盖

1. 转子

直流电机的转子通常称为电枢,是产生感应电动势和电磁转矩、实现机电能量转换的核心部件,包括电枢铁心、电枢绕组、换向器、风扇及转轴等。

电枢铁心是直流电机主磁路的一部分,电枢铁心槽中嵌放电枢绕组。电枢旋转时,电枢铁心中的磁通是交变的。为了减小铁耗,电枢铁心通常用 0.5mm 厚、两面涂绝缘漆的

18.2 直流电机的主要结构

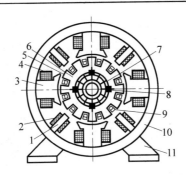

图 18-7 4 极直流电机的横截面示意图

1—换向极铁心；2—换向极绕组；3—主极铁心；4—励磁绕组；5—电枢齿；
6—电枢铁心；7—换向器；8—电刷；9—电枢绕组；10—机座；11—底脚

硅钢片叠压而成。电枢铁心安装在转轴上。电枢绕组由嵌放在电枢铁心槽中的若干线圈构成。线圈由包有绝缘材料的铜导线制成。每个线圈的两端按照一定规律焊接到相应的换向片上，所有线圈按一定规律通过换向片联结起来，形成一个闭合的电枢绕组。

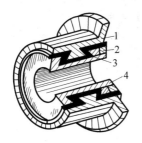

图 18-8 直流电机换向器的结构

1—换向片；2—垫圈；3—绝缘层；4—套筒

换向器是直流电机的重要部件之一，它安装在转轴上，由多个彼此绝缘的换向片组合而成。图 18-8 所示的是换向器的一种典型结构，用铜或铜合金制成的换向片下端呈燕尾状，换向片和用作绝缘的云母片排成一个圆筒，两端用 V 形套筒夹紧。每个电枢线圈的首、末端分别焊接到相应的两个换向片的末端(升高部分)。

2. 定子

定子主要包括主极、换向极、电刷装置和机座等。

主极(main pole)也称主磁极，其作用是建立气隙磁场。绝大多数直流电机的主极由主极铁心和励磁绕组构成，励磁绕组中通以直流励磁电流。主极铁心通常用 1mm～2mm 厚的低碳钢片叠压而成。将事先绕制好的励磁绕组套在主极铁心外面，再将主极固定在机座的内表面上，如图 18-9 所示。各主极上的励磁绕组可以串联，也可并联，但联结后应使主极成对出现，即沿圆周呈 N、S 极交替排列。为了让励磁电流产生的气隙磁通密度沿电枢圆周分布得比较合理，通常把主极铁心做成图 18-9 所示的形状，其中较窄的部分称为**极身**(pole body)，靠近气隙、较宽的部分称为**极靴**(pole shoe)。大型直流电机还常在主极极靴上开一些槽，如图 18-10 所示，槽中嵌放**补偿绕组**(compensating winding)。小型和微型直流电机常采用永磁体作为主极。

对于功率在 1kW 以上的直流电机，还要在相邻两个主极之间的中心线处安装**换向极**(commutating pole)，如图 18-7 所示，其作用是改善换向(原理将在后面介绍)。换向极铁心的形状比主极的简单，通常用整块钢板制成，其上装有换向极绕组。

电刷装置将静止的外部直流电路通过换向器与旋转的电枢电路接通。电刷装置由电刷、刷握、刷架、刷架座等组成，其典型结构如图 18-11 所示。电刷是用石墨等制成的导电

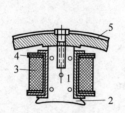

图 18-9　安装在机座上的主极

1—极身；2—极靴；3—励磁绕组；4—绝缘板；5—机座

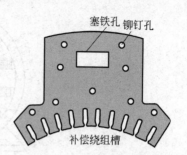

图 18-10　大型直流电机主极冲片

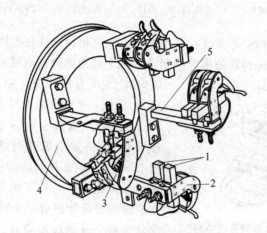

图 18-11　直流电机的电刷装置

1—电刷；2—刷握；3—弹簧压板；4—刷架座；5—刷架

块，安置在刷握中。一个刷握中装有一个或一组并联的电刷，用压紧弹簧以适当的压力把电刷压到换向器表面上。压紧弹簧的压力是可调节的，以保证电枢旋转时电刷与换向器表面间有良好的滑动接触。直流电机的刷架数等于电机极数（本书以后所说的电刷数，实际上是指电刷组数，即刷架的数量）。各刷架相对换向器外表面圆周应均匀分布，并有其正确的位置，否则会影响电机的性能。为了能调整刷架的位置，在小型直流电机中，将各刷架固定在可转动的刷架座上，刷架座安装在端盖或轴承内盖上；在大中型直流电机中，通常要求能单独调节每个刷架的位置。

机座起机械支撑作用，如主极、换向极和两个端盖都固定在机座上；通常还起导磁作用，即作为电机主磁路的一部分，称为**机座磁轭**(frame yoke)。机座一般多用导磁性能良好的铸钢制成，在小型直流电机中也有用厚钢板的。

3. 气隙

气隙是定子主极和电枢之间的间隙，是主磁路的重要组成部分。气隙磁场是电机进行机电能量转换的媒介，气隙大小和气隙磁场的分布及其变化情况对电机运行性能有很重要的影响。气隙长度随电机功率大小而有所不同，小型直流电机气隙长度通常为 1mm～3mm，大型直流电机气隙长度可达 10mm～12mm。

练习题

直流电机有哪些主要部件？各部件的结构特点和作用是什么？试想一下这些部件是怎样构成一台直流电机的。

18.3 直流电机的额定值

直流电机的主要额定值如下。

(1) 额定功率 P_N(单位：W、kW)

额定功率是电机在铭牌规定的额定运行条件下的输出功率。对发电机，它是由电机出线端输出的电功率；对电动机，是轴上输出的机械功率。

(2) 额定电压 U_N(单位：V)

额定电压是电机在额定工况下电机出线端的电压。直流电机的额定电压通常不高。我国生产的中小型直流电动机的额定电压多为 220V、440V，直流发电机的多为 230V、460V；大型直流电动机的额定电压最高约为 1kV。

(3) 额定电流 I_N(单位：A)

额定电流是电机在额定电压下运行，输出功率为额定功率时，通过电机出线端的线路电流。

(4) 额定转速 n_N(单位：r/min)

额定转速是电机在额定电压下运行，输出功率为额定功率时转子的转速。

(5) 额定励磁电流 I_{fN}(单位：A)

额定励磁电流是电机在额定工况下，即电机运行在额定电压、额定电流与额定转速下，其励磁绕组中的直流电流。

(6) 额定效率 η_N

额定效率是电机在额定工况下，输出功率(即额定功率)与输入功率(即额定输入功率)之比的百分值。

此外，直流电机铭牌上还有励磁方式、温升、绝缘等级等数据。

例 18-1 一台直流发电机额定功率 $P_N=145\text{kW}$，额定电压 $U_N=230\text{V}$，额定效率 $\eta_N=90\%$，求该电机的额定输入功率 P_{1N} 和额定电流 I_N。

解：额定输入功率为

$$P_{1N} = \frac{P_N}{\eta_N} = \frac{145}{0.9} = 161.1\text{kW}$$

额定电流为

$$I_N = \frac{P_N}{U_N} = \frac{145 \times 10^3}{230} = 630.4\text{A}$$

例 18-2 一台直流电动机的额定值为：$P_N=160\text{kW}$，$U_N=220\text{V}$，$n_N=1500\text{r/min}$，$\eta_N=90\%$，求该电机的额定输入功率 P_{1N}、额定电流 I_N 和额定输出转矩 T_{2N}。

解：额定输入功率为

$$P_{1N} = \frac{P_N}{\eta_N} = \frac{160}{0.9} = 177.8\text{kW}$$

额定电流为

$$I_N = \frac{P_{1N}}{U_N} = \frac{177.8 \times 10^3}{220} = 808.2\text{A}$$

额定输出转矩为

$$T_{2N} = \frac{P_N}{\Omega_N} = \frac{P_N}{\frac{2\pi n_N}{60}} = \frac{160 \times 10^3}{\frac{2\pi \times 1500}{60}} = 1019\text{N}\cdot\text{m}$$

其中 Ω_N 为额定运行时转子的机械角速度。

练习题

直流电机铭牌上的额定功率是指什么功率？对发电机和电动机有什么不同？

小 结

直流电机是实现机械能和直流电能相互转换的旋转电机。直流电机本质上是交流电机，需要通过整流或逆变装置与外部直流电路相连接。本篇讨论的是采用机械换向方式的直流电机，它通过与电枢绕组一同旋转的换向器和静止的电刷来实现电枢绕组中交变的感应电动势、电流与电枢外部电路中直流电动势、电流间的变换。

直流电机定子主要由主极、换向极、电刷装置和机座等构成，主极上的励磁绕组通以直流励磁电流，建立气隙磁场。转子主要由电枢、换向器等组成。电枢包括电枢铁心和电枢绕组，用来产生感应电动势和电磁转矩，实现机电能量转换。电枢铁心由硅钢片叠压而成，电枢绕组由均匀分布在电枢铁心槽中的线圈按照一定规律连接而成。为了减小正、负电刷间直流电动势和电磁转矩中的脉动，线圈的数量通常较多。

应理解和掌握直流电机额定值的含义。

思 考 题

18-1 直流电机正、负极性电刷间的感应电动势与电枢导体中的感应电动势有什么不同？电枢导体中流过的是直流电流还是交流电流？换向器在直流电机中起什么作用？

18-2 直流电机的电枢铁心为什么要用硅钢片叠成，而机座磁轭却可以用铸钢或钢板制成？

习 题

18-1 一台直流电动机额定功率 $P_N=55\text{kW}$，额定电压 $U_N=110\text{V}$，额定转速 $n_N=1000\text{r/min}$，额定效率 $\eta_N=85\%$。求该电动机的额定电流 I_N 和额定输出转矩 T_{2N}。

18-2 一台直流发电机的铭牌数据如下：额定功率 $P_N=200\text{kW}$，额定电压 $U_N=230\text{V}$，额定转速 $n_N=1450\text{r/min}$，额定效率 $\eta_N=90\%$。求该发电机的额定电流 I_N 和额定输入功率 P_{1N}。

第 19 章 直流电机的运行原理

本章介绍直流电机的运行原理,包括电枢绕组的构成、气隙磁场的建立与空间分布、电枢反应、电枢绕组的感应电动势与电磁转矩、换向以及直流电机稳态运行于发电机和电动机状态时的基本方程式。

19.1 直流电机的电枢绕组

电枢绕组是直流电机中产生感应电动势和电磁转矩,从而进行机电能量转换的电路部分,是直流电机的重要部件。

19.1.1 电枢绕组的特点

直流电机的电枢绕组是由结构形状相同的若干线圈按照一定规律联结而成的双层分布绕组。一个线圈可以是单匝的,也可以是多匝的。每个线圈嵌放在电枢铁心槽中的两个直线部分,是产生感应电动势的有效部分,称为线圈边;连接两个线圈边的部分称为线圈端部,如图 19-1(a)、(b)所示。

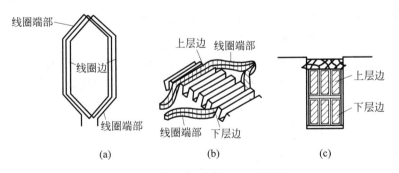

图 19-1 线圈及其嵌放方法示意图
(a) 一个多匝线圈;(b) 一个线圈在槽中的嵌放;(c) 每槽每层圈边数 $u=3$ 的情况

电枢铁心上沿圆周均匀分布有多个槽,每个槽分为上、下两层。每个线圈的一个线圈边放在槽的上层,称为上层边;另一个线圈边放在另一个槽中的下层,称为下层边,如图 19-1(b)所示。为了提高槽的利用率并使制造工艺简单,常在每槽上、下层均安置几个线圈边,图 19-1(c)所示为每槽每层圈边数 $u=3$ 的情况,每一对上、下层边组成一个虚槽。显然,电枢的虚槽数 Q_u 为电枢槽数 Q 的 u 倍。由于一个虚槽的上、下层放置了不同线圈的线圈边,而每个线圈有两个线圈边,因此电枢绕组的线圈数 $S=Q_u$。

(1) 通过换向器联结而成的闭合绕组

交流绕组是开启式绕组,即一相绕组从一个线圈边开始,依次串联属于该相的所有线圈边后即告结束,开始和结束端是每相绕组的两个出线端。直流电机中,为了使旋转的各线圈能不断地依次改变电流方向(即换向),必须使用闭合式绕组,即从某一线圈边出发,按一定规律依次串联所有线圈边后,再回到出发点,自行构成一个闭合回路。

各线圈间的联结是通过换向片完成的。图 19-2(a)、(b)所示为线圈的两种不同联结方式的示意图。每个线圈不论匝数是多少,都有两个出线端,即首端和末端,它们分别联结到两个换向片上。每个换向片既要与一个线圈的首端相联,又要与另一个线圈的末端相联,因此换向片数 K 等于线圈数 S。

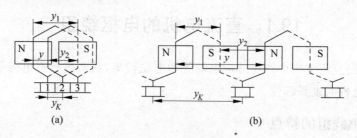

图 19-2　电枢绕组的两种联结方式和节距

(2) 电枢绕组的并联支路对数

闭合式绕组没有固定的出线端,当电枢旋转时,各线圈依次通过电刷作为出线端。为使感应电动势合理引出,且在闭合绕组内部不产生循环电流,从正、负极性电刷看进去,电枢绕组至少应被分成 2 条并联支路,而且二者的电动势应该大小相等、沿闭合回路的作用方向相反,以使整个闭合回路的总电动势为零。

实际直流电机中使用的电枢绕组有多种型式,电枢绕组的并联支路数也可能多于 2。由于电刷总是正、负极性成对出现的,因此并联支路数也一定为偶数。可用并联支路对数 a 来表示,即并联支路数为 $2a$。

(3) 电枢绕组的线圈节距

电枢绕组的联结规律可通过线圈节距来描述,如图 19-2 所示。

第一节距 y_1。一个线圈的两个线圈边在电枢圆周表面上跨过的距离,称为第一节距,用虚槽数表示。由于线圈边嵌放在槽中,因此 y_1 必为整数。为了产生较大的感应电动势和电磁转矩,y_1 应接近极距 τ_p,最好等于 τ_p(为整距绕组),即

$$y_1 = \frac{Q_u}{2p} \pm \varepsilon = \tau_p \pm \varepsilon$$

其中,ε 是一个小于 1 的分数,用于在 τ_p 不是整数时将 y_1 凑成整数。当 τ_p 不是整数时,通常采用短距绕组($y_1 < \tau_p$)。

第二节距 y_2。对于两个串联的线圈,第一个线圈的下层边和第二个线圈的上层边在

电枢圆周表面上跨过的距离称为第二节距,也用虚槽数表示,也是整数。

合成节距 y。两个串联的线圈的对应边在电枢圆周表面上跨过的距离称为合成节距,也用虚槽数表示,且 $y=y_1+y_2$。

换向器节距 y_K。一个线圈的首端、末端所连接的两个换向片在换向器表面跨过的距离称为**换向器节距**(commutator pitch),用换向片数表示。由于线圈数 S 等于换向片数 K,因此,每联结一个线圈,线圈边在电枢表面移过的虚槽数和线圈两端在换向器表面上移过的换向片数是相同的,即 $y_K=y$。

19.1.2 电枢绕组的型式

下面简要介绍直流电机电枢绕组的两种基本型式,即单叠绕组和单波绕组。

1. 单叠绕组(simplex lap winding)

如图 19-2(a)所示的电枢绕组,每个线圈的两端联到两个相邻的换向片上,即 $y_K=1$;由同一个换向片联结的两个线圈在电枢表面圆周上相距一个虚槽,即 $y=1$。按这种联结方式而形成的电枢绕组称为单叠绕组。

下面以一台极数 $2p=4$、电枢槽数 $Q=Q_u=16$ 的直流电机为例,进一步说明单叠绕组的联结规律和特点。

该电机的极距为 $\tau_p=\dfrac{Q_u}{2p}=\dfrac{16}{4}=4$。该单叠绕组的节距为 $y_1=\dfrac{Q_u}{2p}=\dfrac{16}{4}=4$,即线圈为整距;$y=y_K=1$,$y_2=y-y_1=1-4=-3$。$y_1$ 和 y 是正数,表示向右的跨距;y_2 是负数,表示向左的跨距;$y_K=1$,表示联结顺序从左到右的单叠绕组。

图 19-3(a)所示为该单叠绕组的展开图。各虚槽均匀分布,槽中线圈的上、下层边以及与之相连的线圈端部分别用实、虚线表示。数字(1~16)为虚槽号,也是上层边在该虚槽中的线圈的编号,与该上层边所连接的换向片的编号相同。由于主极和电刷是静止的,电枢绕组和换向器是旋转的,所以绕组展开图中画出的是某一时刻的情况。宽度相等的各主极均匀分布在电枢绕组上面,彼此相隔一个极距 τ_p。各电刷也沿换向器表面均匀分布,电刷宽度可取为等于或小于一个换向片宽度。

需要注意电刷与主极的相对位置关系。电刷放置的原则是使正、负极性电刷间的感应电动势为最大,因此应使通过换向片被电刷短路的线圈(如图 19-3(a)中的线圈 1、5、9、13)中的感应电动势为零或接近零。在相邻两个主极之间的中心线处,主极产生的气隙磁通密度为零,称该中心线为几何中性线。显然,被电刷短路的整距线圈的线圈边应位于几何中性线处。于是当线圈端部对称时,电刷中心线便恰好与主极中心线对齐,即电刷位于主极中心线上。

按照图 19-3(a)中各线圈的联结次序,可以画出相应的并联支路图,如图 19-3(b)所示。可见,单叠绕组是一个闭合绕组,通过电刷与外部电路产生联系,并形成了几条并联支路。各并联支路的感应电动势互相抵消,闭合回路中不会产生循环电流。单叠绕组的每一条并联支路都是由同一个主极下的全部线圈串联构成的,因此并联支路数和电刷数

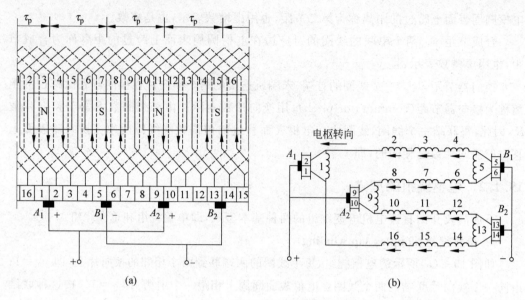

图 19-3 单叠绕组的联结方式
(a) 绕组展开图；(b) 并联支路图

量均与主极数量相等，即 $2a=2p$，或 $a=p$（a 为并联支路对数）。本例中，主极数量为 $2p=4$，所以有 4 条并联支路、4 组电刷（正、负极性电刷各 2 组）。

2. 单波绕组（simplex wave winding）

图 19-2(b) 所示的电枢绕组中，同一个换向片连接的两个线圈在电枢表面圆周上相隔约一对极的距离（$2\tau_p$）。如果电机有 p 对极，则从第 1 个线圈开始，沿电枢圆周方向行进一周、联结了 p 个线圈后，再联结到与起始线圈相隔一个槽的线圈。如此继续下去，直到所有线圈都串联起来为止。这种联结方式形成的电枢绕组称为单波绕组。

下面以一台极数 $2p=4$、电枢槽数 $Q=Q_u=15$ 的直流电机为例，进一步说明单波绕组的联结规律和特点。

该单波绕组的节距为 $y_1=\dfrac{Q_u}{2p}+\varepsilon=\dfrac{15}{4}+\dfrac{1}{4}=4$（长距）。从与换向片 1 所联的第 1 个线圈开始，联结 $p=2$ 个线圈后，最后一个线圈的末端应联至换向片 15 或 2（后者的绕组端部要长一些），才能使第 2 周的联结继续下去。因此，单波绕组的换向器节距 $y_K=\dfrac{K\mp 1}{p}=\dfrac{15\mp 1}{2}=7$ 或 8，本例取 $y_K=y=7$，$y_2=y-y_1=7-4=3$。

图 19-4(a) 是该单波绕组的展开图，主极、电刷的放置方法均与单叠绕组中的相同。按照图中各线圈的联结次序，可画出与该图相对应的并联支路图，如图 19-4(b) 所示。可见单波绕组也是一个闭合绕组，通过电刷与外部电路产生联系。由于单波绕组是将各 N 极下的线圈全部串联成一条支路，将各 S 极下的线圈也全部串联成一条支路，因此其并联支路对数与极对数 p 无关，总为 $a=1$。

从图 19-4(b) 还可看出，由于 $2a=2$，因此从理论上说，单波绕组只用正、负极性的 2

组电刷即可正常工作。但在实际电机中，电刷下的平均电流密度不能过高，若电刷数量少，则每组电刷的面积就要加大，致使换向器乃至电机的轴向长度增大，因此单波绕组通常仍采用全额电刷，即电刷数量等于 $2p$。

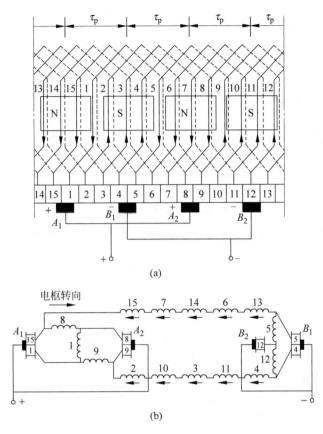

图 19-4 单波绕组的联结方式
(a) 绕组展开图；(b) 并联支路图

直流电机的电枢绕组除了以上两种基本型式外，还有复叠绕组、复波绕组和混合绕组（蛙型绕组）等型式。不同型式的电枢绕组间的主要区别在于并联支路数不同。

实际的直流电机中，制造偏差等因素可能造成电或磁方面的不对称，使电枢绕组各并联支路的感应电动势不平衡，在回路中产生循环电流。因此，除了使各并联支路完全对称排列外，还要将电枢绕组中理论上电位相等的点用低电阻的导线（即均压线）连接起来，以确保绕组内部不产生循环电流和各并联支路电流平均分配。

练习题

19-1-1 试从物理概念说明下列各种数量间的相互关系：电枢槽数 Q、换向片数 K、线圈数 S、每槽每层圈边数 u、线圈匝数 N_K、电枢导体总数 z。

19-1-2 一台 4 极直流电机电枢槽数为 54（每槽每层圈边数 $u=1$），采用单叠绕组，每个线圈匝数为 2，则电枢绕组共有多少个线圈？有多少条并联支路？每条并联支路含有多少根导体？需要的电刷数量是多少？

19-1-3　一台 6 极直流电机采用单叠绕组，当电枢绕组出线端流过的电流为 I_a 时，电枢绕组的每条并联支路、每根导体中流过的电流为多大？若采用单波绕组，情况又怎样？

19-1-4　直流电机电刷放置的原则是什么？试就单叠绕组和单波绕组说明其共同之处和差别。

19.2　直流电机的磁场和电枢反应

19.2.1　直流电机的励磁方式

直流电机运行时，必须先建立气隙磁场。除了一些采用永磁体建立气隙磁场的永磁直流电机外，大多数直流电机都采用在主极励磁绕组中通以直流励磁电流的方式来产生气隙磁场。励磁绕组的供电方式称为励磁方式。直流电机在不同的励磁方式下，运行特性会有明显的差别，因此按励磁方式分类是直流电机的一种主要分类方法。下面以直流电动机为例进行介绍。

1. 他励式

他励（separately excited）直流电动机励磁绕组的联结方法如图 19-5(a)所示，图中的圆形和它中间的"M"及下划线，是表示直流电动机的电气简图符号。U_f 为励磁绕组 F 的外施电压，即**励磁电压**；U 为电机**端电压**（terminal voltage）；I_a 为通过正、负极性电刷流经电枢绕组各条支路的总电流，称为**电枢电流**（armature current）。励磁绕组、电枢绕组由两个相互独立的直流电源供电，因此励磁电流 I_f 不受端电压 U 和电枢电流 I_a 的影响。电枢出线端的电流 I（即线路输入电流）就是电枢电流 I_a，即 $I=I_a$。永磁直流电机可看做他励直流电机。

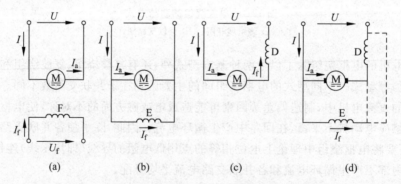

图 19-5　直流电机的励磁方式（以直流电动机为例）
(a) 他励；(b) 并励；(c) 串励；(d) 复励

2. 自励式

自励（self-excited）直流电机的励磁绕组与电枢绕组在电路上有联系：直流发电机利用自身发出的电流为励磁绕组供电，直流电动机的励磁绕组和电枢绕组由同一直流电源

19.2 直流电机的磁场和电枢反应

供电。按照励磁绕组与电枢绕组间联结方式的不同,自励方式可分为以下三种。

(1) 并励(shunt)

并励直流电动机励磁绕组的联结方法如图 19-5(b)所示。励磁绕组 E 和电枢绕组并联,由同一个直流电源 U 供电,即 $U_f = U$。直流电动机输入电流 I 等于电枢电流 I_a 与励磁电流 I_f 之和,即 $I = I_a + I_f$。

(2) 串励(series)

串励直流电动机励磁绕组联结方法如图 19-5(c)所示。励磁绕组 D 和电枢绕组串联后,由直流电源 U 供电,因此 $I = I_a = I_f$。

(3) 复励(compound)

复励直流电机主极上有两套励磁绕组,即**并励绕组**(shunt winding)和**串励绕组**(series winding)。并励绕组 E 有如图 19-5(d)所示的两种并联方式:按左边一条虚线并联在电枢两端,此时串励绕组 D 的电流 $I_D = I = I_a + I_f$;按右边虚线并联在出线端,此时 $I_D = I_a$,$I = I_a + I_f$。串励绕组和并励绕组产生的磁动势方向相同时称为**积复励**(cumulative compounded),方向相反时称为**差复励**(differential compounded)。

19.2.2 直流电机空载时的磁场

直流电机运行时的气隙磁场是由电机中各个绕组(包括励磁绕组、电枢绕组、换向极绕组、补偿绕组等)的磁动势共同产生的,但其中励磁绕组的磁动势起主要作用,因此先讨论空载运行时励磁绕组磁动势产生的气隙磁场。

实际空载运行的直流电机,电枢电流等于零或近似为零。这里讨论的空载运行,是指理想空载运行,即仅励磁绕组中有励磁电流、其他绕组无电流的情况。此时直流电机的气隙磁场仅由励磁电流 I_f 产生的励磁磁动势 F_f 建立。

(1) 空载励磁磁动势产生的磁通

图 19-6 表示一台 4 极直流电机(没有换向极)空载运行时,由励磁磁动势 F_f 产生的磁感应线的大致分布情况。其中绝大部分磁通从一个主极出来,经过气隙、电枢铁心,分别进入两侧相邻的主极,再经定子磁轭闭合,这部分磁通称为主磁通。不进入电枢的那部分磁通称为主极漏磁通,它仅与励磁绕组自身交链。主磁通经过的磁路气隙很小,而主极漏磁通经过的路径中空气隙较大,因此主磁通在数量上要比主极漏磁通大得多。从二者

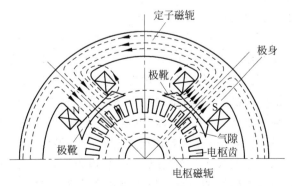

图 19-6 直流电机空载运行时磁场示意图

的作用上看,主磁通与电枢绕组相交链,能在旋转的电枢绕组中产生感应电动势,并与电枢电流相互作用产生电磁转矩;而主极漏磁通不能在电枢绕组中产生感应电动势和产生电磁转矩,仅会增加主极和磁轭磁路的饱和程度。

(2) 空载气隙磁场的分布

可以用气隙磁通密度沿气隙圆周的分布曲线来表示气隙磁场的分布情况。通常在主极中心线下气隙最小,在极尖处气隙较大,因此气隙磁通密度在主极中心下面最大,在靠近极尖处开始减小,在极靴范围以外迅速减小;在几何中性线处为零。不考虑齿槽的影响时,气隙磁通密度在一个主极下即一个极距 τ_p 范围内的分布曲线 $b_0(x)$ 如图 19-7 所示(图中以主极中心线位置为坐标原点 O,横坐标 x 表示沿电枢圆周表面的长度),其形状取决于极靴宽度和气隙大小。每个主极下进入电枢的主磁通的数量称为每极磁通量。空载时,每极磁通量为 $\Phi_0 = B_{av}\tau_p l_e$,其中 l_e 为电枢铁心有效长度;B_{av} 为把一个极距下的气隙磁通密度等效看做按矩形波分布时(如图 19-7 中虚线所示)的平均气隙磁通密度。

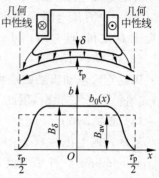

图 19-7 空载时气隙磁通密度的分布

(3) 主磁通与励磁电流的数量关系

对已制成的直流电机,空载时每极磁通量 Φ_0 的大小由励磁磁动势 F_f 决定。励磁绕组匝数一定时,F_f 与励磁电流 I_f 成正比,因此空载时每极磁通量 Φ_0 随 F_f 或 I_f 的变化而改变。描述每极磁通量 Φ_0 与励磁磁动势 F_f 或励磁电流 I_f 间关系的曲线 $\Phi_0 = f(F_f)$ 或 $\Phi_0 = f(I_f)$ 称为磁化特性,它与电机尺寸及磁路所用材料有关,而与励磁方式无关。磁化特性具有饱和的特点,可通过试验或分析计算来得到。

19.2.3 直流电机负载时的气隙磁场

1. 电枢磁动势的空间分布

直流电机负载运行时,电枢绕组中有电流流过。电枢电流 I_a 产生的磁动势称为电枢磁动势。为了分析方便,设电枢表面光滑(不计电枢铁心齿槽的影响),电枢绕组为整距,且各导体在电枢表面均匀连续分布。

(1) 电刷位于几何中性线时的电枢磁动势

实际直流电机中,电刷位于主极中心线处,此时通过换向片被电刷短路的整距线圈的线圈边恰好位于几何中性线处。因此在画示意图时,为简便起见,常省略换向片,把电刷直接画在几何中性线处,与被它短路的线圈边直接接触,如图 19-8(a)所示。通常将这种情况称为"电刷位于几何中性线",此时电刷的实际位置仍在主极中心线处。

电枢绕组不论是何种型式,其支路电流(也是导体电流)都是通过电刷引入或引出的;不论电枢如何旋转,电刷都是电枢表面导体电流分布的分界线。图 19-8(a)中用虚线画出了电枢磁动势产生的磁场的大致分布情况。可见,电枢磁动势在空间上是静止的,其轴线(即最大值位置)总与电刷轴线相重合。以主极中心线为直轴(d 轴),几何中性线为交轴(q 轴),则当电刷位于几何中性线时,电枢磁动势的轴线位于交轴,是交轴电枢磁动势。

19.2 直流电机的磁场和电枢反应

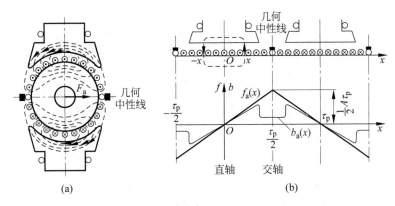

图 19-8 电刷位于几何中性线时的电枢磁动势及其产生的磁场的分布
(a) 电枢磁场分布示意图;(b) 电枢磁动势 $f_a(x)$ 及其产生的磁通密度 $b_a(x)$ 的空间分布曲线

下面对交轴电枢磁动势进行定量分析,并作出其空间分布曲线。

把图 19-8(a)中的电枢圆周展开成直线,如图 19-8(b)上部所示。建立空间坐标系,以直轴和电枢圆周表面的交点为坐标原点 O,横坐标 x 表示沿电枢圆周表面逆时针方向的长度,纵坐标表示电枢磁动势 $f_a(x)$ 及其产生的气隙磁通密度 $b_a(x)$,并以出电枢进主极的方向为其参考方向。在一个极距 τ_p 的范围内,取关于直轴对称、经过 $+x$ 和 $-x$ 的一个闭合回路,如图 19-8(b)所示。根据安培环路定律,该闭合回路所包围的导体中的总电流,就是作用于该闭合回路的电枢磁动势 $f(x)$。设磁路不饱和且铁心磁导率 $\mu_{Fe}=\infty$,则作用于每段气隙上的电枢磁动势,即每极电枢磁动势为 $f_a(x)=f(x)/2$。

设电枢绕组的导体总数为 z,导体电流(即每条并联支路电流)为 i_a,则

$$f_a(x)=\frac{1}{2}f(x)=\frac{1}{2}\left(2x\frac{zi_a}{2p\tau_p}\right)=Ax,\quad -\frac{\tau_p}{2}\leqslant x\leqslant\frac{\tau_p}{2}$$

式中, $A=\dfrac{zi_a}{2p\tau_p}$(单位:A/m),为沿电枢圆周表面单位长度上的安培导体数,称为**电负荷**(electric loading)。在 $x=\tau_p/2$ 处,即在几何中性线或交轴处,每极电枢磁动势 $f_a(x)$ 达到其最大值 $F_a=A\tau_p/2$。

可见,每极电枢磁动势 $f_a(x)$ 沿电枢圆周的分布波形是三角波,如图 19-8(b)所示。图中还画出了 $f_a(x)$ 产生的气隙磁通密度波 $b_a(x)$。在主极极面下,由于气隙很小且均匀,因此 $b_a(x)$ 的大小与 $f_a(x)$ 成正比;而在极靴以外的交轴附近,虽然 $f_a(x)$ 很大,但由于气隙很大,因此 $b_a(x)$ 较小。可见 $b_a(x)$ 在空间呈马鞍形分布。

(2) 电刷偏离几何中性线时的电枢磁动势

如图 19-9(a)所示,当电刷位置偏离几何中性线一段距离 b 时, $f_a(x)$ 的轴线位置随之移过距离 b。此时可将 $f_a(x)$ 分解为两个分量:一个 τ_p-2b 范围内的载流导体产生的交轴磁动势,如图 19-9(b)所示,其最大值为 $F_{aq}=F_a\dfrac{\tau_p-2b}{\tau_p}=A\left(\dfrac{\tau_p}{2}-b\right)$;另一个为 $2b$ 范围内的载流导体产生的直轴磁动势,如图 19-9(c)所示,其最大值为 $F_{ad}=F_a\dfrac{2b}{\tau_p}=Ab$。

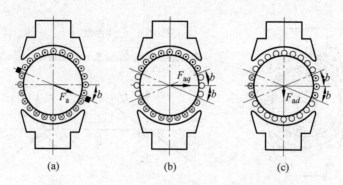

图 19-9 电刷不位于几何中性线时的电枢磁动势
(a) 电枢磁动势；(b) 交轴分量；(c) 直轴分量

2. 电枢反应

在空间静止的电枢磁动势和励磁磁动势共同产生负载时的气隙磁场。换言之，电枢磁动势要对励磁磁动势产生的气隙磁场产生影响。这种作用称为电枢反应。

(1) 直轴电枢反应

当电刷不位于几何中性线时，电枢磁动势中出现直轴分量，即直轴电枢磁动势 F_{ad}。当其方向与励磁磁动势 F_f 相同时，电枢反应性质是增磁的；否则，便是去磁的。

(2) 交轴电枢反应

交轴电枢磁动势与励磁磁动势的轴线正交。从图 19-9(b) 可以看出，正是产生交轴电枢反应的电枢电流与气隙磁场相互作用而产生了电磁转矩。因此，直流电机的交轴电枢反应和同步电机中的交轴电枢反应一样，是机电能量转换所必需的。

图 19-10 表示电刷位于几何中性线时气隙磁通密度的分布曲线，图中，$b_0(x)$、$b_a(x)$ 分别为励磁磁动势、交轴电枢磁动势单独作用时产生的气隙磁通密度分布曲线。当磁路不饱和时，将这两条曲线叠加起来，即可得到气隙磁通密度的分布曲线 $b_\delta(x)$，如图中所示。对比图中 $b_\delta(x)$ 和 $b_0(x)$ 曲线，可以看出交轴电枢反应的性质：

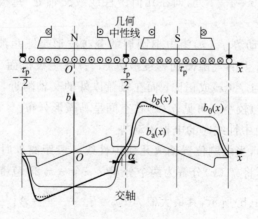

图 19-10 交轴电枢反应

（1）交轴电枢磁动势产生的气隙磁通密度 $b_a(x)$ 波形关于坐标原点 O 对称,因此,交轴电枢磁动势在一半主极范围内对主极磁场起去磁作用,在另一半主极范围内则起增磁作用,引起气隙磁场畸变,气隙磁通密度为零处偏离几何中性线一个角度 α。

（2）在磁路不饱和时,交轴电枢磁动势对主极磁场的增磁和去磁量相等,每极磁通量不变。但是实际直流电机的磁路通常是饱和的,此时不能由 $b_0(x)$ 和 $b_a(x)$ 叠加来求 $b_\delta(x)$,而应先求得作用在气隙上的合成磁动势,再根据磁化特性求出 $b_\delta(x)$。定性地看,在增磁的一半主极范围内,铁心饱和程度提高,磁导减小,气隙磁通密度增加得较少,因此气隙磁通密度波的最高峰部分要比磁路不饱和时的低一些,如图 19-10 中虚线所示；而在去磁的一半主极内,气隙磁通密度减小的情况与磁路不饱和时的基本相同。因此,每极磁通量会略有减少,即在磁路饱和时,交轴电枢反应有一定的去磁作用。

练习题

19-2-1 不同励磁方式的直流电动机,其出线端电流 I、电枢电流 I_a 和励磁电流 I_f 之间分别有什么关系？额定电流 I_N 分别指的是哪个电流？对不同励磁方式的直流发电机,上述情况又是怎样的？

19-2-2 直流电机空载运行时,什么是主磁通、漏磁通？若增加励磁电流,主磁通和漏磁通都成正比增加吗？

19-2-3 直流电机的主磁路包括哪几部分？磁路不饱和时,励磁磁动势主要消耗在其中哪一部分上？

19-2-4 什么是几何中性线？什么是电刷位于几何中性线？此时电刷的实际位置在何处？

19-2-5 直流电机电刷位于几何中性线,磁路不饱和与磁路饱和时,电枢反应分别是什么性质的？

19.3 直流电机的换向

1. 概述

直流电机电枢旋转时,构成电枢绕组的各线圈,依次从一条支路经由电刷短路后转入电流方向相反的另一条支路。这种电流方向的改变称为换向。

图 19-11 表示一个线圈的换向过程。为清楚起见,图中将线圈以电感线圈的形式表示。忽略换向片间绝缘的厚度,设电刷宽度等于换向片宽度,线圈和换向片一起从右向左运动,并设并联支路电流大小为 i_a。图 19-11(a) 是线圈 1 的换向过程即将开始的瞬间,电刷与换向片 1 接触,线圈 1 在电刷右边的支路中,设其电流 $i = +i_a$（方向为从左侧线圈边流向右侧线圈边）。随着电枢旋转,电刷与换向片 1、2 同时接触,如图 19-11(b) 所示,线圈 1 被电刷短路,处于换向过程中,其电流 i 在变化。到图 19-11(c) 所示瞬间,电刷与换向片 2 接触,线圈 1 已经换到电刷左侧的支路中,其电流 i 变为 $-i_a$,换向过程结束。换向过程所经历的时间称为换向周期,通常为几毫秒。

换向性能是直流电机运行品质的重要指标。换向不好会在电刷与换向片间产生有害

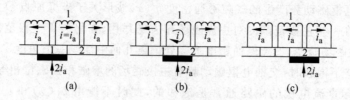

图 19-11 换向过程
(a) 换向开始；(b) 换向过程中；(c) 换向结束

的火花。当火花超过一定限度时，会使电刷和换向器磨损加剧，甚至可能损坏电刷和换向器表面，使电机不能正常运行。此外，电刷下的火花是一个电磁骚扰源，可能对无线电通信和附近的其他电子设备产生干扰。但这并不是说直流电机运行时不允许产生任何火花。国家标准中对允许的换向火花等级有明确规定。

产生换向火花的原因是多方面的，不仅有电磁原因，还有机械方面的原因（如电机振动、换向器偏心、电刷与换向器接触不良等）。换向过程还受电刷材质、负载、换向过程中的电化学、电热以及环境等多种因素的影响。换向问题是十分复杂的，至今尚无完整的理论分析。但是目前关于换向的理论分析与计算可近似描述换向过程的物理本质，加上人们长期实践中积累的经验，已经能较好地解决现代直流电机的换向问题。

2. 换向的电磁理论简介

(1) 换向线圈中的感应电动势和电流变化规律

从电磁方面看，在假设换向线圈中没有感应电动势，电刷和换向片表面的接触电阻与它们的接触面积成反比的理想情况下，换向线圈中的电流，即换向电流 i 将按直线规律从 $+i_a$ 变化到 $-i_a$，如图 19-12(a) 中曲线 1 所示。这种情况称为**直线换向**（linear commutation）。此时电刷接触面上电流分布均匀，不易产生火花，换向情况良好。

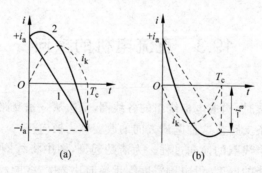

图 19-12 换向线圈中电流的变化
(a) 直线换向与延迟换向；(b) 超越换向

实际上，由于换向线圈具有漏电感，换向线圈之间有漏磁互感，因此变化的换向电流在换向线圈中产生漏磁感应电动势（包括自感和互感电动势），称为电抗电动势 e_r。根据楞次定律，该电动势总是阻碍电流变化的，即 e_r 与换向前的电流同向。此外，换向线圈的线圈边位于几何中性线附近，而交轴电枢磁动势使此处的气隙磁通密度不为零（如图 19-8 所示），换向线圈切割该磁场，产生运动电动势 e_k。从图 19-8 可知，e_k 总与 e_r 同向（即

$e_r + e_k > 0$)。由于有 e_k 和 e_r,因此换向电流 i 比直线换向时多了一个附加换向电流 i_k,使换向电流 i 改变方向的时刻较直线换向时滞后,这种情况称为延迟换向,如图 19-12(a)中曲线 2 所示。

(2) 产生换向火花的电磁原因

如果换向电流 i 按照图 19-12(a)中曲线 2 变化,则在 $t = T_c$ 即换向结束时,e_k 和 e_r 产生的附加换向电流 $i_k = 0$,换向电流 $i = -i_a$,则不会产生火花。但是实际上电刷与换向器间并不是完全的面接触,而是点接触。这种非连续性的接触,使得当换向就要结束时,电刷与换向片的接触电阻并非无穷大,因此 $i_k \neq 0$,换向电流 i 就不能变化到其应有的电流 $-i_a$,如图 19-13 所示。在 $t = T_c$ 时,电刷与换向线圈构成的回路突然断开,如果线圈中储存的能量 $\frac{1}{2} L_\sigma i_k^2$($L_\sigma$ 为换向线圈的等效漏电感)足够大,就在电刷下产生火花。

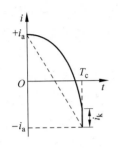

图 19-13 实际换向电流变化示意图

3. 改善换向的方法

改善换向的目的在于消除电刷下的火花。从电磁原因出发,要改善换向,应限制换向线圈中的附加换向电流 i_k,为此应减小电动势 e_k 和 e_r,增大换向回路的电阻。

(1) 安装换向极

在几何中性线处安装换向极,是改善换向的最为有效的方法。应使换向极产生的磁动势与交轴电枢磁动势方向相反,且比后者稍大。这样,除了抵消电枢反应磁场外,还产生了一个与之反向的换向极磁场,使换向线圈切割该磁场后产生的电动势,与电抗电动势 e_r 相抵消,从而使换向线圈中的电动势为零,消除附加换向电流 i_k。

换向极的极性应根据换向极磁场与交轴电枢反应磁场反向的原则来确定。由于 e_k 和 e_r 均与电枢电流成正比,因此为在不同负载电流下都能抵消 e_k 和 e_r,换向极产生的磁通密度应与电枢电流成正比。所以换向极绕组应与电枢绕组串联,如图 19-14 所示。

如果换向极磁场较强,使换向线圈中与 e_r 反向的运动电动势 e_k 大于 e_r(即 $e_r + e_k < 0$),则附加换向电流 i_k 也将反向。这样,换向电流改变方向的时刻要较直线换向时提前,如图 19-12(b)所示,这种情况称为超越换向。轻微的超越换向有一定的好处,但过度的超越换向也会引起换向火花。

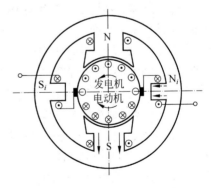

图 19-14 用换向极改善换向

(2) 移动电刷位置

直流电机没有安装换向极时,可将电刷从几何中性线移开一个适当的角度,利用换向线圈在主极磁场中产生的运动电动势来抵消电抗电动势。该方法的主要缺点是某一电刷位置只能在某一特定负载情况下产生良好的换向;当负载变化时,需要相应地改变电刷位置。该方法仅适用于负载变化较小、不需要反转的小型直流电机。

(3) 采用补偿绕组

电枢反应引起的气隙磁场畸变,可能使极靴下增磁区域的气隙磁通密度达到很高的值。线圈切割该处磁场,产生较高的感应电动势,与这些线圈相联的换向片的片间电位差比较高。如果片间电位差超过一定限度,就会在换向片间产生电位差火花。若电位差火花与电刷下的换向火花汇合在一起,就会在正、负极性电刷间出现强烈的环形电弧,即在整个换向器表面形成**环火**(ring fire),损坏电刷、换向器甚至电枢绕组。

在负载较大或变化剧烈的大型直流电机中,常在主极极靴的槽中(参见图 18-10)嵌放补偿绕组。补偿绕组是分布绕组,与电枢绕组串联,在任何负载下都能基本消除交轴电枢反应引起的气隙磁场畸变,以消除电位差火花和环火。

(4) 选用合适的电刷

电刷的品质对换向有很大影响。有些换向不良的电机,仅通过选用合适的电刷就能使换向得到改善。从减小电刷接触电阻压降和损耗的角度看,应减小电刷接触电阻,但是选用接触电阻大,特别是伏安特性较陡的电刷,可以有效地改善换向。对不同的电机,应综合考虑电刷材质、电机的特性、运行状态和环境条件等因素,选择合适的电刷。在选用电刷时,实践经验也是非常重要的。

练习题

19-3-1 什么是换向?换向不良对直流电机有什么影响?

19-3-2 换向极的作用是什么?它安装在哪里?换向极绕组应如何联结?为什么?

19.4 电枢绕组的感应电动势和电磁转矩

直流电机旋转时,电枢绕组导体切割气隙磁场,产生感应电动势;各导体中的电流与气隙磁场相互作用,产生电磁力和电磁转矩。电枢绕组中的感应电动势与电流相互作用,吸收或发出电磁功率;而电磁转矩与转子转速相互作用,吸收或释放出机械功率。正是这两方面作用同时存在,直流电机才能进行机电能量转换。电枢绕组的感应电动势和电磁转矩是直流电机的基本物理量。下面将推导它们的计算公式。

1. 电枢绕组的感应电动势

电枢绕组的感应电动势简称电枢电动势,是指正、负极性电刷间的电动势,即电枢绕组任一条并联支路的电动势,等于一条并联支路串联的所有导体的电动势之和。

设电刷位于几何中性线,电枢线圈是整距的,电枢铁心的有效长度为 l_e,电枢圆周表面旋转的线速度为 v,则一根导体的感应电动势为 $e_i = b_{\delta i} l_e v$,其中,$b_{\delta i}$ 为该导体所在处的气隙磁通密度。若电枢绕组的导体总数为 z,并联支路数为 $2a$,则一条并联支路中串联的导体数为 $z/2a$。因此,电枢电动势为 $E_a = \sum_{i=1}^{z/2a} e_i$。

为简单起见,先求出每根导体的平均电动势 e_{av},再乘每条并联支路的导体数,即得电枢电动势。设每极平均气隙磁通密度为 B_{av},则

19.4 电枢绕组的感应电动势和电磁转矩

$$e_{av} = B_{av} l_e v$$

因每极主磁通 $\Phi = B_{av}\tau_p l_e$，将线速度 v 改用转速 n 表示，即 $v = 2p\tau_p \dfrac{n}{60}$，则

$$E_a = \frac{z}{2a} e_{av} = \frac{z}{2a} B_{av} l_e \cdot 2p\tau_p \frac{n}{60}$$

$$= \frac{pz}{60a}(B_{av}\tau_p l_e) n = C_e \Phi n \tag{19-1}$$

式中，$C_e = \dfrac{pz}{60a}$，称为电动势常数。

当线圈不是整距时，电枢电动势 E_a 要比式(19-1)求出的小。通常线圈短距很小，因此在计算电枢电动势时一般不计线圈短距的影响。在需要考虑其影响时，可对计算结果进行修正。当电刷不位于几何中性线时，电枢电动势 E_a 会减小。

2. 电枢绕组的电磁转矩

电枢绕组的电磁转矩为所有导体上产生的电磁转矩之和。由于各主极下气隙磁场和导体电流的分布情况相同，只要求出一个主极下载流导体产生的电磁转矩再乘 $2p$，即得整个电枢绕组产生的电磁转矩 T。

仍设电枢线圈为整距，电刷位于几何中性线，则一个主极下各导体的电流方向相同，产生的电磁转矩方向相同。由于每根导体中的电流 $i_a = I_a/2a$，因此一根导体产生的电磁转矩 T_i 为导体所受电磁力 f_i 与电枢半径 $d_r/2$ 之积，则电枢绕组的电磁转矩为

$$T = 2p\sum_{i=1}^{z/2p} T_i = 2p\sum_{i=1}^{z/2p} f_i \frac{d_r}{2} = pd_r \sum_{i=1}^{z/2p} f_i$$

为简单起见，上式可以用一根导体上产生的平均电磁力 f_{av} 表示，即

$$T = pd_r \frac{z}{2p} f_{av} = z \frac{d_r}{2} f_{av}$$

将 $d_r = 2p\tau_p/\pi$，$f_{av} = B_{av} l_e i_a$ 和 $i_a = I_a/2a$ 代入，得

$$T = z\frac{2p\tau_p}{2\pi} B_{av} l_e \frac{I_a}{2a} = \frac{pz}{2\pi a}(B_{av}\tau_p l_e) I_a = C_T \Phi I_a \tag{19-2}$$

式中，$C_T = \dfrac{pz}{2\pi a}$，称为转矩常数，且有 $C_T = \dfrac{60}{2\pi} C_e$。

练习题

19-4-1　线圈短距(或长距)是否会削弱并联支路的感应电动势？在计算电枢电动势 E_a 时是否考虑了这个影响？

19-4-2　直流电机负载运行时的电枢电动势与空载时的是否相同？公式 $E_a = C_e \Phi n$ 和 $T = C_T \Phi I_a$ 中的磁通 Φ 指的是什么磁通？

19-4-3　要改变他励直流发电机电枢端电压的极性，可采取什么办法？要改变他励直流电动机电磁转矩的方向，可采取什么办法？

19.5 直流电机的基本方程式

直流电机的基本方程式是对其稳态运行时通过电磁感应作用而实现的机电能量转换过程的数学描述。稳态运行时,在电路方面要满足基尔霍夫定律,在机械方面要满足转矩平衡关系,在功率方面要满足功率平衡关系。因此直流电机的基本方程式包括电动势平衡方程式、转矩平衡方程式和功率平衡方程式等。

19.5.1 直流发电机的基本方程式

1. 发电机惯例

在列写基本方程式之前,必须规定有关物理量的参考方向。

如图 19-15(a)所示,原动机以转矩 T_1 拖动直流电机电枢以转速 n 逆时针方向旋转。根据右手定则可确定电枢导体感应电动势 e_a 的方向,在 N 极下为 $\odot$,在 S 极下为 $\otimes$。负载运行时,在电动势 e_a 作用下产生的导体电流 i_a 和 e_a 的方向相同。根据左手定则,可以确定导体所受电磁力的方向,即电磁转矩 T 的方向。由图 19-15(a)可见,电磁转矩 T 方向与电枢转向相反,是制动性转矩。要维持电枢以转速 n 旋转,原动机的拖动转矩 T_1 与电磁转矩 T 必须满足转矩平衡关系。此时电机轴上输入机械功率,电枢向负载输出电功率,运行于发电机状态。

以并励直流发电机为例,按照发电机惯例,各物理量的参考方向如图 19-15(b)所示。电枢电动势 E_a 大于端电压 U,E_a 与电枢电流 I_a 同向。向负载侧看,U 与输出电流 I 同向。发电机的转向取决于拖动转矩 T_1,即 T_1 与转速 n 同向,而电磁转矩 T 与 n 反向。对

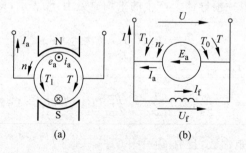

图 19-15 发电机惯例

于励磁回路,规定励磁电流 I_f 与励磁电压 U_f 的参考方向相同。

2. 电动势平衡方程式

以并励直流发电机为例,按发电机惯例(图 19-15)规定的参考方向,根据基尔霍夫电压定律,可列出电枢回路的电动势平衡方程式为

$$E_a = U + r_a I_a + 2\Delta U_b$$

式中,$E_a = C_e \Phi n$,每极磁通量 Φ 由空载磁化特性和电枢反应决定,即 $\Phi = f(I_f, I_a)$;r_a 为电枢回路串联的各绕组(包括电枢绕组、换向极绕组和补偿绕组等)的总电阻;$2\Delta U_b$ 为正、负电刷接触电阻上的电压降,随 I_a 的变化而变化,在额定负载时一般取 $2\Delta U_b \approx 2\text{V}$。

19.5 直流电机的基本方程式

通常用 R_a 表示电枢回路总电阻,它包括电枢回路各串联绕组的电阻和电刷接触电阻 ($R_a = r_a + 2\Delta U_b/I_a$),且在一定范围内可视为常数。于是上式可写成

$$E_a = U + R_a I_a \tag{19-3}$$

并励直流发电机励磁回路的电压方程式为

$$U_f = R_f I_f \tag{19-4}$$

式中,励磁电压 $U_f = U$;R_f 为励磁绕组的电阻。当励磁回路串入附加电阻时,应在 R_f 中计及附加电阻。

并励直流发电机的励磁电流 I_f 由电枢电动势供给,因此输出电流 $I = I_a - I_f$。

3. 转矩平衡方程式

直流发电机以转速 n 稳态运行时,作用在电枢上的转矩有三个:一是原动机的拖动转矩 T_1;二是电枢电流与气隙磁场相互作用产生的电磁转矩 T,是制动性转矩;三是电机的机械摩擦和铁耗等引起的空载转矩 T_0,T_0 总是制动性转矩,如图 19-15(b)所示。

稳态运行时,拖动转矩与制动转矩相平衡,按图 19-15(b)中规定的参考方向,有

$$T_1 = T + T_0 \tag{19-5}$$

4. 功率平衡方程式

用机械角速度 Ω 乘式(19-5)的两边,得

$$T_1 \Omega = T\Omega + T_0 \Omega$$

即

$$P_1 = P_{em} + p_0 \tag{19-6}$$

式中,$P_{em} = T\Omega$,为电磁功率;$P_1 = T_1\Omega$,为原动机输出的机械功率,即直流发电机轴上输入的机械功率;p_0 为直流发电机的空载损耗,

$$p_0 = T_0 \Omega = p_m + p_{Fe} + p_{ad} \tag{19-7}$$

其中,p_m 为机械损耗;p_{Fe} 为铁耗;p_{ad} 为附加损耗(或称杂散损耗)。

机械损耗 p_m 包括轴承摩擦、电刷与换向器表面摩擦、电机旋转部分与空气的摩擦以及风扇所消耗的功率。p_m 与电机转速有关,当转速一定时,p_m 几乎为常数。

铁耗 p_{Fe} 是电枢铁心在气隙磁场中旋转时所产生的磁滞与涡流损耗。p_{Fe} 与铁心中磁通密度的大小和交变频率有关。当励磁电流和转速不变时,p_{Fe} 基本不变。

附加损耗 p_{ad} 产生的原因很复杂,例如:电枢反应使气隙磁场畸变,导致铁耗增大;电枢齿槽造成磁场脉动,引起极靴及电枢铁心的损耗增大等。附加损耗相对较小,难以准确测定和计算,通常按 $p_{ad} = (0.5\% \sim 1\%)P_N$ 估算。

式(19-6)表明,直流发电机输入的机械功率 P_1 扣除空载损耗 p_0 后即为电磁功率 $P_{em} = T\Omega$。而

$$P_{em} = T\Omega = \frac{pz}{2\pi a}\Phi I_a \cdot \frac{2\pi n}{60} = \frac{pz}{60a}\Phi n I_a = E_a I_a \tag{19-8}$$

这说明,原动机克服电磁转矩 T 所提供的机械功率 $T\Omega$,转换成了电枢电路的电功率 $E_a I_a$。因此,电磁功率 P_{em} 表达了直流发电机中机械能向电能的转换关系。

电枢电路获得的电磁功率 $P_{em} = E_a I_a$,扣除电路中的铜耗,余下的电功率才是输出给负载的电功率,即输出功率 P_2。用 I_a 乘式(19-3)的两边,并以 $I_a = I + I_f$ 代入,得

$$E_a I_a = (U + I_a R_a) I_a = U(I + I_f) + I_a^2 R_a$$
$$= UI + I_a^2 R_a + U I_f = UI + I_a^2 R_a + I_f^2 R_f$$

即
$$P_{em} = P_2 + p_{Cu} + p_{Cuf} \tag{19-9}$$

式中，$P_2 = UI$，为直流发电机的输出功率；$p_{Cu} = I_a^2 R_a$，为电枢回路总电阻上的损耗，称为电枢铜耗；$p_{Cuf} = U_f I_f = U I_f = I_f^2 R_f$，为励磁回路电阻上的损耗，称为励磁铜耗。

他励直流发电机的励磁电流不由电枢电动势提供，因此在电枢的功率平衡关系中不考虑励磁铜耗 p_{Cuf}。

由式(19-6)、式(19-7)及式(19-9)可画出并励发电机的功率流程图，如图 19-16 所示。

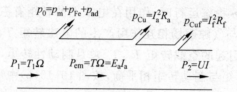

图 19-16 并励直流发电机的功率流程图

19.5.2 直流电动机的基本方程式

1. 直流电机的可逆原理

一台旋转电机，无论是交流电机还是直流电机，都既可作为发电机运行，也可作为电动机运行，其运行状态取决于外部条件。

设直流电网电压 U 不变。为便于比较，将图 19-15(a)所示的直流发电机重画在图 19-17(a)中。直流电机运行于发电机状态时，从机械方面看，原动机拖动转矩 T_1 与转速 n 同向，输入功率 $P_1 = T_1 \Omega > 0$，表示电机从原动机输入机械功率。电磁转矩 T 与 n 方向相反，起制动作用。从电路方面看，$E_a > U$，I_a 与 E_a 同向，电磁功率 $P_{em} = E_a I_a > 0$，表示发电机向电网输出电功率。

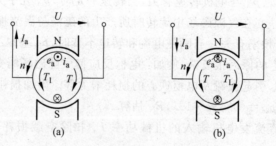

图 19-17 直流电机从发电机状态到电动机状态
(a) 发电机状态；(b) 电动机状态

若保持励磁电流不变，将来自原动机的输入功率 P_1 减小，例如使 $P_1 = 0$，即 $T_1 = 0$。在开始瞬间，转速 n 由于惯性不能立即变化，因此 E_a、I_a 和 T 都不会立即变化，这时作用在电机转轴上的制动转矩 T 和 T_0 使 n 降低，E_a 随之减小。当 E_a 减小到等于 U 时，$I_a =$

19.5 直流电机的基本方程式

$0,T=0$。由于T_0仍存在,因此n会继续降低。一旦n降低到使$E_a<U$,就有$I_a<0$,I_a与E_a反向,则$T<0$,即T由原来的制动转矩变为拖动转矩,如图19-17(b)所示(箭头表示各量的实际方向)。当T与T_0相平衡时,n不再变化。此时,按图19-17(a)所示的发电机惯例,有$UI_a<0$,即电机从电网吸收电功率;$P_{em}=E_aI_a<0$,表示将电功率转换为机械功率。可见,将一台直流发电机的原动机撤去,就可使它由发电机变为电动机运行。如果再让电机拖动一个转矩大小为T_L的机械负载,则n会进一步降低,使E_a减小,I_a增大,产生更大的T使轴上转矩平衡,电机就作为电动机稳态负载运行。

上述的物理过程也可以反过来。同一台电机,在不同的外部条件下,能量转换的方向可以改变,这就是电机的可逆原理。需要说明的是,实际生产的发电机和电动机,为了满足各自运行特性的需要,其额定数据是不同的,结构也略有差别。因此原来额定运行的发电机或电动机,当运行于相反的状态时,其运行条件会与铭牌规定的有所差别,即电机将运行于非额定条件下,性能稍差。

2. 电动机惯例

采用图19-15所示的发电机惯例也可以分析直流电动机,只不过I_a、T、P_1、P_{em}、P_2等都为负值。为方便起见,在分析直流电动机时,对有关物理量的参考方向重新规定,即把发电机惯例改为电动机惯例。

以并励直流电动机为例,采用电动机惯例时,各物理量的参考方向如图19-18所示。向电枢看,端电压U与输入电流I同向;电枢电动势E_a小于端电压U,电枢电流I_a与E_a反向;电磁转矩T与转速n同向,即电动机的转向取决于电磁转矩T,负载转矩T_L和空载转矩T_0与n反向;对于励磁回路,仍规定励磁电流I_f与励磁电压U_f的参考方向相同。

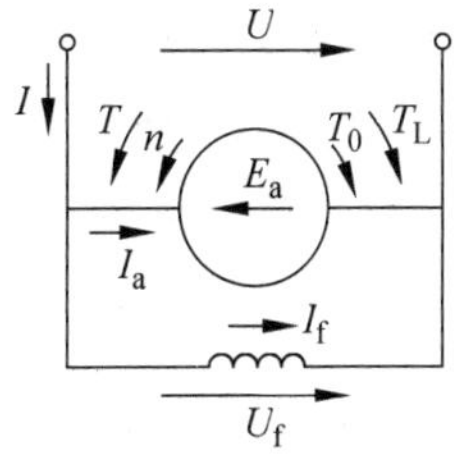

图19-18 电动机惯例

3. 电动势平衡方程式

以并励直流电动机为例,按电动机惯例(图19-18)规定的参考方向,电枢回路的电动势平衡方程式为

$$U = E_a + R_aI_a \tag{19-10}$$

并励直流电动机励磁回路的电压方程式仍为式(19-4),输入电流$I=I_a+I_f$。

4. 转矩平衡方程式

直流电动机以转速n稳态运行时,作用在电枢上的转矩有三个:一是电枢电流与气隙磁场相互作用产生的电磁转矩T,是拖动转矩;二是机械负载的制动性转矩T_L,其大小等于电动机的输出转矩T_2;三是制动性的空载转矩T_0。

稳态运行时,拖动转矩与制动转矩相平衡,按图19-18中规定的参考方向,有

$$T = T_L + T_0 = T_2 + T_0 \tag{19-11}$$

5. 功率平衡方程式

用电枢电流I_a乘式(19-10)的两边,并将$I_a=I-I_f$代入方程式左边,可得

$$UI - UI_f = E_aI_a + I_a^2R_a$$

即

$$P_1 = P_{em} + p_{Cu} + p_{Cuf} \tag{19-12}$$

式中,$P_1=UI$,为直流电动机的输入功率。对他励直流电动机,励磁电流由其他直流电源提供,因此在电枢的功率平衡关系中不考虑励磁铜耗p_{Cuf}。

上式表明,电机输入的电功率 P_1 扣除电路中的铜耗后,余下的电功率是电枢获得的电磁功率 $P_{em}=E_aI_a=T\Omega$。

用机械角速度 Ω 乘式(19-11)的两边,得
$$T\Omega = T_2\Omega + T_0\Omega$$
即
$$P_{em} = P_2 + p_0 \tag{19-13}$$
式中,$P_2=T_2\Omega$,为电动机输出的机械功率,其大小等于负载吸收的机械功率 $T_L\Omega$。

式(19-13)表明,直流电动机电枢获得的电磁功率 P_{em},扣除空载损耗 p_0 后,是轴上输出的机械功率 P_2。电磁功率 P_{em} 表达了直流电动机将电枢电路吸收的电功率 E_aI_a 转换成电磁转矩 T 产生的机械功率 $T\Omega$ 这一电能向机械能的转换关系。

由式(19-12)和式(19-13)可画出并励直流电动机的功率流程图,如图 19-19 所示。

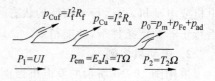

图 19-19 并励直流电动机的功率流程图

例 19-1 一台并励直流发电机,$P_N=20\text{kW}$,$U_N=230\text{V}$,$n_N=1500\text{r/min}$,电枢回路总电阻 $R_a=0.156\Omega$,励磁回路总电阻 $R_f=73.3\Omega$,额定负载时的机械损耗和铁耗 $p_m+p_{Fe}=1\text{kW}$,设附加损耗 $p_{ad}=0.01P_N$,求额定运行时电枢回路和励磁回路的铜耗、电磁功率、电磁转矩和效率。

解:额定电流
$$I_N = \frac{P_N}{U_N} = \frac{20\times 10^3}{230} = 86.96 \text{ A}$$

额定励磁电流
$$I_{fN} = \frac{U_N}{R_f} = \frac{230}{73.3} = 3.138 \text{ A}$$

额定电枢电流
$$I_{aN} = I_N + I_{fN} = 86.96 + 3.138 = 90.1 \text{ A}$$

电枢铜耗
$$p_{Cu} = I_{aN}^2 R_a = 90.1^2 \times 0.156 = 1266 \text{ W}$$

励磁铜耗
$$p_{Cuf} = I_{fN}^2 R_f = 3.138^2 \times 73.3 = 721.8 \text{ W}$$

额定电磁功率
$$P_{em} = P_N + p_{Cu} + p_{Cuf} = 20000 + 1266 + 721.8 = 21988 \text{ W}$$

额定电磁转矩
$$T_N = \frac{P_{em}}{\Omega_N} = \frac{60P_{em}}{2\pi n_N} = \frac{60\times 21988}{2\pi \times 1500} = 140 \text{ N·m}$$

额定输入功率
$$P_{1N} = P_{em} + p_m + p_{Fe} + p_{ad}$$
$$= 21988 + 1000 + 0.01\times 20000 = 23188 \text{ W}$$

额定效率
$$\eta_N = \frac{P_N}{P_{1N}} \times 100\% = \frac{20000}{23188} \times 100\% = 86.25\%$$

例 19-2 一台 4 极他励直流电机,采用单波绕组,电枢导体总数 $z=372$,电枢回路总电阻 $R_a=0.208\Omega$。当此电机的端电压 $U=220$V,转速 $n=1500$r/min,每极磁通量 $\Phi=0.011$Wb 时,铁耗 $p_{Fe}=362$W,机械损耗 $p_m=204$W,忽略附加损耗,求:

(1) 该电机的运行状态;

(2) 该电机的电磁转矩、输出转矩、空载转矩、输入功率和效率。

解:(1) 通过比较电枢电动势 E_a 和端电压 U 的大小,可以判断直流电机的运行状态。

电枢电动势

$$E_a = \frac{pz}{60a}\Phi n = \frac{2\times 372}{60\times 1}\times 0.011\times 1500 = 204.6 \text{ V}$$

由于 $E_a < U = 220$V,因此该直流电机此时运行于电动机状态。

(2) 采用电动机惯例计算。电枢电流

$$I_a = \frac{U-E_a}{R_a} = \frac{220-204.6}{0.208} = 74.04 \text{ A}$$

电磁功率

$$P_{em} = E_a I_a = 204.6 \times 74.04 = 15149 \text{ W}$$

电磁转矩

$$T = \frac{P_{em}}{\Omega} = \frac{60 P_{em}}{2\pi n} = \frac{60\times 15149}{2\pi\times 1500} = 96.44 \text{ N}\cdot\text{m}$$

输出功率

$$P_2 = P_{em} - p_m - p_{Fe} = 15149 - 204 - 362 = 14583 \text{ W}$$

输出转矩

$$T_2 = \frac{P_2}{\Omega} = \frac{60 P_2}{2\pi n} = \frac{60\times 14583}{2\pi\times 1500} = 92.84 \text{ N}\cdot\text{m}$$

空载转矩

$$T_0 = T - T_2 = 96.44 - 92.84 = 3.6 \text{ N}\cdot\text{m}$$

或

$$T_0 = \frac{p_m + p_{Fe}}{\Omega} = \frac{60(p_m + p_{Fe})}{2\pi n}$$

$$= \frac{60\times(204+362)}{2\pi\times 1500} = 3.603 \text{ N}\cdot\text{m}$$

输入功率

$$P_1 = UI_a = 220\times 74.04 = 16289 \text{ W}$$

效率

$$\eta = \frac{P_2}{P_1}\times 100\% = \frac{14583}{16289}\times 100\% = 89.53\%$$

练习题

19-5-1 一台并联在电网上运行的直流发电机,如何能使它运行于电动机状态?

19-5-2 并联在电网上运行的直流电机,端电压为 U,电枢电流为 I_a,电磁转矩为 T,转速为 n,按照发电机惯例,如何判断它运行在发电机状态还是电动机状态?若按照电动机惯例,又如何判断?

19-5-3 在直流电机的电动势平衡方程式中,电枢回路总电阻 R_a 包括哪些部分?

19-5-4 直流电机的损耗包括哪几部分?它们分别是怎样产生的?

19-5-5 直流电机的电磁功率指的是什么？它与输入功率和输出功率有什么联系？如何说明直流电机中机械能和电能间的转换？

小　　结

本章介绍了直流电机的运行原理，包括电枢绕组的构成、气隙磁场的建立、电枢反应、电枢绕组的感应电动势与电磁转矩、稳态运行时的基本方程式和换向等。

电枢绕组是直流电机产生感应电动势和电磁转矩，从而实现机电能量转换的重要部件。电枢绕组不论是什么型式，都是将各线圈通过相应的换向片依次联结起来而构成的闭合绕组。它通过电刷引入或引出电流，并在正、负极性电刷间形成了偶数条并联支路。单叠绕组的并联支路对数 a 等于极对数 p，而单波绕组 $a=1$。

电刷的放置原则是使空载时正、负极性电刷间的感应电动势为最大。对于线圈端部对称的绕组，电刷应放置在位于主极中心线的换向片上。此时，在被电刷短路的整距线圈中，由主极磁场产生的感应电动势为零。由于这些线圈的线圈边恰好在几何中性线处，所以通常将这种情况称为电刷位于几何中性线。

直流电机空载运行时的气隙磁场由励磁磁动势建立，该磁动势由主极上的励磁绕组通以直流励磁电流所产生。励磁绕组的供电方式称为励磁方式。直流电机的励磁方式有他励和自励两种，后者又可分为并励、串励和复励。空载时每极磁通量与励磁磁动势间的关系称为磁化特性。根据磁化特性可以判断电机磁路的饱和程度。

直流电机负载运行时，气隙磁场由励磁磁动势和电枢磁动势共同产生。电枢磁动势对励磁磁动势产生的气隙磁场的影响称为电枢反应。当电刷位于几何中性线时，仅有交轴电枢反应；当电刷不位于几何中性线时，既产生交轴电枢反应，又产生直轴电枢反应。直轴电枢反应对主极磁场起增磁或去磁作用。交轴电枢反应的作用，一是在磁路饱和时，对主极磁场有去磁作用；二是使气隙磁场发生畸变，几何中性线处的气隙磁通密度不为零，使线圈换向条件恶化。通常在几何中性线处安装换向极，用换向极磁场抵消交轴电枢反应磁场，从而改善换向。此外，大型电机中还可采用补偿绕组。

直流电机运行于发电机状态时，电枢电动势 $E_a>U$；运行于电动机状态时，$E_a<U$。这是直流电机运行状态的判据。在发电机状态，电磁转矩 T 起制动作用，电枢电流 I_a 与 E_a 同向，使机械能转换为电能。在电动机状态时，E_a 与 I_a 反向，T 起拖动作用，使电能转换为机械能。通常分别采用发电机惯例和电动机惯例来分析这两种运行状态中电路和机械方面的平衡关系，得到电动势平衡方程式、转矩平衡方程式和功率平衡方程式。这些方程式把电机中电和机械方面的物理量联系起来。其中，电枢电动势 $E_a=C_e\Phi n$，即与每极磁通量 Φ 和转速 n 之积成正比；电磁转矩 $T=C_T\Phi I_a$，即与 Φ 和 I_a 之积成正比；电磁功率既是机械功率 $T\Omega$，也是电功率 $E_a I_a$，反映了电机中机械功率和电功率间的转换关系。上述关系式是下一章分析直流电机稳态运行特性的重要理论基础。

思　考　题

19-1 为什么直流电机的电枢绕组必须用闭合绕组？为什么直流电机的电枢绕组至少要有两条并联支路？

19-2　试简要说明单叠绕组与单波绕组的区别。

19-3　一台6极直流电机原为单波绕组,如改绕成单叠绕组,并保持线圈数、线圈匝数和导体总数不变,则该电机的额定功率是否改变?其他额定值是否改变?

19-4　一台采用单叠绕组的4极直流电机。

(1) 若只用相邻的两组电刷,电机是否能够工作?对电枢电动势和电机的容量各有何影响?如果仅去掉一组电刷,剩下三组电刷,电机是否还能运行?

(2) 若有一个线圈断线,则对电枢电动势和电枢电流有何影响?

(3) 若只用相对着的两组电刷,电机可以运行吗?

19-5　同上题,只是电机改用单波绕组,问电机的情况又将如何?

19-6　直流电机有哪些励磁方式?不同励磁方式的区别是什么?

19-7　直流电机的电枢磁动势与励磁磁动势有何不同?

19-8　既然直流电机磁路中的磁通一般保持不变,为什么电枢铁心要用薄的硅钢片叠成,并且片间还要绝缘?

19-9　为什么交轴电枢磁动势会产生去磁作用?直轴电枢磁动势会不会产生交磁作用?

19-10　一台直流发电机,当电刷顺电枢转向移过一角度时,直轴电枢反应的性质是怎样的?反之,若电刷逆电枢转向移过一角度,直轴电枢反应的性质又是怎样的?交轴电枢反应的性质是否变化?若是一台直流电动机,以上情况又是怎样的?

19-11　在换向过程中,换向线圈中可能有哪些电动势?它们分别是由什么引起的?分别对换向有什么影响?

19-12　安装了换向极的他励直流发电机并联在直流电网上运行。

(1) 如果仅改变原动机的转向,励磁绕组和换向极绕组均不改接,则换向情况有无变化?

(2) 如果使它运行于电动机状态,励磁绕组和换向极绕组均不改接,则换向情况有无变化?

19-13　换向极设计好的直流电机在额定运行时可得到直线换向。现电机过载,使换向极磁路十分饱和,换向情况将如何变化?

19-14　直流电机一个线圈的感应电动势与电刷间的感应电动势有何不同?如何写它们的表达式?

19-15　一台他励直流发电机,在额定转速下空载运行时,可测得电枢电动势 E_a 与励磁电流 I_f 的关系曲线,即空载特性 $E_a = f(I_f)$,其形状大致是怎样的?如果转速不是额定值,会对测得的空载特性有什么影响?当该发电机带某负载稳态运行时,励磁电流为 I_f,用电动势平衡方程式可求得此时的电枢电动势 E_a,它是否等于根据 I_f 从空载特性上查得的电枢电动势值(不考虑计算误差)?

19-16　一台直流发电机运行在额定工况,若原动机转速下降为原来的50%,而励磁电流 I_f 和电枢电流 I_a 不变,则下列说法中哪些是正确的?

A. 电枢电动势 E_a 减小50%　　B. E_a 减小量大于50%　　C. 电磁转矩 T 减小50%

D. E_a 和 T 都不变　　　　　E. 端电压 U 降低50%

19-17 将一台额定功率为30kW的他励直流发电机改为电动机运行,其额定功率将大于、等于还是小于30kW?反之,将一台额定功率为30kW的他励直流电动机改为发电机运行,其额定功率的情况又怎样?

习 题

19-1 一台 $p=3$ 的他励直流电机采用单叠绕组,电枢导体总数 $z=398$。当每极磁通量 $\Phi=0.021\text{Wb}$ 时,分别求转速 $n=1500\text{r/min}$ 和 500r/min 时的电枢电动势。

19-2 同上题,设气隙磁通保持不变,当电枢电流 $I_a=10\text{A}$ 时,电枢所受电磁转矩为多大?如果将此绕组改为单波绕组,保持各并联支路电流不变,则此时的电磁转矩是多大?

19-3 一台4极他励直流发电机,额定功率 $P_N=30\text{kW}$,额定电压 $U_N=230\text{V}$,额定转速 $n_N=1500\text{r/min}$。采用单叠绕组,电枢导体总数 $z=572$,额定运行时每极磁通量 $\Phi=0.017\text{Wb}$,求额定运行时的电枢电动势 E_{aN} 和电磁转矩 T_N。

19-4 一台4极他励直流发电机,$P_N=17\text{kW}$,$U_N=230\text{V}$,$n_N=1500\text{r/min}$,采用单波绕组,$z=468$,额定运行时每极磁通量 $\Phi=0.0103\text{Wb}$,求额定运行时的电枢电动势 E_{aN} 和电磁转矩 T_N。

19-5 一台4极直流发电机,电枢槽数 $Q=42$,每槽每层圈边数 $u=3$,每个线圈有3匝。当每极磁通量 $\Phi=0.0175\text{Wb}$,转速 $n=1000\text{r/min}$ 时,电枢电动势 $E_a=220\text{V}$。问电枢绕组为何种型式?

19-6 一台4极直流发电机,$P_N=10\text{kW}$,$U_N=230\text{V}$,$n_N=2850\text{r/min}$,$\eta_N=85.5\%$。采用单波绕组,电枢有31个槽,每槽中有12根导体。

(1) 求该发电机的额定电流和额定输入转矩;

(2) 求额定运行时电枢导体感应电动势的频率;

(3) 若额定运行时电枢回路总电阻压降为端电压的10%,则此时的每极磁通量为多大?

19-7 一台4极直流电动机,$P_N=17\text{kW}$,$U_N=220\text{V}$,$n_N=1500\text{r/min}$,$\eta_N=83\%$,电枢有40个槽,每槽中有12根导体,采用单叠绕组。

(1) 求该电动机的额定电流和额定输出转矩;

(2) 求额定运行时电枢导体感应电动势的频率;

(3) 若额定运行时电枢回路总电阻压降为端电压的10%,则此时的每极磁通量为多大?

19-8 一台他励直流发电机的额定数据为 $P_N=6\text{kW}$,$U_N=230\text{V}$,$n_N=1450\text{r/min}$,电枢回路总电阻 $R_a=0.61\Omega$,铁耗与机械损耗为 $p_{Fe}+p_m=295\text{W}$,附加损耗 $p_{ad}=60\text{W}$。求额定运行时的电磁功率、电磁转矩和效率。

19-9 一台并励直流发电机,额定功率 $P_N=10\text{kW}$,额定电压 $U_N=230\text{V}$,额定转速 $n_N=1450\text{r/min}$,电枢绕组电阻 $r_a=0.486\Omega$,励磁绕组电阻 $R_f=215\Omega$,一对电刷上电压降为2V,额定运行时的铁耗 $p_{Fe}=442\text{W}$,机械损耗 $p_m=104\text{W}$,不计附加损耗。求额定运行时的电磁功率、电磁转矩和效率。

19-10　一台他励直流发电机,额定值为 $P_N=20\text{kW},U_N=220\text{V},n_N=1500\text{r/min}$,电枢回路总电阻 $R_a=0.2\Omega$。该发电机由一台柴油机作原动机,励磁电流不变,忽略电枢反应。如果柴油机在发电机由满载到空载时转速上升5%,求该发电机空载时的端电压 U_0。

19-11　一台装有换向极的复励直流发电机,串励绕组与电枢绕组串联,并励绕组并联在电机出线端。额定值为 $P_N=6\text{kW},U_N=230\text{V},n_N=1450\text{r/min}$,电枢绕组电阻为 0.57Ω,串励绕组电阻为 0.076Ω,换向极绕组电阻为 0.255Ω,并励绕组电阻为 177Ω,一对电刷上电压降为 2V。额定运行时,铁耗 $p_{Fe}=234\text{W}$,机械损耗 $p_m=61\text{W}$,不计附加损耗。求该发电机额定运行时的电磁功率、电磁转矩和效率。

19-12　一台并励直流电动机,额定电压 $U_N=220\text{V}$,额定电枢电流 $I_{aN}=75\text{A}$,额定转速 $n_N=1000\text{r/min}$,电枢回路总电阻 $R_a=0.26\Omega$,励磁绕组电阻 $R_f=91\Omega$,额定运行时的铁耗 $p_{Fe}=600\text{W}$,机械损耗 $p_m=198\text{W}$,不计附加损耗。求该电动机额定运行时的输出转矩和效率。

19-13　一台并励直流电动机,额定电压 $U_N=110\text{V}$,电枢回路总电阻 $R_a=0.04\Omega$。已知该电动机在某负载下运行时,电枢电流 $I_a=40\text{A}$,转速 $n=1000\text{r/min}$。现在负载转矩增大到原来的 4 倍,忽略电枢反应和空载转矩,求电动机的电枢电流和转速。

19-14　一台串励直流电动机,额定电压 $U_N=110\text{V}$,电枢回路总电阻 $R_a=0.1\Omega$(包括电刷接触电阻和串励绕组电阻)。该电动机在某负载下运行时,电枢电流 $I_a=40\text{A}$,转速 $n=1000\text{r/min}$。现在负载转矩增加到原来的 4 倍,求电动机的电枢电流和转速(假设磁路不饱和并不计空载转矩)。

19-15　一台他励直流电动机,额定电压 $U_N=120\text{V}$,电枢回路总电阻 $R_a=0.7\Omega$。空载运行时,电枢电流为 1.1A,转速为 1000r/min。保持励磁电流不变,不计电枢反应,设空载损耗不变,求该电动机转速为 952r/min 时的输出功率和输出转矩。

19-16　一台 4 极并励直流电机,并联支路对数 $a=1$,电枢导体总数 $z=398$。该电机并联于电压 $U_N=220\text{V}$ 的电网上额定运行时,每极磁通量 $\Phi=0.0103\text{Wb}$,电枢回路总电阻 $R_a=0.17\Omega$,转速 $n_N=1500\text{r/min}$,励磁电流 $I_{fN}=1.83\text{A}$,铁耗 $p_{Fe}=276\text{W}$,机械损耗 $p_m=379\text{W}$,附加损耗 $p_{ad}=165\text{W}$。

(1) 该电机是发电机还是电动机?

(2) 求该电机的电磁转矩和效率。

19-17　一台并励直流发电机,额定电压 $U_N=230\text{V}$,额定电枢电流 $I_{aN}=15.7\text{A}$,额定转速 $n_N=2000\text{r/min}$,电枢回路总电阻 $R_a=1\Omega$,励磁绕组电阻 $R_f=610\Omega$。设电刷位于几何中性线,磁路不饱和。今将它改为电动机,并联于 220V 电网运行。求它在电枢电流与发电机额定电枢电流相同时的转速。

19-18　一台并励直流发电机数据如下:$P_N=82\text{kW},U_N=230\text{V},n_N=970\text{r/min}$,电枢回路总电阻 $R_a=0.032\Omega$,励磁回路总电阻 $R_f=30\Omega$。今将此发电机作为电动机运行,所加端电压 $U=220\text{V}$,若使电枢电流仍与原来的数值相同。

(1) 求此时电动机的转速(设电刷位于几何中性线,磁路不饱和);

(2) 当电动机空载运行时,空载转矩 T_0 是额定电磁转矩 T_N 的 1.2%,求电动机的空载转速。

第20章 直流电机的运行特性

直流电机既可作为发电机运行,也可作为电动机运行,但两种运行状态下电机的输出量是不同的,因此两种状态下的运行特性也不同。

20.1 直流发电机的运行特性

直流发电机稳态运行时,端电压 U、负载电流 I、励磁电流 I_f 和转速 n 这4个物理量是主要的,也是可变的和较容易测得的。其中转速 n 由原动机决定,一般保持为额定转速 n_N 不变。在此条件下,其他3个量中的一个保持不变,另两个量之间的关系即是一个运行特性。直流发电机的运行特性有如下三个。

(1) 负载特性,指负载电流 $I=$ 常数时,端电压 U 与励磁电流 I_f 间的关系 $U=f(I_f)$。其中,电枢电流 $I_a=0$ 时的特性,称为空载特性。

(2) 电压调整特性(也称外特性),指 $I_f=$ 常数(对自励发电机,是指励磁回路总电阻不变)时,U 与 I 间的关系 $U=f(I)$。

(3) 调整特性,指 $U=$ 常数时,I_f 与负载电流 I 间的关系 $I_f=f(I)$。

直流发电机的运行特性与励磁方式有关。下面分别讨论。

20.1.1 他励直流发电机的运行特性

1. 空载特性

他励直流发电机空载运行时,$I_a=I=0$,空载端电压 U_0 等于电枢电动势 E_a,因此空载特性可用曲线 $E_0=E_a=f(I_f)$ 表示。在转速 n 不变时,由于 $E_a=C_e\Phi n \propto \Phi$,因此空载特性本质上就是磁化特性,只不过曲线的纵坐标成正比地变为 E_a 而已。

空载特性可通过计算得到。对制成的直流发电机,可通过试验测得。试验时,保持转速 $n=n_N$,调节励磁电流 I_f,使其从零开始单调增大,至 $E_0=(1.1\sim1.3)U_N$ 为止,然后再单调减小 I_f 至零。测得的空载特性曲线如图 20-1 中虚线所示。由于铁心材料的磁滞效应,I_f 增大和减小时的两条曲线不重合。通常取其平均值作为空载特性曲线,如图 20-1 中实线所示。空载特性可反映电机磁路的饱和程度。设计电机时,通常把额定电压时的工作点选在空载特性开始弯曲处,即图中的 c 点

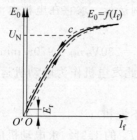

图 20-1 直流电机的空载特性

附近。

在 $I_f=0$ 时，剩磁磁通在电枢绕组中产生剩磁电动势 E_r，通常 $E_r=(2\%\sim4\%)U_N$。实际应用中，常把空载特性延长，与横轴交于 O' 点，以该点作为曲线的坐标原点。

空载特性反映了励磁电流 I_f 和它建立的气隙磁场所产生的电枢电动势之间的关系，是直流电机最基本的特性，它与电机的励磁方式无关。不论直流电机运行时采用哪种励磁方式，其空载特性都在他励方式下测定。

2．负载特性

负载特性 $U=f(I_f)$ 如图 20-2 所示，图中还画出了空载特性 $E_0=f(I_f)$。可见，在同样的 I_f 下，负载电流 I 不同时，U 是不同的。其原因，一是电枢回路电阻压降，由图 20-2 中线段 ac 表示；二是电枢反应的去磁作用，由线段 ab 表示。在某一给定的负载电流 I 下，ab 和 ac 的长度可视为不变，因此负载特性与空载特性间相差一个特性三角形，即 $\triangle abc$，将其顶点 b 沿空载特性移动，顶点 c 的轨迹便是负载特性。

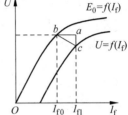

图 20-2 他励直流发电机的负载特性

3．电压调整特性

电压调整特性通常指转速 $n=n_N$、I_f 为额定励磁电流 I_{fN} 时 $U=f(I)$ 的关系，它标志着输出电能的品质。如图 20-3 所示，U 随负载电流 I 的增大而降低，也是由电枢回路的电阻压降和电枢反应的去磁作用造成的。

端电压随负载变化而变化的程度用额定电压调整率 ΔU 来表示，即有

$$\Delta U = \frac{U_0 - U_N}{U_N} \times 100\%$$

式中，U_0 为 $n=n_N$、$I_f=I_{fN}$ 时的空载端电压。他励直流发电机的 ΔU 一般为 $5\%\sim10\%$，即负载变化时，发电机端电压变化不大。

4．调整特性

当转速 $n=n_N$ 时，端电压 U 随负载电流 I 的增大而降低。为保持 $U=U_N$ 不变，需相应地增大励磁电流 I_f，以补偿电枢回路电阻压降和电枢反应的去磁效应。$I_f=f(I)$ 的关系称为调整特性，如图 20-4 所示，是一条略有上翘的曲线。

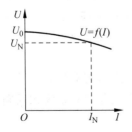

图 20-3 他励直流发电机的电压调整特性

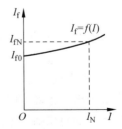

图 20-4 他励直流发电机的调整特性

20.1.2 并励直流发电机的运行特性

并励直流发电机的励磁电流 I_f 是由发电机自身的端电压产生的,端电压则是有了励磁电流 I_f 才能产生。因此,并励发电机要有一个自行建立励磁和端电压的过程,称为建压。并励直流发电机的特点主要体现在电压调整特性上。

1. 建压及其条件

并励直流发电机的接线如图 20-5 所示,励磁绕组的电阻为 R_f,励磁回路串入的附加电阻为 R_{fs},负载电阻为 R_L。并励发电机电枢电流 I_a 为负载电流 I 与励磁电流 I_f 之和。空载时,负载电流 $I=0$,电枢电流 $I_a = I_f \neq 0$。但由于 I_f 较小,一般 $I_f = (1\% \sim 5\%) I_N$,可近似认为 $I_a = 0$,利用空载特性对电压建立过程进行分析。

如图 20-6 所示,曲线 1 是空载特性;直线 2 是励磁回路的伏安特性,其斜率等于励磁回路总电阻 $(R_f + R_{fs})$。当发电机以额定转速 n_N 旋转时,电枢绕组切割剩磁磁通产生剩磁电动势 E_r,E_r 在励磁绕组中产生励磁电流 I_{f1}。如果励磁绕组并联到电枢绕组两端时极性正确,使 I_{f1} 产生与剩磁方向相同的磁通,则气隙磁通增加,电枢电动势增大为 E_1,而 E_1 又产生励磁电流 I_{f2},使电枢电动势进一步增大。如此反复作用,电枢电压就能逐步建立起来,直到图中 a 点为止。如果励磁绕组并联到电枢绕组两端时极性不正确,使 I_f 产生与剩磁磁通方向相反的磁通,则气隙磁通不会增加,发电机不能建压。

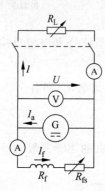

图 20-5 并励直流发电机的接线图

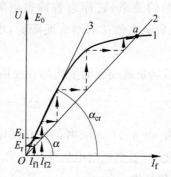

图 20-6 并励直流发电机的建压

以上分析表明,并励发电机所建立的空载端电压由空载特性与励磁回路伏安特性的交点决定。如果增大励磁回路的附加电阻 R_{fs},则励磁回路伏安特性的斜率增大,即 α 角增大。当 α 角增大到 α_{cr} 时,即励磁回路伏安特性为图 20-6 中曲线 3,与空载特性直线段重合时,二者在较高的电压处没有明确的交点,空载稳定电压很低。此时的励磁回路总电阻称为**建压临界电阻**(critical build-up resistance),用 R_{cr} 表示,$R_{cr} \propto \tan\alpha_{cr}$。显然,当 $R_f + R_{fs} > R_{cr}$ 时,发电机不能建压。

综上所述,并励直流发电机建压的条件为:①电机主磁路有剩磁;②励磁绕组并联到电枢绕组两端的极性正确,即励磁磁动势与剩磁磁场方向相同;③励磁回路总电阻小于电机运行转速下的建压临界电阻。

2. 电压调整特性

并励直流发电机转速 $n = n_N$,励磁回路总电阻为常数时,$U = f(I)$ 的关系称为电压调

20.1 直流发电机的运行特性

整特性,如图 20-7 所示。为便于比较,图中还画出了他励发电机的电压调整特性。

并励发电机的电压调整特性与他励发电机的有所不同:

(1) 额定电压调整率 ΔU 较大,可达 20%～30%

其原因除了电枢回路电阻压降和电枢反应的去磁效应外,还由于 U 降低时引起励磁电流 I_f 减小,使 U 进一步降低。

(2) 负载电流有"拐弯"现象

这是由于并励和磁路饱和程度变化而引起的。当端电压 U 接近额定值时,减小负载电阻 R_L,使负载电流 I 增大,励磁电流 I_f 将因 U 的降低而减小。此时电机磁路处于饱

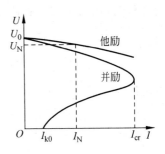

图 20-7 并励直流发电机的电压调整特性

和状态,I_f 减小所引起的 U 的降低并不大,因此 U 降低的幅度小于 R_L 减小的幅度。而 $I=U/R_L$,故 I 随 R_L 的减小而增大。当 I 增大到临界电流 I_{cr}(约为 I_N 的 2～3 倍)后,若继续减小 R_L,则由于 U 的降低已使 I_f 大幅减小,磁路处于低饱和甚至不饱和状态,因此 I_f 减小使 U 降低的幅度要比 R_L 减小的幅度大,I 不但不增大,反而不断减小,直至短路。短路电流 $I_{k0}=E_r/R_a$。由于 E_r 为剩磁电动势,数值很小,因此并励发电机的稳态短路电流并不很大,常小于 I_N。

20.1.3 复励直流发电机的电压调整特性

复励发电机通常采用积复励,其中,并励绕组磁动势起主要作用,使空载时能产生额定电压;串励绕组磁动势则用于补偿电枢回路电阻压降和电枢反应的去磁作用。按照串励绕组磁动势补偿作用的强弱,又可分为三类,如图 20-8 所示。若恰好使额定负载时的端电压等于其额定值,则称为平复励。若补偿作用过强,使电压调整特性上翘,额定负载时的端电压高于其额定值,则称为过复励;反之,称为欠复励。

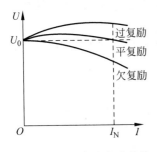

图 20-8 复励直流发电机的电压调整特性

例 20-1 一台并励直流发电机,额定电压为 230V,额定电枢电流为 40.5A,额定转速为 1450r/min,电枢回路总电阻 $R_a=0.55\Omega$。当转速为 1000r/min 时,测得空载特性如下:

I_f/A	0.64	0.89	1.38	1.5	1.73	1.82	2.07	2.75
E_0/V	70	100	150	159	172	174	182	196

该发电机额定运行时,电枢反应的去磁效应相当于并励绕组励磁电流的 0.05A。求该发电机额定运行时励磁回路总电阻。

解:额定运行时,电枢电动势为

$$E_{aN}=U_N+I_{aN}R_a=230+40.5\times0.55=252.3\text{V}$$

已知的空载特性是在 $n=1000\text{r/min}$ 下测得的,而 E_{aN} 是额定转速 $n_N=1450\text{r/min}$ 下的值,因此,在由 E_{aN} 查空载特性求相应的 I_f 值时,应先将它换算为 1000r/min 下的电枢电动势,即

$$E_a = \frac{n}{n_N}E_{aN} = \frac{1000}{1450} \times 252.3 = 174\text{V}$$

由此值查表,得 $I_f = 1.82\text{A}$。

因为额定运行时电枢反应的去磁效应相当于并励绕组励磁电流的 0.05A,所以实际的励磁电流为

$$I_{fN} = I_f + 0.05 = 1.82 + 0.05 = 1.87\text{A}$$

则励磁回路的总电阻为

$$R_f = \frac{U_N}{I_{fN}} = \frac{230}{1.87} = 123\Omega$$

练习题

20-1-1 一台直流发电机空载运行时,电枢电动势 $E_a = 230\text{V}$。说明在下列情况下,电枢电动势分别如何变化:

(1) 磁通减少 10%;

(2) 励磁电流减小 10%;

(3) 磁通不变,转速升高 20%;

(4) 磁通减少 10%,同时转速升高 20%。

20-1-2 为什么他励直流发电机的电压调整特性是一条下垂的曲线,而调整特性是一条上翘的曲线?

20-1-3 比较他励直流发电机和并励直流发电机电压调整率 ΔU 的大小,二者有什么不同?

20-1-4 比较他励直流发电机和并励直流发电机短路电流的情况。

20-1-5 并励直流发电机建压需要什么条件?其空载端电压由什么决定?

20.2 直流电动机的运行特性

电动机输出的是机械功率,表征其稳态运行性能的主要物理量是转矩和转速。因此,直流电动机的运行特性主要是与转矩、转速相关的特性,它们与励磁方式密切相关。

20.2.1 他励和并励直流电动机的运行特性

并励和他励直流电动机的差别仅在于励磁回路是否与电枢回路并联在同一直流电源上,因此二者的运行特性是相同的。下面仅以他励直流电动机为例进行分析。

1. 工作特性

工作特性是指电动机稳态运行时,转速 n、电磁转矩 T 和效率 η 与电枢电流 I_a(或输出功率 P_2)的关系。

20.2 直流电动机的运行特性

(1) 转速调整特性

当 $U=U_N$, $I_f=I_{fN}$ 时，$n=f(I_a)$ 的关系称为转速调整特性。

由式(19-1)和式(19-10)，可推导出他励电动机的转速公式为

$$n = \frac{U - I_a R_a}{C_e \Phi} \tag{20-1}$$

若主磁通 Φ 不变，则当 I_a 增大时，电枢回路电阻压降 $I_a R_a$ 增大，使转速 n 降低。电枢反应通常具有去磁效应，使 Φ 减少，n 趋于升高。由于这两种因素对 n 的影响相反，因此通常 n 变化很小，转速调整特性 $n=f(I_a)$ 为硬特性。为保证电动机能稳定运行，应使其转速调整特性是略微下降的，如图 20-9 所示。

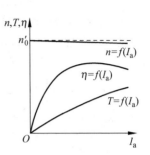

图 20-9 他励直流电动机的工作特性

他励和并励直流电动机运行中，励磁绕组绝对不能开路，否则主磁通 Φ 将很快减至剩磁磁通，电枢电流急剧增加。在电动机重载时，可能因电磁转矩小于负载转矩而停转，则电枢电动势等于零，电枢电流进一步增大，有导致电动机过热而烧毁的危险；在电动机空载或轻载时，电动机转速会迅速升高，造成"飞车"而损坏转动部件。

(2) 转矩特性

当 $U=U_N$, $I_f=I_{fN}$ 时，$T=f(I_a)$ 的关系称为转矩特性。

因 $T=C_e \Phi I_a$，故当 Φ 不变时，T 与 I_a 成正比，转矩特性是一条直线。若电枢反应有去磁效应，则转矩特性要偏离直线而略微向下弯曲，如图 20-9 所示。

(3) 效率特性

当 $U=U_N$, $I_f=I_{fN}$ 时，效率 $\eta=f(I_a)$ 的关系称为效率特性，如图 20-9 所示。在电动机总损耗 $\sum p$ 中，空载损耗 p_0 基本不随 I_a 的变化而变化，可视为不变损耗；电枢回路铜耗 p_{Cu} 随 I_a^2 成正比变化，是可变损耗。当可变损耗等于不变损耗时，η 达到最大值。

2. 机械特性

在端电压 U 和励磁电流 I_f 一定时，转速 n 与电磁转矩 T 之间的关系 $n=f(T)$ 称为机械特性，是电动机的重要特性。

n 与 T 的关系实际上已经包含在上述的工作特性中。将 $T=C_T \Phi I_a$ 代入式(20-1)，可得机械特性的表达式为

$$n = \frac{U}{C_e \Phi} - \frac{R_a}{C_e C_T \Phi^2} T = n_0' - \alpha T \tag{20-2}$$

式中，$\alpha = \frac{R_a}{C_e C_T \Phi^2}$，为机械特性的斜率；$n_0' = \frac{U}{C_e \Phi}$，为理想空载转速，它是机械特性与纵轴的交点。可见他励电动机机械特性的形状与转速调整特性的相似，如图 20-10 所示。电动机的空载转速 n_0，是机械特性与空载转矩 T_0 线的交点，要比 n_0' 小一些。

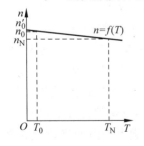

图 20-10 他励直流电动机的机械特性

由式(20-2)可见,在不同的端电压 U、主磁通 Φ 或电枢回路总电阻 R_a 下,电动机有多个机械特性。把 $U=U_N$、$I_f=I_{fN}$、电枢回路未串联附加电阻时的机械特性,称为固有机械特性。他励和并励电动机的固有机械特性是一条略微下降的直线,为硬特性(α 值很小)。它适用于要求带负载后转速变化不大的场合,比如用于机床、轧钢机等。

例 20-2 一台他励直流电动机,额定电压 $U_N=440$V,额定电流 $I_N=250$A,额定转速 $n_N=500$r/min,电枢回路总电阻 $R_a=0.078\Omega$。求该电动机固有机械特性的表达式。

解:先求理想空载转速 n_0'。由题意得

$$E_{aN} = U_N - I_{aN}R_a = U_N - I_N R_a = 440 - 250 \times 0.078 = 420.5 \text{V}$$

$$n_0' = \frac{U_N}{E_{aN}} n_N = \frac{440}{420.5} \times 500 = 523.2 \text{r/min}$$

再求机械特性曲线的斜率 α:

$$C_T \Phi_N = \frac{60}{2\pi} C_e \Phi_N = \frac{60}{2\pi} \frac{E_{aN}}{n_N} = \frac{60}{2\pi} \times \frac{420.5}{500} = 8.031 \text{N·m/A}$$

$$\alpha = \frac{R_a}{C_e \Phi_N C_T \Phi_N} = \frac{0.078}{0.841 \times 8.031} = 0.01155 \text{r·min}^{-1} \cdot (\text{N·m})^{-1}$$

则固有机械特性的表达式为 $n=523.2-0.01155T$(n 和 T 单位分别为 r/min 和 N·m)。

20.2.2 串励和复励直流电动机的机械特性

1. 串励直流电动机

串励直流电动机的励磁绕组与电枢绕组串联,电流关系为 $I_f=I_a$,主磁通 Φ 随电枢电流 I_a 的变化而变化。这是它的主要特点。

串励电动机磁路不饱和时,$\Phi=K_f I_f=K_f I_a$(K_f 为常数),电磁转矩 T 与 I_a 的关系为

$$T = C_T \Phi I_a = C_T K_f I_a^2 \quad \text{或} \quad I_a = \sqrt{\frac{T}{C_T K_f}}$$

设串励励磁绕组的电阻为 R_s,则电枢回路的电动势方程式为

$$U = E_a + (R_a + R_s)I_a$$

由以上二式以及 $E_a=C_e \Phi n$,可得机械特性表达式为

$$n = \frac{U - I_a(R_a + R_s)}{C_e \Phi} = \frac{\sqrt{C_T}}{C_e \sqrt{K_f}} \frac{U}{\sqrt{T}} - \frac{R_a + R_s}{C_e K_f} \tag{20-3}$$

上式表明:在磁路不饱和时,转速 n 基本上与 $\sqrt{T}$ 成反比。实际上,在 I_a 较大时,由于磁路饱和,主磁通 Φ 接近常数,这种关系便不再成立,此时其机械特性接近于他励电动机。串励电动机的机械特性如图 20-11 中曲线 1 所示。

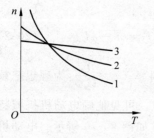

图 20-11 串励和复励电动机的机械特性

可见,串励电动机的机械特性是一个非线性的软特性,转速 n 随 T 的增大而迅速降低。具有这种特性的电动机,用于电车、电力机车等场合有很大优点。因为当负载转矩增大后,转速会自动降低,使输出功率 $P_2=T_2\Omega$ 变化不大,电动机不至于因负载增大而过载。此外,由于 T 近似与 I_a^2

成正比,因此串励电动机具有优良的起动性能。

串励电动机在轻载时,电磁转矩 T 较小,I_a 很小,气隙磁通值很小,因此转速很高。若 $I_a=0$,则理想空载转速趋于无限大,所以串励电动机不允许空载运行,以防发生危险的"飞车"现象。通常要求负载转矩在其额定值的 1/4 以上。

2. 复励直流电动机

复励直流电动机通常采用积复励。由于兼有并励和串励绕组,因此其机械特性介于并励和串励电动机特性之间,如图 20-11 中曲线 2 所示。图中还画出了他励电动机的机械特性(曲线 3)以作比较。复励电动机具有串励电动机起动性能好的优点,而没有空载转速极高的缺点。

练习题

20-2-1 一台并励直流电动机带负载运行于某 E_a、I_a、n 和 T 值下。若负载转矩增大,则电动机中将发生怎样的瞬态过程?到达新的稳态时,E_a、I_a、n 和 T 与其原值相比分别有什么变化?

20-2-2 他励直流电动机的机械特性曲线为什么是下垂的?若电枢反应的去磁作用很明显,则对机械特性有什么影响?

20-2-3 并励和串励直流电动机的机械特性有何不同?为什么电车和电力机车中使用串励电动机?

20.3 直流电动机的调速

拖动机械负载运行的电动机,其稳态转速取决于电动机和负载的机械特性的交点。负载的机械特性通常是一定的,不能改变,但可以人为改变电动机的机械特性,使电动机和负载的机械特性的交点发生变化,从而改变电动机和机械负载的转速。

20.3.1 他励直流电动机的调速方法

从他励直流电动机的转速公式即式(20-1)可知,调速的方法有三种:改变电枢回路电阻(即电枢回路串接电阻)、改变端电压和改变磁通。

1. 电枢串接电阻调速

由他励直流电动机的机械特性表达式即式(20-2)可知,在端电压 U 和主磁通 Φ 不变的条件下,在电枢回路串入附加电阻后,机械特性的斜率 α 增大,而理想空载转速 n'_0 不变。据此可得串入不同附加电阻 R_{s1}、R_{s2}、R_{s3}($R_{s1}<R_{s2}<R_{s3}$)时的人为机械特性,分别如图 20-12 中曲线 2、3、4 所示,图中曲线 1 为固有机械特性。当电动机拖动恒转矩负载时,如图中 AB 线所示,若认为空载转矩 T_0 不变,则电动机稳态运行时的电磁转矩 T 不变。串入附加电阻 R_{s3},就可使转速由高(a 点)降低(b 点)。

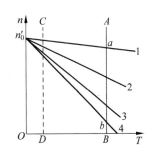

图 20-12 电枢串接电阻调速

这种调速方法只能将转速从基速(运行于固有机械特性上的转速)调低。如果串联电阻的阻值能连续调节,转速就能平滑调节。该方法的主要缺点是:①效率低。若负载转矩不变,则调速后电磁转矩 $T=C_T\Phi I_a$ 不变,即电枢电流 I_a 不变,因此输入功率 $P_1=UI_a$ 不变,而输出功率 $P_2=T_2\Omega$ 随转速的降低成正比地减小,因此转速越低,效率也越低,能量大部分消耗在串入的附加电阻上。②调速范围随负载转矩而变化。从图 20-12 可以看出,当负载转矩减小时,调速范围变小,如图中 CD 线所示。③串入电阻后机械特性变软,负载波动时转速的变化较大。

2. 改变端电压调速

当励磁电流 I_f 和电枢回路总电阻 R_a 不变,仅调节端电压 U 时,人为机械特性是与固有机械特性相平行的直线,如图 20-13 所示。图中,曲线 1、2、3、4 分别是 $U=U_1(=U_N)$、U_2、U_3、$U_4(U_1>U_2>U_3>U_4)$ 时的机械特性。当电动机拖动恒转矩负载时,将端电压由 $U_1=U_N$ 降低到 U_4,就可使转速由高(a 点)降低(b 点)。

改变端电压调速只能将转速从基速调低。若负载转矩不变(设 T_0 不变),则调速后电枢电流 I_a 不变,输入功率 $P_1=UI_a\propto U$。由于 $U\approx E_a\propto n$,因此 P_1 近似与 n 成正比;而输出功率 P_2 与 n 成正比,所以调速时效率基本不变。

改变端电压调速需要电压连续可调的专用直流电源。它可以是一台他励直流发电机,但现在通常采用晶闸管可控整流电源或直流斩波器。

3. 改变磁通调速

该方法通过调节励磁电流 I_f 来实现。电动机在额定励磁电流下,磁路通常已经饱和,再增加主磁通 Φ 比较困难,所以应减小 I_f 以减少 Φ。保持端电压 U 和电枢回路总电阻 R_a 不变,减少 Φ 时的人为机械特性如图 20-14 所示。图中,曲线 1 是固有机械特性,曲线 2、3 分别是将主磁通减为 Φ_1、$\Phi_2(\Phi_2<\Phi_1)$ 时的人为机械特性。当电枢回路不串入附加电阻,负载转矩不过分大时,减少主磁通可使转速升高。这种调速方法常被简称为"弱磁升速"。

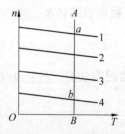

图 20-13 改变端电压调速

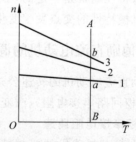

图 20-14 改变磁通调速

改变磁通调速通常只能将转速从基速调高。若负载转矩不变(设 T_0 不变),则减少主磁通 Φ 后,电枢电流 I_a 增大,输入功率 P_1 增加,而输出功率 P_2 也与转速 n 成正比增加,因此调速时效率基本不变。

改变励磁电流可以通过在励磁回路串联变阻器来实现,因此该调速方法设备简单,功率消耗少,可以方便地实现转速的平滑调节。但受换向、机械强度和运行稳定性的限制,主磁通不能减少得过多。一般最高转速为 $(1.2\sim1.5)n_N$;特殊设计的弱磁调速电动机,最高转速可达到 $(3\sim4)n_N$。

他励直流电动机用于调速电气传动系统中时,广泛采用降低端电压与减少磁通相结合的双向调速方法,能在宽广的转速范围里平滑、经济、高效率地调速。因此说,他励直流电动机具有优良的调速性能。

20.3.2 串励直流电动机的调速方法

串励直流电动机调速时,需要使励磁电流 I_f 与电枢电流 I_a 不相等,其关系为 $I_f = \beta I_a$,则由式(20-3)可得串励直流电动机的机械特性表达式为

$$n = \frac{\sqrt{C_T}}{C_e \sqrt{K_f \beta}} \frac{U}{\sqrt{T}} - \frac{R_a + R_s}{C_e K_f \beta}$$

可见,串励直流电动机的调速方法有三种,即电枢串接电阻、改变端电压 U 和改变 I_f 与 I_a 的比值 β。

例 20-3 一台他励直流电动机,额定电压 $U_N = 750\text{V}$,额定电流 $I_N = 1930\text{A}$,额定转速 $n_N = 200\text{r/min}$,额定励磁电流 $I_{fN} = 50\text{A}$,电枢回路总电阻 $R_a = 0.0171\Omega$。该电动机原为额定运行,如果负载转矩和空载转矩不变,不计磁路饱和影响,求以下两种情况下电动机稳态运行时的电枢电流和转速:

(1) 在电枢回路串入 $R_s = 0.0743\Omega$ 的电阻;
(2) 将励磁电流降为 45A。

解:(1) 因 $T_2 + T_0$ 不变,所以稳态时电磁转矩 T 不变。因励磁电流不变,不计饱和影响,所以每极磁通量为额定值 Φ_N 不变。又由于 $T = C_T \Phi I_a$,因此,稳态时电枢电流 I_a 不变,即 $I_a = I_N = 1930\text{A}$。

额定运行时,电枢电动势为

$$E_{aN} = U_N - I_{aN} R_a = U_N - I_N R_a = 750 - 1930 \times 0.0171 = 717\text{V}$$

电枢回路串入电阻 R_s 后,稳态运行时的电枢电动势 E_a 减小为

$$E_a = U_N - I_a(R_a + R_s) = 750 - 1930 \times (0.0171 + 0.0743) = 573.6\text{V}$$

由于 Φ 不变,$E_a = C_e \Phi n$,因此电动机稳态转速降为

$$n = \frac{E_a}{E_{aN}} n_N = \frac{573.6}{717} \times 200 = 160\text{r/min}$$

(2) 不计饱和时,$\Phi \propto I_f$。设励磁电流减为 $I_f = 45\text{A}$ 时的每极磁通量为 Φ',则

$$\frac{\Phi'}{\Phi_N} = \frac{I_f}{I_{fN}} = \frac{45}{50} = 0.9$$

设稳态时电枢电流变为 I_a',因电磁转矩不变,由 $T = C_T \Phi I_a$ 可得

$$I_a' = \frac{\Phi_N}{\Phi'} I_{aN} = \frac{\Phi_N}{\Phi'} I_N = \frac{1}{0.9} \times 1930 = 2144\text{ A}$$

电枢电动势为

$$E_a' = U_N - I_a' R_a = 750 - 2144 \times 0.0171 = 713.3\text{V}$$

稳态转速为

$$n' = \frac{E_a'}{E_{aN}} \frac{\Phi_N}{\Phi'} n_N = \frac{713.3}{717} \times \frac{1}{0.9} \times 200 = 221.1\text{ r/min}$$

练习题

20-3-1 他励直流电动机有哪些调速方法?各种方法分别有何特点?

20-3-2 一台他励直流电动机拖动恒转矩负载运行,额定转速 $n_N = 1500\text{r/min}$,不计

空载转矩 T_0，试在下表空格中填上有关数据。

U	Φ	$(R_a+R_s)/\Omega$	$n'_0/\text{r}\cdot\text{min}^{-1}$	$n/\text{r}\cdot\text{min}^{-1}$	I_a/A
U_N	Φ_N	0.5	1650	1500	58
U_N	Φ_N	2.5			
$0.6U_N$	Φ_N	0.5			
U_N	$0.8\Phi_N$	0.5			

20-3-3 他励直流电动机拖动恒功率负载（即电动机输出功率不变）运行，若采用改变磁通调速，则电动机的电枢电流、电磁功率、输入功率、效率等将如何变化？

20.4 直流电动机的起动和制动

20.4.1 直流电动机的起动

直流电动机运行中也必须经历起动这一瞬态过程。在此过程中，电枢电流、电磁转矩和转速都随时间而变化。对直流电动机起动的基本要求是：①起动时电磁转矩大，电动机加速快；②起动时的电流冲击不能太大；③起动设备简单、经济、可靠、便于控制。其中，限制起动电流和增大起动转矩是相互矛盾的。通常需要结合电动机和负载的要求，在保证足够的起动转矩的前提下尽量减小起动电流。

直流电动机的起动方法有以下三种。

1. 全压起动

把电动机直接接在额定电压的直流电源上的起动方法，称为全压起动。这种方法所用设备和操作都很简单，但是在起动开始瞬间，由于转速 $n=0$，电枢电动势 $E_a=0$，而电枢回路总电阻 R_a 很小，因此电枢电流 $I_a=U_N/R_a$ 很大，可达到 $(10\sim20)I_N$。这样大的冲击电流，不仅对电动机的换向、温升和机械方面都很不利，而且可能使电网电压发生瞬时跌落，影响其他用电设备的正常运行。所以一般不采用这种方法。只有额定功率很小（如 4kW 以下）的直流电动机，因其电枢回路总电阻的标幺值较大，且转动惯量很小，才可以采用全压起动。

2. 电枢串接电阻起动

起动时，在电枢回路中串入起动电阻，以限制电枢电流；起动结束时将电阻全部切除。如果要求起动时电磁转矩持续较大，则串入分级的起动变阻器，随着转速的升高，逐级切除电阻。

3. 降压起动

对于功率较大而起动又比较频繁的直流电动机，若采用电枢串接电阻起动，由于起动变阻器体积较大，起动时会消耗较多的电能，因此很不经济。此时可采用降低端电压的方法起动，即降压起动。起动中，可随着转速的升高而逐步升高端电压，在将电枢电流限制在一定范围之内的同时，获得较大的电磁转矩。并励直流电动机采用降压起动时，应使励磁电流不降低，否则电磁转矩减小，对起动不利。

降压起动的优点是起动电流小，起动过程平滑，耗能少，但需要专门的直流电源。

20.4.2 直流电动机的电制动

1. 能耗制动

以他励直流电动机为例,如图 20-15 所示。制动时,保持励磁电流不变,用开关 QS 将电枢回路从电网断开,并立即接到制动电阻 R_B 上。转子因有惯性而转向不变,因此电枢电动势 E_a 产生的电枢电流 I_a 与电动机状态时的反向,产生与转向相反的电磁转矩,使机组减速。其动能转换为制动电阻 R_B 和机组自身的损耗,直至停转。

能耗制动用于使电动机停转,操作简便,易于实现。但在制动过程中,转速越低,制动转矩越小,使制动时间拖长,必要时可再加上机械制动方式。

2. 反接制动

他励直流电动机反接制动时的接线如图 20-16 所示。保持励磁电流不变,用反向开关 QS 将电枢回路两端反接到电网上。此时,端电压 U 与电枢电动势 E_a 方向相同。为限制反接时的电枢电流冲击,需同时在电枢回路中串入限流电阻 R_L。由于端电压反向,因此电枢电流反向,产生很大的制动性电磁转矩,使机组减速。当转速为零时,如果没有外部机械转矩的作用,则应及时切断电源,防止电机反向起动。反接制动时,电源电能和机组动能转换为限流电阻 R_L 和机组自身的损耗。

反接制动可使电动机快速制动、停转。它和能耗制动一样,都是通过电阻消耗能量的制动方法,不够经济。

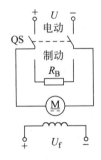
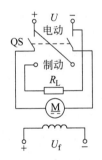

图 20-15 他励电动机能耗制动接线示意图　　图 20-16 他励电动机反接制动接线示意图

3. 回馈制动

他励直流电动机采用改变端电压调速时,如果突然降低端电压 U,转速 n 由于惯性而不能突变,电枢电动势 E_a 也不变,就会出现 $E_a > U$ 的情况。这时电枢电流反向,产生制动性电磁转矩,使转子减速;机组的动能转换为电能,回馈给电网。这种制动方式称为回馈制动。回馈制动过程中不仅不消耗电网能量,还可以回收电能。

串励直流电动机拖动的电力机车下长坡时,若将励磁方式由串励改为他励,并保持适当的励磁电流,则当机车速度超过一定值时,可使 $E_a > U$,这时电机实际上运行于发电机状态,产生制动性电磁转矩,限制速度的进一步上升,同时将使机车加速的位能转换为电能,回馈给电网。从串励电动机的机械特性(图 20-11)可以看出,无论转速多高,它都不会变为发电机。因此,串励电动机要进行回馈制动,必须改接为他励、并励或复励方式。

练习题

20-4-1　一般的他励直流电动机为什么不能全压起动？应采用什么起动方法？

20-4-2　若他励直流电动机的电枢回路和励磁回路中都串联了变阻器，在起动时，应如何调节这两个变阻器的阻值？

小　结

本章讨论了直流发电机和直流电动机在不同励磁方式下的运行特性。

直流发电机可以他励，也可以自励。自励方式主要是并励和复励。自励发电机建压需要满足三个条件：主磁路有剩磁，励磁绕组联结极性正确，励磁回路总电阻小于电机运行转速下的建压临界电阻。

直流发电机的主要运行特性有空载特性、负载特性和电压调整特性。各特性之间有内在联系，空载特性是其他特性的依据。电枢回路电阻压降和电枢反应的去磁效应，影响负载时的运行特性。电压调整特性是发电机运行中最重要的一个特性，它描述了发电机端电压随负载电流变化而变化的规律，在不同励磁方式下有较大的差异。

直流电动机可以他励，也可以自励。自励方式包括并励、串励和复励。不同励磁方式的运行特性也有所差别，因此其应用场合也不相同。直流电动机运行性能可以从机械特性、工作特性、调速特性、起动性能和制动特性这五个方面来描述。

机械特性表示电动机两个最重要的物理量，即电磁转矩和转速之间的关系。他励和并励直流电动机的固有机械特性为硬特性，串励电动机的则为软特性。改变端电压、电枢回路串接的电阻和励磁电流这三者之一，都可以改变电动机的机械特性，使之与负载机械特性的交点发生变化，从而获得不同的转速。能在宽广的转速范围内平滑而经济地调速，是直流电动机的突出优点。

工作特性表示电动机的转速、电磁转矩、效率与电枢电流（或输出功率）之间的关系。他励和并励电动机在负载变化时，转速略有下降。运行中，励磁绕组绝对不能开路。串励电动机的转速随负载的增大而急剧下降，在空载或轻载时有飞车的危险。复励电动机的转速调整特性介于此二者之间。

直流电动机全压起动时，电枢电流非常大。为了限制起动电流，常采用电枢串接电阻起动和降压起动方法。

直流电动机电制动时，产生与转速方向相反的电磁转矩。能耗制动和反接制动都用于使电动机停转，前者的制动转矩小，后者的制动转矩大，二者都消耗较多的电能。回馈制动是最为经济的制动方法，但只适用于限制电动机升速和使电动机减速的场合。

思　考　题

20-1　直流电机的损耗中，哪些是可变损耗？哪些是不变损耗？

20-2　把他励直流发电机的转速升高20%，则其空载端电压升高多少（励磁电流不变)？如果是并励直流发电机，电压升高比前者多还是少(励磁回路电阻不变)？

20-3 一台直流发电机，在励磁电流和电枢电流不变的条件下，若转速降低，则其电枢电动势、电磁转矩、铜耗、铁耗、机械损耗、电磁功率、输出功率、输入功率分别如何变化？

20-4 如何改变并励、串励、复励直流电动机的转向？

20-5 他励直流电动机拖动恒转矩负载运行时，如果增加其励磁电流，说明 T、E_a、I_a 及 n 的变化趋势。

20-6 并励直流电动机运行时，如果励磁回路突然断开，说明 Φ、E_a、I_a 及 n 的变化趋势。

20-7 一台并励直流电动机在正转时有一定转速，现欲改变其旋转方向，为此停车后改变其励磁电流方向或电枢电流方向均可。但重新起动后，发现它在同样情况下的转速与原来的不一样了，问这可能是什么原因造成的？

20-8 一台他励直流电动机拖动恒转矩负载运行时，改变端电压或电枢回路串入的附加电阻值，能否改变其稳态下的电枢电流大小？为什么？这时电动机的哪些量要发生变化？对于一台串励直流电动机，上述情况又如何？

20-9 用于卷扬机中的一台他励直流电动机，当端电压为额定值、电枢回路串入电阻时，拖动重物匀速上升。若将端电压突然倒换极性，则电动机最后稳定运行于什么状态？重物提升还是下放？并说明中间经过了什么运行状态？

习　　题

20-1 一台并励直流发电机，电枢回路总电阻 $R_a=0.46\Omega$，转速为 1450r/min 时的空载特性如下：

I_f/A	0.64	0.89	1.38	1.5	1.73	1.82	2.07	2.75
E_0/V	101.5	145.0	217.5	230.0	249.4	253.0	263.9	284.2

该发电机在额定转速 $n_N=1450\text{r/min}$，额定电压 $U_N=230\text{V}$，额定电枢电流 $I_{aN}=50\text{A}$ 时，电枢反应的去磁效应相当于并励绕组励磁电流的 0.35A。求此时并励回路的电阻。

20-2 一台他励直流发电机，额定转速 $n_N=1000\text{r/min}$，额定电压 $U_N=230\text{V}$，额定电枢电流 $I_{aN}=10\text{A}$，额定励磁电流 $I_{fN}=3\text{A}$，电枢回路总电阻 $R_a=1\Omega$，励磁绕组电阻 $R_f=50\Omega$，转速为 750r/min 时的空载特性如下表：

I_f/A	0.4	1.0	1.6	2.0	2.5	2.6	3.0	3.6	4.4
E_0/V	33	78	120	150	176	180	194	206	225

若该发电机以额定转速运行时，求解下述问题：
(1) 求空载端电压($I_f=3\text{A}$ 时)和满载时的电枢电动势；
(2) 若将此电机改为并励发电机，则额定运行时励磁回路应串入多大的电阻？

(3) 满载时电枢反应的去磁效应相当于多大的励磁电流?

20-3 如果把上题的他励直流发电机在额定负载电流时的端电压提高到240V,用提高转速的方法,问转速应提高到多少?这种情况下的空载端电压是多大?

20-4 甲、乙两台完全相同的并励直流电机,转轴联在一起,电枢并联于230V的直流电网上(极性正确),转轴上不带任何负载。已知电枢回路总电阻为0.1Ω,在1000r/min时的空载特性如下:

I_f/A	1.3	1.4
E_0/V	186.7	195.9

现在两台电机的转速是1200r/min,甲、乙台电机的励磁电流分别为1.4A和1.3A。不计附加损耗。

(1) 这时哪台电机为发电机,哪台为电动机?
(2) 两台电机总的机械损耗和铁耗是多少?
(3) 只调节励磁电流能否改变两台电机的运行状态(设转速不变)?
(4) 在1200r/min时,两台电机是否可以都从电网吸收功率或都向电网发出功率?

20-5 一台他励直流电动机的额定数据为 $P_N=75$kW, $U_N=220$V, $I_N=387$A, $n_N=750$r/min,电枢回路总电阻 $R_a=0.028\Omega$,忽略电枢反应。求固有机械特性的理想空载转速 n_0' 和斜率 α。

20-6 一台他励直流发电机的铭牌数据为 $P_N=1.75$kW, $U_N=110$V, $I_N=20.1$A, $n_N=1450$r/min。已知电枢回路总电阻 $R_a=0.66\Omega$,不计电枢反应,试求:

(1) 固有机械特性的表达式和额定电磁转矩;
(2) 50%额定负载转矩下的转速(不计空载转矩)和转速为1500r/min时的电枢电流。

20-7 一台并励直流电动机的额定值为 $U_N=220$V, $I_N=46.6$A, $n_N=1040$r/min,电枢回路总电阻 $R_a=0.637\Omega$,励磁回路电阻 $R_f=200\Omega$,额定转速下的空载特性如下:

I_f/A	0.4	0.6	0.8	1.0	1.1	1.2	1.3
E_0/V	83	120.5	158	182	191	198.6	204

若电源电压降低到 $U=160$V,而电磁转矩不变,求电动机的转速(不计电枢反应的影响)。

20-8 一台他励直流电动机,额定电压 $U_N=600$V,忽略所有损耗。

(1) 当端电压为额定值,负载转矩为额定值 $T_{2N}=420$N·m 不变时,转速为1600r/min,求该电动机的额定电枢电流;
(2) 保持端电压为额定值不变,采用弱磁调速使转速升高到4000r/min,求电动机此时能输出的最大转矩。

20-9 一台并励直流电动机,额定值为 $P_N=5.5$kW, $U_N=110$V, $I_N=58$A, $n_N=1470$r/min,电枢回路总电阻 $R_a=0.17\Omega$,励磁回路电阻 $R_f=137\Omega$。电动机额定运行时,

突然在电枢回路串入 0.5Ω 电阻,若不计电枢电路中的电感,计算此瞬时的电枢电动势、电枢电流和电磁转矩,并求稳态时的电枢电流和转速(设负载转矩和空载转矩不变)。

20-10 上题中的直流电动机在额定运行时,如将电源电压突然降到 100V,试重新求解(假定磁路线性,不考虑机电瞬态过程)。

20-11 题 20-9 中的直流电动机在额定运行时,如调节励磁电流使每极磁通量突然减少 15%,试重新求解。

20-12 两台相同的串励直流电动机,电枢回路总电阻都是 0.3Ω,但由于制造方面的原因,气隙长度略有差异。当同样接到 550V 的电源上,且电枢电流都为 100A 时,一台电机的转速为 600r/min,另一台的转速为 550r/min。现将两台电机的转轴联在一起,再把它们的电枢回路串联起来(极性正确)接到 550V 直流电源上,求:

(1) 当电枢电流为 100A 时,它们的转速;

(2) 此时气隙较大的电机的端电压。

20-13 一台并励直流电动机,额定电压 $U_N=220V$,电枢回路总电阻 $R_a=0.032Ω$,励磁回路电阻 $R_f=27.5Ω$。今将该电动机装在起重机上,当使重物上升时电动机的数据为 $U=U_N$,$I_a=350A$,$n=795r/min$。若保持电动机的端电压和励磁电流不变,以转速 $n'=100r/min$ 将重物下放时,电枢回路需串入多大电阻?

20-14 上题之电机,在励磁电流保持不变,电枢回路串接电阻的情况下,如果采用能耗制动方法,以 100r/min 的转速将此重物下放,求电枢回路应串入多大电阻?仍采用此法,并通过改变串联电阻的大小来改变下放速度,当达到可能的最低下放速度时,电机转速 n_{min} 是多少?

20-15 一台他励直流电动机数据如下:$U_N=220V$,$I_{aN}=10A$,$n_N=1500r/min$,电枢回路总电阻 $R_a=1Ω$。现电动机拖动一质量 $m=5.44kg$ 的重物上升,如题图 20-1 所示。已知绞车车轮半径 $r=0.25m$,不计机械损耗、铁耗、附加损耗和电枢反应,保持励磁电流和端电压为额定值。

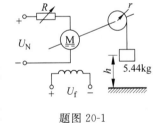

题图 20-1

(1) 若电动机以 $n=150r/min$ 的转速将重物提升,则电枢回路应串入多大电阻?

(2) 当重物上升到距地面 h 高度时使重物停住,这时电枢回路应串入多大电阻?

(3) 如果希望把重物从 h 高度下放到地面,并保持下放重物的速度为 3.14m/s,这时电枢回路应串入多大电阻?

(4) 当重物停在 h 高度时,如果把重物拿掉,则电动机的转速将为多少?

20-16 上题中的电动机,电枢回路不串电阻,利用改变磁通的方法来达到调速目的。

(1) 当电动机加额定励磁电流时,重物上升的速度是多少?

(2) 当把电动机的主磁通减少到 $Φ=0.8Φ_N$、$\frac{1}{21}Φ_N$、$\frac{1}{22}Φ_N$ 和 $\frac{1}{23}Φ_N$ 几种情况时,电动机的转速分别是多少?

(3) 如果使电动机的主磁通 $Φ=-Φ_N$,则其转速是多少?

20-17 题 20-15 中的电动机,电枢回路不串电阻,并保持主磁通为 $Φ_N$ 不变,利用改变电源电压的方法来调速。

(1) 若电动机以 $n=150\text{r/min}$ 的转速将重物提升,则电动机的端电压是多少?

(2) 当重物上升到距地面 h 高度时使重物停住,这时电动机的端电压是多少?

(3) 当重物停在 h 高度时,把电枢两端脱离电源并短接起来,此时电机转速是多少?

(4) 在电动机以 1500r/min 的转速提升重物时,若突然把电枢电源反接,则电动机的转速是多少(不考虑机电瞬态过程)?

20-18 一台并励直流电动机,电源电压为额定值不变,空载转速 $n_0=1500\text{r/min}$,将重物吊起时,转速 $n=1450\text{r/min}$。在中途如果突然将并励绕组反向,设机电瞬态过程很快结束,则最后电机将以什么转速运转(忽略电枢反应和空载转矩)?

名词索引

注：每个条目的内容为中文、英文名词及其首次出现的章节号。方括号中的字可省略。本索引按中文名词词头的汉语拼音分类排序。

A

安培环路定律　Ampère circuital theorem　0.4.2
安匝数　ampere-turns　0.4.4

B

保梯电抗　Potier reactance　8.5
饱和因数　saturation factor　8.3
变比　transformation ratio　2.1
变极调速　pole changing [speed] control　16.2
变频起动　variable-frequency starting　11.1
变频调速　frequency [speed] control　16.2
变压器　transformer　0.1
变压器组　transformer bank　3.1
标幺值　per unit value　2.4
并励　shunt　19.2
并励绕组　shunt winding　19.2
并联运行　parallel operation　3.4
并联支路数　number of parallel paths　5.3
波形因数　form factor　8.1
补偿绕组　compensating winding　18.2
不对称运行　asymmetric operation　12.1
布朗戴尔相量图　Blondel phasor diagram　8.5

C

参考方向　reference direction　2.1
槽　slot　5.1
槽距角　slot-pitch angle　5.3
槽漏磁通　slot-leakage flux　8.3
槽数　number of slots　5.3
槽楔　slot wedge　7.2
差复励　differential compounded　19.2
差漏磁通　air-gap space-harmonic flux　8.3
柴油发电机　diesel engine generator　7.1
长距　long-pitch　5.2
超前　lead　2.1
串励　series　19.2
串励绕组　series winding　19.2
串联绕组　series winding　4.1
磁饱和（饱和）　magnetic saturation　0.4.3
磁场　magnetic field　0.4.2
磁场强度　magnetic field strength　0.4.2
磁导　permeance　0.4.4
磁导率　permeability　0.4.2
磁动势　magnetomotive force，MMF　0.4.4
磁轭　yoke　1.2
磁感应强度　magnetic induction　0.4.2
磁化　magnetization　0.4.3
磁化曲线　magnetization curve　0.4.3
磁极　field pole　5.1
磁链　flux linkage　0.4.2
磁路　magnetic circuit　0.4.4
磁通[量]　magnetic flux　0.4.2
磁通密度　magnetic flux density　0.4.2
磁滞　magnetic hysteresis　0.4.3
磁滞回线　hysteresis loop　0.4.3
磁滞损耗　hysteresis loss　0.4.3
磁阻　reluctance　0.4.4
磁阻同步电机　reluctance synchronous machine　10.3

D

单波绕组　simplex wave winding　19.1
单层绕组　single-layer winding　5.1
单叠绕组　simplex lap winding　19.1
单双层绕组　single and two layer winding　5.1
单相绕组　single-phase winding　5.1
导条　bar　13.1
导轴承　guide bearing　7.2
等效电路　equivalent [electric] circuit　2.1
低压绕组　low-voltage winding　1.2
电磁感应　electromagnetic induction　0.4.2
电磁功率　electromagnetic power, air-gap power　2.2
电磁力　electromagnetic force　0.4.2

电磁转矩　electromagnetic torque　5.1
电动机　motor　0.1
电动机惯例　motor reference direction　2.2
电动势　electromotive force, EMF　0.4.2
电负荷　electric loading　19.2
电机　electric machine　0.1
电角度　electrical angle, electrical degree　5.2
电角速度　electrical angular velocity　5.2
电抗器起动　reactor starting　16.1
电力变压器　power transformer　1.1
电流互感器　current transformer, CT　4.3
电气传动　electric drive　18.1
电枢磁动势　armature MMF　8.2
电枢电流　armature current　19.2
电枢反应　armature reaction　8.2
电枢反应电抗　armature reaction reactance　8.3
电枢绕组　armature winding　7.2
电刷　brush　7.2
电压互感器　voltage transformer; potential transformer, PT　4.3
电压调整率　voltage regulation　2.5
电压调整特性（外特性）　voltage regulation characteristic　2.5
电制动　electric braking　14.2
叠加定理　superposition theorem　8.3
叠片铁心　laminated core　1.2
定子　stator　5.1
定子绕组　stator winding　5.1
定子铁心　stator iron core　5.1
动态稳定　dynamic stability　10.3
堵转电流　locked-rotor current　15.2
堵转试验　locked-rotor test　15.4
堵转转矩　locked-rotor torque　15.2
端部漏磁通　end-turn flux　8.3
端电压　terminal voltage　19.2
端盖　end bracket, end shield　7.2
端环　end ring　13.1
短距　short-pitch　5.2
短路试验　short-circuit test　2.3
短路特性　short-circuit characteristic　9.1
短路阻抗　short-circuit impedance　2.2
对称分量法　symmetrical component method　12.1
多绕组变压器　multi-winding transformer　1.1

多相绕组　polyphase winding　5.1

E

额定电流　rated current　1.3
额定电压　rated voltage　1.3
额定工况　rated condition　1.3
额定功率　rated power　7.3
额定功率因数　rated power factor　7.3
额定励磁电流　rated field current　7.3
额定励磁电压　rated field voltage　7.3
额定频率　rated frequency　1.3
额定容量　rated capacity　1.3
额定效率　rated efficiency　2.5
额定值　rated value　1.3
额定转速　rated speed　7.3
二次绕组　secondary winding　1.2

F

发电机　generator　0.1
发电机惯例　generator reference direction　2.2
法拉第电磁感应定律　Faraday law of electromagnetic induction　0.4.2
反接制动　plug braking　16.3
分布绕组　distributed winding　5.3
分数槽绕组　fractional slot winding　5.1
风力发电机　wind turbine generator　7.1
附加损耗　supplementary loss　15.1
负序　negative sequence　12.1
负序电抗　negative sequence reactance　12.1
负序分量　negative sequence component　12.1
负载　load　0.1
负载分量　load component　2.2
负载损耗　load loss　2.3
负载特性　load characteristic　9.2
负载因数　load factor　2.5
负载转矩　load torque　11.1
复励　compound　19.2

G

感应电动机　induction motor　13.1
感应电机　induction machine　13.1
感应调压器　induction voltage regulator　17.2
高压绕组　high-voltage winding　1.2
工频　power frequency　1.3
功角　load angle, power angle　10.3
功角特性　load angle characteristic, power-angle

characteristic 10.3
功率因数 power factor 2.1
公共绕组 common winding 4.1
硅钢片 silicon steel sheet 0.4.3
过励磁 overexcitation 10.4
过载 overload 2.4
过载能力 overload capacity 10.3

H

护环 retaining ring 7.2
互感器 instrument transformer 1.1
环火 ring fire 19.3
换位 transposition 7.2
换向 commutation 18.1
换向极 commutating pole, interpole 18.2
换向片 commutator segment 18.1
换向器 commutator 18.1
换向器节距 commutator pitch 19.1
回馈制动 regenerative braking 16.3

J

机械负载 mechanical load 5.1
机械功率 mechanical power 10.2
机械角度 mechanical angle, mechanical degree 5.2
机械损耗 mechanical loss 10.2
机械特性 speed-torque characteristics 15.2
机座 stator frame 7.2
机座磁轭 frame yoke 18.2
积复励 cumulative compounded 19.2
基波[分量] fundamental [component] 5.2
基波分布因数 fundamental distribution factor 5.3
基波节距因数 fundamental pitch factor 5.4
基波绕组因数 fundamental winding factor 5.4
基值 base value 2.4
极对数 number of pole pairs 5.1
极距 pole pitch 5.2
极身 pole body 18.2
极相组 phase group per pole 5.4
极靴 pole shoe 18.2
集电环 collector ring 7.2
集中绕组 concentrated winding 5.2
建压 voltage build-up 17.1
建压临界电阻 critical build-up resistance 20.1

降压变压器 step-down transformer 1.2
交流电机 alternating current machine 5.1
交流励磁机 AC exciter 7.2
交流绕组 AC winding 5.1
交轴 quadrature-axis 8.2
交轴电枢反应磁动势 quadrature-axis armature reaction MMF 8.2
交轴电枢反应电抗 quadrature-axis armature reaction reactance 8.4
交轴同步电抗 quadrature-axis synchronous reactance 8.4
角频率 angular frequency 2.1
矫顽力 coercive force 0.4.3
节距 pitch 5.2
静态稳定 steady-state stability 10.3
静止整流器励磁 stationary rectifier excitation 7.2

K

开路 open circuit 2.1
壳式变压器 shell type transformer 1.2
空间函数 spatial function 6.1
空间矢量 spatial vector 6.1
空间矢量图 spatial vector diagram 6.1
空载电流 no-load current 2.1
空载试验 no-load test 2.3
空载损耗 no-load loss 2.3
空载特性(开路特性) no-load characteristic (open circuit characteristic) 8.1
空载运行 no-load operation 2.1
空载转矩 no-load torque 10.2
空载转速 no-load speed 14.2

L

楞次定律 Lenz's law 0.4.2
励磁磁动势 exciting MMF 2.1
励磁电抗 magnetizing reactance 2.1
励磁电流 exciting current 2.1
励磁电阻 magnetizing resistance, core-loss resistance 2.1
励磁分量 exciting component 2.2
励磁机 exciter 7.2
励磁绕组 excitation winding, field winding 5.1
励磁阻抗 exciting impedance 2.1

立式　vertical type　7.1
联结组标号　connection symbol　3.2
两相绕组　two-phase winding　5.1
零功率因数负载特性　zero power-factor characteristic　9.2
零序　zero sequence　12.1
零序电抗　zero sequence reactance　12.1
零序分量　zero-sequence component　12.1
笼型　cage, squirrel cage　13.1
笼型绕组　cage winding, squirrel cage winding　13.1
漏磁电动势　leakage EMF　2.1
漏磁通　leakage flux　0.4
漏电抗　leakage reactance　2.1
漏阻抗　leakage impedance　2.1

M

脉振　pulsation　6.1
脉振磁动势　pulsating MMF　6.1
满载　full load　1.3
每极磁通量　air-gap flux per pole　5.2
每极每相槽数　number of slots per phase belt　5.3
每相串联匝数　total series turns per phase　5.3
每相有效匝数　effective turns per phase　5.4

N

内功率因数角　internal power-factor angle　8.2
能耗制动　dynamic braking　16.3
逆变　inversion　18.1

O

欧姆定律　Ohm's law　0.4.4

Q

起动　starting　11.2
起始磁化曲线　initial magnetization curve　0.4.3
气隙　air gap　0.4.4
气隙磁通密度　air gap magnetic flux density　5.2
气隙线　air-gap line　8.3
汽轮发电机　turbo-generator　7.1
器身　core and winding assembly　1.2
欠励磁　underexcitation　10.4
曲折形联结　zigzag connection　3.2
趋肤效应　skin effect　16.1

去磁　demagnetization　8.2
全压起动　direct-on-line starting, across the line starting　16.1

R

绕线转子　wound-rotor　13.1
绕组　winding　1.2
绕组端部支架　winding overhang support　7.2
绕组展开图　developed winding diagram　5.3
软磁材料　soft magnetic material　0.4.3

S

3次谐波阻抗　third harmonic impedance　5.2
三角形联结　delta connection　3.2
三绕组变压器　three-winding transformer　4.2
三相单层分布绕组　three-phase single-layer distributed winding　5.3
三相单层集中整距绕组　three-phase single-layer concentrated full-pitch winding　5.2
三相合成磁动势　three-phase resultant MMF　6.1
三相绕组　three-phase winding　5.1
伞式水轮发电机　umbrella hydrogenerator　7.2
升压变压器　step-up transformer　1.2
剩磁　residual magnetism　0.4.3
时间函数　time function　6.1
双层绕组　two-layer winding　5.1
双反应理论　two-reaction theory　8.4
双馈　double-fed　17.1
双绕组变压器　two-winding transformer　1.2
水轮发电机　hydraulic generator　7.1

T

T型等效电路　equivalent-T circuit　2.2
他励　separately excited　19.2
调压调速　variable voltage [speed] control　16.2
铁磁材料　ferromagnetic material　0.4.3
铁耗　iron loss　0.4.3
铁心　core　0.4.4
铁心端[压]板　core end plate　7.2
铁心柱　core limb　1.2
同步电动机　synchronous motor　5.1
同步电机　synchronous machine　5.1
同步电抗　synchronous reactance　8.3
同步发电机　synchronous generator　5.1

名词索引

同步调相机（同步补偿机） synchronous condenser, synchronous compensator 7.1
同步转速 synchronous speed 5.1
同步阻抗 synchronous impedance 8.3
同相 in phase 2.1
同心绕组 concentric winding 7.2
铜耗 copper loss 2.1
凸极 salient pole 7.1
凸极同步发电机 salient pole synchronous generator 7.2
推力轴承 thrust bearing 7.2
椭圆形磁动势 elliptic MMF 6.3

V

V形曲线特性 V-curve characteristic 10.4

W

涡流 eddy current 0.4.3
涡流损耗 eddy current loss 0.4.3
卧式 horizontal type 7.1
无功功率 reactive power 2.1
无刷直流电动机 brushless dc motor 18.1

X

线圈 coil 0.4.2
线圈边 coil side 5.2
线圈端部 end winding 5.2
线圈组 coil assembly 5.3
线匝 turn 5.2
相带 phase belt 5.3
相灯 synchronizing lamp 10.1
相量 phasor 0.4
相量图 phasor diagram 2.1
相绕组 phase winding 5.2
效率 efficiency 2.5
谐波[分量] harmonic [component] 5.2
谐波次数 harmonic number, harmonic order 5.4
谐波电动势 harmonic EMF 5.3
谐波分布因数 harmonic distribution factor 5.3
谐波分析 harmonic analysis 5.2
谐波节距因数 harmonic pitch factor 5.4
谐波绕组因数 harmonic winding factor 5.4
心式变压器 core type transformer 1.2
星—三角起动（Y—△起动） star-delta starting 16.1
星形联结 star connection 3.1
悬式水轮发电机 suspended hydrogenerator 7.2
旋转磁场 rotating magnetic field 5.1
旋转磁动势 rotating MMF 6.1
旋转电机 electric rotating machine 0.2
旋转整流器励磁 rotating rectifier excitation 7.2
循环电流 circulating current 3.4

Y

一次绕组 primary winding 1.2
异步电动机 asynchronous motor 5.1
异步电机 asynchronous machine 5.1
异步发电机 asynchronous generator 5.1
异步起动 asynchronous starting 11.1
隐极 non-salient pole 7.1
隐极同步发电机 non-salient pole synchronous generator 7.2
硬磁材料 hard magnetic material 0.4.3
永磁电机 permanent magnet machine 0.4.3
永磁体 permanent magnet 0.4.3
永磁直流电机 permanent magnet dc machine 18.1
有功功率 active power 2.1
右手定则 right-hand rule 0.4.2
右手螺旋定则 right-handed screw rule 0.4.2
圆形磁动势 circular MMF 6.3
原动机 prime mover 5.1

Z

匝数 number of turns 5.2
匝数比 turn ratio 2.1
折合 referring 2.2
折合值 referred value 2.2
整步转矩 synchronizing torque 10.3
整距 full-pitch 5.2
整流 rectification 18.1
整流器 rectifier 7.2
整数槽绕组 integral slot winding 5.1
正常磁化曲线 normal magnetization curve 0.4.3
正常励磁 normal excitation 10.4
正序 positive sequence 12.1
正序电抗 positive sequence reactance 12.1
正序分量 positive sequence component 12.1

直流电动机　dc motor　18.1
直流电机　direct current machine　18.1
直流发电机　dc generator　18.1
直流励磁机　DC exciter　7.2
直线电动机　linear motor　0.2
直线换向　linear commutation　19.3
直轴　direct-axis　8.2
直轴电枢反应磁动势　direct-axis armature reaction MMF　8.2
直轴电枢反应电抗　direct-axis armature reaction reactance　8.4
直轴同步电抗　direct-axis synchronous reactance　8.4
滞后　lag　2.1
中心环　centering ring　7.2
主磁路　main magnetic circuit　0.4
主磁通　main flux　0.4
主极　main pole　18.2
转差率　slip　14.2

转速　speed　5.1
转速调整特性　speed regulation characteristic　15.3
转子　rotor　5.1
转子串接电阻起动　rotor resistance starting　16.1
转子串接电阻调速　rotor resistance [speed] control　16.2
转子绕组　rotor winding　5.1
转子支架　spider　7.2
自励　self-excited　19.2
自耦变压器　autotransformer　4.1
自耦变压器起动　auto-transformer starting　16.1
自同步　self-synchronizing　10.1
阻抗电压　impedance voltage　2.3
阻尼绕组　damping winding　7.2
最大转矩　breakdown torque　15.2
左手定则　left-hand rule　0.4.2

参 考 文 献

1. 章名涛主编.电机学.北京：科学出版社,1973
2. 李发海,陈汤铭,郑逢时等编著.电机学(第2版).北京：科学出版社,1991
3. 李发海,朱东起编著.电机学(第3版).北京：科学出版社,2001
4. 李发海,王岩编著.电机与拖动基础(第3版).北京：清华大学出版社,2005
5. 朱东起主编.电机学.北京：中央广播电视大学出版社,1995
6. 吴大榕编.电机学.北京：水利电力出版社,1979
7. 许实章主编.电机学(修订本).北京：机械工业出版社,1990
8. 孙旭东,冯大钧编著.电机学习题与题解.北京：科学出版社,2001
9. 电机工程手册编辑委员会编.电机工程手册(第2版)：电机卷.北京：机械工业出版社,1996
10. 电工名词审定委员会审定.电工名词1998.北京：科学出版社,1999
11. 电力名词审定委员会审定.电力名词2002.北京：科学出版社,2002
12. IEC电工 电子 电信英汉词典编译委员会编译.IEC电工 电子 电信英汉词典.北京：中国标准出版社,2004
13. 中华人民共和国国家标准 GB/T 2900.1—1992 电工术语 基本术语
14. 中华人民共和国国家标准 GB/T 2900.25—1994 电工术语 旋转电机
15. 中华人民共和国国家标准 GB/T 2900.15—1997 电工术语 变压器、互感器、调压器和电抗器
16. 中华人民共和国国家标准 GB/T 13394—1992 电工技术用字母符号 旋转电机量的符号
17. Fitzgerald A E,Kingsley C,Umans S D. Electric machinery (6th ed.). Boston：McGraw-Hill,2003
18. Chapman S J. Electric machinery fundamentals (4th ed.). Boston：McGraw-Hill Higher Education,2005